第一推动丛书: 物理系列
The Physics Series

宇宙的琴弦
The Elegant Universe

THE FIRST MOVER

[美] 布莱恩·R.格林 著 李泳 译
Brian R. Greene

CTS K 湖南科学技术出版社

THE
FIRST
MOVER

总序

《第一推动丛书》编委会

科学，特别是自然科学，最重要的目标之一，就是追寻科学本身的原动力，或曰追寻其第一推动。同时，科学的这种追求精神本身，又成为社会发展和人类进步的一种最基本的推动。

科学总是寻求发现和了解客观世界的新现象，研究和掌握新规律，总是在不懈地追求真理。科学是认真的、严谨的、实事求是的，同时，科学又是创造的。科学的最基本态度之一就是疑问，科学的最基本精神之一就是批判。

的确，科学活动，特别是自然科学活动，比起其他的人类活动来，其最基本特征就是不断进步。哪怕在其他方面倒退的时候，科学却总是进步着，即使是缓慢而艰难的进步。这表明，自然科学活动中包含着人类的最进步因素。

正是在这个意义上，科学堪称为人类进步的“第一推动”。

科学教育，特别是自然科学的教育，是提高人们素质的重要因素，是现代教育的一个核心。科学教育不仅使人获得生活和工作所需的知识和技能，更重要的是使人获得科学思想、科学精神、科学态度以及科学方法的熏陶和培养，使人获得非生物本能的智慧，获得非与生俱来的灵魂。可以这样说，没有科学的“教育”，只是培养信仰，而不是教育。没有受过科学教育的人，只能称为受过训练，而非受过教育。

正是在这个意义上，科学堪称为使人进化为现代人的“第一推动”。

近百年来，无数仁人志士意识到，强国富民再造中国离不开科学技术，他们为摆脱愚昧与无知做了艰苦卓绝的奋斗。中国的科学先贤们代代相传，不遗余力地为中国的进步献身于科学启蒙运动，以图完成国人的强国梦。然而可以说，这个目标远未达到。今日的中国需要新的科学启蒙，需要现代科学教育。只有全社会的人具备较高的科学素质，以科学的精神和思想、科学的态度和方法作为探讨和解决各类问题的共同基础和出发点，社会才能更好地向前发展和进步。因此，中国的进步离不开科学，是毋庸置疑的。

正是在这个意义上，似乎可以说，科学已被公认是中国进步所必不可少的推动。

然而，这并不意味着，科学的精神也同样地被公认和接受。虽然，科学已渗透到社会的各个领域和层面，科学的价值和地位也更高了，但是，毋庸讳言，在一定的范围内或某些特定时候，人们只是承认“科学是有用的”，只停留在对科学所带来的结果的接受和承认，而不是对科学的原动力——科学的精神的接受和承认。此种现象的存在也是不能忽视的。

科学的精神之一，是它自身就是自身的“第一推动”。也就是说，科学活动在原则上不隶属于服务于神学，不隶属于服务于儒学，科学活动在原则上也不隶属于服务于任何哲学。科学是超越宗教差别的，超越民族差别的，超越党派差别的，超越文化和地域差别的，科学是普适的、独立的，它自身就是自身的主宰。

湖南科学技术出版社精选了一批关于科学思想和科学精神的世界名著，请有关学者译成中文出版，其目的就是为了传播科学精神和科学思想，特别是自然科学的精神和思想，从而起到倡导科学精神，推动科技发展，对全民进行新的科学启蒙和科学教育的作用，为中国的进步做一点推动。丛书定名为“第一推动”，当然并非说其中每一册都是第一推动，但是可以肯定，蕴含在每一册中的科学的内容、观点、思想和精神，都会使你或多或少地更接近第一推动，或多或少地发现自身如何成为自身的主宰。

再版序
一个坠落苹果的两面：极端智慧与极致想象

龚曙光

2017年9月8日凌晨于抱朴庐

连我们自己也很惊讶，《第一推动丛书》已经出了25年。

或许，因为全神贯注于每一本书的编辑和出版细节，反倒忽视了这套丛书的出版历程，忽视了自己头上的黑发渐染霜雪，忽视了团队编辑的老退新替，忽视好些早年的读者，已经成长为多个领域的栋梁。

对于一套丛书的出版而言，25年的确是一段不短的历程；对于科学研究的进程而言，四分之一个世纪更是一部跨越式的历史。古人"洞中方七日，世上已千秋"的时间感，用来形容人类科学探求的速律，倒也恰当和准确。回头看看我们逐年出版的这些科普著作，许多当年的假设已经被证实，也有一些结论被证伪；许多当年的理论已经被孵化，也有一些发明被淘汰……

无论这些著作阐释的学科和学说，属于以上所说的哪种状况，都本质地呈现了科学探索的旨趣与真相：科学永远是一个求真的过程，所谓的真理，都只是这一过程中的阶段性成果。论证被想象讪笑，结论被假设挑衅，人类以其最优越的物种秉赋——智慧，让锐利无比的理性之刃，和绚烂无比的想象之花相克相生，相否相成。在形形色色的生活中，似乎没有哪一个领域如同科学探索一样，既是一次次伟大的理性历险，又是一次次极致的感性审美。科学家们穷其毕生所奉献的，不仅仅是我们无法发现的科学结论，还是我们无法展开的绚丽想象。在我们难以感知的极小与极大世界中，没有他们记历这些伟大历险和极致审美的科普著作，我们不但永远无法洞悉我们赖以生存世界的各种奥秘，无法领略我们难以抵达世界的各种美丽，更无法认知人类在找到真理和遭遇美景时的心路历程。在这个意义上，科普是人类极端智慧和极致审美的结晶，是物种独有的精神文本，是人类任何其他创造——神学、哲学、文学和艺术无法替代的文明载体。

在神学家给出“我是谁”的结论后，整个人类，不仅仅是科学家，包括庸常生活中的我们，都企图突破宗教教义的铁窗，自由探求世界的本质。于是，时间、物质和本源，成为了人类共同的终极探寻之地，成为了人类突破慵懒、挣脱琐碎、拒绝因袭的历险之旅。这一旅程中，引领着我们艰难而快乐前行的，是那一代又一代最伟大的科学家。他们是极端的智者和极致的幻想家，是真理的先知和审美的天使。

我曾有幸采访《时间简史》的作者史蒂芬·霍金，他痛苦地斜躺在轮椅上，用特制的语音器和我交谈。聆听着由他按击出的极其单调的金属般的音符，我确信，那个只留下萎缩的躯干和游丝一般生命气息的智者就是先知，就是上帝遣派给人类的孤独使者。倘若不是亲眼所见，你根本无法相信，那些深奥到极致而又浅白到极致，简练到极致而又美丽到极致的天书，竟是他蜷缩在轮椅上，用唯一能够动弹的手指，一个语音一个语音按击出来的。如果不是为了引导人类，你想象不出他人生此行还能有其他的目的。

无怪《时间简史》如此畅销！自出版始，每年都在中文图书的畅销榜上。其实何止《时间简史》，霍金的其他著作，《第一推动丛书》所遴选的其他作者著作，25年来都在热销。据此我们相信，这些著作不仅属于某一代人，甚至不仅属于20世纪。只要人类仍在为时间、物质乃至本源的命题所困扰，只要人类仍在为求真与审美的本能所驱动，丛书中的著作，便是永不过时的启蒙读本，永不熄灭的引领之光。

虽然著作中的某些假说会被否定，某些理论会被超越，但科学家们探求真理的精神，思考宇宙的智慧，感悟时空的审美，必将与日月同辉，成为人类进化中永不腐朽的历史界碑。

因而在25年这一时间节点上，我们合集再版这套丛书，便不只是为了纪念出版行为本身，更多的则是为了彰显这些著作的不朽，为了向新的时代和新的读者告白：21世纪不仅需要科学的功利，而且需要科学的审美。

当然，我们深知，并非所有的发现都为人类带来福祉，并非所有的创造都为世界带来安宁。在科学仍在为政治集团和经济集团所利用,甚至垄断的时代，初衷与结果悖反、无辜与有罪并存的科学公案屡见不鲜。对于科学可能带来的负能量，只能由了解科技的公民用群体的意愿抑制和抵消：选择推进人类进化的科学方向，选择造福人类生存的科学发现，是每个现代公民对自己，也是对物种应当肩负的一份责任、应该表达的一种诉求！在这一理解上，我们将科普阅读不仅视为一种个人爱好，而且视为一种公共使命！

牛顿站在苹果树下，在苹果坠落的那一刹那，他的顿悟一定不只包含了对于地心引力的推断，而且包含了对于苹果与地球、地球与行星、行星与未知宇宙奇妙关系的想象。我相信，那不仅仅是一次枯燥之极的理性推演，而且是一次瑰丽之极的感性审美……

如果说，求真与审美，是这套丛书难以评估的价值，那么，极端的智慧与极致的想象，则是这套丛书无法穷尽的魅力！

为布莱恩·格林《宇宙的琴弦》喝彩

令人耳目一新的发现源源不断……在物理学家为大众写作的伟大传统中，《宇宙的琴弦》树起一面不倒的旗帜。

George Johnson，《纽约时报书评》

《宇宙的琴弦》不可不读……霍金为黑洞所做的事情，格林在弦上都做了。

《纽约》

他写得那么清晰，那么有活力；他以自己的天才，把抽象的物理学原理写活了，也常常把人写乐了。他用别人渴望已久的激情，描绘了超弦理论的纯真，因为那美丽令人动心。

《芝加哥论坛报》

一本思想性很强的书……《宇宙的琴弦》清晰而迷人地展示了弦理论。它既是个人的故事，也是一场伟大理性运动的故事。

《科学美国人》

弦理论是自S. 霍金关注黑洞以来出现的最有激情的思想……格

林用人人都懂的语言解释了弦。

《旧金山纪事报》

格林做了件了不起的事情，用生活的语言解释了弦理论的思想。它明白如话地说明了那个理论对时空结构的非凡洞察。

《新科学家》

一本出类拔萃的书。格林为我们多彩的生活带来了一片引人入胜的天地。

《自然》

布莱恩·格林的杰作，是霍金弹起的旋律中的最后(可惜!)一个音符，最美的一个!

《伦敦晨星报》

非专业的语言，没有一点儿数学，多得惊人的材料……格林清晰简明地写了一部现代科学探险……恐怕没有哪个读者不会被他的激情和兴奋所感动。

《费城调查者报》

太吸引人了……一部辉煌的作品……没有一个方程，人人都能看懂，格林写的谈弦的书，解释了为什么弦会在献身者们中间激起那么大的激情……它让我们能在家中感觉那个抽象得吓人的弦世界，使我们认识到应该认真地看待它。

《星期日电讯报(伦敦)》

格林在用知识、智慧和惊人的鉴别能力写作。

Alan Lightman(《爱因斯坦之梦》作者),《哈佛杂志》

他的比喻常常使那些原本艰深的概念变得美妙而活泼。《宇宙的琴弦》是一本值得一读的书……爱因斯坦也会满意的。

《发现》杂志

布莱恩·格林让复杂可怕的弦理论走近了每一个人。他凭着惊人的天才，用寻常的语言描绘了可怜的人类感觉以外的维度里可能发生着的事情。

《出版者周刊》

自《时间简史》的空前成功以来，还没有一本科学读物引起如此的轰动。

《星期日时报(伦敦)》

布莱恩·格林以他动人的文字把外行的人们带到了物理学的前沿。

《基督教科学箴言报》

一篇来自宇宙学和物理学前沿的(没有方程的)精彩报道。

《美国科学家》

格林善于阐释最富挑战的科学思想，他的充满洞察的解释会令每一个人耳目一新。

《天文学杂志》

《宇宙的琴弦》已成为科学解释的经典巨著…… 弦理论将最终影响我们对美本身的认识。

《纽约时报》

格林把弦理论带给了广大的读者，揭示了它的含义。那是他穿行在现代物理学的历史和复杂里创造的业绩。

《科学新闻》

序

爱因斯坦在生命的最后30年里一直在寻找所谓的统一场论——一个能在单独的包罗万象的协和的框架下描绘自然力的理论。激励爱因斯坦的不是我们常想的那些与科学事业相关的东西，例如，为了解释这样或那样的实验数据。实际上，驱使他的是一种热忱的信念：对宇宙的最深刻认识将揭示一个最大的宇宙奇迹，那就是，它所依赖的基本原理是那么简单而有力。爱因斯坦渴望以前所未有的清晰来表现宇宙的活动，让每一个人都敬畏它那美妙动人的旋律。

爱因斯坦从未实现他的梦，主要原因是那底牌还没看清楚：那时，自然力和物质的许多基本特征我们还不知道，或者知之甚少。但在过去的半个世纪，每一代新生物理学家——经历无数的曲折，走过数不清的死胡同——都不断在前辈的基础上添砖加瓦，构筑起越来越完整的宇宙行为知识体系。当年，爱因斯坦满怀热情追求统一理论，却空手归来；如今，物理学家相信他们终于发现了一个框架，能把这些知识缝合成一个无缝的整体——一个单一的理论，一个原则上能描述一切现象的理论，这就是超弦理论，我们这本书的主题。

我写《宇宙的琴弦》，是为了把物理学研究前沿的惊人发现带给广大的读者，特别是那些没有经过数学和物理学训练的人。在过去的几年里，我开过一些超弦理论的普及演讲，发现很多人都渴望了解当代研究说了哪些关于宇宙定律的东西，那些定律如何要求重建一个不朽的宇宙概念，在对终极理论追求的背后，藏着哪些挑战。这本书解释了爱因斯坦、海森伯以来的主要物理学成就，描述了那些发现是如何在我们时代的科学突破中四处开花结果的，我希望这能丰富读者的知识和满足读者的好奇心。

我也希望《宇宙的琴弦》能令那些有一定科学修养的读者感兴趣，对自然科学的学生和老师来说，我希望这本书不但能具体提供一些现代物理学的基本材料，如狭义相对论、广义相对论和量子力学；同时也能把从四面八方走来寻求统一理论的研究者们兴奋和激动之情传给大家。对于热心的科普读者，我向他们解释了近10年来我们在认识宇宙的过程中获得的振奋人心的进展；对于其他学科领域的同事，我希望这本书能给他们一种忠实而平静的感觉，使人了解为什么弦理论家会那么津津乐道追求终极自然理论的那么一点点进步。

超弦理论撒开了一张大网。它是一个深广的主题，融合着许多重要的物理学发现。这个理论统一了大与小的定律，大到统领宇宙的尽头，小到深入物质的核心。我们能通过许多不同的道路走近它。我选择的是我们不断演化着的空间和时间的认识，我认为这是一条特别扣人心弦的发展道路，它扫荡旧观念，引来了许多迷人的新发现。爱因斯坦向世界证明空间和时间在以一种陌生的令人惊讶的方式活动着。如今，前沿的研究已经通过许多卷缩在宇宙纤维里的隐藏维度把他的发现综合进量子宇宙——那些维度的复杂几何很可能是打开某些空前幽深的问题的钥匙。我们将看到，尽管有些概念令人难以捉摸，但还是可以通过实际的类比来把握它们。理解了这些思想，一个惊人的革命性的宇宙图景将展现在面前。

贯穿全书，我都紧扣科学，同时也常常通过类比和比喻，让读者对科学家如何形成当今的宇宙概念有一个直观的认识。尽管我避开了专业术语和数学方程，但因为涉及的新概念太多，为了能完全跟上概念的发展，读者可能还得不时停下来，想想这儿，想想那儿。第四部分的几章（集中谈最新进展）比其他部分更抽象；我会小心地先警告读者，内容结构也经过了适当安排，以便读者可以匆匆浏览或者跳过它们，而不会对全书的逻辑有太大的影响。为便于读者记住正文里引进的概念，我编了一个科学名词解释。当然，马虎的读者可能会完全跳过书后的注释，但认真的读者会在注释中看到正文的一些观点被扩充了，简化的思想也更清晰了，经过数学训练的人还能在那儿发现一些更富专业情趣的东西。

我在写这本书的过程中得到过许多人的帮助，我要感谢他们。David Steinhardt以极大的耐心阅读了原稿，以编辑的眼光慷慨地提出了很好的建议，并给了我极大的鼓励。David Morrison，Ken Vineberg，Raphael Kasper，Nicholas Boles，Steven Carlip，Arthur Greenspoon，David Mermin，Michael Popowits和Shani Offen认真读了原稿，具体谈了读后的感觉，提出了令本书大为增色的意见。另外还有不少朋友也读过全部原稿，并提出了建议和鼓励，他们是Paul Aspinwall，Persis Drell，Michael Duff，Kurt Gottfried，Joshua Greene，Teddy Jefferson，Marc Kamionkowski，Yakov Kanter，Andras Kovacs，

David Lee, Megan McEwen, Nari Mistry, Hasan Padamsee, Ronen Plesser, Massimo Poratti, Fred Sherry, Lars Straeter, Steven Strogatz, Andrew Strominger, Henry Tye, Cumrun Vafa和Gabriele Veneziano。我要特别感谢Raphael Gunner，他在本书写作初期曾提出过很有远见的批评，使它在整体上能有现在的样子；我还要特别感谢Robert Malley，从本书的思考到落笔，他总是在一直激励着我。另外，Steven Weinberg和Sidney Coleman也给了我重要的指导和帮助。我很高兴与下列朋友进行过有益的交流：Carol Archer, Vicky Cassel, Anne Coyle, Michael Duncan, Jane Forman, Wendy Greene, Erik Jendresen, Gary Kass, Shiva Kumar, Robert Mawhinney, Pam Morehouse, Pierre Ramond, Amanda Salles和Eero Simoncelli。我感谢Costas Efthimiou帮我核对事实，寻找资料，还把我的说明正文的草图绘成线条图，而Tom Rockwell又凭他神圣的艺术家的眼光将那些图重新创作出来。我也感谢Andrew Hanson和Jim Sethna，他们曾帮助我准备几幅特殊的图件。

感谢Howard Georgi, Sheldon Glashow, Michael Green, John Schwarz, John Wheeler, Edward Witten，当然还有Andrew Strominger, Cumrun Vafa和Gabriele Veneziano，他们同意我借用和比较他们各人对不同问题的观点。

我也乐意感谢W.W.Norton出版公司的两位编辑，感谢Angela Von der Lippe透彻的眼光和珍贵的建议，感谢Traci Nagle对细节的敏锐和认真的态度。我还要感谢我的著作代理人John Brockman和Katinka Matson，他们一直以专家的眼光指引着本书从开篇走到出版。

我做理论物理研究快20年了，要感谢国家科学基金委员会（NSF）、Alfred P.Sloan基金会和美国能源部的大力支持。我自己的研究主要是超弦理论对我们时空概念的影响，这大概也没有什么可奇怪的；在后面的几章，我谈了一些我有幸参与的发现。尽管我希望读者能够喜欢读这些“内线”材料，但我也意识到他们可能会高估我在超弦理论发展中所扮演的角色。所以我借这个机会来感谢全世界成千的物理学家，感谢他们为追寻宇宙终极理论所做的贡献。由于所选主题的原因，也因为篇幅的限制，还有很多人的工作没能在书里提到，我向所有那些作者说声抱歉。

最后，我衷心感谢Ellen Archer坚定不移的爱与支持，没有她，这本书是不可能写出来的。

布莱恩 · 格林

怀着爱与感激，献给我的母亲，并缅怀我的父亲。

目录

1 知识的边缘

第 1 章 003 同一根弦

2 空间、时间和量子的困境

第 2 章 025 空间、时间和观众的眼睛
第 3 章 057 卷曲与波澜
第 4 章 091 奇异的微观世界
第 5 章 125 渴望新理论：广义相对论与量子力学

3 宇宙交响曲

第 6 章 143 万物都是音乐：超弦理论的基础
第 7 章 176 超弦的“超”
第 8 章 197 看不见的维
第 9 章 224 证据：实验信号

4 弦理论与空间结构

第 10 章 247 量子几何
第 11 章 280 空间结构的破裂
第 12 章 301 超越弦：寻找M理论
第 13 章 339 从弦 / M理论看黑洞
第 14 章 366 宇宙学的沉思

5 21世纪的统一

第15章 395 远望

注释 412

科学名词解释 433

推荐读物 444

主题索引 446

人名索引 477

译后记 487

重印后记 491

1

知识的边缘

第1章
同一根弦

[3] 如果说谁想把事实藏起来，那也太戏剧化了。不过，半个多世纪以来，物理学家心里明白，即使对历史上某些最大的科学成就来说，在远方的地平线上也飘浮着乌云。问题在于，现代物理学所依赖的是两大支柱。一个是爱因斯坦的相对论，它为我们从大尺度认识宇宙（如恒星、星系、星系团以及比它们更大的宇宙自身的膨胀）提供了理论框架；另一个是量子力学，我们用这个框架认识了小尺度下的宇宙：分子、原子以及比原子更小的粒子，如电子和夸克。几十年来，两个理论的所有预言差不多都在实验上被物理学家以难以想象的精度证实了。但同样的这两个理论工具，却无情地把我们引向一个痛苦的结论：从广义相对论和量子力学今天的形式看，它们*不可能都是正确的*。在过去的百年里，我们获得了巨大的进步——解释了宇宙的膨胀，也认识了物质的基本结构——然而，作为这些进步的基础的两个理论，却是水火不相容的。

如果你以前没有听说过这一场火爆的对抗，你也许很想知道那是为什么。这个问题回答起来并不是很困难。除了某些最极端的情形，[4] 物理学家研究的东西，要么是小而轻的（如原子和它的组成部分），要么是大而重的（如恒星和星系），从来没有兼具两种性质的。也就是说，对某一种事物，他们只需要量子力学或广义相对论就够了，至于另一家理论怎么大声告诫，都可以不屑一顾。50年来，这方法虽然并不令人高枕无忧，但却是非常严密的。

宇宙就可能是极端情形。在黑洞的中央，大量物质被挤压到一个极小的空间里；在大爆炸的时刻，整个宇宙从比沙粒还小的微尘中爆发出来。这些就是“小而重”的领域，体积很小，而质量大得吓人，所以量子力学和广义相对论应该一起走进来。以后我们会越来越明白，当广义相对论与量子力学的方程结合时，会像一辆破车，摇晃、颠簸、丁零当啷，喷出一路的废气。说白了，那就是，一个良好的物理学问题从两家理论不幸的结合中得到了无聊的结果。即使喜欢让黑洞的内部和宇宙的开端继续躲在神秘背后的人，也不禁会感觉到，量子力学和广义相对论之间的水与火的对抗，只有在更深的层次上才会平息下来。话又说回来，宇宙在最基本的水平上就不能是分离的吗？它也许当真需要拿一组定律来写大东西，而拿另一组不相容的定律去写小的呢。

超弦理论响亮地告诉我们，不是那样的。与令人仰止的量子力学和广义相对论巨人相比，超弦理论不过是初生的牛犊。全世界物理学家和数学家过去十年的研究发现，这种在最基本层次上描写事物的方法，缓解了广义相对论与量子力学间的紧张关系。实际上，超弦带来了更多的东西：在这个新框架下，广义相对论和量子力学的相互需要才使理论有意义。根据超弦理论，“大”定律与“小”定律的结合，不但是幸福的，也是注定了的。

这当然是好事情。而超弦理论——简单说，即弦理论——则将这结合大大往前推进了一步。为了一个能把所有的自然力、所有的物质编织成一幅锦绣图画的统一的物理学理论，爱因斯坦曾追寻了30年，他失败了。今天，在新千年的黎明，弦理论的拥戴者们宣称，那幅迷人的统一图景终于出现了。弦理论有能力证明，发生在宇宙间的一切奇妙的事情——从亚原子世界里夸克疯狂的舞蹈，到太空中飞旋双星高雅的华尔兹；从大爆炸的原初火球，到星河的壮丽旋涡——都体现着一个伟大的物理学原理，一个伟大的数学方程。

弦理论的这些特征要求我们极大地改变对空间、时间和物质的认识，所以我们需要花一些时间来熟悉它，在一定水平上理解它。不过我们也会发现，从它本来的背景看，弦理论虽然来得突然，却是过去百年物理学革命性发现的自然产物。实际上，我们将看到，像广义相对论和量子力学那样可怕的冲突不是第一次，而是我们在过去百年里遭遇的两次大冲突的结果，那每一次冲突的解决，都使我们对宇宙的认识发生了奇妙的改变。

三次冲突

第一次冲突早在19世纪末就出现了，与光运动的奇特性质有关。简单地说，根据牛顿的运动定律，谁如果跑得足够快，就能赶上远去的光束；而根据麦克斯韦的电磁学定律，谁也跑不过光。我们在第2章会讨论，爱因斯坦通过他的狭义相对论解决了这个矛盾，并因此彻底推翻了我们对空间和时间的认识。根据狭义相对论，空间与时间不再是牢固不变的普适概念，任何人都一样去经历；相反，它们在爱因斯坦的新理论中是以灵活多变的结构出现的，形式和表现依赖于运动的状态。

狭义相对论的发展很快引来了第二次冲突。爱因斯坦理论有个结论说，任何物体——实际上包括任何形式的影响和干扰——都不可能跑得比光还快。但是，正如我们在第3章要讨论的，牛顿那成功经历了无数实验而且大家都感觉满意的引力理论，却牵涉到瞬时通过巨大空间距离的作用。这一次，又是爱因斯坦走上前来，凭他1915年广义相对论的引力新概念，化解了这个矛盾。空间和时间不仅受运动状态的影响，在物质和能量出现时，还会发生弯曲。我们将看到，空间和时间结构的这种扭曲将引力作用从一个地方传到另一个地方。于是，我们不能再把空间和时间看成宇宙万物表现自我的死寂的帷幕；实际上，在狭义相对论和后来的广义相对论中，它们本身也是那些事件的直接表演者。

历史再次重演：广义相对论的发现在解决一个冲突的同时，又带来另一个。当19世纪的物理学概念用在微观世界的时候，出现了大量令人眼花缭乱的问题，因为这些，自1900年以来的30年里，物理学家们开创了量子力学（在第4章讨论）。前面讲过，那第三个（也是最深刻的一个）冲突，就源自量子力学与广义相对论的水火不容。在第5章我们还将看到，源于广义相对论的弯曲的空间几何形式总是与量子力学蕴含的狂乱的微观宇宙的行为不相容的。到了20世纪80年代中期，弦理论带来一种解决办法，这个冲突才当然地成为现代物理学的中心问题。而且，从狭义和广义相对论成长起来的弦理论，自身也要求严格地修正我们关于时间和空间的概念。例如，我们大多数人都想当然地认为我们的宇宙有3个空间维，但在弦理论看来不是这样的。它认为，宇宙的维数比我们眼睛看到的更多——那些维都紧紧地卷缩在宇宙褶皱的结构中。这个对空间和时间本性的了不起的发现太重要了，在下面，我们将一直用它来做向导。从真正意义说，弦理论讲的就是自爱因斯坦以来的空间和时间。

为理解弦理论到底是什么，我们需要回到从前，简单说说在过去的一个世纪里，我们关于宇宙的微观结构都学会了些什么。

最小的宇宙：关于物质的认识

7　古希腊人猜想，宇宙的物质是由一些他们叫*原子*的"不可分割的"原料构成的。他们想，大量的物质都应该是少量不同的基本材料组合的结果，就像在拼音文字里，数不尽的词语都是由那么少的几十个字母组合生成的。这真是先知的猜想。2000多年过去了，我们还认为它是正确的，尽管那些最基本的物质单元已经历了无数认识的转变。19世纪，科学家发现许多熟悉的物质（如氧和碳）都有一种可以识别的最小组成单元，遵照古希腊人的传统，他们称它为*原子*。名字确定下来了，但历史证明那是一个误会，因为那些原子当然是"可以分割的"。到20世纪30年代初，J.J.汤姆逊（J.J.Thomson）、卢瑟福（Ernest Rutherford）、玻尔（Niels Bohr）和查德威克（James Chadwick）的工作建立了我们熟悉的原子的太阳系模型。原子远不是什么最基本的物质成分，它有一个包含着质子和中子的核，核外还绕着一群旋转的电子。

有一段时间，许多物理学家都认为质子、中子和电子就是古希腊人的“原子”。但是在1968年，斯坦福直线加速器中心的实验家们利用强大的技术力量探索了物质的微观层次，发现质子和中子都不是基本的。反过来，他们证明了那两个“原子”都由3个更小的粒子构成，那些粒子叫*夸克*——一个古怪的名字，是理论物理学家盖尔曼（Murray Gell-Mann）从乔伊斯（James Joyce）的小说《芬尼根守夜人》里找来的，他早就猜想可能存在着那种粒子。实验家证明，夸克本身有两种，它们的名字不那么有创意，一个叫*上*，一个叫*下*。质子由两个上夸克和一个下夸克组成，中子由两个下夸克和一个上夸克组成。

我们在天地间看到的一切事物似乎都是由电子、上夸克和下夸克的组合构成的。没有实验证据说明它们还由更小的东西构成。但却有大量证据表明，宇宙还存在着其他粒子成分。20世纪50年代中期，雷恩（Frederick Reines）和柯万（Clyde Cowan）发现了第四种基本粒子的确凿实验证据，它叫*中微子*——它的存在，泡利（Wolfgang Pauli）早在20世纪30年代初就预言过了。后来发现，中微子很难找到，它们像幽灵一样，很少与其他物质发生相互作用，能穿透几百亿千米厚的铅，而运动几乎不受影响。这样你可能会感到轻松多了：因为在你读这句话时，太阳向太空喷发的几十亿个中微子正在穿过你的身体，然后穿过地球，继续它们在宇宙间孤独的旅行。20世纪30年代末，物理学家在研究宇宙线（从外太空向地球倾泻的粒子流）时，又发现了一种叫μ子的基本粒子——除了比电子重200倍左右，它们是一样的。μ子在宇宙间的存在，既不是什么事物要求的，也不是人们为解决什么疑问提出的，更不是谁精心设计的。所以，获得诺贝尔奖的粒子物理学家拉比（Isidor Isaac Rabi）对μ子的发现没多大热情，“谁让它来的？”不管怎么说，它来了，而且还跟着来了好多新粒子。

物理学家们凭着前所未有的技术力量，不断地用越来越大的能量将物质击碎，时刻重现大爆炸以来的那些谁也不曾见过的创生条件。他们从碎片里寻找新的元素，粒子清单越来越长。看看他们发现的东西：另外四种夸克——*粲、奇、底和顶*——还有一个更重的电子兄弟，τ；另外两个性质与中微子相同的粒子（叫*μ中微子和τ中微子，以区别于原来的那个电子中微子*）。这些粒子在高能碰撞中产生，不过是昙花一现；在我们通常遇到的任何事物里都没有它们的影子。但是，故事还远没结束。每一个这样的粒子都有一个*反粒子*——质量相同，而在其他某些方面相反（例如电荷，还有与其他力相应的荷，我们在下面讨论）。举例说，电子的反粒子叫*正电子*——它的质量跟电子相同，但电荷为+1（而电子的电荷为−1）。物质和反物质接触时，会相互湮灭，生成纯粹的能量——难怪在我们周围的世界里自然出现的反物质会那么少。

物理学家在这些粒子间分辨出一种模式，如表1.1。物质粒子正好分成三组，通常被称为*族*。每一族包括2个夸克和1个电子，或者电子的伙伴，以及1个相应的中微子。三族中同一行相应的粒子除了质量依

表1.1　三族基本粒子及其质量（以质子质量为单位）

第1族		第2族		第3族	
粒子	质量	粒子	质量	粒子	质量
电子	0.00054	μ子	0.11	τ轻子	1.9
电子中微子	$<10^{-8}$	μ中微子	<0.0003	τ中微子	<0.033
上夸克	0.0047	粲夸克	1.6	顶夸克	189
下夸克	0.0074	奇夸克	0.16	底夸克	5.2

注：中微子质量至今还没有在实验上确定。

次增大而不同外，性质是完全一样的。结果，物理学家现在追溯到了一百亿亿分之一米尺度的物质结构，而且证明了我们到目前为止所遇到的每一样事物——不论是自然出现的，还是通过加速器人工产生的——都是由这三族粒子和它们的反物质伙伴组合成的粒子构成的。

从表1.1看，我们对μ子的发现无疑会比拉比更感迷惑。族的划分至少从表面上显出某种秩序，然而数不清的"为什么"也接踵而来。为什么有那么多基本粒子——特别是，我们周围世界的大多数事物似乎只需要电子、上夸克和下夸克就够了？为什么有三族？为什么不是一族、四族或者更多？为什么粒子质量看起来是随机分布的——例如，为什么τ轻子比电子重约3 520倍？为什么顶夸克比上夸克重40 200倍？这些数都很奇怪，似乎是随机数。它们是偶然出现的，还是什么神灵选择的？我们宇宙的这些基本特征能有一个综合的科学解释吗？ 10

力——光子在哪儿

当我们考虑自然力的时候，问题就变得复杂多了。我们的世界充满了施加影响的方式：球拍将球打出，蹦极爱好者从高高的平台跳下，磁体让列车悬浮在金属轨道上飞奔，盖革计数器响应放射性物质时发出"滴答"的声音，原子弹爆炸……我们可以用力推、拉或者摇动物体；可以把一个物体打进另一个物体；可以拉伸、扭转或者粉碎一个物体；还可以令一个物体冷却、加热或者燃烧。在过去的百年里，物理学家积累了大量证据，说明这些不同事物间的相互作用，以及我们寻常遇到的万千事物间的相互作用，都可以归结为四种基本力的组合。

其中之一是*引力*，另外三种力是*电磁力*、*弱力*和*强力*。

引力是大家最熟悉不过的，它不但让我们能牢固地脚踏大地，而且还维持着我们不停地绕着太阳转。物体质量有多大，决定着它能产生多强的引力，对引力会有多大的反应。电磁力在四种力中也是大家熟悉的，它是现代生活中一切方便的动力——例如光、计算机、电视、电话——它在电闪雷鸣时露出狰狞，也在轻轻触摸的手上留下温柔。从微观的角度说，粒子电荷在电磁力中扮演着物质质量在引力中的角色：决定粒子能产生多强的电磁力，对电磁力有多大的反应。

强力与弱力比较陌生，因为它们在超过亚原子尺度以外就完全失去作用了，它们是作用在原子核中的力。难怪这两种力的发现要晚得多。强力将夸克“胶结”在质子和中子内部，又把质子和中子紧紧捆在一起塞进原子核。弱力最为人所熟悉的作用是物质（如铀和钴）的放射性衰变。

在过去的世纪里，物理学家发现所有这些力有两点共同特征。第一点，我们将在第5章讨论，在微观层次上，所有的力都关联着一个粒子，我们可以把那粒子想象为最小的力元。当我们从“电磁射线枪”射出一束激光时，我们实际是在打开*光子*的激流，也就是最小的一束电磁力。同样，弱力和强力场的最小单元是一些叫*弱规范玻色子*和*胶子*的粒子。（*胶子*这个名字特别形象，我们可以想象它是把原子核凝结起来的那种强力胶合剂的微观成分。）到1984年时，实验家们已经确定了这三种力的粒子的存在和具体性质，如表1.2。物理学家相信，引力也关联着一种粒子——引力子——不过它的存在还需要实验来证明。

表1.2　　四种自然力及其相关粒子和质量（以质子质量为单位）

力	力的粒子	质量
强	胶子	0
电磁	光子	0
弱	弱规范玻色子	86，97
引力	引力子	0

注：弱力的粒子有两种可能的质量。理论研究证明引力子应该是没有质量的。

第二个共同点是，力由某种“荷”来决定。如质量决定引力如何对粒子产生作用，电荷决定电磁力如何发生影响，粒子还被赋予一定的“强荷”和“弱荷”，它们决定着粒子如何感应强力和弱力的作用（这些性质详细地列在本章注释的表中[1]）。[1]但是，跟质量的情形一样，我们只知道实验物理学家们仔细测量过那些性质，而没有谁能解释为什么我们的宇宙由具有那些特殊质量和力荷的特殊粒子构成。

12

尽管基本力有这些共同的特征，但是考察它们却只不过使问题更复杂了。例如，为什么有四种基本力？为什么不是五种、三种甚至一种？为什么这些力会有那么多不同的性质？为什么强力和弱力只能在微观尺度上发生作用，而引力和电磁力却具有无限的作用范围？还有，为什么这些力的固有强度会有那么大的悬殊？

为说明最后这个问题，我们想象左手拿一个电子，右手拿一个电子，然后让这两个完全相同的带电粒子靠近。粒子间的相互引力有助于它们靠拢，但电磁斥力却会把它们分开。哪种力更强呢？根本没法

1. 原书的注释在书后。为了方便，我们把简单的说明（如出处）直接当脚注，而把补充性的注释分别放在每一章的后面。有注的地方在右上角以不加圈的数字标记。—— 译者注

儿比：电磁斥力比引力强100亿亿亿亿（10^{42}）倍！如果说右臂代表引力的大小，那么，为了让左臂能代表电磁力的大小，它必须伸展到我们已知的宇宙边缘的外面。在我们身边，电磁力并没有完全压倒引力，那是因为大多数事物都由等量的正负电荷构成，它们的电磁力相互抵消了。而另一方面，引力总是相互吸引的，不会消减——东西越多，引力就越大。不过根本说来，引力是极端微弱的。（所以，从实验来证实引力子的存在是很困难的。寻找最微弱的力的最小作用单元，是多大的挑战啊！）实验还证明，强力比电磁力强100倍，而比弱力强10万倍。但是，宇宙凭什么有这样的性质——“存在理由”在哪儿？

一件事情为什么恰好是这样而不是那样，是钻牛角尖儿的问题，但我们现在的问题可不是那样的。即使物质和作用粒子的性质稍有改变，宇宙就会大为不同。例如，强力与电磁力的强度比例微妙地决定着构成化学元素周期表上百余种元素的稳定原子核的存在。挤在原子核里的质子因电磁作用而相互排斥，多亏了作用在质子里夸克间的强力才克服了排斥而把它们紧紧系在一起。但是，假如两种力量的相对强度发生极小改变，就很可能破坏它们之间的平衡，使大多数原子核发生分裂。而且，假如电子质量再大几倍，它就会与质子结合成中子，吞噬氢原子核（宇宙间最简单的元素，核里只有一个质子），从而破坏更复杂元素的产生。恒星的存在依赖于稳定核之间的聚变，如果基本的物理学发生了那些改变，它们也不复存在了。引力的大小也影响恒星的形成。挤压在恒星中心的物质密度是它核熔炉的能源，也是星光的源泉。假如引力的强度增大了，恒星会裹得更紧，从而大大提高核反应的速率。但是，正如烈焰比烛光能更快烧尽燃料，核反应速率的提高会使恒星（如太阳）更快消亡，给我们所知的生命的形成带来致命的灾难。反过来，假如引力强度大大减弱，物质根本就不能聚集在一起，当然更不可能形成恒星和星系了。

我们还可以继续说下去，不过意思已经清楚了：宇宙之所以如此，是因为物质和作用粒子具有那样的性质。但是，它们为什么有那些性质呢？有科学的解释吗？

弦理论：基本思想

弦理论带来了强有力的概念和范式，第一次提出了回答那些问题的框架。我们先来看看基本思想。

表1.1里的粒子是一切物质的基本单元，像语言学里的“字母”一样，它们看来也不会有什么更深层的结构。弦理论却另有说法。根据弦理论，假如我们以更高的精度——比现有技术高许多数量级的精度——去考察那些粒子，我们会发现它们并不是点状的粒子，而是由一维的小环构成的。每一个粒子都像一根无限纤细的橡皮筋，一根振荡、跳动的丝线。物理学家没有盖尔曼那样的文学天才，[1]就把它叫*弦*。我们在图1.1里说明了弦理论的基本思想：从一个普通的苹果开始，不断地放大它的结构，显出越来越小的组成。以前我们从原子走到质子、中子、电子和夸克，现在弦理论在它前面增添了一根微观的振动的线圈。[2]

14

1. 前面说过盖尔曼给“夸克”取的名字来自乔伊斯（J.A.Joyce）的《芬尼根守夜人》。在《夸克与美洲豹》（第13章）里，盖尔曼回忆了他是如何想到这个名字的。——译者注

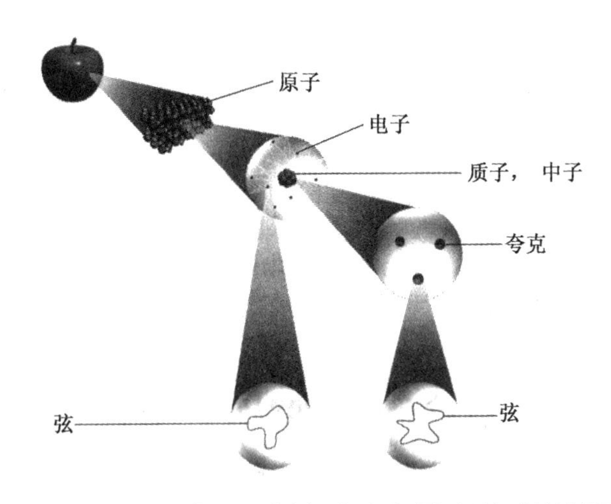

图1.1　物质由原子组成，而原子由夸克和电子组成。根据弦理论，所有这些粒子实际上是振动着的一根闭合的弦

虽然不是显而易见的，我们在第6章还是可以看到，单纯地以弦来代替点粒子的物质组成，解决了量子力学与广义相对论之间的矛盾。于是，弦理论解开了当代理论物理学的戈迪乌斯结。[1]这是巨大的成就，但弦理论如此激动人心并不仅仅是因为这一点。

弦理论：万物的统一理论

在爱因斯坦的年代，强力和弱力还没有发现，但他还是为存在两种截然不同的力——引力和电磁力——感到困惑。爱因斯坦不相信大自然会建立在那么奢华的设计图上。于是，他走上了30年的探寻历程，他希望能找到一个*统一场论*来说明这两种力不过是同一个大的基

15

1. 希腊神话：Phrygia王Gordius将他的马车献给朱比特（Jupiter），但把轭打了死结，没人解得开。后来亚历山大（Alexander）用剑把结打开了，成了东方的统治者。——译者注

本原理的不同表现。这场堂吉诃德式的追求将爱因斯坦从物理学主流里孤立出来。可以理解，物理学家们那时正激动地投入正在兴起的量子力学。爱因斯坦在20世纪40年代初给朋友的信里说，“我成了孤独的老头儿，大概主要是因为不穿袜子而出了名，有时候还被当成珍稀动物在特殊场合展览。”[1]

爱因斯坦走在了时代的前头。半个多世纪以后，他的统一理论之梦成为现代物理学的圣杯。很大一部分物理学家和数学家越来越相信，弦理论可能会带来答案。从一个原理出发——万物在最微观的层次上是由振动丝弦的组合构成的——弦理论提供了一个能囊括一切力和物质的解释框架。

例如，弦理论认为，我们观测到的粒子性质，表1.1和表1.2所列的那些数据，不过是弦的不同振动方式的反映。我们知道琴弦（提琴或钢琴）都有共振频率，即弦倾向的振动频率，也是我们耳朵听到的不同的音调与和声——同样，弦理论里的环也有这样的性质。不过，我们将看到，弦理论的弦在共振频率处的振动不是产生什么音乐，而是出现一个粒子，粒子的质量和力荷由弦的振荡模式决定。电子是以某种方式振动的弦，上夸克是以另一种方式振动的弦，等等。在弦理论中，粒子的性质绝非一堆混乱的实验结果，而是同一物理特性的具体表现：基本闭合弦的共振模式——也可以说是弦的音乐。这种思想也适用于自然力。我们将看到，作用力的粒子也关联着特定的弦振动模式，从而天地万物，一切的物质和所有的力都统一到了微观弦振荡的

16

---

1. 爱因斯坦1942年给朋友的信，引自Tony Hey和Patrick Walters的《爱因斯坦的镜子》（*Einstein's Mirror*, Cambridge, Eng.: Cambridge University Press, 1997）。

大旗下——那就是弦奏响的“音乐”。

这样，我们在物理学史上第一次有了一个能解释宇宙赖以构成的所有基本特征的框架，因此有时人们说弦理论可能是一个“包罗万象的理论”（theory of everything，T.O.E.）或者是一个“终极”理论。[1]这些浮华的字眼儿不过是用来强调那可能是一个最深层的理论——是其他一切理论的基础，而不需要甚至不允许有更基本的理论来解释它。不过，许多弦理论家还是以更老实的态度来看待“万象的理论”，在有限的意义上思考这个理论有多大能力来解释基本粒子的性质和粒子间相互作用的力的性质。固执的还原论者却认为那不是什么极限，从原则上讲，从宇宙大爆炸到人类幻想的一切事物，都可以用关于物质基本结构的微观物理学过程来描述。在还原论者看来，认识了事物的组成，也就认识了事物本身。

还原论者的哲学很容易激起争论。他们认为，生命和宇宙奇迹不过是循着物理学定律规定的舞步不停舞动着的微观粒子的反映，很多人感到这种观点愚蠢而令人厌倦。难道我们快乐、忧愁和无聊的感觉真的就是发生在大脑里的化学反应吗？——真的是分子和原子间的反应吗？或者，更微观地说，真的是表1.1中的那些原本是振荡的弦的粒子之间的反应吗？为回答这些批评，曾获诺贝尔物理学奖桂冠的S.温伯格（Steven Weinberg）在《终极理论之梦》中告诫说：

---

1. 例如，P.C.W.Davis，J.R.Brown根据BBC广播节目编辑的一本关于超弦的科普读物就叫*Superstrings：A Theory of Everything*?（中译本《超弦：一个包罗万象的理论？》，廖力、章人杰译，中国对外翻译出版公司，1994年。）——译者注

> 反还原论者的另一极端是，他们为其所感觉的现代科学的荒芜感到沮丧。不论他们和他们的世界能在多大程度上还原为粒子的物质或场及其相互作用，他们总觉得被那种认识糟蹋了。…… 我不想用什么现代科学的美妙来回应那些批评。还原论者的世界观的确是冷漠的，没有一点儿人情味，但我们必须忠实地接受它，不是因为我们喜欢，而是因为世界本来就是那样运行的。[1]

17

这种鲜明的观点，有人赞同，也有人反对。

还有些人曾试图说明，诸如混沌理论的发展告诉我们，当系统复杂性增大时，会出现一些新的定律来发生作用。认识一个电子或夸克的行为是一回事，用这些知识去理解龙卷风的行为是另一回事。关于这一点，多数人都是赞同的。但是，问题的分歧在于，经常出现在比个别粒子更复杂的系统中的五花八门的意外现象，是否真的说明新物理学原理在发生作用，那些原理是否能够（哪怕是以非常复杂的方式）从统治大量粒子的物理学原理推导出来？尽管很难用电子和夸克的物理学来解释飓风的性质，但我以为那只是计算的尴尬，而不是需要新物理定律的信号。当然，这一点也有人不同意。

然而，即使我们接受这种有争议的固执的还原论观点，对我们这本书要讲述的历程来说，无疑还存在着严重的问题：原理是一回事，

---

1. Steven Weinberg, *Dreams of a Final Theory* (New York: Pantheon, 1992), p.52。（中译本《终极理论之梦》也收在《第一推动丛书》中。—— 译者注）

实际是另一回事。几乎所有的人都同意，寻求“一个包罗万象的理论”并不是说要把心理学、生物学、地质学、化学，哪怕物理学的问题都囊括进来解决。宇宙如此丰富多彩，变化万千，我们所谓的终极理论，绝不是科学的终结。恰恰相反，发现T.O.E.——在最微观水平上解释宇宙，而不需要任何更深层的理论来解释它自己——将为我们建立宇宙的新认识提供最坚实的基础。那发现将标志着一个开始，而不是结束。终极理论将为我们树立一座不朽的和谐的纪念碑，它让人们相信，宇宙是可以理解的。

弦理论现状

本书的中心是根据弦理论解释宇宙的行为，特别还要强调这些结果对我们认识空间和时间有什么意义。与其他科学发展的报道不同的是，我们这里讲的理论还没有完成，没有经过严格的实验验证，也没有完全被科学界接受。这是因为弦理论太深奥、结构太精妙，尽管在过去的20年里取得了令人难忘的进步，但离我们完整把握它还着实太远。

18

所以，弦理论应该看作发展中的理论，而它的部分结果已经带来了令人惊奇的关于空间、时间和物质的新认识。将广义相对论与量子力学和谐地统一起来，是它的主要成功。而且，与其他理论不同，弦理论有能力回答有关自然最基本的物质构成和力的原初问题。同样重要的还有（尽管不太好说），不论弦理论所能提供的答案，还是这些答案的理论框架，都有特别精美的结构。例如，大自然似乎随意表现的那些细节——如不同基本粒子的数目和各自的性质——在弦理论中都是宇宙几何的某些基本而实在的表现。如果弦理论是正确的，我们宇宙的微观结构将是一座错综复杂的多维迷宫，宇宙的弦在其中不停歇地卷曲、振动，和谐地奏响宇宙的旋律。大自然基本组成的性质绝不是偶然的，而是深刻地与时空结构交织在一起的。

然而，说到底，还得靠确定的可以检验的预言来决定弦理论是否真正揭开了宇宙最深层真理的神秘面纱。要达到那一步，大概还要等一些时候，尽管正如我们将在第9章讨论的，实验验证在未来10年左右能为弦理论提供有力的旁证。而且，我们在第13章会看到，弦理论最近已经解决了一个与所谓贝肯斯坦-霍金熵相联系的有关黑洞的重大难题。20多年来，许多传统的方法都没能解决这个问题。这一成功使许多人相信弦理论正在给我们带来对宇宙行为的最深刻认识。

19

E.惠藤（Edward Witten）是弦理论的先驱者和卓越的专家，他曾这样概括弦理论的现状："弦理论是21世纪物理学偶然落到20世纪的一个部分"，这话最早是著名意大利物理学家D.阿玛提（Daniele Amati）说的。[1] 这样说来，在某种意义上，它有点儿像把一台现代的超级计算机摆在19世纪末的前辈面前，却没有操作指令。通过创造性的反复试验也能显现这台计算机的威力，但要真正把握它还需要更艰辛和长久的努力。计算机的潜在威力跟我们看到的弦理论的强大解释能力一样，将激发人们完全把握它们的强烈愿望。同样的动机在今天正激励着一代理论物理学家去追寻一个精确的解析的弦理论。

---

1. 1998年5月11日对E.惠藤的访问。（E.惠藤因为对超弦理论的贡献于1990年获菲尔兹数学奖。——译者注）

惠藤和弦领域的其他专家的言论说明，还要经过几十年甚至几百年我们才可能完全建立和理解弦理论。这很可能是对的。实际上，弦理论的数学很复杂，我们至今也不知道理论的方程是什么。而物理学家只知道那些方程的近似，即使这些近似的方程也够复杂了，只得到部分的解。不过，在20世纪的最后几年出现了一系列激动人心的突破——它回答了迄今难以想象的理论难题——大概预示着我们离完全定量认识弦理论比原先想的要近得多。全世界的物理学家们还在发展比现行各种近似方法更优越的技术，以令人惊喜的速度把弦理论疑惑的分离的元素组织起来。

令人惊奇的是，弦理论的这些发展让我们能够用更好的观点来重新解释一些早已深入人心的理论的基本概念。例如，当我们看表1.1时，20 会自然生出疑问：为什么是弦呢？为什么不是小飞盘呢？为什么不是一滴滴的小东西？为什么不是这些可能事物的组合？在第12章我们会看到，最近的研究表明，那些事物在弦理论中的确扮演着重要角色，而且，弦理论不过是更宏大的综合理论的一部分——那个理论现在（颇为神秘地）叫M理论。这些最新发展是我们这本书最后几章的主题。

科学的历程起伏跌宕，有时硕果累累，有时田园荒芜。科学家推出的结果，不论理论的，还是实验的，都摆在科学界同仁的面前，任他们评说。这些结果，有时被否定，有时被修正，有时则为我们重新更精确地认识物理学的宇宙带来思想的飞跃。换句话说，科学曲曲折折地走向我们希望的最后真理，这条路从人类最原始的探索开始，通向我们未知的宇宙尽头。弦理论是这条路上的一个驿站，一个转折点，还是最后的终点，我们不知道。不过，数以百计的来自不同国度的物理学家和数学家们最近20年的研究，使我们能满怀信心地希望，我们正走在正确的道路上，也许离终点不远了。

凭我们现在的认识水平，也能从弦理论获得对宇宙行为的新认识，这一点足以证明弦理论是多么丰富而深刻。我们下面要讲的主要内容是这些理论发展，如何将爱因斯坦狭义和广义相对论开创的空间和时间认识的革命，继续推向前进。我们将看到，假如弦理论是正确的，那么我们宇宙结构的某些性质，也可能令爱因斯坦惊讶万分。

2

空间、时间和量子的困境

第 2 章
空间、时间和观众的眼睛

23　1905年6月，26岁的阿尔伯特·爱因斯坦向德国《物理学纪事》投去一篇论文，解决了在少年时代就令他困惑的一个关于光的疑问。杂志的编辑普朗克（Max Planck）在翻过爱因斯坦的最后一页手稿后，意识到大家接受的科学秩序荡然无存了。那位来自瑞士伯尔尼专利局的小职员，已经不声不响地把传统的空间和时间概念彻底推翻了，取而代之的是一个性质与我们在寻常经验中熟悉的任何事物都截然不同的新概念。

困扰爱因斯坦10年的疑惑是这样的：19世纪中期，苏格兰物理学家麦克斯韦（James Clerk Maxwell）在认真研究了英格兰物理学家法拉第（Michael Faraday）的实验工作后，成功地把电和磁统一在*电磁场*的框架下。假如你曾在雷雨过后登上山顶，或者站在范德格拉夫发生器的旁边，[1] 你对什么是电磁场一定有过切身的体验，因为你已经感觉到它了。假如你还没有那种经历，你可以想象那是电和磁的力线的波浪流过它们所经过的空间区域。例如，当你把铁粉洒在磁铁旁边时，24

---

1. Van de Graaf（1901—1967）发明了一种静电发生器，办法是在一个绝缘空心金属球上聚集电荷。1931年他在普林斯顿建造了第一台发生器。后来他在麻省理工学院将高压发生器发展为粒子加速器。——译者注

它们形成的有序排列就显示了一些看不见的磁力线。当你在特别干燥的日子脱下羊毛衫时，你会听到“嘶嘶”的声响，可能还会感觉有点儿哆嗦，其实，那就是从羊毛衫纤维脱落下的电荷产生的电力线。麦克斯韦理论不但把这样那样的电和磁的现象统一在一个数学框架里，而且还出人意料地发现电磁扰动以恒定不变的速度传播——后来发现，那个速度就是光速。根据这一点，麦克斯韦意识到，可见光不过是一类特殊的电磁波，我们现在知道，它与视网膜的化学物质发生反应，就产生视觉。另外（这一点很重要），麦克斯韦理论还说明，所有的电磁波都是典型的逍遥客，它们永不停歇，也永不减缓脚步。光总是以光速运动的。

这时还没有什么问题，但问题跟着就来了，那也是16岁的爱因斯坦问过的：假如我们以光的速度追光，会发生什么事情呢？直觉告诉我们，根据牛顿的运动定律，我们将赶上光波，于是光波就像静止不动的——光停在那儿了。然而，根据麦克斯韦的理论和所有可靠的观测，根本没有那样的静止的光；谁也不曾抓一把光在手上。这就是个问题。幸好，爱因斯坦不知道全世界有许多杰出的物理学家正在同这个问题斗争（而且走过许多令人迷失的路线），他在凭着自己独特自由的思路考虑麦克斯韦与牛顿的疑惑。

在这一章里，我们来讨论爱因斯坦如何通过他的狭义相对论解决这个矛盾，如何永远地改变了我们关于空间和时间的概念。也许有人奇怪，狭义相对论首先关心的是，相对运动着的个人（通常叫“观察者”）所看到的世界是什么样的。乍看起来，这不过是没有一点儿意思的智力游戏。事实正好相反，在爱因斯坦的手下，追光的想象隐藏着更深刻的意义。他发现，即使最寻常的事物，在相对运动的观察者看来也会表现最奇异的现象。

直觉和错觉

25　寻常的一些经验能告诉我们各人看到的事情怎么会不同。例如，路边的树木在驾驶者看来是运动的，而从坐在护栏里等车的人看却是静止的。同样，汽车上的仪表盘在司机看来是不动的（当然不动啦！），但在等车人看来，却是跟着汽车的其他部分一起走的。这些现象太普通、太直观，我们几乎不怎么留意。

然而，狭义相对论认为，不同观察者所看到的现象的不同有着微妙而深刻的意义。它令人惊奇地指出，相对运动的观察者将感觉不同的距离和时间。我们会看到，这就是说，戴在两个相对运动着的人手上的相同的手表会有不同的节律，从而对任意两个事件之间的时间间隔，也有不同的结果。狭义相对论指出，这个结论并不是说表的精度有问题，它说的是时间本身。

同样，拿着相同皮尺的两个相对运动的观察者将量出不同的距离。这当然还是与他们的测量方法的误差和测量设备的精度无关。世界上最精确的测量仪器也证明，每个人所经历的空间距离和时间间隔是不同的。爱因斯坦的狭义相对论以准确的方式解决了我们关于运动的直觉和光的性质的矛盾，但是也付出了代价：相对运动的观察者不再会看到相同的空间和时间。

自爱因斯坦向世界宣布他那惊人的发现以来，近百年过去了，而我们今天大多数人还在把空间和时间当成绝对的东西。狭义相对论没有深入人心——我们感觉不到它。它的意义在我们的直觉以外。原因很简单：狭义相对论效应依赖于我们的运动速度，而在汽车、飞机甚至宇宙飞船的速度，这些效应是微不足道的。站在地上的人和坐在汽车或飞机上的人的确经历着不同的空间和时间，不过那差别太小而没人注意。然而，假如有人能坐上未来的宇宙飞船以接近光的速度去旅行，相对论效应将变得十分显著。当然，这在今天还是科幻小说的话题。不过，在后面的章节我们将讨论，聪明的实验家们会让我们清楚而准确地看到爱因斯坦理论预言的空间和时间特性。

26

为实在地感觉上面提到的那些测量，让我们回到1970年，那时刚出现高速的大汽车。斯里姆刚用所有积蓄买了辆新Trans Am赛车，这会儿同兄弟吉姆一道来参加当地的汽车短程加速比赛，想试试那车怎么样（而车商是不会让他们那么试车的）。斯里姆加大油门，汽车飞也似地以120千米/时的速度跑在那1千米长的跑道上，而吉姆则站在跑道旁为他测时间。为相互验证，斯里姆自己也拿秒表测量他的新车跑过这段路需要多长时间。在爱因斯坦以前，不会有人怀疑斯里姆和吉姆会测得完全相同的时间，只要他们的表运行正常。但是依照狭义相对论，如果吉姆的表测得的时间是30秒，那么斯里姆记录的时间将是29.99999999999952秒——小一丁点儿。当然，只有当我们的测量精度远远超过秒表、超过奥运会的计时系统，甚至超过最精确的原子钟，才可能确定那么微小的差别。难怪我们在日常生活中感觉不到时间的流逝依赖于我们运动的状态。

对长度的测量，兄弟俩也会有不同的意见。例如，在下一轮试车时，吉姆用了一种很巧妙的办法来测量斯里姆的新车的长度：当车头经过身边时，打开秒表，车尾经过时，把它按下。因为吉姆知道哥哥的汽车在以120千米/时的速度前进，所以拿速度乘以他秒表上的时间，[27]就能得到车的长度。当然，在爱因斯坦之前，也不会有人怀疑吉姆以这种直接方法测得的长度与斯里姆在汽车停在车棚里测量的长度是完全一样的。但是，狭义相对论指出，如果兄弟两人用这种办法精确测量了汽车的长度，比如说，斯里姆测得的正好是5米，那么吉姆将发现它是4.99999999999974米——短了一点儿。与时间测量一样，这么小的差别是寻常仪器无法测量的。

差别尽管很小，还是暴露了大众拥有的普适不变的空间和时间概念的致命缺陷。当斯里姆和吉姆的相对速度越来越大时，这缺陷也越来越明显。不过，只有当速度接近最大可能速度（光速）——麦克斯韦理论和实验证明为每秒300 000千米——才可能出现可以觉察的差别。那速度足以在1秒钟里绕地球7圈半。如果斯里姆的速度不是120千米/时，而是9.4亿千米/时（光速的87%），狭义相对论预言，吉姆测得的车长将是2.4米左右，大大不同于斯里姆的测量（也就是用户手册上标明的长度）。同样，在吉姆看来，短程赛车的时间将比斯里姆测量的时间大1倍。

今天几乎没有东西能达到那样的速度，所以这些专业上所说的“时间延缓”和“洛伦兹收缩”现象，在日常生活里没有产生什么效应。假如在我们生活的世界里，事物都普遍以接近光的速度运动，那么空间和时间的这些性质也就完全成了我们的直觉——因为随时都在经历着它——从而就像开头说的路旁的树木那样，也用不着多加讨论了。但是，我们并不生活在那样的世界，所以那些性质还是陌生的。我们会认识到，只有彻底改变自己的世界观，才能理解和接受那些性质。

相对性原理

构成狭义相对论基础的是两个简单然而扎实的原理。一个我们已经提过了，与光的性质有关，在下一节我们还要详细讨论；另一个更抽象，它讲的不是任何具体的物理学定律，却与*所有*物理学定律都有关系，那就是著名的*相对性原理*。这个原理基于一个简单的事实：不论我们讨论速度的大小还是方向，都必须明确是谁或者用什么在测量。从下面的例子可以很容易地理解这句话的意思和重要性。 28

让我们想象，在远离星系、恒星和行星的地方，乔治穿着闪红光的太空服飘浮在黑暗的空无一物的空间。从他的角度说，他完全静止地浮在均匀宇宙的黑暗里。他看见远处闪烁着一点绿光，越来越向他靠近。终于，那光走近了，原来是从另一位太空流浪者格蕾茜的太空服发出的，她正慢慢飘过来。经过他时，她向他挥了挥手，他也向她挥挥手。然后，她又消失在黑暗里。这个故事也完全可以从格蕾茜的立场来讲。开始的时候，格蕾茜独自飘浮在太空无边的黑暗中，她看到远处闪烁的红光在向她走来，后来她看清了，那光是从另一个人（乔治）的太空服上发出的。那人向她靠近，经过时也向她挥了挥手，然后消失在远方。[1]

---

1. 据作者说，乔治（George）和格蕾茜（Gracie）的名字来自美国著名的George Burns-Gracie Allen喜剧组合，而前面的斯里姆（Slim）和吉姆（Jim）兄弟则没有什么典故。——译者注

两个叙述以两种不同但等价的观点讲了同一件事情。每个观察者都觉得自己是静止的，而看见别人在运动。每个人的观点都有道理，也都能理解。因为两个太空流浪者的地位是对称的，所以，从根本上说，我们不能讲谁的感觉是“对”还是“错”，他们都一样有理由说自己是对的。

29　这个例子抓住了相对性原理的精神：运动的概念是相对的。只有在相对于其他事物或与其他事物比较时，我们才能谈一个物体的运动。这样，说“乔治在以10千米/时的速度运动”是没有意义的，因为我们没有说明任何参照的对象。如果我们以格蕾茜为参照，那么这样讲就是有意义的：“乔治以10千米/时的速度经过格蕾茜。”正如我们的例子那样，最后这句话完全可以这样说：“格蕾茜以10千米/时的速度（从相对的方向）经过乔治。”换句话讲，没有“绝对的”运动概念，运动是相对的。

上面的例子中关键的一点在于，乔治和格蕾茜都不以任何方式受力的作用和影响，那些影响可能会改变他们静止的、不受力的作用的、匀速运动的状态。所以，更准确的说法是，只有在与其他对象比较时，*不受力*的运动才有意义。说明这一点是很重要的，因为，如果出现力的作用，它会改变观察者的速度——改变其大小和（或）方向——而这些改变是可以感觉的。例如，当乔治背着点火的喷气袋时，他准能感觉自己在运动。这种感觉是内在的。只要火箭点火了，乔治就*知道*他在运动，即使他闭上眼睛，不看周围的事物。即使没有什么比较，他也不会再说自己是静止的，而“其余的世界在他周围运动”。常速的运动是相对的，而非常速的运动（或者说，*加速运动*）却不是。（我们下一章考虑加速运动，讨论爱因斯坦的广义相对论时，还要回头来检验这种说法。）

让故事发生在太空的黑暗里，更有助于我们的理解，因为它避开了我们熟悉的街道和大厦——我们常常毫无理由地认为它们处在特殊的“静止”状态。实际上，相对性原理也同样适合于地球上的事物，而那也是我们经常遇到的。[1]举例来说，假设你在火车上睡着了，醒来时火车正在通过一段复线。你透过窗户往外看，却被另一列火车挡住了，什么也看不见。这时，你可能说不准是一列火车在动，还是两列都在动。当然，如果火车摇晃或者在弯道上，你会感觉在运动。但如果铁路是笔直的——而且火车速度不变——你只能看到两列火车的相对运动，而说不准是谁在动。 30

让我们更进一步。假如你在那列火车上，把窗帘拉下来，把车窗遮住，看不见车厢外的一点儿东西。又假设火车速度是完全不变的，那么，你无法确定自己的运动状态。不论火车停在路上还是高速开着，你看到的车厢都是完全一样的。这样的思想，其实还可以追溯到伽利略，爱因斯坦是通过下面的论断建立起来的：不论是谁，都不可能在这样封闭的车厢里通过实验来决定火车是否在运动。这也是相对性原理：一切不受力的运动都是相对的，只有通过与其他不受力的运动物体或观察者的比较才有意义。如果不与“外面的”事物进行比较，你就不可能知道自己处在什么运动状态。根本没有什么“绝对的”匀速运动，只有比较才有物理意义。

实际上，爱因斯坦发现，相对性原理还有着一个更响亮的论断：

不论什么物理学定律，对所有匀速运动的观察者来说都是完全相同的。假如乔治和格蕾茜不是孤零零地飘浮在太空，而是在各自的太空站里做同一组实验，那么他们的实验结果还是相同的。每个人都一样有理由相信自己的太空站是静止的，尽管两个站是相对运动着的。如果他们所有的仪器都一样，两个实验室就没有什么分别——是完全对称的。他们从实验得出的物理学定律也是相同的。无论他们自己还是他们的实验，都不可能感觉到匀速运动——也就是说，不以任何方式依赖于那种运动。就是这个简单的概念在两个观察者之间建立起完全的对称关系；就是这个简单的概念体现了相对性原理的精神。很快我们会将这个原理用于重大的效应。

光速

31　狭义相对论的第二个关键因素与光和光的运动性质有关。我们说过，“乔治以10千米/时的速度运动”这句话离开比较对象是没有意义的，然而光却不同。一个世纪以来，大量实验物理学家的努力都证明，一切观察者都同意光以300 000千米/秒的速度运动——不论以什么标准为参考。

这个事实变革了我们的宇宙观。为弄懂它的意义，我们先来看，那个关于光速的论断对普通的事物是不是对的。想象一下，在一个明媚的日子里，你跟朋友出去玩沙滩排球。你们快乐地把球传来传去（速度比如说是6米/秒）。忽然，天上电闪雷鸣，你们赶紧跑去找躲雨的地方。雨过天晴，你们又重新玩起来。可是你发现有点不对劲儿，朋友的头发乱蓬蓬的，两眼变得凶恶而疯狂。再看她的手，你惊奇地发现她手上拿的不是什么球，而是要把一颗手榴弹扔给你。当然了，你玩球的热情一下子烟消云散了，转身拔腿就跑。你的伙伴扔出手榴弹向你飞过来，但因为你也在跑，所以它向你追来的速度比6米/秒小。实际上，经验告诉我们，如果你跑的速度是4米/秒，那么手榴弹向你飞来的速度是（6—4＝）2米/秒。再看一个例子：假如你在山上忽然遭遇雪崩，你首先想到的是跑，因为那样雪向你压过来的速度会慢下来——这当然是好事。同样，静止的观察者看到的雪速度要比逃跑者感觉的快。

32

现在，我们来比较一下排球、手榴弹、雪崩与光有哪些基本差别。为了让比较更密切，我们想象光是由一“束束”或一“包包”光子组成的（光的这点性质我们在第4章还要更详细地讨论）。当我们打开手电筒或者激光器时，实际上就在向某个方向发射光子流。像手榴弹和雪崩的例子一样，我们来看，运动的观察者看到的光子是如何运动的。假定你那位发了疯的朋友把手榴弹换成大功率的激光向你射过来——你可以发现（假如你有很好的测量仪器），光子束的速度为10.8亿千米/时。但是，假如你像看到手榴弹飞过来时拔腿就跑，情况会怎样呢？光向你飞来的速度会是多大呢？为了更令人相信，请你坐上“冒险者”号飞船，以1.6亿千米/时的速度逃离你的伙伴。这样，照传统的牛顿世界观，你大概以为光子飞向你的速度会慢一些，因为你也在跑。具体地说，你预料它们向你靠近的速度是（10.8—1.6＝）9.2亿千米/时。

自1880年以来，大量不同的实验以及对光的麦克斯韦电磁学理论的分析和解释，逐渐令科学家们相信，你不会看到你想象的那种事情。

实际上，不论你怎么跑，你总会发现光子向你飞来的速度是10.8亿千米/时，一点儿也不会慢。乍听起来，这似乎很荒唐，一点儿也不像我们在排球、手榴弹和雪崩时发生的事情。然而，事实就是那样。不论你迎着光还是追着光跑，它靠近或离开你的速度是不会改变的，都是10.8亿千米/时。不论光子源与观测者如何相对运动，光速总是一样的。[2]

由于技术的局限，上面说的那些“实验”实际不可能完成。不过，比较的实验还是可以做的。例如，荷兰物理学家德西特（Willem de Sitter）在1913年提出，快速运动的双星（两颗相互绕对方旋转的恒星）可以用来测量光源的运动对光速的影响。80多年来，许许多多的这类实验都证明来自运动恒星的光与来自静止恒星的光具有相同的速度——在不断提高的仪器精度下，都是10.8亿千米/时。另外，在过去的百年里，在不同环境下做了许多直接测量光速的实验，还检验了光的这种性质所带来的许多结果——它们都证明，光速是一个常量。

33

如果你觉得光的这种性质很难理解，那不是你一个人的问题。在19世纪和20世纪之交的那些年，曾有许多物理学家想尽办法来反对它，但都失败了。爱因斯坦不一样，他欣然接受了不变的光速，因为它解决了困惑他10多年的矛盾：不论你怎么费力去追赶，光总是以光速跑在你的前头。你不可能觉察光速有一丁点儿的差别，当然更不可能让光慢慢停下来。问题解决了，但不仅仅是战胜了一个难题。爱因斯坦发现，不变的光速意味着牛顿物理学的崩溃。

事实和结论

速度度量一个物体在一定时间间隔内能走多远。如果坐在速度为65千米/时的汽车上，我们在1小时里当然走了65千米（只要在这个小时内我们保持相同的运动状态）。这样说来，速度是很普通的概念。那么有人可能奇怪，我们为何还费大力气去谈什么排球、雪球和光子的速度。但是请注意，*距离*是关于空间的概念——特别是它度量了两点间有“多少”空间。另外还应注意，*间隔*是关于时间的概念——两个事物之间经历了多长时间。于是，速度最终是与我们的空间和时间概念联系着的。这样我们看到，挑战我们寻常的速度概念的那些实验事实，如光速的不变性，实际上也在挑战我们寻常的空间和时间概念本身。因为这一点，光速的奇特性质值得更仔细地研究——爱因斯坦通过对它的考察，得到了惊人的结果。

34

同时性

根据光速的不变性，可以毫不费力地证明我们平常熟悉的时间概念是完全错误的。假定有两个敌对国的元首，分别坐在长长的谈判桌的两头。他们刚达成停战协议，可谁也不愿先在协议上签字。联合国秘书长走过来，他想到一个绝妙的解决办法。把一盏灯放在桌子的中间，灯光会同时到达两位总统（因为他们距离灯是一样远的）。当两个总统看到灯光时，就在协议文本上签字。就这样，协议在双方都满意的情况下达成了。

秘书长很高兴，又用同样的办法来调解另外两个正在备战的国家。

不同的是，谈判在匀速行驶着的火车上进行。两个国家的总统坐在谈判桌的两头，“前卫国”总统面对火车前进的方向，“后卫国”总统面对他坐在对面。秘书长知道，只要运动状态保持不变，物理学定律就总是一样的，而与各人的运动状态无关，所以谁坐在哪头是没有关系的。他又主持了那种“灯光签字仪式”。两位总统签署了协议，与幕僚们共同庆祝两国结束敌对关系。

这时候，有人来报告，在车外站台上看签字仪式的两国群众打起来了。谈判列车上的人很震惊，他们听说两国群众冲突的原因是“前卫国”的人感觉自己受骗了，因为是他们的总统*先*在协定上签了字。35 而车上的人——不论哪一方——都认为签字是同时进行的。外面的人怎么会看到不同的场面呢？

让我们更仔细地来考虑站台上的人所看到的情形。当初，谈判桌上的灯是关着的，然后在某个时刻打开，光传向两位总统。从站台上看，“前卫国”总统迎着照过来的光，而“后卫国”总统则在离开光。这就是说，对站台上的人而言，灯光离“前卫国”总统的传播路线比离“后卫国”总统的更短，因为一个迎着光来，一个离光而去。这不是说光的*速度*在射向两位总统时有什么不同——我们已经讲过，不论光源和观察者的运动状态如何，光速都是相同的。我们这里说的只是，从站台上的观察者的观点看，光到达两个总统所经历的*距离*有多远。因为光到“前卫国”总统的距离比到“后卫国”总统的短，所以它将先到达“前卫国”的总统，这就是为什么“前卫国”的公民说自己上当了。

当有线新闻网（CNN）广播群众看到的情景时，联合国秘书长、两国总统以及幕僚们都惊呆了，简直不敢相信自己的耳朵。他们都看到灯肯定是精确地放在两位总统的正中央的，如果没有什么干扰，灯发出的光传到他们的距离是一样的。因为光向左和向右的速度相同，他们相信——而且确实看到了——光真的是同时到达两个总统的。

车上车下的人，谁对谁错呢？双方看到的和解释的理由都无懈可击。答案是，*两方*都是对的。像乔治和格蕾茜那两位太空行者的情形一样，两种观察结果都有理由说是正确的。唯一令人疑惑的是，这里的两种情形似乎是相互矛盾的。出现了棘手的政治问题：两位总统是同时签字的吗？以上面的观察和理由使我们不得不相信，*根据列车上的人的观点，他们是同时签字的，而根据站台上的人的观点，他们不是同时签字的*。换句话讲，如果两个观察者是相对运动的，那么在一个人看来同时发生的事情，在另一个人看来是不同时的。

36

这是一个惊人的结论，是对实在本性最深刻的洞察之一。不过，即使多年以后你忘了这一章讲的事情，而还能记得那艰难的和平历程，那么你还是把握了爱因斯坦发现的精髓。时间的这种出人意料的性质，不需要令人皱眉的数学，也不需要眼花缭乱的逻辑，它是光速不变性的直接结果，这一点我们已经说过了。我们现在来看，如果光速不是常数，而像我们直觉认为的那样，像排球、雪球的速度那样变化，那么站台和列车上的人的意见就不会有冲突了。站台上的人还是会说，光离“后卫国”总统的距离要比离“前卫国”总统远一点儿，但直觉告诉我们，光飞向“后卫国”总统的速度也要快一点儿，因为向前奔驰的火车也在给它“加劲儿”。同样，他们会看到光飞向“前卫国”总统的速度会慢一点儿，因为向前的列车会将它“拖住”。考虑了这些效应（当然是错误的），站台上的人们会看到光同时到达两位总统。然而，在现实世界里，光不能被加速，也不会慢下来，所以火车既不可能使它更快，也不可能使它变慢。于是，站台上的观察者最终还是会说光先到达“前卫国”的总统。

千百年来，我们一直以为同时性的概念是普适的，不论运动状态如何，都是大家公认的；然而，光速不变性要求我们放弃这种观念。我们曾经幻想一种普适的时钟，不论在地球、火星、木星还是在仙女座星系，它在宇宙的每一个角落都能以完全相同的节律，一分一秒地走下去。现在看来，这样的钟是不可能存在的。反过来说，相对运动的观察者对事件是否同时发生，会有不同的看法。然而，还是因为我们寻常遇到的速度太小，所以我们世界的这种实实在在的特征对我们来说依然是陌生的。假设谈判桌长30米，火车以16千米/时的速度运行，那么站台上的人们会“看到”光到达“前卫国”总统的时间比到达 37 “后卫国”总统的时间要早大约一千万亿分之一秒。虽然这是真正的差别，但确实太小了，我们不可能直接感觉得到。假如火车快得多，每小时跑10亿千米，那么，站台上的人会看到光到达“后卫国”总统的时间要比到“前卫国”总统多20倍。在高速情况下，狭义相对论的惊人效应就越发显著了。

时间的延缓

很难为时间下一个抽象的定义——那常常会把“时间”本身卷进来，要不就得在语言上兜圈子。我们不想那么做，而采取一种实用的观点，将时间定义为时钟所测量的东西。当然，这也把定义的负担转给了“时钟”。这里，我们不那么严格地将时钟理解为一种做着完全规则的循环运动的仪器。我们通过计数时钟经过的循环次数来测量时间。像手表那样的寻常钟表是满足这个定义的，它的指针规则地一圈一圈地转，而我们也的确通过它的指针在两个事件之间转的圈数来确定时间。

当然，“完全规则的循环运动”也隐含着时间的概念，因为“规则”指的正是每一个循环经历相同的时间间隔。从实用的立场出发，我们用简单的物理过程来建立时钟，就是说，我们希望它在原则上反复地循环，从一个循环到下一个循环不发生任何方式的改变。古老的来回摇荡的摆钟和以重复的原子过程为基础的原子钟，为我们提供了简单的例子。

我们的目的是认识运动如何影响时间的流逝。既然我们已经以操作的方式用钟的运动定义了时间，那么也可以将问题转换为：运动如何影响钟的“嘀嗒”？首先应强调一点，我们的讨论并不关心某个特殊的钟的机械零件会在摇晃、碰撞中发生什么事情。其实，我们要讲的只是最简单最平凡的运动——速度绝对不变的运动——这样也不会有摇晃或碰撞。我们真正感兴趣的是一个普遍性的问题：运动如何影响时间的流逝，也就是说，如何根本地影响任何钟的节律，而与钟的具体设计和构造无关。

38

为此，我们引入一种最简单的概念性的（不过也是最不实用的）钟，那就是所谓的“光子钟”。它由安在架子上的两面相对的小镜子组成，一个光子在两面镜子间来回反射（图2.1）。假定镜子相隔15厘米，光子来回一趟需要大约十亿分之一秒。我们可以把光子的一次来回作为光子钟的一声“嘀嗒”——嘀嗒10亿声就意味着经过了1秒。

图2.1　两面平行镜子构成的光子钟，中间有一粒光子。光子每完成一次往返，钟就“嘀嗒”一声

我们可以拿光子钟做秒表来测量两个事件的时间间隔：只需要数一下在我们感兴趣的期间里听到了多少次“嘀嗒”声，然后用它乘以每次“嘀嗒”所对应的时间。例如，我们测量一场赛马的时间，从开始到结束，光子来回的次数为550亿次，那么我们知道赛马经过了55秒。

我们用光子钟来讨论是因为它的力学性质很简单，而且摆脱了许多外来的影响，从而能让我们更好地认识运动如何影响时间过程。为看清这一点，我们来仔细看看身边桌上的光子钟是怎么计时的。这时候，忽然从哪儿落下另一只光子钟，在桌面上匀速地滑过（图2.2）。我们的问题是，运动的钟与静止的钟会以相同的节律“嘀嗒”吗？

为回答这个问题，让我们从自己的角度来看光子在滑动的钟内为了一声“嘀嗒”该走的路径。如图2.2，光子从滑动着的钟底出发，然后到达上面的镜子。在我们看来，钟是运动的，光子的路径应该像

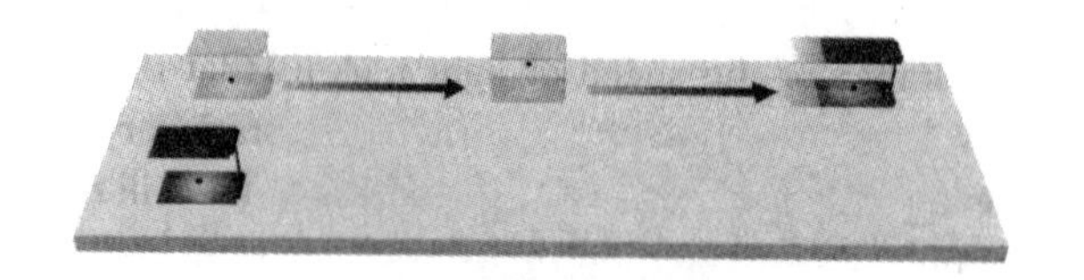

图2.2 前面是静止的光子钟，另一只光子钟匀速滑过

图2.3那样是斜的；如果光子不走这条路，就会错过上面的镜子而飞向空中。然而，滑动的钟也有理由说自己是静止的而其他东西在运

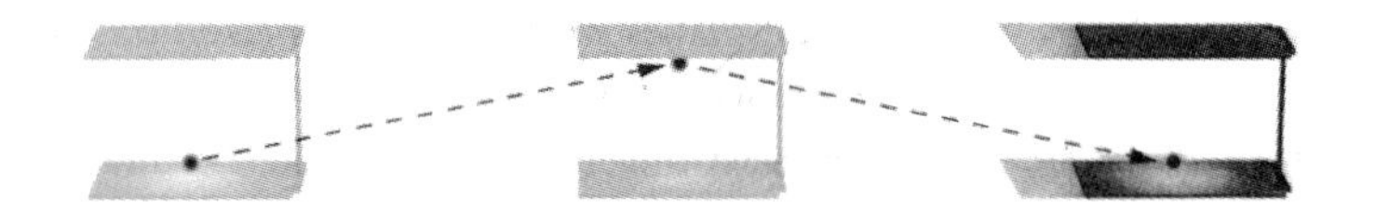

图 2.3 从我们的视点看，光子在滑动的钟里走过一条折线

动，我们也知道光子一定会飞到上面的镜子，所以我们画的路线是对的。然后，光子从上面反射下来，沿着另一条斜线落回下面的镜子，“敲响”滑动的钟。显然，我们看见的光子经历的两条斜线比光子在静止的钟里从上到下的直线更长，因为从我们的视角看，光子不仅上下往返，还必须随滑动的钟从左飞到右。这一点是有根本意义的。另外，光速不变性告诉我们，滑动钟的光子与静止钟的光子一样，都以光速飞行。光子在滑动的钟里需要飞过更长的路径，所以它“敲响”的钟声会比静止的钟少。这个简单的论证说明，从我们的视点看，运动着的光子钟比静止的光子钟“嘀嗒”得慢。而我们已经认为“嘀嗒”的次数反映了经历时间的长短，因此我们看到，运动的钟的时间变慢了。

你可能想问，也许这不过是光子钟的特殊性质，未必适合于古老的摆钟或者劳力士手表。这些更熟悉的钟表测得的时间也会慢吗？我们可以响亮地回答"是的"，可以用相对性原理来证明。在光子钟上系一只劳力士表，重复刚才的实验。我们已经讲过，静止的光子钟和系在上面的劳力士表所测量的时间是一样的，光子钟"嘀嗒"10亿次，劳力士表走1秒钟。如果光子钟和劳力士表在运动呢？劳力士表会像光子钟那样也同步地慢下来吗？为使问题更明白，我们把钟和表固定在列车车厢的地板上，车厢没有窗户，列车在笔直光滑的铁路上匀速地滑行。根据相对性原理，车上的人谁也没有办法判断列车是否在运动。但如果劳力士表和光子钟不同步，他们就可以凭这一点发现运动的效应。因此，运动的钟和钟上的表一定测量相同的时间间隔；劳力士表一定以完全相同的方式像光子钟那样变慢了。不论什么牌子、什么类型、什么结构的钟表，只要在相对运动，它们就会测量出不同的时间节律。

光子钟的讨论还说明，静止与运动的钟的时间差决定于滑动钟的光子完成一次往返飞行需要经过的距离，而这又决定于钟滑动的速度——从静止的观察者看，钟滑动越快，光子飞行越远。所以，与静止的钟相比，滑动的钟滑得越快，它"嘀嗒"的节律就越慢。[3]

41

为了对时间大小有一点感觉，我们注意光子来回一趟大约是十亿分之一秒。能在"嘀嗒"声中经过一段可以觉察的路径的钟一定运动得很快——那速度与光速差不多。假如它以寻常的16千米/时的速度运动，则在光子走完一个来回时它才移动了五百亿分之一米。这个距离太小，从而光子经过的距离也小，相应地，对钟的影响也小了。根据相对性原理，这同样适合于所有的钟——也就是说，适合于时间本身。这也是为什么我们这些以低速度相对运动的生命一般都感觉不到时间的扭曲。那效应虽然肯定存在着，却是小得惊人。相反，假如我们能抓着滑动的钟，跟它一起以3/4光速运动，那么我们可以用狭义相对论方程证明，静止的观察者会发觉我们运动的钟的节律大约只是他们的钟的2/3，这实在是显著的效应。

运动的生命

我们看到了，光速不变性意味着运动的光子钟比静止的光子钟的“嘀嗒”节律慢，而根据相对性原理，这不仅对光子钟来说是正确的，也适合于任何类型的钟——也就一定适合于时间本身。运动的观察者的时间过得比静止观察者的慢。照这样的推理，运动着的生命岂不是比静止的生命活得更长吗？毕竟，假如运动的时间比静止的时间慢，那么这种差别不应仅适用于钟表测量的时间，也同样适用于心跳和身体器官衰老所决定的时间。真是这样的，它已经得到了直接证实——不是人的寿命延长了，而是来自微观世界的某种粒子（μ 子）的寿命延长了。然而，我们却不能说找到了青春的源泉，因为面前还有巨大的困难。

42

在实验室里处于静止状态时，μ 子经过类似放射性衰变的过程，在大约一百万分之二秒的时间内发生分裂，这是得到无数证据证明了的实验事实。μ 子仿佛举着一支枪顶着自己的头，在一百万分之二秒时扣动扳机，把自己击碎，分裂成电子和中微子。但是，假如 μ 子不是静止在实验室里，而是在某个粒子加速器里，它将获得只比光慢一点的速度。实验室的科学家会发现它的平均寿命惊人地延长了。确实如此。以10.73亿千米/时（约99.5%的光速）运动的μ子，寿命大约会增大10倍。照狭义相对论的解释，快速运动的μ子“戴”的表比实验室里的钟慢得多，当实验室钟声响起该它开枪时，它的表还远没到那“最后的时刻”。这说明了运动对时间过程直接而惊人的影响。假如谁能像μ子那么快地飞翔，他的生命也会一样地延长。原先活70岁的，会活到700岁。[4]

现在我们来看那困难是什么。实验室的人看到高速运动的μ子比它静止的伙伴活得更长，那是因为对运动者来说，*时间走慢了*。不仅μ子的表慢了，它经历的一切活动都慢了。例如，假如静止的μ子一生能读100本书，它那运动的兄弟也只能读100本书——尽管它的寿命长多了，但它阅读的速度和它生命的一切活动也都慢下来了。从实验室看，运动的μ子会比静止的活得更长，但它经历的“生命的总和”却是一样多。这个结论当然也适用于那些高速运动的能活几百岁的人。43在*他们*自己看来，生命如故。在我们看来，他们过着超慢节奏的生活，他们的一个普通生命周期要经历*我们*漫长的时间。

谁在运动

运动的相对性既是爱因斯坦理论的钥匙，也是混乱的根源。你大概已经注意了，如果换一个角度看，那么时间过得慢的“运动的”μ子与“静止的”μ子将相互改变角色。像乔治和格蕾茜都能说自己是静止的一样，我们讲的运动的μ子完全可以从它自己的角度说它没有动，真正（在相反方向）动的是那“静止的”伙伴。从这个角度看，前面的论证同样是成立的，于是我们得到一个表面上很矛盾的结果：我们所讲的静止的μ子的时间，相对于我们所讲的运动的μ子的时间，慢了。

在“灯光签字仪式”的例子中，我们曾遇到过这样的情形：不同观点会带来离奇的结果。在那里，我们被迫根据狭义相对论的基本论证放弃了这样一个根深蒂固的旧观念：不论在什么样的运动状态，人们对事件发生的时间会有一致的认识。而眼前的冲突似乎更严重。两个观察者怎么可能都说对方的表慢了呢？更令人惊讶的是，两个不同的μ子的观点使我们面对这样一个严酷而悲哀的境地：两个兄弟都说自己会先离开这个世界。我们知道世界上会发生一些出人意料的怪事，但我们还是不希望出现逻辑荒唐的事情。究竟是怎么一回事呢？

像狭义相对论出现的其他悖论一样，仔细考察这些逻辑怪圈会带来对宇宙行为的新认识。为避免过分的拟人化，我们不谈μ子兄弟了，还是来看乔治和格蕾茜。现在，他们除了太空服上的闪光灯以外，还带着明亮的数字钟。在乔治看来，他是静止的，而格蕾茜的灯光和 44 她巨大的数字钟出现在远处，然后从黑暗的虚空空间走过来，经过他。他发现她的钟比自己的慢（慢多少则依赖于他们相互经过的速度是多大）。如果再机灵一点儿，他还会发现，不仅她身上的钟慢了，她的一切都慢了——她经过时挥手的动作慢了，她眨眼睛的速度慢了……在格蕾茜看来，这些缓慢的运动同样发生在乔治身上。

虽然这显得很奇怪，我们还是来看一个揭示逻辑荒谬的精确实验。最简单的办法是，让乔治和格蕾茜相遇时把他们的钟都拨到12：00。两人分开后，都说对方的钟慢了。为看个究竟，他们只好又回到一起，直接比较钟的时间。不过，他们怎样才能再相遇呢？既然乔治带着喷气袋，他当然可以利用它来追格蕾茜（从他的角度看）。但是，如果他真那么做，那引发悖论的两人的对称关系就被破坏了，因为乔治现在经历着加速，而不是没有力作用的自由运动。当他们这样重逢时，乔治的钟真的慢了，他可以肯定地说自己在运动，因为他感觉到了。乔治与格蕾茜的观点不再相同。打开喷气袋时，乔治就不再说自己是静止的了。

假如乔治就这样追赶格蕾茜，他们的相对速度和乔治喷气的具体方法将决定两人的时间会有多大差别。我们现在已经知道，如果相对速度小，时间差别也会很小；如果速度同光速差不多，则时间差可能会是几分钟、几天、几年、几百年，甚至更大。考虑一个具体的例子：乔治和格蕾茜以99.5%的光速分离，3年以后（据乔治的钟），乔治在瞬间点燃他的喷气袋，以同样的速度去追格蕾茜。当他追上她时，6年过去了——这是他的钟所经历的时间，因为他需要3年才赶得上格蕾茜。然而，狭义相对论的数学证明，格蕾茜的钟这时已过了60年。这不是什么梦幻：格蕾茜得追寻60年前的记忆，才会想起她经过乔治的那一刻。而对乔治来说，那不过是6年前的事情。乔治真的成了时间行者，准确地说，他走进了格蕾茜的未来。

45

让两个钟回到一起来面对面地比较，这似乎只是一个逻辑小把戏，然而的确触及了问题的核心。我们想过很多办法来克服这点疑惑，最终都失败了。例如，我们不让钟回到一起，而让乔治和格蕾茜通过网络电话联系来比较他们的时间，事情会如何呢？如果这种联系是瞬间的，我们就不得不面对一个难以逾越的障碍：从格蕾茜的角度看，乔治的钟走得较慢，所以他通报的时间一定会小些；从乔治的角度看，格蕾茜的钟走得更慢，所以她通报的时间一定会小些。两个人不可能都是对的，而我们却糊涂了。问题的关键在于，网络电话同所有通信方式一样，不是瞬时传递信号的。电话经过无线电波（光的一种）传达信号，因此信号也以光速传播。这意味着接收信号需要一定的时间——实际上，正是这一时间延迟，将彼此的观点协调起来了。

我们先从乔治的角度来看。假定在每小时整点的时候，乔治就在电话里报告，“现在是12点整，一切正常”，“现在是1点整，一切正常”……在他看来，格蕾茜的钟走得慢，所以他开始以为她的钟在她收到通话后还没走到那个钟点。于是，他认为，格蕾茜会同意她的钟走得慢。但他马上又想，“格蕾茜在离我而去，我给她的电话一定要经历更远的距离才能到达她。也许，这多出的传话时间正好补上她走慢的钟。”乔治想到了存在着两种对立的效应——一方面，格蕾茜的钟走得慢；另一方面，他的信号传播需多费些时间——于是，他满怀热情地坐下来计算这两个效应的综合结果。他发现，传播信号需要的时间*超过*了格蕾茜的钟慢的那段时间。结论令他惊讶：格蕾茜要在她的[46]钟过了那点*以后*才能收到他报告那点的电话。实际上，乔治知道格蕾茜也精通物理学，知道她在根据他的电话确定*他的*时间时，会把信号传播的时间考虑进来的。经过更多的计算，我们会证明，即使考虑了信号传播的时间，格蕾茜在分析他的信号后，也会得到这样的结论：乔治的钟比她的慢。

从格蕾茜的角度看，让她向乔治发正点报时信号，上面的论证也一样适用。起初，她觉得乔治的钟走得慢，因而会在他到点以前收到她的正点消息。但她接着考虑了她的信号一定要走得远一些才能追上正消失在黑暗中的乔治，于是她意识到，他实际上会在发出自己的正点信号以后才能收到她的消息。她同样意识到，即使乔治考虑了信号传播的时间，他也会根据她的电话得到结论：她的钟比他自己的慢。

只要乔治和格蕾茜都没有加速，他们两个的观点就都是站得住脚的。尽管表面看来像一个悖论，但他们却通过这种方式发现，在认为对方的钟走得慢这一点上，他们是完全一致的。

空间的收缩

上面的讨论说明观测者会看到运动的钟比自己的钟走得慢——就是说，运动影响时间。向前一小步，我们可以看到运动也同样惊人地影响着空间。我们回头来看斯里姆兄弟和他们的短距离试车。我们讲过，当汽车还停在展厅时，斯里姆就用皮尺认真测量过新车的长度。当汽车在跑道上飞驰时，吉姆不可能再用皮尺去量，只好用一种间接的办法。我们在前面曾提过一个办法：在车头经过时，吉姆打开秒表；车尾经过时，吉姆按下秒表，然后，用这个时间乘以汽车的速度，就能确定车的长度。

47

根据刚发现的时间特性，我们知道，在斯里姆看来，自己是静止的，吉姆是运动的。于是，他看到吉姆的钟走慢了。结果，斯里姆认为吉姆用间接方法测量的汽车长度比他自己在车库测量的短。因为，在吉姆的计算里（车长等于速度乘以经过的时间），他用的是走得慢的表测量的时间。既然表慢了，他看到的时间短了，他计算的结果一定也短了。

于是，吉姆将感觉斯里姆的汽车在运动中会变得比在静止时短。这不过是一个例子。一般情况下，观察者会看到运动的物体在运动方向上缩短了。[1] 例如，狭义相对论的方程证明，如果物体以90%的光速运动，那么静止的观察者将发现它比静止时短了80%。图2.4画出了这个现象。[5]

图2.4　运动物体在运动方向上缩短了

在时空里运动

光速不变性引出一种新的空间和时间概念，取代了传统的固定的刚性结构的空间和时间观念。在新的概念里，空间和时间的结构密切依赖于观察者和被观察者之间的相对运动。我们已经认识到运动物体的演化慢了，在运动方向上的长度也缩短了，本可以就这样结束这儿的讨论。然而，狭义相对论还提供了一个更为深刻的统一的观点，能

---

1. 读者一定要记住，这是许多相对论读物关于“我们看到的”洛伦兹收缩的“传统”错误说法，作者在后面的注释中已经做了补充说明。更具体的讨论可以参考本丛书《时间、空间和万物》的有关章节。—— 译者注

囊括所有这些现象。

为了理解这个观点，我们想象有辆不那么现实的汽车，能很快达 48 到省油速度，160千米/时，然后保持这个速度，不快也不慢，最后突然刹车停下来。这时候，斯里姆高超的驾驶技艺越来越出名了，于是人们请他在广袤平坦的大沙漠上的一条笔直的路上试开这辆汽车。从起点到终点，路线长16千米，汽车6分钟（1/10小时）就能开过去。吉姆这回充当汽车技师，检查12组试车数据。令他困惑的是，尽管多数记录的时间都是6分钟，但最后三次却长一些：6.5分钟、7分钟、7.5分钟。起初他怀疑是机械故障，因为这几个时间说明汽车在最后三轮的试验中速度没能达到160千米/时。但是，认真检查后，他相信汽车没有一点儿问题。他无法解释那些反常的时间，就去问斯里姆最后三轮的情况。斯里姆的解释很简单。他告诉吉姆，在最后三轮，天近黄昏，车从东头开向西头，他的眼睛正对着落山的太阳，于是把车开偏了一点儿。他还画了一张草图说明最后三轮的路线（图2.5）。现在明白了为什么那三轮的时间会长一些：从起点到终点偏了一个角度，路线更长了，因而相同的速度需经历更长的时间才能开过去。换句话说，当路线偏离一个角度时，160千米/时的速度有一部分耗在了从南到北的方向上，于是从东到西的速度就慢了一点儿，从而经过这段路线的时间会长一点儿。

像上面讲的，斯里姆的解释很容易理解；不过，我们在这儿重复 49 它多少是为了下面在概念上的飞跃。南北方向和东西方向是汽车能自由活动的两个独立空间维度。（当然，它还可以在竖直方向上运动，例如爬过山坡。不过，在这儿不需要那样。）斯里姆的解释说明，即使汽

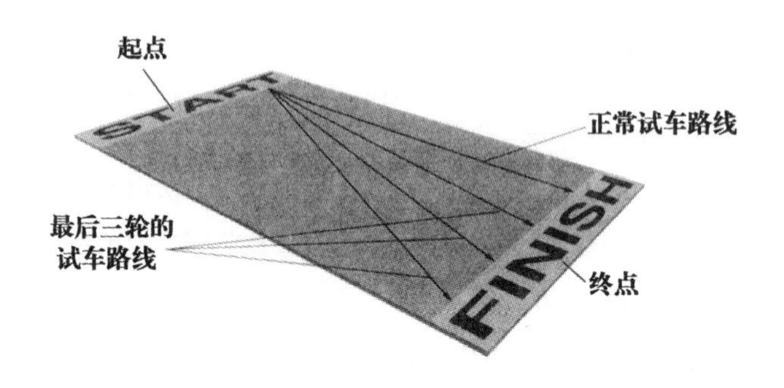

图2.5 在黄昏阳光的照射下，斯里姆在最后三轮试车中路线越偏越远

车速度每回都是160千米/时，在最后三轮里，因为它在两个方向上运动，因而在东西方向上的速度就显得比160千米/时慢了。在前些轮试车时，那160千米/时的速度完全都跑在东西方向上；而在最后三轮，南北方向上也有了一定的速度。

爱因斯坦发现，这种运动在两个方向上分解的思想，正是狭义相对论一切惊人的物理学事实的基础——不过我们需要明白，不光是空间维分解运动，时间维也能“分享”运动。实际上，在大多数情况下，物体运动的大部分都是在时间而不是空间度过的。我们来看这是什么意思。

在空间发生的运动，我们很小的时候就知道了。我们也知道（尽管没有这样想过），我们和我们的朋友，以及我们所有的东西，也*在时间里运动*。当我们抬头看挂钟的时候，或者当我们悠闲地坐着看电视的时候，钟的读数在不停地变化，不停地“在时间里向前走”。我们和周围的一切事物都会变老，不可避免地在时间里从一刻走到下一刻。

实际上，数学家闵可夫斯基（Hermann Minkowski）以及后来的爱因斯坦，都倡导把时间看成宇宙的另一维——第四维——就像我们想象自己浸在三维空间一样。这听起来很抽象，但时间维的概念却是具体的。当我们想会见某个人，我们会告诉他"在空间"的哪儿见面——如第7大道53街区一个角落的大楼的9楼。那地方由三条信息（第7大道，53街区，9楼）确定，是三维空间里的一个特定位置。然而，还有一点也同样重要，我们应确定*在什么时候*见面——如下午3点。这个信息告诉我们"在时间"的什么地方。于是，事件由4*点*信息来确定：3个空间的和1个时间的。这些数据就确定事件在空间和时间（或者简单地说，在*时空*）里的位置。在这个意义上，时间是另一维。

50　从这个观点说，空间与时间是全然不同的维度。那么，我们是不是还能像讲物体通过空间的速度那样来讲它通过时间的速度呢？当然可以。

能这么做的一大线索来自我们曾经遇到过的一个重要现象：当物体相对于我们在空间运动时，它的钟比我们的走得慢。就是说，它*在时间里的运动速度慢了*。现在来看爱因斯坦的思想飞跃，他宣布，宇宙间的一切事物总是以一个固定的速度——光速，在时空里运动。这是很奇怪的想法；我们习惯了物体运动速度远小于光速的观念，我们还反复强调这一点正是在日常生活中看不到相对论效应的原因。这都是对的。我们现在讲的是在*四维*——三维空间和一维时间——里的组合速度，这个推广的速度正好等于光的速度。为更彻底理解这一点，认识它的重要意义，我们还来看上面讲的那辆只有一个速度的汽车。那个速度可以在不同的维度里分解——不同的空间维和一个时间维。

假如物体（相对于我们）静止不动，就是说，它不在空间运动，类似于第一轮试车，所有的运动都发生在一个维度里——不过，在现在的情形，那一维是时间。而且，相对于我们静止以及相互相对静止的所有物体，都在时间里运动——以完全相同的速度或节律衰老。然而，假如物体在空间运动，那么刚才讲的在时间的运动一定会转移一部分到空间来。跟汽车偏离路线一样，物体运动的转移意味着它在时间里的运动比静止时慢，因为有的运动现在转移到空间里去了。就是说，当物体在空间运动时，它的钟会变慢。这正是我们以前发现的结果。现在我们看到，相对我们运动的物体的时间变慢的原因，是它在时间里的部分运动转移为空间运动了。这样，物体在空间的运动只不过反映了有多少时间里的运动发生了转移。[6]

我们还看到，这个理论框架直接包含着一个事实：物体的空间速度有一定的极限。假如物体在时间里的运动完全转移到空间来了，物体在空间的运动就达到那个最大速度。也就是说，以光速在时间里运动的物体，现在以光速在空间运动。因为所有在时间里的运动都被占有了，因此这是物体——任何物体——所能达到的最大速度。这相当于说，我们试验的汽车直接在南北方向行驶。这时候，汽车在东西方向没有留下一点儿运动；以光速在空间运动的事物，同样也没有留一点儿在时间里的运动。因此，光不会变老；从大爆炸出来的光子在今天仍然是过去的样子。在光速下，没有时间的流逝。

51

$E = mc^2$ 呢

尽管爱因斯坦没有宣扬他的理论是“相对论”（他建议叫它“不变

性”理论以反映光速的不变性特征)，我们现在还是明白了这个词的意思。爱因斯坦的研究证明，在过去似乎分离、绝对的空间和时间的概念，实际上是相互交织的，是相对的。他还接着证明，世上的其他物理性质也是出人意外地相互关联的。他最有名的方程为我们提供了一个重要范例。在这个方程里，爱因斯坦宣布，物体的能量(E)和质量(m)不是两个独立的概念；我们可以从质量(乘以光速的平方，c^2)决定能量，也可以从能量(除以光速的平方)得到质量。换句话讲，能量与质量像美元与法郎一样，是可以兑换流通的。然而，与钞票兑换不同的是，这里的兑换率是光速的平方，总是固定不变的。由于这个因子很大，小质量能产生大能量。不足8.712克(0.02磅)的铀转化的能量，曾在广岛带来毁灭性的破坏；总有一天，我们可以利用取之不竭的海水，通过核聚变获得我们世界所需要的能量。

52　根据这一章强调的概念，爱因斯坦方程为我们最确切地解释了一个关键问题：没有什么东西能比光更快。你可能会奇怪这是为什么。例如，我们把一个μ子用加速器加速到10.73亿千米/时——光速的99.5%，“加把劲儿”，加到99.9%的光速，然后，“真正再加把劲儿”，让它突破光速的壁垒。爱因斯坦的公式说明这样的努力是永远不会成功的。物体运动越快，它的能量越大；而根据爱因斯坦的公式我们看到，物体能量越多，它的质量越大。例如，μ子以99.9%的光速运动时，要比它静止的伙伴重得多——严格说，大约重22倍(表1.1所列的是静态粒子质量)。而物体质量越大时，把它加速就越困难。把小孩儿搭上自行车很容易，推动一辆大卡车可就是另一回事儿了。所以，当μ子越来越快时，越不容易提高它的速度。当速度为99.999%光速时，μ子的质量增加到它原来的224倍；在99.99999999%的光速时，它的质量比原来大70 000多倍。在速度逼近光速的过程中，质量的增加是没有极限的，因此需要无限的能量才可能使它达到或超过光速壁垒。这当然是不可能的，所以绝对不会有什么东西能比光还跑得快。

在下一章，我们会看到，这个结论也是物理学过去百年面对的第二个大冲突的根源，并最终使另一个曾令人仰慕和喜爱的理论走向死亡——那就是牛顿的万有引力理论。

第 3 章
卷曲与波澜

53　爱因斯坦通过狭义相对论解决了关于运动的“古老的直觉”与光速不变性之间的矛盾。简单地说，我们的直觉错了——因为我们寻常的运动跟光相比太慢了，而缓慢的运动遮掩了空间和时间的真实特性。狭义相对论揭开了它们的本性，说明它们大不同于我们从前的观念。然而，修正我们对空间和时间基础的认识却不是那么轻松的事情。爱因斯坦很快就意识到，狭义相对论引发了一连串的反应，其中有一点是特别剧烈的：万物以光速为极限的概念与牛顿在17世纪后期提出的可敬的引力理论是不相容的。于是，狭义相对论在解决一个矛盾的同时，又引出另一个矛盾。经过10年艰辛甚至痛苦的研究，爱因斯坦带着他的广义相对论走出了困境。在这个理论中，爱因斯坦又一次革新了我们的空间和时间观念，他证明它们是卷曲着的，而引力就是那卷曲的波澜。

牛顿的引力论

54　牛顿（Isaac Newton）1642年生在英国林肯郡。他把数学的全部力量带给了物理学的追求，改变了科学研究的面貌。他是不朽的智者，当问题需要新的数学时，他就自己把它创造出来。约3个世纪过去后，我们才看到另一个跟他一样的科学天才。牛顿关于宇宙的行为有数不清的发现，我们在这儿关心的是他的万有引力理论。引力作用充满了我们的日常生活。它让我们和我们周围的事物安稳地站在地球的表面；它不让我们呼吸的空气逃向外层空间；它使月亮围绕着地球，把地球约束在围绕着太阳的轨道上。从小行星、行星，到恒星和星系，亿万个宇宙的精灵在永不停歇地舞蹈，引力在指挥着这台宇宙大戏的旋律。300多年来，牛顿的影响使我们理所当然地认为，这唯一的引力是天地间万物发生的根源。但在牛顿以前，没人知道从树上落下的苹果会跟围绕着太阳旋转的行星有着相同的物理学原理。牛顿大胆地迈出一步，统一了主宰天与地的物理学，指出引力是在天地间活动着的一只看不见的手。

牛顿的引力思想大概可以说是一种伟大的平均论。他认为，每一样东西绝对有一个作用于其他任何东西的引力；不论事物的物理组成如何，它总能吸引别的事物，也被别的事物所吸引。经过对开普勒（Johannes Kepler）行星运动分析的仔细研究，牛顿得到，两个物体间的引力大小仅仅依赖于两个因素：组成每个物体的物质总量和物体间的距离。所谓“物质总量”指的是构成物质的质子、中子和电子总数，它决定着物体的*质量*。牛顿的万有引力理论断言，物体质量越大，两个物体间的引力越大；物体质量越小，引力越小；而且，物体间距离越小，引力越大；距离越大，引力越小。

牛顿不仅定性描述了引力，还写出了定量的方程。用语言来说，方程的意思是，两个物体间的引力正比于物体质量的乘积，反比于物体间距离的平方。这个“引力定律”可以用来预言行星和彗星围绕太阳的运动，月亮绕地球的运动，火箭在太空的运动；它还更多地用来描写地球上的运动，如篮球在空气中飞行，跳水队员从跳板上旋转着跳入水池。公式预言的与实际看到的这些事物的运动惊人的一致。直到20世纪初，这些成功一直是牛顿理论不容辩驳的支柱。然而，爱因斯坦的狭义相对论却给牛顿理论带来一个难以逾越的巨大障碍。

牛顿引力与狭义相对论不相容

狭义相对论的一个重要特征是光所限定的绝对速度。这个极限速度不仅适用于有形的物体，也适用于信号和各种形式的影响作用，认识这一点是很重要的。信息或者干扰从一个地方传到另一个地方，都不可能比光速更快。当然，比光慢的传播方式在世界上是很多的。例如，说话或者别的什么声音，是由振动以1100千米/时的速度在空气中传播的，这与10.8亿千米/时的光速相比确实微不足道。这两种速度的差别，在我们远离本垒观看棒球比赛时会变得很明显。当击球手击中球时，我们会先看到球被击中，然后才听到击球的声音。类似的现象发生在雷雨时。虽然闪电和雷鸣是同时发生的，但我们总是先看到闪电，后听到雷鸣。这同样反映的是光速与声速的巨大差别。狭义相对论的成功使我们知道，相反的情况——某个信号比光先到达我们——是不可能发生的。没有东西能比光更快。

问题是这样的：在牛顿引力理论中，一个物体作用在另一个物体上的引力完全取决于两个物体的质量和分开的距离，而与它们相互作用的时间无关。就是说，如果物体的质量和距离变了，则照牛顿的观点，物体将同时感觉它们之间的引力也变了。例如，牛顿理论认为，假如太阳突然爆炸了，那么1.5亿千米外的地球会立刻脱离它寻常的椭圆轨道。即使光从爆炸的太阳传到地球需要8分钟的时间，在牛顿理论中，太阳发生爆炸的消息却因为引力的突然改变而瞬间传到地球。

这个结论是直接与狭义相对论矛盾的，因为后者确信没有什么信息能比光的传播更快——瞬时传播大大地违反了相对论原理。

这样，爱因斯坦在20世纪初发现，成功的牛顿引力理论是与他的狭义相对论相矛盾的。他相信狭义相对论是正确的，尽管有数不清的实验支持牛顿理论，他还是去寻找一种能与狭义相对论相容的引力理论。终于，他发现了广义相对论。在那个理论里，空间和时间的性质又一次经历了惊人的变革。

爱因斯坦最快乐的思想

即使在狭义相对论出现之前，牛顿的引力理论也存在一个严重的缺陷。它能高度精确地预言物体如何在引力作用下运动，却没能说明引力是什么。就是说，在物理上彼此分离（甚至分离亿万千米）的物体，凭什么相互影响呢？引力是以什么方式发生作用的？这个问题牛顿本人当然也很清楚。照他自己的话讲：

> 非生命物质不借任何其他非物质形式的中介而能无接触地相互发生作用，是无人能信的。引力也许是物质生来所固有的本性，所以一个物体能通过虚空超距地作用于另一个物体，而无需其他任何中介作为那力的承载物和传播

> 者。这一点在我看来真是一个伟大的谬误，我相信凡对哲学问题有足够思想能力的人都不会信它。引力必然有一个以一定规律持续作用的动因，不论这动因是物质的还是非物质的，我都留给我的读者去考虑。[1]

显然，牛顿接受了引力存在的事实，然后建立了精确描述它的作用的方程，但是没能发现它是如何产生的。他为世界写了一本引力的“用户手册”，告诉人们如何“使用”它——遵照那些指令，物理学家、天文学家和工程师们成功地把火箭送到了月球、火星和太阳系的其他行星；预言了日食和月食；预言了彗星的运动，等等。但是，他留下了一个大大的谜——一个引力作用的“黑箱”，不知道那里面发生着什么。当我们玩CD机和个人电脑时，也处在类似的情形，我们不知道它们的内部是怎么工作的。我们只需要知道怎么用，不必知道它们怎么完成我们要它们做的事情。但是，一旦机器坏了，修理它就得靠内部运行的知识了。同样，爱因斯坦发现，虽然经过了200多年的实验证明，但狭义相对论表明，牛顿理论出现了某种难以捉摸的“破裂”，要修补它，需要完全把握引力的真正本性。

1907年的某一天，爱因斯坦坐在瑞士伯尔尼专利局办公室的桌旁，想着引力的问题。忽然，他抓住了关键的一点——经过曲折坎坷的思想历程，这一点终于把他引向一个崭新的引力理论，不仅弥合了牛顿引力的缺陷，而且彻底重构了引力的思维形式，而更重要的是，

1. Isaac Newton.*Sir Isacc Newton's Mathematical Principle of Natural Philosophy and His System of the World.*trans.A.Motte and Florian Cajori(Berkeley: University of Chicago Press, 1962), Vol.I, p.634.

那形式是与狭义相对论完全一致的。

爱因斯坦那时想到的问题，与我们在第2章困惑过的问题有关。我们在那里强调的是，在观察者相对匀速运动的情况下，世界该是什么样子。仔细比较观察者们所看到的现象，我们发现背后藏着惊人的关于空间和时间本性的东西。但是，如果观察者是在*加速*运动呢？这种情况下，每个观察者看到的比泰然的匀速观察者要复杂得多，不过我们还是可以问一问，有没有什么办法来简化复杂，并将加速运动堂堂正正地带入我们新发现的空间和时间的概念？

爱因斯坦“最快乐的思想”就是那样一种简化问题的方法。为了理解他的思想，让我们走进2050年的一个故事。一天，你突然接到一个紧急电话，在华盛顿特区中心发现一颗像精心安置的炸弹模样的东西，要你去检查（你是联邦调查局首席爆破专家）。你急忙赶到现场一看，果然证实了你的忧虑：那是颗核弹，威力巨大，即使埋在海底或者地壳下面，它的爆炸也会带来毁灭性的灾难。你小心翼翼地检查了它的引爆机制，没办法消除；你还发现，它像一个奇巧的饵雷，随便碰不得。炸弹装在一个刻度盘上，当盘上的数字偏离现在一半时，炸弹就爆炸。根据它的计时方式，你知道自己只有一个星期多一点儿的时间了。几百万人的命运落在你的肩上——怎么办？

看来，它在地球上的任何一个地方爆炸都是不安全的，你只有一个选择：把它送到遥远的太空去，在那儿爆炸应该不会带来什么破坏。在联邦调查局（FBI）的专案组会上，你提出这个想法，但立刻遭到了一位年轻助手的反对。“您的计划存在严重问题，”年轻的伊萨克

59 （Isaac）告诉你，“当炸弹远离地球时，它的重量会减轻，因为地球对它的吸引力消失了。这意味着装置上刻度盘的读数会减小，炸弹还没到安全的高度就会爆炸。”你还没来得及考虑他的意见，另一位年轻助手阿尔伯特（Albert）又站起来：“其实，细想想，还有更严重的问题，”他说，“这个问题跟伊萨克的一样重要，也许更难捉摸，请耐心听我解释一下。”你想叫阿尔伯特停下来让自己好好想想伊萨克的意见，可他总是一开口就没人堵得住。

“要把炸弹送上太空，我们只有将它绑在火箭上。火箭向上*加速*时，刻度盘上的读数会*增大*，一样会使炸弹先爆炸。原因是这样的：炸弹的基座——在那个刻度盘上，在加速的时候会比静止时更强烈地压迫它，就像坐在加速的汽车上我们的身体会向后挤压坐垫一样。炸弹‘挤压’刻度盘，就像我们挤压汽车坐垫。刻度盘受到挤压，当然会增大读数——只要偏离超过50%，它就将引爆炸弹。”

感谢阿尔伯特的解释。但是，你没有听他的话，你宁肯信伊萨克的。你沮丧地说，否定一个思想，只需要致命的一击就够了，伊萨克的意见显然是对的，确实否决了那个想法。你感觉有点儿绝望了，问大家还有没有新的建议。这时，阿尔伯特有一个漂亮想法。“关于第二点，”他接着说，“我想您的看法还没有完全绝望。伊萨克说的，炸弹装置升入太空时，地球引力会消失，就是说，刻度盘的读数会*减小*。而在我看来，火箭向上的加速度会使炸弹挤压刻度盘，就是说，盘的读数会*增大*。两种观点放在一起，我们发现，如果在每一时刻精确调整火箭向上的加速度，两种效应就会*彼此抵消*！具体说，在升空的初始阶段，火箭还能完全感觉地球的引力，这时候加速度可以不那么大，我们还能在那50%的空隙里。火箭离地球越来越远，感觉的引力越来越小，这时候我们需要增大加速度来克服引力的不足。因为上升加速度导致的读数增加，与引力消失导致的读数减小，可以完全抵消，这样，我们实际上能保证刻度盘上的读数一点儿也不改变！”

你慢慢发现阿尔伯特的建议有点儿意思。“换句话讲，”你回答说，[60]“向上的加速度可以替代引力。我们能以适当的加速运动来模拟引力效应。”

“完全正确。”阿尔伯特回答。

“那么，”你接着说，“我们可以把核弹弄到太空去，通过精心调节火箭加速度，还可以确保刻度盘上的读数不会改变。这样，在地球的安全距离以内就不会发生爆炸了。”于是，你可以利用21世纪的火箭技术来协调引力和加速运动，从而避免一场灾难。

引力与加速运动密切关联着，正是爱因斯坦在一个快乐的日子在伯尔尼专利局的办公室里想到的最关键的一点。虽然核弹历险说明了这一思想的基本特征，但我们还是应该用接近第2章的方法再把它重复一遍。先回想一下，在封闭的没有窗户、没有加速的列车车厢里，我们无法确定自己的速度。不论速度多大，车厢看起来都是一样的，在车厢里做的实验也得出同样结果。从更基本的意义说，如果没有外面的路标做参考，我们不能以速度来定义某个运动状态。另一方面，如果列车是加速运动的，即使在封闭的车厢里，我们也能感觉到有力作用在身体上。例如，你坐在加速的列车上，面对着前进方向，你会感觉座椅有股力量作用在背上，跟阿尔伯特讲的汽车的情形一样。同样，假如列车向上加速，你会感到地板作用在脚上的力量。爱因斯坦发现，在小小的车厢里，我们不能区别加速的情形与*没有加速而有引力*的情形：如果大小调节适当，来自引力场的力与来自加速运动的力是不可能区分的。假如车厢静静地停在地面上，我们的脚下会感受那熟悉的来自地板的力，就仿佛车厢在向上加速；阿尔伯特在探索如何把恐怖的核弹送进太空时，考虑的也是这种等效性。假如车厢向后倒下来停在地上，我们的后背会感觉座椅的力量（使我们不致落下），与列车水平向前加速时的感觉一样。爱因斯坦将加速运动与引力的不可分辨的性质称作*等效原理*。它在广义相对论里起着核心的作用。[1]

我们将看到，从狭义相对论开始的工作，由广义相对论完成了。狭义相对论通过相对性原理确立了不同观察者的观点都是平等的；物理学定律对一切匀速运动的观察者都是一样的。但这是有限的平等，它排除了数不清的其他观点——那些加速运动者的观点。现在，爱因斯坦在1907年的发现告诉我们如何将*所有的*观点——匀速的和加速的——纳入一个平等的构架。在加速的*无*引力场的观点与非加速的有引力场的观点之间不存在任何差别，所以我们可以借后一个观点说，*所有的观察者，不论运动状态如何，都可以认为自己是静止的而"世界的其他事物在他们身边运动"，不过，在他们周围出现了某个引力场。*在这个意义上，广义相对论通过引力保证所有可能的观察者的观点都一样站得住脚。（以后我们会看到，第2章讲的因为加速运动而出现的两个人之间的区别——在乔治打开喷气包追赶格蕾茜时，会变得比她年轻——也可以不用加速度而用引力来说明。）

引力与加速运动的这种深层联系当然是惊人的发现，但爱因斯坦为什么为它感到快乐呢？简单地说，引力太神秘了，尽管充满了无边的宇宙，却令人难以捉摸。另一方面，加速运动虽然比匀速运动复杂一些，却是具体而实际的。爱因斯坦发现了两者的基本联系，意识到他可以靠对运动的认识去获得对引力的理解。即使凭爱因斯坦的天才，实现这个计划也不是那么容易的。不过，这个方法最终还是结出了广义相对论的硕果。为了那个目标，爱因斯坦还建立了统一引力与加速运动的第二种联系：空间和时间的*弯曲*。现在我们就来看它。 62

加速度与时空弯曲

引力问题几乎令爱因斯坦着魔了。在伯尔尼专利局办公室冒出那个"快乐的思想"大约5年以后，他写信告诉物理学家A.索末菲（Arnold Sommerfeld），"我现在完全被引力问题占有了……有一点是肯定的——我生来还从未有过什么事情这样困扰着我……与这个问题相比，原先的（狭义）相对论不过是一场儿戏。"[1]

1912年，他又迈出了关键的一步。他用狭义相对论来联结引力和加速运动，得到一个虽然简单却很微妙的结果。为跟上他的论证，最简单的办法是像他做的那样，考虑一种特殊的加速运动。[2] 回想一下，物体的加速指的是要么改变速度大小，要么改变运动方向。为简单起见，我们考虑*只*改变物体运动方向而速度大小保持固定的加速运动。

---

1. 引自Albrecht Fölsing, *Albert Einstein*（New York：Viking，1997），p.315。
2. John Stachel，"Einstein and the Rigidly Rotating Disk"（爱因斯坦与刚性转盘），in *General Relativity and Gravitation*（《广义相对论与引力》），ed.A.Held（New York：Plenum，1980），p.1。

特别地，我们考虑圆周上的运动，这种运动可以在游乐园的“龙卷风”转盘上亲身体验。假如你害怕自己的身体受不了那样的折腾，紧紧地背靠着高速飞旋的玻璃纤维环的内壁，你会像经历别的加速运动一样，觉得自己像要被径向地抛出去，而环壁在紧紧地顶着你的背，你在圆环上一点儿也动不了。（其实，高速的旋转会把你牢牢地“钉”在玻璃纤维的环上，即使脚下空了，你也不会滑落下去。当然，那跟这儿的讨论无关。）假如环非常光滑，你闭上眼睛，几乎会感觉自己正躺在床上——环壁对你背的压力就像床在支撑着你。我们说“几乎”，是因为你还能感觉到寻常的“向下”的重力，头还没有完全“转晕”。不过，如果那转环是在太空，还是转那么快，你真会感觉自己是躺在家里的床上。另外，假如你想“起床”来沿着玻璃纤维的环散散步，你会感觉双脚仿佛踏在家里的地板上。实际上，太空站就是设计成这样旋转的，让你能在太空中感觉“故乡”的引力。

63

我们跟着爱因斯坦用旋转的环的加速度来模拟引力，现在可以来看环里的人所感觉的空间和时间是什么样的。以我们的例子来说，爱因斯坦的论证是这样的：我们静止的观察者很容易测量转环的周长和半径。例如，为了测周长，我们可以仔细地贴着转环用尺子一步一步地量；为测半径，我们可以用同样的办法，将尺子从转轴那一点一节节摆到环的边缘。我们发现，周长与半径之比是π的2倍，约6.28——与画在纸上的任何圆圈一样，这是我们在中学几何里学过的。但是，在转环上的人会看到什么样的情形呢？

还是让斯里姆和吉姆来告诉我们吧。这会儿，兄弟俩正在转环上玩儿呢。我们请两人各拿一把尺子，斯里姆测量周长，吉姆测量半径。

图3.1 斯里姆的尺子沿着转环运动的方向，长度缩短了。吉姆的尺子在径向支架上，与运动方向垂直，所以长度没有缩短

为看得更清楚些，我们来鸟瞰一下那个转环，如图3.1。在图中我们画了一个箭头，说明在那个时刻各点的运动方向。当斯里姆开始测量周长时，我们从旁发现他将得到不同的结果。他把尺子贴着环一节节测量时，我们会看到尺子*缩短*了，这不过是第2章讨论过的洛伦兹收缩，即物体的长度沿运动方向缩短。既然尺子缩短了，他必须*多*测量几步才能测完整个周长。而他自己还以为尺子仍然是30厘米（因为斯里姆与尺子间没有相对运动，所以他觉得尺子的长度跟平常一样），所以他测得的周长比我们测的*更长*。（如果你觉得奇怪，可以看看后面的注释。[2]）

那么，半径呢？当然，吉姆也是用尺子一节节去测量转环的径向支架的长度，从我们的眼睛看，他测的长度跟我们相同。原因是，他的尺子并没有（像测量周长那样）指向每一瞬间的旋转方向。实际上，64

尺子是垂直于运动方向的，所以不会发生长度的收缩。于是，吉姆得到的径向长度跟我们是完全一样的。

但是，当斯里姆和吉姆计算周长与半径之比时，他们会得到一个比我们的2π更大的数，因为这时的周长大了，而半径是一样的。这可真是奇怪。一个圆的东西，怎么可能违反古老的法则呢——对每个圆来说，那个比值不都应该是2π吗？

爱因斯坦是这样解释的：古希腊发现的那个法则只对平面上的圆才成立。我们知道游乐园里哈哈镜凹凸的镜面会扭曲人的面目，同样，如果把圆画在卷曲的面上，寻常的空间关系也会被扭曲：周长与半径之比往往不等于2π。

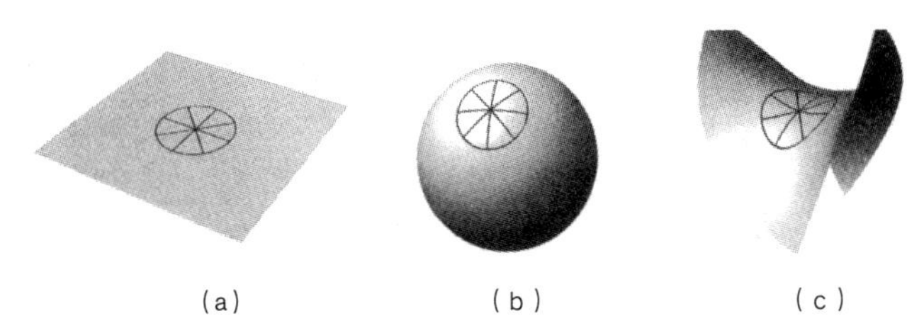

(a)　(b)　(c)

图3.2　球面上的圆（b）的周长比平面上（a）的更短，而马鞍面上的圆（c）的周长更长，尽管三个圆的半径是一样的

我们来比较一下图3.2中的三个半径相同的圆。注意，它们的周长是不同的。图3.2（b）画在球面上的圆的周长比图3.2（a）画在平面上的圆的周长小，尽管它们的半径是一样的。弯曲的球面使圆的径向直线慢慢聚合，结果周长变短了。在图3.2（c）中，圆仍然画在曲面上——在马鞍面上，但它的周长却比平面的圆长；马鞍形的弯曲特点是使圆的径向直线慢慢散开，从而使周长增大了。这些事实意味着，

65

周长与半径之比，在图3.2（b）小于2π，在图3.2（a）等于2π，而在图3.2（c）大于2π。比值与2π的偏离，特别是图3.2（c）的情形，正是我们在转环的例子中看到的。根据这个发现，爱因斯坦提出空间弯曲的概念，以解释为什么“正常的”欧几里得几何被破坏了。千百年来人们在儿童时代学习的古希腊人的平面几何，根本不适用于转环上的人，我们需要用图3.2（c）示意的那种更一般的弯曲空间的几何来代替它。[3]

就这样，爱因斯坦认识到，我们熟悉的被古希腊人奉为法则的空间几何关系——那些与平直的空间图像（如桌面上的圆）相伴的关系，在加速运动的观察者眼里是*不成立的*。当然，我们只讨论了一种特殊的加速运动；但爱因斯坦证明了，在所有加速运动的情形中，空间都是弯曲的。

实际上，加速运动不光导致空间弯曲，也导致类似的时间弯曲。（历史上，爱因斯坦先关注的是时间弯曲，然后才发现空间弯曲的重要性。[3]）坦白说，我们并不奇怪时间也会弯曲，因为我们已经在第2章看到狭义相对论明确地把空间和时间统一起来了。这种统一，闵可夫斯基曾在1908年的一次演讲中以诗一般的语言作了概括：“从今往后，空间也好，时间也好，都将躲进阴影，只有两者的某种统一才能独立地存在。”[1] 用更普通（不过也很不精确）的话来说，狭义相对论将空间和时间编织到一个统一的时空结构里，向我们宣布“凡对空间正确的，对时间也正确”。但问题跟着来了：弯曲的空间可以用卷曲的图形来

66

1. 引自Fölsing, *Albert Einstein*, p. 189。

表现，那弯曲的时间是什么呢？

为回答这个问题，我们还是把它交给转环上的斯里姆和吉姆，请他们做一个实验。斯里姆背靠着环站在径向支架的一端，吉姆从旋转轴心沿着支架慢慢向他爬过去。吉姆每爬几步就停下来，与斯里姆对一下表。他们发现了什么呢？从我们静止的旁观者看，还是那个结论：两人的表不同步。这个结果的原因在于，我们看到斯里姆和吉姆在以不同的速度运动——在转环上，离轴心越远，转过的距离越长，因此旋转的速度越快。但根据狭义相对论，你动得越快，你的表走得越慢。于是，我们发现斯里姆的表比吉姆的慢。而且，两人还会发现，在吉姆爬向斯里姆的过程中，他的表越走越慢，越来越接近斯里姆的表。这反映了一个事实：当吉姆在支架上越爬越远，他的旋转速度越来越接近斯里姆。

我们的结论是，对于转环上的观察者（如斯里姆和吉姆）来说，时间的速度依赖于各人的确切位置——在这里，即他们离中心的距离。这说明了我们讲的弯曲时间：假如时间在不同的位置上有不同的速度，我们就说时间是弯曲的。对我们现在的讨论，还有特别重要的一点，吉姆在向外爬的时候会注意到另一件事情。他将感觉一股强大的力量把他向外推，因为他离中心越远，不但速度增加了，加速度也 [67] 大了。于是，我们看到，在旋转的环上，大的加速度是与缓慢的钟联系在一起的——就是说，加速度越大，时间弯曲越强烈。

爱因斯坦靠这些发现迈出了最后一步。他已经证明了引力与加速运动在现象上是不可分辨的，现在他又发现加速运动联系着空间和时间的弯曲，接下来他揭开了引力“黑箱”的秘密——引力是以什么机制发生作用的。据爱因斯坦的观点，引力*就是*空间和时间的弯曲。这是什么意思呢？

广义相对论基础

为理解这种新的引力观，我们考虑实际的行星绕恒星运动的情形，例如，地球绕太阳运行的情形。在牛顿的引力论里，太阳把地球限制在轨道上，靠的是一根“看不见的绳子”，那根引力的“绳子”仿佛从太阳生出来，瞬间穿过遥远的空间距离，把地球套住（当然，地球也同样一下子抓住了太阳）。实际发生了什么，爱因斯坦提出了新的概念。为了讨论爱因斯坦的方法，我们最好能有一个容易把握的具体形象的模型。那样可以从两个方面将问题简化。第一，我们先不管时间，只关心空间的视觉模型，然后再把时间包括进来讨论。第二，为了让图像能在纸上表现出来，我们将经常用二维的类比来替代三维的空间。从考虑这样的低维模型得到的大多数结果，都可以直接用于三维的物理空间。因此，简单的模型是有力的思维方式。

在图3.3中，我们运用了这种简化方式，把我们宇宙的空间画成一个二维的区域。图中的网格不过用来确定位置，就像我们以街道网来确定城市里的位置一样。当然，我们说城市的某个地址，往往要确定它在二维街道网上的位置，还要说明它在竖直方向上的位置，例如在几楼几号。为了让图像更简洁，我们在二维类比的图中压缩了第3个空间方向上的东西。

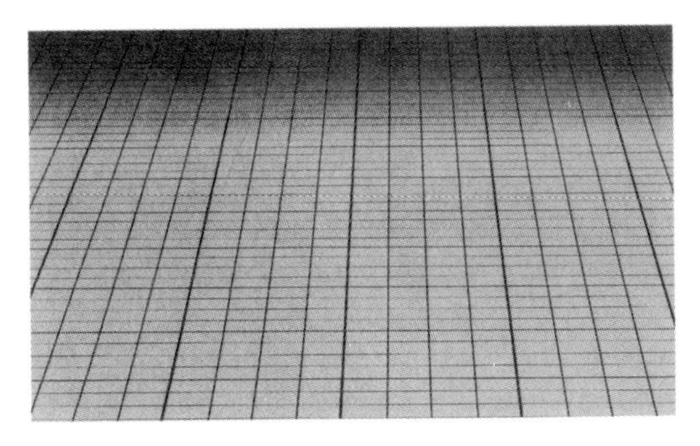

图3.3　平直空间示意图

爱因斯坦猜想，当没有任何物质或能量存在时，空间应该是*平直的*。用二维模型来说，空间的“形状”应该像一张光滑的桌面，如图3.3。这也是几千年来人们普遍怀有的我们宇宙的空间图像。那么，假如空间出现一个大质量物体（如太阳），会发生什么事情呢？在爱因斯坦之前，人们会说，*什么也不会发生*，他们认为，空间（和时间）不过是一个死的剧场，为宇宙提供一个表现自己的舞台。但是，跟着爱因斯坦的思路，我们将走向一个不同的结论。

像太阳那样的大质量物体（实际上，任何物体）对其他物体都有引力作用。在那个可怕的“核弹事件”里，我们知道了引力与加速运动是不可分辨的。在转环游戏里，我们知道描写加速运动*需要*弯曲空间的关系。引力、加速运动与弯曲空间的联系启发爱因斯坦提出一个惊人的观点：物质（如太阳）的存在导致它周围的空间结构发生*弯曲*，如图3.4。这是我们常看到的一幅图，像一张橡皮膜上放一只保龄球，空间结构因大质量物体的存在而发生扭曲。照这个不同寻常的看

法，空间不再仅仅是被动的宇宙活动的舞台；空间的形状倒是环境事

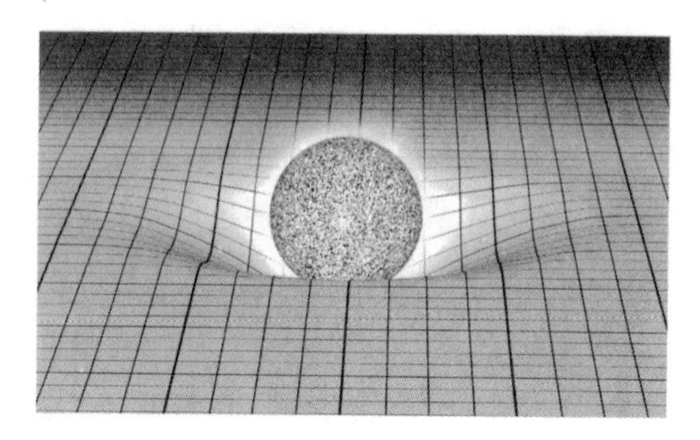

图3.4　大质量物体使空间结构发生弯曲，就像一只保龄球放在橡皮膜上

物的反映。

另一方面，当太阳附近的物体经过空间扭曲的结构时，扭曲的空间也会影响它们的运动。用保龄球和橡皮膜的类比来讲，假如我们以一定的初始速度在膜上放一粒小滚珠，则它滚动的路线依赖于膜中间有没有球。如果没有球，膜还是平坦的，小珠子会沿一条直线滚过去。如果有球，膜被扭曲了，小珠子将沿着曲线滚动。实际上，如果忽略摩擦，我们可以让小珠子以适当的速度和方向滚动，它可以沿一条回归的曲线绕着中间的球滚动——就是说，“它滚进了轨道”。显然，这个例子可以用来说明引力。

太阳就像那只保龄球，它使周围的空间结构发生弯曲，地球就像那颗滚珠，被弯曲了的空间卷入它的轨道。只要速度的大小和方向适当，地球也会像滚珠那样绕着太阳转动。地球运动所受的这种影响，就是我们通常所说的太阳对地球的引力作用，如图3.5。现在我们看到，爱因斯坦不同于牛顿的是，他确定了引力传播的机制：空间的弯

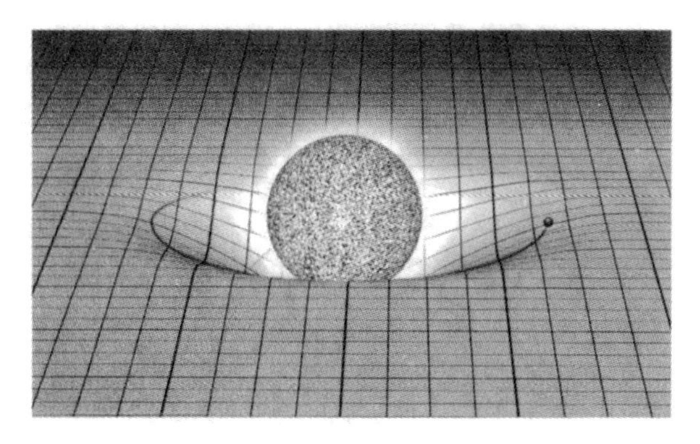

图3.5　地球在绕着太阳的轨道上运行，是因为地球滚入了弯曲空间的一道“沟谷”。更准确地说，它走的是在太阳周围弯曲区域里“阻力最小”的路线

70 曲。在爱因斯坦看来，把地球“绑”在轨道上的“引力绳”，并不是太阳的神秘的瞬间作用，而是因为太阳的存在所导致的空间的弯曲。

这幅图景帮助我们以新的方法认识了引力的两个基本特征。第一，在爱因斯坦的引力图像中，物体质量越大，所导致的空间扭曲越强，就像保龄球越大，橡皮膜的扭曲也越大。这意味着物体质量越大，它能作用于其他物体的引力就越大，这跟我们的经验是一致的。第二，距保龄球越远的地方，那里的膜的变形越小；同样，距大质量物体越远，空间的弯曲越弱。这也是我们熟悉的引力特性：物体相距越远，引力作用越小。

还有一点很重要，那就是小滚珠也会使橡皮膜弯曲，尽管那弯曲很小。同样，地球作为一个有质量的物体，当然也能使空间结构发生71 弯曲，不过比太阳的小得多。用广义相对论的话讲，地球就是这样带着月亮在轨道上运行的，我们也是因为这一点才能站在大地上。当跳伞者从天空落下时，他是在沿着地球质量产生的弯曲的空间结构向下滑行。另外，我们每一个人也跟其他有质量的物体一样，能使我们身体近旁的空间结构发生弯曲。当然，我们小小的身体只能引起一点小小的波动。

总的说来，爱因斯坦完全同意牛顿说的“引力必然有一个动因”，而且响应了牛顿的挑战，考虑了他“留给我的读者去考虑”的问题。根据爱因斯坦的理论，引力的动因是宇宙的结构。

几个缺点

橡皮膜与保龄球的例子，让我们具体形象地把握了我们所说的宇宙空间结构的弯曲是什么意思。物理学家常用类似的比喻来帮助自己更直观地认识引力和弯曲。然而，尽管这办法很有用，但膜与球的类比还是不够完美，为把问题讲清楚，我们来看它有哪些缺点。

第一，当太阳使它周围的空间发生弯曲时，并不像保龄球那样是因为它被引力“拉下来的”；在保龄球的例子中，是因为地球的引力作用才使膜发生弯曲的。对太阳来说，没有别的什么东西在“拉它”。相反，爱因斯坦告诉我们，空间的弯曲*才是*引力。只要有物质的存在，空间就会发生弯曲。同样，地球也不像弯曲膜上的那颗小滚珠，它在轨道上运行并不是因为有什么别的外来的东西把它引入弯曲空间里的沟谷。事实上，爱因斯坦证明，物体在空间（准确说是时空）的运动总沿着可能的最短路线——“可能的最容易的路线”或“阻力最小的路线”。如果空间是弯曲的，这样的路线也会弯曲。所以，球与膜的类比尽管让我们直观看到了大质量物体（如太阳）如何扭曲空间，又如何影响其他物体（如地球）的运动，但空间扭曲的物理学机制却完全不是那样的。球与膜的模型所依据的是我们在传统的牛顿框架内对引力的直观认识，而弯曲空间的却是爱因斯坦重构的引力框架。

72　球与膜类比的第二个缺点在于橡皮膜是二维的。实际情况是，太阳（以及一切有质量的物体）扭曲了它周围的三维空间，当然这是很难用图像来表达的。图3.6试着表现了一下。太阳周围的所有空

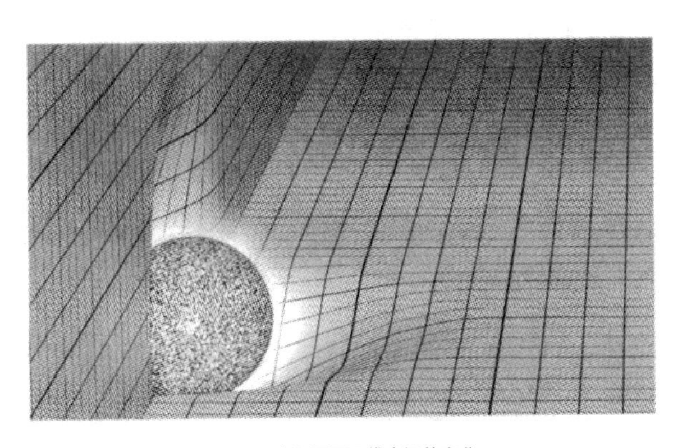

图3.6　太阳周围三维空间的弯曲

间——它的“下面”“旁边”和“上头”——都经历了相同性质的扭曲变形，图3.6只画出了一部分。物体（如地球）就在这样的弯曲的空间环境里穿行。也许有人觉得奇怪——地球为什么不会闯入图中的那道“墙”呢？可是别忘了，空间不像橡皮膜，不是摸得着的壁垒。图中的弯曲网格不过是从弯曲的三维空间里剪下来的两张薄片，而你、我、地球以及其他万事万物一样，都浸没在那个三维空间里，在其中自由地活动。也许你会觉得这把问题说得更令人困惑了：如果我们真的浸

没在空间的结构里，为什么没有感到它的存在呢？其实，我们感觉到了。我们感觉到了引力，而空间正是引力发生作用的中介。大物理学家惠勒（J.Wheeler）常常这样描述引力："质量牵着空间，告诉空间如何弯曲；空间牵着质量，告诉质量如何运动。"[1]

类比的第三个缺点是我们把时间维压缩了。这样做原是为了使图像更清晰；尽管狭义相对论明确指出我们应该像3个空间维那样来思考时间维，但时间却总是难得"看见的"。不过，转环的经历说明，加速度既弯曲了空间，也弯曲了时间，引力当然也该如此。（实际上，广义相对论的数学证明，在像地球围绕太阳运行的这种相对缓慢的运动中，时间的弯曲对地球运动的影响要远远小于空间的弯曲。）下一节过后，我们还会回来讨论时间的弯曲。

上面讲的三个缺点是很严重的，但是只要我们在心里把握了它们，球与膜所表现的弯曲空间的图景还是可以借来很形象地概括爱因斯坦的新引力观。

矛盾解决了

爱因斯坦描绘了一个清晰的引力作用图景，空间和时间在那里也成了动力学的参与者。不过，关键的问题是，这个新建的引力理论的框架能不能解决困扰着牛顿引力理论与狭义相对论的矛盾？回答是，它真解决了这个矛盾。我们还是借膜的类比来说明基本的思想。我们

1. 1998年1月27日惠勒的谈话。

想象，在没有保龄球的时候，有一颗珠子沿着平坦的膜上的一条直线滚动。当我们把球放上膜时，小珠子的运动会受影响，但那不会*在瞬间*发生。如果把这过程拍摄下来，看它的慢动作，我们会看到，保龄球引起的扰动像水池里的波纹一样向周围扩散开去，然后到达滚珠的位置。不久，膜面的波动平息下来，我们看见一张静止的弯曲了的膜。

空间结构也是这样的。没有质量存在时，空间是平直的，小质量物体可以安然地静止其间或者匀速地运动。当大质量物体出现时，空间会弯曲——但像膜一样，不会瞬间地扭曲；扰动从大物体开始，然后向外扩张，最后形成弯曲的空间结构，传达那个庞然大物的引力作用。在我们的类比中，扰动在膜面上向外的扩张速度由膜的组成材料决定。在广义相对论的情形中，爱因斯坦可以计算宇宙空间结构的扰动以多大速度传播，他发现那*正好是光速*。我们在前面曾讨论过一个假想的例子，太阳熄灭了，通过引力的改变影响地球——现在我们知道，那影响不会瞬间传到地球。实际上，当物体改变位置，甚至被风吹动时，都会使时空结构的扭曲形态产生扰动，扰动以光速向外扩张，这满足了狭义相对论以光速为宇宙极限速度的要求。所以，在太阳爆炸8分钟以后，地球上的我们才知道太阳熄灭了，而在这同一时刻我们也感到太阳的引力消失了。爱因斯坦的新理论就这样解决了矛盾；引力扰动与光同步，却总也超不过它。

再谈时间弯曲

图3.2、图3.4和图3.6基本上让我们看到了什么是“弯曲的空间”，那就是空间形态被扭曲了。物理学家曾用类似的图像来表现“弯

曲的时间”，但那太难说明白了，所以我们不画那些图。我们还是学斯里姆和吉姆坐转环的例子来体验引力产生的时间弯曲。

为此，我们再来看看格蕾茜和乔治。这回他们不在漆黑的太空，而是飘浮在太阳系的边缘。他们的太空服上还戴着巨大的数字钟，是原来校准好了的。为简单起见，我们忽略行星的影响，只考虑太阳引力场的作用。在乔治和格蕾茜附近泊着一艘飞船，从飞船放下一根长线，伸向太阳的表面。乔治顺着那线慢慢接近太阳。每过一定的时间，他就停下来，与格蕾茜比较他们的钟走过的时间。广义相对论的时间弯曲的预言说明，乔治的钟将比格蕾茜的钟越走越慢，因为他经历的引力场越来越强。就是说，他离太阳越近，他的钟走得越慢。从这个意义说，引力像扭曲空间那样也扭曲了时间。

75

应该看到，这里的情形与第2章不同。在那里，乔治和格蕾茜是在虚空里以不变的速度相对运动着，而现在两人不再有那样的对称地位。与格蕾茜不同的是，乔治感到引力在越变越强——他离太阳越近，就得费更大的气力抓紧那根线才不会被太阳的引力拉下去。在格蕾茜看来，乔治的钟慢了；乔治自己也同意他的钟慢了。在这里，两个角色的地位是不“平等的”，也就不会有以前遇到过的相反的结论。事实上，这正是第2章里乔治打开喷气袋去追赶格蕾茜所发生的事情。乔治的加速度使他的钟走得肯定比格蕾茜的慢。我们现在知道，经历加速运动与感觉引力作用是一回事，乔治现在的情形也满足这个原理，所以我们看到，他的钟和发生在他生命里的一切，都比格蕾茜的慢。

在一颗普通恒星（如太阳）的表面，引力场对时间的影响是很小的。例如，让格蕾茜停在离太阳10亿千米以外，而乔治下到离太阳表面几千米的地方，他的钟的节律大约为格蕾茜的99.9998%，的确慢了，但慢得不多。[4]但是，假如乔治顺着长线爬到一颗中子星的表面，他的钟的节律将是格蕾茜的76%。虽然中子星质量与太阳差不多，但密度却是太阳的千万亿倍，所以它的引力场比太阳强得多。更强的引力场，如黑洞的外面（下面讨论），将使时间走得更慢；引力场越强，时间弯曲越严重。

广义相对论的实验验证

大多数研究广义相对论的人都会醉心于它的美妙。牛顿那冷冰冰的、机械的空间、时间和引力的概念，被爱因斯坦以一种动力学的、几何的弯曲的时空图景取代了，引力嵌入了宇宙的基本结构。在最基本的水平上，引力成为宇宙的主要部分，而不需添加多余的结构。空间和时间卷曲着、褶皱着、激波荡漾着，活生生地表现着我们所说的引力。

76

不管有多美，物理学理论最终还得靠它精确解释和预言物理学现象的能力来检验。牛顿的引力理论自17世纪末出现以来直到20世纪初，总是一路旌旗，经历了无数考验。不论是从斜塔落下的铁球、向太空飞去的火箭，还是在太阳身边往来的彗星，所有现象都能从牛顿理论得到非常精确的解释；牛顿理论提出的预言也在不同条件下得到了数不清的证实。我们说过，向这样一个在实验上无比成功的理论提出疑问，只是因为它那瞬时传递引力的性质与狭义相对论矛盾。

在我们生存的低速世界里，狭义相对论的效应是极端微弱的，尽管它们对认识空间、时间和运动起着关键作用。同样，与狭义相对论相容的广义相对论与牛顿引力理论的差别，在大多数普通情形中也都小得可怜。这是好事，也是坏事。好的方面在于，如果哪个理论想来取代牛顿的引力理论，它在牛顿理论经过检验的场合应该拿出更好的结果；不好的地方是，我们很难从实验判别哪个理论更好。区别牛顿理论与爱因斯坦理论需要极高的实验测量精度，而实验却敏感地依赖于两个理论是如何不同的。例如，扔出一个球，用牛顿和爱因斯坦的引力理论来预言球会落到什么地方，两家结果会不一样，但差别很小，超出了我们通常实验检验的能力。我们需要更精巧的实验，爱因斯坦曾经提出过一种。[5]

我们都是在晚上看星星，当然它们白天也在；但我们白天往往看不见，因为遥远微弱的星光总被太阳的光芒掩盖了。不过，日食的时候，月亮遮住了太阳，遥远的星星也看得见了。但太阳还是在发生影响。来自遥远恒星的光在到达地球的路上一定会从太阳近旁经过，爱因斯坦的广义相对论预言太阳使它周围的空间和时间发生弯曲，这弯曲将影响星光的路线。来自远方的光子在宇宙的结构里穿行，结构弯曲了，光子的运动当然也会受影响，这与有质量的物体没有什么不同。从太阳掠过的光信号在到达地球时，路线已经历了最大的偏转。日食使我们有机会看到那些没有被淹没的掠过太阳的星光。

77

光线偏转的角度可以简单测量。偏转的星光带来的错觉是，我们看到的恒星的位置移动了。将我们在日食时看到的恒星位置与半年前（或后）当地球在轨道另一端时我们在夜晚（没有太阳弯曲的影响）看到的恒星的实际位置相比较，就能准确测量位置偏移了多少。1915年11月，爱因斯坦用他的新引力观点计算了星光掠过太阳应该偏转的角度，结果是0.00049度（1.75弧秒，1弧秒等于1 / 3600度）。这个小小的角度与从3千米外看一枚硬币张开的角度一样。不过，那时的技术已经能够测量这么小的角度。1919年5月29日日食期间，在格林尼治天文台台长F.戴森爵士（Sir Frank Dyson）的激励下，英格兰皇家天文学会秘书、著名天文学家A.爱丁顿（Arthur Eddington）组织了一只考察队到西非海岸的普林西比岛去检验爱因斯坦的预言。

普林西比的日食照片［还有戴维森（Charles Davidson）和克罗梅林（Andrew Crommelin）率领的另一只英国考察队从巴西索布雷尔拍回的照片］经过5个月的分析后，1919年11月6日，皇家学会和皇家天文学会联合举行会议宣布，爱因斯坦基于广义相对论的预言得到了证实。从前的空间和时间概念被彻底推翻了——这个胜利的消息很快就超越了物理学的小圈子，爱因斯坦成了举世闻名的人物。在第二天的伦敦《泰晤士报》上，我们看到这样的大标题："科学革命——宇宙新理论——牛顿理论大崩溃。"[1] 这是爱因斯坦辉煌的一刻。

78

接下来的几年里，人们仔细审查了爱丁顿关于广义相对论的证据。测量中有许多困难和不确定的因素，很难对原来结果的可靠性提出什么疑问。不过，近40年来，利用新的技术进步进行的大量实验以极高的精度检验了广义相对论的诸多方面，所有预言都被证实了。人们不再怀疑，爱因斯坦的引力图像不但与狭义相对论相容，而且还提出了

---

1. Robert P. Crease and Charles C. Mann, *The Second Creation*（New Brunswick,N. J. :Rutgers University Press,1996）,p.39.

比牛顿理论更接近实验结果的预言。

黑洞、大爆炸和空间膨胀

狭义相对论在高速运动的情形下会显著地表现出来；广义相对论则在物体质量大、空间和时间相应地弯曲剧烈时发挥自己的作用。我们来看两个例子。

第一个例子是德国天文学家K.施瓦氏（Karl Schwarzschild）发现的。那是1916年第一次世界大战期间，他正在俄国前线，一面计算他的弹道曲线，一面学习爱因斯坦的引力新发现。令人惊讶的是，爱因斯坦完成广义相对论还没几个月，施瓦氏就用这个理论得到一幅完整而精确的图像，描绘了完全球状星体附近的空间和时间是如何弯曲的。他把结果从俄国前线寄给爱因斯坦，爱因斯坦代表他向普鲁士科学院做了报告。

施瓦氏的研究——我们现在知道的“施瓦氏解”——不仅从数学上证实并精确化了图3.5示意的空间弯曲，而且揭示了广义相对论的一个奇妙结果。他证明，假如星体质量聚集在一个足够小的球状区域，质量除以半径超过某个特别的临界值，那么时空将产生剧烈的卷曲，[79] 包括光在内的一切事物都将卷缩在星体附近，而不可能逃脱它的引力的掌握。因为连光都跑不出这种“压缩的星体”，所以它们起初叫*黑星*或*冻星*。更动听的名字是多年以后惠勒发明的，他称它们为*黑洞*——因为不发光，所以“黑”；因为靠近它们的任何东西都会落下去，一去不回，所以是“洞”。这个名字一直叫到今天。

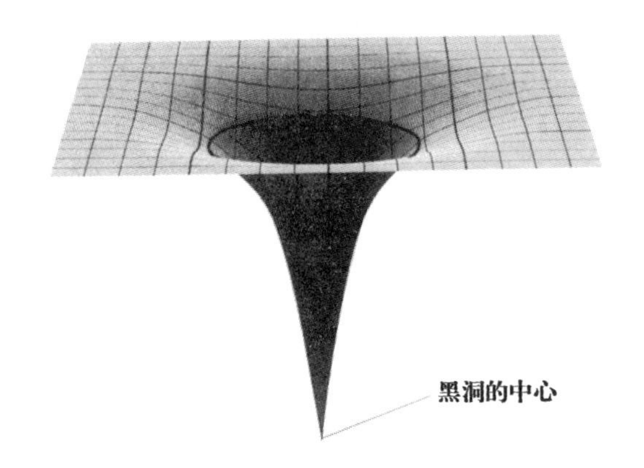

图3.7　黑洞令周围时空结构发生严重卷曲，任何物体落进它的“事件视界”——图中的黑圆圈——都不可能逃脱它引力的掌握。没人完全知道黑洞最深处的一点在发生着什么

图3.7表现了施瓦氏的解。尽管黑洞很“贪婪”，但如果物体从“安全的”距离经过它时，也就像经过一颗普通的恒星一样；虽然有一定的偏转，但还能继续它的快乐旅行。但是，不论什么材料构成的物体，只要离黑洞太近——近到所谓黑洞的事件视界以内——它就完了；它将不可抗拒地被拉向黑洞的中心，去忍受那无限增大的最终毁灭一切的强大引力。假如你的脚先落进了事件视界，那么，当你向黑洞中心逼近时，你会感觉越来越难受。黑洞引力将大得吓人，作用在你脚上的力会比头上的大得多（因为脚先落进黑洞，它离中心比头更近一点儿）；多大呢？它会把你拉长，然后把你的身体撕成碎片。80

反过来看，假如你有先见之明，在黑洞附近游荡时万分小心，不敢越过视界半步，那么你可以借助黑洞去经历一次奇遇。例如，你找到了一个比太阳重1000倍的黑洞，想凭着一根长线，像乔治接近太阳那样爬到黑洞视界上面3厘米的地方。我们说过，引力场导致时间弯曲，这意味着时间经历会慢下来。实际上，因为黑洞的引力场太强了，所以你的时间经历不但会慢，简直要慢到家了。当你在地球上的朋友们的钟响过1万次时，你的钟可能才响1次。如果你这样在视界上飘浮1年，然后沿着长线向上爬回等着你的飞船，然后经过短暂而愉快的旅行回到地球的家。当你踏上地球，你会发现距你当初离开已经过了1万年！这样，黑洞成了某种时间机器，让你能走到地球遥远的未来。

现在我们具体来看有关的几个极端的数字。如果太阳质量的恒星成了黑洞，它的半径不会是现在的大小（约70万千米），而将不足3千米——想想看，那就是说可以把太阳拿到曼哈顿岛的一个角落。一小勺这样挤压过的太阳物质将和珠穆朗玛峰一样重。如果要把地球做成黑洞，就得把它挤压成一个半径不足2厘米的小球。多年来，物理学家一直在怀疑是不是真有这样极端的物质形态，很多人认为黑洞不过是疲惫的理论家们幻想的东西。

然而，近10年来，黑洞存在的实验证据越来越多，越来越令人信服。当然，因为洞是黑的，不可能直接用望远镜在天空搜寻。实际上，天文学家不是在找黑洞，而是找可能在黑洞事件视界外的正常发光恒星的反常行为。例如，当黑洞附近的普通恒星的外层尘埃和气体落向事件视界时，它们将加速到近光速。在这样的速度下，盘旋下落物质的内部摩擦将产生大量的热，令混合的尘埃云“发光”，向外发出可见光和X射线。因为这些辐射在视界外面，所以它们可以逃离黑洞，穿过空间，来到我们的实验室和望远镜中。广义相对论预言了这些X射线所具有的各种性质。这些预言的性质的发现，为黑洞的存在提供了

81

强有力的——尽管不是那么直接的——证据。例如，许多证据表明，在我们银河系的中心有一个巨大的黑洞，它的质量是太阳的250万倍。然而这样一个庞然大物也算不得什么，天文学家相信，在遍布宇宙的类星体（一种亮度惊人的遥远天体）的中心，可能藏着比太阳质量大10亿倍的黑洞。

施瓦氏在发现他那个解几个月后，就在俄国前线染上一种皮肤病死了，那年才42岁。虽然他与爱因斯坦的引力论没打多久的交道，就令人悲伤地匆匆离去，却掀开了大自然最惊人最神秘的一层面纱。

广义相对论初露锋芒的另一个例子是关于整个宇宙的起源和演化。我们已经看到，爱因斯坦证明空间和时间有赖于质量和能量的存在。时空的扭曲影响着周围物体的运动。反过来，物体运动的具体方式通过它的质量和能量又进一步影响着时间的弯曲，而这弯曲又影响着物体的运动……宇宙的舞蹈就这样一直跳下去。通过广义相对论方程——方程源自19世纪大数学家黎曼（Georg Bernhard Riemann，关于他我们以后再讲）在几十年前发现的弯曲空间的几何——爱因斯坦成功地定量描写了空间、时间和物质的相互演化。令他惊奇的是，当方程超越宇宙间的孤立系统（如恒星和围绕着它的行星、彗星），用于整个宇宙时，会得到一个惊人的结果：整个宇宙空间必然随时间变化。就是说，宇宙的结构要么在扩张，要么在收缩，但绝不会静止不变。关于这一点，广义相对论方程说得很明确。

82

这个结论即使对爱因斯坦来说也太沉重了。他推翻了千百年来人们基于日常经验建立起来的关于空间和时间本性的直觉信念，但他却根深蒂固地相信宇宙从来就是那样，永远也不会改变。为了这一点，爱因斯坦重新审查了他的方程，添加了一个著名的*宇宙学常数*，以帮他避免那个变化的预言，再回到令他满意的静态宇宙。然而，12年后，美国天文学家哈勃（Edwin Hubble）经过仔细的星系距离的测量发现，宇宙*正在*膨胀。据说（这在今天已经是科学史上有名的故事了），爱因斯坦那时又回到了他原先那个方程，把他一时添加的东西说成是他一生最大的错误。[1]尽管爱因斯坦原来并不愿意看到那样的结果，但他的理论确实预言了宇宙的膨胀。其实，在20世纪20年代初，比哈勃的发现早几年，俄罗斯天文学家弗里德曼（Alexander Friedmann）就用爱因斯坦最初的方程详细证明了，所有星系都将因空间结构的扩张而越来越快地彼此分离。哈勃以及后来无数的观测完全证实了广义相对论的这个惊人的结论。爱因斯坦因为解释宇宙的膨胀而获得了有史以来最伟大的一个理性胜利。

假如空间结构在扩张，星系在宇宙的长河里越流越远，那么我们可以追溯到从前，去认识宇宙的源头。如果时间倒流，空间结构会收缩，所有的星系也将越走越近。收缩的空间像一口压力锅，把星系压缩在一堆。温度大大升高了，星星一颗颗破碎了，形成滚烫的一堆等离子体（物质基本组元之一）。空间继续收缩，温度不断升高，原初等离子体的密度也一样地无限增大。假如时间从今天的宇宙（约150亿年）往回走，就我们所知，宇宙会被挤压得越来越小。构成*万物*的物质——不论地球上的汽车、房子、高楼大厦、高山大海，还是地球和月亮；不论土星、木星和其他行星，还是太阳和银河系的其他恒

83

---

1. 不过，更令人惊讶的是，最近关于宇宙膨胀速率的详细研究表明，宇宙可能真的藏着一个宇宙学常数，虽然很小，却不是零。——译者注

星；不论是仙女座的千亿颗星星，还是千亿个星河——都将被宇宙的大手捏成重重的一团。随着时间流向更远的过去，整个宇宙会缩得更小，仿佛一个橘子、一个柠檬、一粒豌豆或一粒沙，而且一直收缩下去。回到“开始”，宇宙似乎是一个点——我们在以后的章节会再来讨论这个点的图景——所有的物质和能量都挤在这一点，谁也想象不出它的密度有多大，温度有多高。

仿佛炸弹炸出无数弹片，大爆炸炸出了宇宙万物，我们该牢记这幅图景；不过，还有一点容易误会的地方。炸弹的爆炸，总是发生*在*空间的某个位置，*在*时间的某一时刻，而弹片在周围空间飞溅。对大爆炸来说，没有周围的空间。当我们回溯宇宙的开端，万物拥挤在一起，那是因为*整个空间*也在收缩。从橘子到柠檬到沙粒，宇宙越缩越小——我们说的是宇宙的*整体*，不是宇宙中的某些东西。当时间回到起点，空间也不存在了，只有那*点*原初的火球。所以，大爆炸是压缩的空间的喷发，它像浪潮那样扩张，把物质和能量带到今天。

广义相对论对吗

凭我们今天的技术水平，还没有在实验中发现背离广义相对论预言的事情。也许，未来更高精度的实验能发现点儿什么，从而最终证明广义相对论也不过是对大自然活动的一种近似的描写。不断提高实验精度来对理论进行系统的检验，当然是科学进步的一条途径，但不是唯一的途径。实际上我们已经看到了，寻找新的引力理论的动机并不是有什么实验违背了牛顿理论，而是因为牛顿理论与另一个*理论*——狭义相对论——发生了矛盾。牛顿理论的实验缺陷，是在另一个对立的引力理论（广义相对论）发现以后，从两个理论细微然而可测的偏差中显露出来的。因此，理论的内在矛盾在推动科学进步中，也起着与实验同等重要的作用。

半个世纪以来，物理学家还一直面临着另一个理论冲突，与狭义相对论和牛顿理论的冲突一样激烈。那就是，广义相对论与另一个经过极严格检验的理论，*量子力学*，在根本上似乎是不相容的。虽然我们讲了那么多，但这个矛盾使物理学家还不知道在大爆炸的那一刻，当空间、时间和物质统统挤成一点时，究竟发生了什么；在黑洞的中心，又究竟发生了什么。而从更一般意义说，这个矛盾在警告我们，我们关于自然的概念还存在着根本性的缺陷。一些伟大的理论物理学家曾努力过，但矛盾还没解决；它当然地成了现代物理学的*中心*问题。为认识这个矛盾，还需要懂一点儿量子理论的基本特征，我们接下来就去看看。

第 4 章
奇异的微观世界

85　　穿过太阳系，回到地球，乔治和格蕾茜累极了。他们来到一家量子酒吧，想好好轻松一下，走出太空的影子。乔治要了他们常喝的饮料——他自己喝加冰块儿的木瓜汁，格蕾茜喜欢伏特加汽水。然后，乔治点燃一支过滤嘴雪茄，仰靠在椅子上，双手抱着头。他正要好好吸一口，才惊奇地发现雪茄不见了，从他的牙缝里溜走了。大概是从嘴里滑下来了，他这么想，然后坐起身，看它有没有在衬衫或裤子上烧个洞。他什么也没看见，雪茄不在前头。格蕾茜很奇怪，不知他在找什么。她看见那雪茄正在乔治椅子背后的柜台上。“怪了，”乔治说，“它怎么会跑到那儿去？从我脑袋里穿过去的？——可我的舌头一点儿没烧着，头上也没长什么洞啊！”格蕾茜给他检查了一下，舌头没有问题，脑袋也很正常。这时候，饮料来了。两人耸耸肩，一生经过的怪事儿够多了，今天又遇着一件。可是，酒吧里的怪事情还多着呢。

乔治看着他的木瓜汁，冰块在不停地翻滚，像碰碰车似的在杯子里撞来撞去。这回，不是他一个人碰着稀奇了。格蕾茜端着只有乔治一半大的杯子，也看见冰块在里头碰撞，而且更加疯狂。他们分不86清单独的一块冰，只见它们混乱地撞在一堆。不过，这还算不得什么，更奇怪的事情在后头。乔治和格蕾茜瞪大了眼睛看着她的杯子，看到一块冰穿透杯子落在地上。他们抓过杯子，没有发现什么不对的地方。看来，冰块没有打破杯子就穿过去了。“这一定是太空旅行后的错觉。”乔治说。尽管冰块像疯了似的，但他们还是一口气把饮料喝完，回家休息了。他们匆匆离开酒吧时，竟没发现他们走过的是一道画在墙上的假门。而老顾客们已经习惯了穿墙进出，所以也没在意乔治和格蕾茜突然消失了。

百年前，正当康拉德和弗洛伊德为人类心灵带来光明时，德国物理学家普朗克（Max Planck）也向量子力学投来第一缕阳光。根据量子力学的基本概念，乔治和格蕾茜的酒吧经历，从微观的尺度看，并不需要归结到什么神秘的力量。这些陌生而奇异的事情，正是我们的宇宙在极端微小的尺度上实际发生着的。

量子框架

量子力学是我们认识宇宙微观性质的概念框架。在高速运动或大质量的情况下，狭义相对论和广义相对论曾极大地改变了我们的世界观；同样，当我们考察原子或亚原子的世界时，量子力学将揭示也许更惊人的微观特性。1965年，量子力学最伟大的实践者之一的费恩曼（Richard Feynman）写道：

> 有个时候报上说只有12个人懂得相对论，我不信真有这种事情。不过也许有那么一个时候，只有1个人懂那个理论，因为在文章发表以前他是唯一掌握它的人；可读过他的文章后，就会有许多人以这样那样的方式懂得相对论

了，当然不止12个人。但在另一方面，我想我可以蛮有把握地说，没人懂得量子力学。[1]

费恩曼的观点是在30多年前讲的，但在今天仍然有意义。他的意思是，尽管狭义和广义相对论极大地改变了我们从前认识世界的方式，但是，假如我们完全接受理论的基本原理，那么关于空间和时间的那些陌生稀奇的东西就是自然的逻辑结果。如果你能多花些工夫来思考我们在前两章对爱因斯坦理论的描述，你将（哪怕只是那么一会儿）发现我们做的那些结论都是必然的。量子力学就不同了。1928年左右，量子力学的许多数学公式和法则就已经确立了，而且从那时起，它就做出了科学史上最精确和成功的数字预言。但是，从真正意义说，运用量子力学的人不过是跟着理论的"先人们"立下的法则和公式按部就班地去计算。并不真的懂得为什么能那么做，那么做意味着什么。与相对论不同，几乎没人能与量子力学"心灵相通"。

这些说明了什么呢？是不是宇宙在微观层次的活动方式太模糊、太离奇了？难道人类世世代代从寻常尺度的现象中发展起来的思想不能完全把握"到底发生了什么"吗？或者，也许物理学家不过是因为历史的巧合建立了量子力学那么笨拙的形式，尽管计算结果是对的，却令实在的本性更加模糊了？谁也不知道。也许在将来的某一天，某个聪明人能找到一种新体系，可以完全回答量子力学里的一切"什么"和"为什么"。当然，这也是说不定的。我们能肯定的只有一件事情，那就是，量子力学绝对地不容争辩地向我们证明了，我们熟悉的寻常世界

88

---

1. Richard Feynman, *The Character of Physical Law* (Cambridge, Mass: MIT Press, 1965), p.129.

的许多基本概念，在微观领域不再有任何意义。结果，我们必须极大地改变我们的语言和逻辑，以认识和说明原子和亚原子尺度的宇宙。

在接下来的几节，我们将建立这种新语言的基础，讲述它所带来的一些惊人的奇迹。如果你跟着我们的思路看到的还是一个古怪甚至可笑的量子力学，请你记住两件事情。第一，量子力学除了在数学上是和谐的，我们相信它的唯一理由是它做出的许多预言都得到了异常精确的证实。如果有人能说出一大堆你小时候的小秘密，你还能不相信他是你走失多年的兄弟吗？第二，许多人对量子力学都有你那样的感觉，历史上一些最伟大的物理学家也多少抱着这样的观点。爱因斯坦是完全拒绝量子力学的，甚至玻尔（Niels Bohr）这样一位量子论的核心人物和最有力的倡导者也曾经说过，谁如果在思考量子力学时不曾有过迷惑，他就没有真正懂得它。

炉子里太热了

通往量子力学的路是从一个恼人的问题开始的。我们设想一个例子。假设你家里的电烤炉是完全隔热的，你把温度定在200摄氏度，让它有足够长的时间加热。虽然在通电以前你把炉里的空气都抽干净了，但在加热炉壁的时候它的内部还是会产生辐射波，那是与电磁波形式的光和热相同的波，既可以来自太阳的表面，也可能来自烧红的铁棒。

问题来了。我们知道，电磁波带着能量——例如，地球上的生命就全靠电磁波从太阳带到地球上来的太阳能而生存。在20世纪的开端，物理学家计算了在特定温度下烤炉内所有电磁辐射所携带的能量。根据既定的计算程序，他们遇到一个荒唐的结果：对任何温度来说，炉内的总能量都是*无限大*！

人人都知道这是没有意义的——火热的烤炉可能藏着巨大的能
89 量，但肯定不会是无限大。为了理解普朗克的解决方法，我们把这个问题再说得详细一点。当麦克斯韦电磁理论用于烤炉的辐射时，我们会发现炉壁产生的波在相对的两壁间必然是*整数*个波峰和波谷，如图4.1。物理学家用三个参数来描写波：波长、频率和振幅。*波长*是相邻两个波峰（或波谷）间的距离，如图4.2。因为两壁是固定的，如果挤在壁间的波越多，波长就越*短*。*频率*是波在一秒钟内完成的振荡循环的次数。显然，频率与波长是相互决定的：波长越长，频率越小；波长越短，频率越大。为什么呢？你可以想想摇动一端固定的长绳子。轻轻上下摇摆绳子的另一端，就能摇出大波长的波。波的频率等于手臂在一秒钟内摇动的次数，那当然是很小的。但是，如果想生成短波，你就得发狂似的摇动绳子，就是说，你要快快地摇，结果波的频率也高了。最后，物理学家用*振幅*来描写波的最大深度，见图4.2。

你也许觉得电磁波抽象了一点儿，那么我们来看另一个波的例
90 子：拨动琴弦产生的波。不同的频率对应着不同的音调，频率越高，音调也越高。琴弦的振幅取决于我们用多大力量去拨弄它，拨得越重，为波动注入的能量就越大，而大能量带来大振幅。这是可以听到的，大振幅的声音更响亮。同样，低能量对应着小振幅、小音量。

利用19世纪的热力学，物理学家可以计算炉壁向每种可能波长的

图4.1 麦克斯韦理论告诉我们，烤炉内的辐射有整数个峰谷，即整数个完整的振荡循环

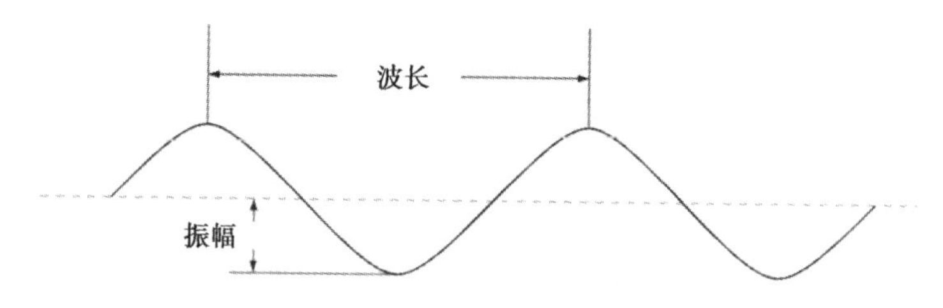

图4.2 波长是相邻两个波峰（或波谷）间的距离；振幅是波的最大高度（或深度）

电磁波注入了多少能量——或者说，炉壁是以多大的力量“激起”每一列波的。他们得到的结果很简单：每一列可能的波——不论波长多大——都带着相同的能量（一个完全由烤炉温度决定的量）。换句话讲，炉内所有可能的波动模式都是平等的，都被赋予相同的能量。

乍听起来，这是一个有趣然而却很平常的结果。实际不是这样的。它宣布已成为经典物理学的那些东西崩溃了。理由是这样的：虽然根据要求，炉内的波峰和波谷都是整数，不会有更多其他可能的波动模式，但可能的波也还是无限多的——一个波总可以有更多的波峰和波谷。因为每种模式的波带着相同的能量，所以无限多的波具有无限大的能量。这样，在世纪之交，理论物理学的油膏上飞来了一只巨大的苍蝇。[1]

91
世纪之交的能量包

1900年，普朗克提出一个激动人心的猜想，消除了无限能量的烦恼，也为他赢得了1918年的诺贝尔物理学奖。[1]为理解普朗克的猜想，我们还是来看一个例子。假设你和一大群人——无限多的人——拥挤在一个吝啬鬼老板经营的一间寒冷的大仓库里。墙上装着令人向往的数字自动调温器，可以控制仓库里的温度。但老板收的暖气费太吓人了：如果温度调到50华氏度（10摄氏度），每人付50元；55华氏度（约12.8摄氏度），每人付55元，依此类推。你想，屋子里有无限多的人，只要打开调温器，老板就会赚得无穷多的钱。

不过，仔细读过老板的收费办法后，你发现了一个漏洞。因为老板很忙，不想找零钱（当然更不想给无限多的员工一个个地找），所以他凭一种"信誉"方式来收费。如果谁刚好能拿出那么多钱，那他就付那么多；否则，他只需要付他尽可能拿得出来而又不需要找零的钱。你想最好人人都交费，但又不能交得太多，于是把大伙的钱都集中起来，然后照下面的方式分配：一个人全拿1分的硬币，一个人全拿5分的硬币，一个人全拿1角的硬币，一个人全拿2角5分的硬币……然后，

1. 这个比喻源自《圣经·旧约·传道书（10：1）》，原话是，"死苍蝇使做香的油膏发出臭气；这样，一点愚昧也能败坏智慧和尊荣。"——译者注

1元、5元、10元、20元、50元、100元、1000元甚至更大（也更难得一见的）面额的钞票也照这样分别叫人拿着。你大胆把调温器开到80华氏度（约26.7摄氏度），然后等着老板来。老板来了，拿1分硬币的人数给他8000枚，拿5分硬币的人数给他1600枚，拿1角硬币的人数给他800枚，拿2角5分硬币的人数给他320枚，拿1元钞票的人给他80张，拿5元钞票的人给他16张，拿10元钞票的人给他8张，拿20元钞票的人给他4张，而拿50元钞票的人给他1张（因为两张就超过80元，需要找钱了）。别的人都只有1种面额的钞票——最小的也超过了应该缴纳的，所以他们不能向老板缴费。这样，老板没能拿到他期望的无限多的钱，离开时只拿走了690元。 92

普朗克用非常类似的办法把炉子里荒唐的无限能量减小到一个有限的大小。他是这样做的：他大胆猜想，炉子里电磁波携带的能量跟钱一样，是一小团一小团的，它可以是某个基本“能量元”的1倍、2倍、3倍……正如我们不可能有1/3分或者3/5分的硬币，普朗克声称，对能量来说，分数也是不允许的。我们的钞票是国家银行定的。那么“能量元”呢？普朗克为了寻找一个更基本的解释，建议波的“能量元”——波所能携带的最小能量——是由频率决定的。具体说，他假定一列波所具有的*最小能量正比于波的频率*：高频（短波）意味着大能量，低频（长波）意味着小能量。大体上讲，长波长的辐射与短波长的辐射相比，本来就缺乏动力，就像海上汹涌的浪涛都是急剧起伏的短波，只有平静的海面才会出现悠悠荡漾的长波。

关键的一点在于，普朗克的计算证明，这些允许的波的能量团消除了前面那些荒谬的无限大的能量。不难看清这是为什么。当烤炉被加热到一定温度时，根据19世纪的热力学理论，计算预言了每列波应该贡献的共同能量。但是，假如某些波所能携带的最小能量超过了它应该贡献的能量，它就不会对总能量有贡献——这就像那些欠老板暖气费的伙计们，因为他们手里的钞票太大了，拿不出他们该缴纳的钱。据普朗克的猜想，波的最小能量正比于波的频率。所以当我们考察炉子里的高频率（短波长）的波时，总能找到最小能量大于我们期望的能量贡献的波，它们就像那些手拿大钞票的伙计，不会为19世纪物理学要求的能量带来贡献。所以，只有有限的波能对烤炉里的总能量有所贡献，从而总能量是有限的——只有有限的伙计能缴纳他们的暖气费，老板只能收到有限的钱。钱也好，能量也好，我们靠它们不断增大的基本单位——如越来越大面额的钞票或者越来越高的频率——让无限大的结果回到了有限。[2]

　　消除了毫无意义的无限大结果，普朗克迈出了重大的一步。不过人们是真相信他的猜想是对的，还是因为新方法计算的有限的烤炉内的能量与实验测量的结果惊人的一致。更特别的是，普朗克在计算里调节了一个参数，从而准确预言了在任意温度下测量的烤炉的能量。这个新进入计算的参数是波的最小能量单元与频率间的比例因子——也就是著名的*普朗克常量*，记为$\hbar$——大约是平常单位的千亿亿亿分之一。[1]普朗克常量这样小，说明基本能量包的尺度也是非常小的。这也就是为什么我们觉得可以让琴弦的能量连续地变化，从而听到连续变化的琴声。虽然，照普朗克的观点，波的能量实际上是一点点传播的，但那些“点”确实太小了，一点跟着一点，仿佛是光滑连

1. 普朗克常量为1.05×10^{-27}克•厘米^2/秒或1.05×10^{-34}焦耳•秒。

续流动的。根据普朗克的论断，这些能量包随波频率增大（即波长减小）而增大，这是解决无限大能量疑难最关键的一点。

我们将看到，普朗克的量子假说远不仅是让我们回答了烤炉的能量问题，它还推翻了好多我们认为理所当然的世界观。因为$\hbar$太小，所以只有在微观世界里才会发生偏离我们日常生活的事情。但是，如果$\hbar$“碰巧”大得多，那么量子酒吧[1]里的稀奇事情就会在我们身边随处发生了。我们将看到，那些怪事儿在微观世界里确实是发生了。

能量包是什么

94

普朗克引进他那革命性的能量包并没有什么根据。不论他自己还是别的人，除了知道它能用以外，找不到一点儿令人信服的理由说明它为什么是对的。物理学家伽莫夫（George Gamow）曾经说过，大自然似乎喜欢喝酒，一喝就是一瓶，要么一滴也不喝，绝不会点点滴滴到天明。[2] 1905年，爱因斯坦找到了一个解释，因为这个发现，他获得了1921年的诺贝尔物理学奖。

爱因斯坦的觉悟来自他对所谓“光电效应”的思考。1887年，德国物理学家赫兹（Heinrich Hertz）第一次发现，当电磁辐射（光）照在某些金属上时，金属会发出电子。这件事情本身并不特别值得注意。金属的一个特性就是，它的某些电子只是松散地束缚在原子里（这也

1.“量子酒吧”原文是H-Bar，是很巧妙的双关语。Bar既是酒吧，也有“棍”的意思，普朗克常量$\hbar$（$h/2\pi$，h上加根棍）在英文里就读h-bar。——译者注

2. Timothy Ferris, *Coming of Age in the Milky Way*（New York：Anchor，1989），p. 286.

是为什么金属是良好的导电体）。光照在金属表面时，会将能量释放出来，就像在阳光下我们会觉得皮肤暖洋洋的。这些能量会激发起金属里的电子，一些松动的电子就可能完全脱离金属表面跑出来。

但是，当我们更仔细地来研究射出电子的性质时，光电效应的奇异特征就表现出来了。乍看起来，你可能以为如果光的强度增大了（光更亮了），射出的电子的速度就会增大，因为入射电磁波的能量大了。但事实*不是*这样的。虽然这时候射出电子的*数目*增大了，但它们的速度并没有改变。另一方面，实验却发现，在入射光的*频率*增大时，射出电子的速度*确实*会增大；同样的，如果光的频率降低了，电子的速度也会减小。（对电磁波谱的可见部分来说，频率的增大相当于光从红色变到橙色、黄色、绿色、蓝色、青色，最后到紫色。频率比紫色光更高的是看不见的紫外线，然后是X射线；频率比红光还低的光是 95 看不见的红外辐射。）实际上，如果入射光的频率减小了，会出现射出电子为零的情形。这时*不论光源多么强大炫目*，电子都只停留在金属表面。由于某种未知的原因，入射光的*颜色*——而不是总能量——决定着电子是否发射出来，并且决定着射出电子的能量。

为明白爱因斯坦是如何解释这个难题的，我们还是回到那家大仓库。这时，仓库里的温度是80华氏度（约26.7摄氏度），暖洋洋的。我们想象那老板还有个毛病，他不喜欢孩子，让15岁以下的儿童都住在仓库中阴暗的地下室，大人们可以从仓库四周的回廊看到他们。另外，如果孩子们想走出仓库，只有一个办法，就是向门卫缴纳8角5分的出门费。（那老板可真不是东西！）大人们只能从回廊上向孩子们扔钱，而他们还是像以前缴暖气费那样分别拿着不同的钞票。现在来看会发生什么事情。

拿1分硬币的人先开始往下一点儿一点儿地扔。但是太小了，离孩子们需要的出门费还远着呢。因为孩子太多，都争着来抢扔下去的钱，即使拿硬币的大人扔得再多，也不够让哪一个孩子凑足他需要的85分。拿5分、1角、2角5分硬币的人也会遇着同样的麻烦。硬币不管扔了多少，孩子能抢到一个就算幸运了（大多数是空欢喜一场），谁还能拿够离开所需要的85分呢？不过，拿钞票的人接着开始往下扔了，虽然是1元1元地扔，总数也不多，但只要孩子能幸运地拿到一张，他马上就可以走了。如果那人把钞票放在桶里，一桶一桶往下放，那么每次就能有更多的孩子离开，而且每个孩子把钱交给门卫后还能剩15分。不管扔的钞票有多少，结果都是这样的。

光电效应里发生的事情差不多也是如此。根据前面讲的那些实验事实，爱因斯坦建议用普朗克的波动能量包来重新描绘光的图景。在他看来，一束光其实可以认为是*一股光粒子流*——后来化学家刘易斯（Gilbert Lewis）为光的微粒起了一个好听的名字——光子（在第2章光子钟的例子里，我们已经用过这个概念了）。为了有一个量的感觉，我们拿灯泡为例。根据光的粒子观，一只普通100瓦的灯泡每秒钟大概会发出1万亿亿（10^{20}）个光子。爱因斯坦用这个新概念提出了光电效应背后的微观机制：他指出，当一个电子被足够能量的一个光子击中时，它就会从金属表面逃逸出来。那么，是什么决定单个光子的能量呢？爱因斯坦跟着普朗克的引导，提出*每*个光子的能量正比于光波的频率（比例因子是普朗克常量）。

96

像那些孩子离开地下室需要起码的出门费，光子必须具备一定的能量才可能将电子从金属表面解放出来。（孩子们会争抢扔来的钱，而一个电子也几乎不可能同时被几个光子击中——多数电子根本碰不上光子。）假如入射光的频率太低了，每个光子就没有足够力量激活电子。就像一枚枚硬币，扔得再多也救不了孩子，低频的光束（从而低能量的一个个光子）不论多强，也解放不了一个电子。

只要钞票来了，孩子们就可以离开仓库；同样，只要照在金属表面的光有足够的能量“元”，电子就可以脱离出来。正如拿钞票的人通过每次多扔下一些（如装在桶里）来增大总钱数，一定频率的光束也可以通过增加光子数来增大总的强度。钞票越多，能离开的孩子越多；同样，光子越多，脱离金属表面的电子也越多。不过请注意，从金属表面逃逸出来的电子的能量余额仅取决于击中它的光子的能量——而这能量是由光束的频率（而不是总强度）决定的。每个解放的电子带着相同的能量——也就是具有相同的速度——不论照射的光有多 97 强。这就像离开仓库的孩子，不论大人扔下来多少钞票，每个孩子都还剩下15分。更多的钱只不过可以让更多的孩子离开；更多的总能量也不过是多解放一些电子。如果想让离开的孩子多带些钱，让逃逸的电子跑得更快，我们必须增大钞票的面额，提高入射光的频率——就是说，增大照在金属表面的光子所具有的能量“元”。

这些都与实验事实完全一致。光的频率（颜色）决定着射出电子的速度，光的总强度决定着射出电子的数量。这样，爱因斯坦证明了，普朗克的能量包猜想实际上反映了电磁波的一个基本特性：电磁波由粒子即光子组成，是一束光的*量子*。因为波是由这样的基元构成的，所以能量也就以“元”为单位了。

爱因斯坦的发现是一大进步，但我们接下来会看到，事情并不像表面那样简单。

是光还是粒子

大家都知道，水——当然还有水波——是由大量水分子组成的，那么，光波由大量粒子（即光子）组成还有什么奇怪的吗？是的，但奇怪的是别的东西。我们知道，牛顿在300多年前就讲过光是粒子流组成的，所以这想法一点儿也不新鲜。但是，牛顿的一些同行，特别如荷兰物理学家惠更斯（Christian Huygens），却不赞同他的观点，他们认为光是波。争论了许多年，最后，英国物理学家托马斯•杨（Thomas Young）在19世纪初做的实验证明牛顿错了。

杨做的著名的双缝实验大致可以用图4.3来说明。费恩曼常说，量子力学的一切都可以从这个简单实验的思索中得到，所以我们应该好好来讨论它。从图4.3可以看到，光照在开了两条缝的一块薄薄的 98

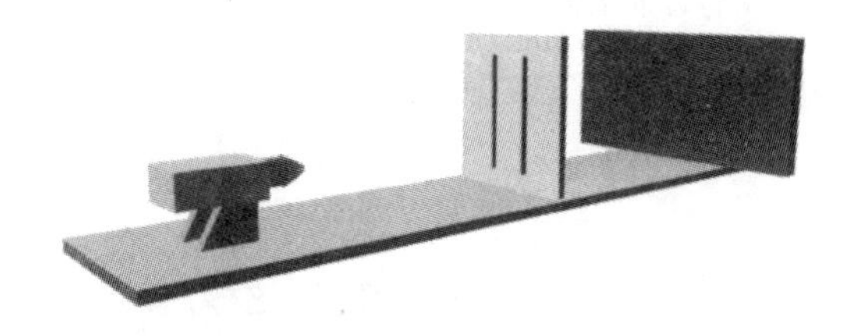

图4.3　在双缝实验中，光照在开了两条缝的薄障碍物上，通过单缝和双缝的光都将记录在后面的一块照相板上

障碍物上。照相板用来记录通过缝隙的光——照片上的区域越明亮，说明通过的光越多。实验让光分别通过单缝和双缝，然后比较它们在照相板上留下的图像。

假如关闭左缝，打开右缝，相片将是图4.4的样子。这很好解释。因为打在照相板上的光一定是穿过右缝的，所以集中照在相片的右边。同样，如果关闭右缝，打开左缝，相片会像图4.5的样子。假如两条缝都打开，那么照牛顿描绘的光的粒子图像，照相板应该像图4.6的样

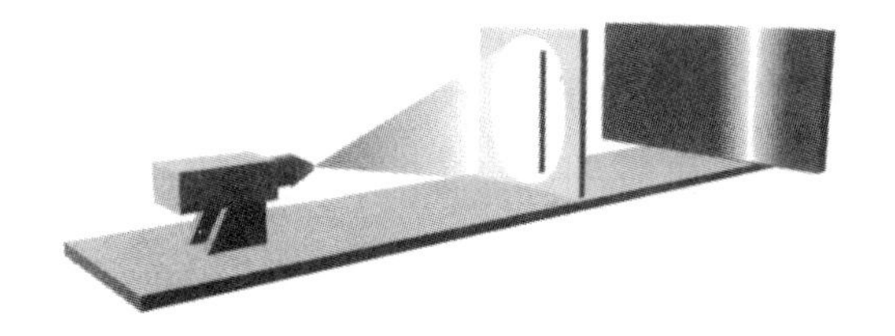

图4.4　右缝打开的实验，结果显示在照相板上

子，是前两个图的综合。大致说来，如果我们把牛顿的光微粒看成打在墙上的一颗颗小弹丸，那些通过缝隙的光就会集中在与缝平行的两个小区域。另一方面，光的波动图景在双缝打开时会表现出极不相同的景象。我们来看看吧。

99

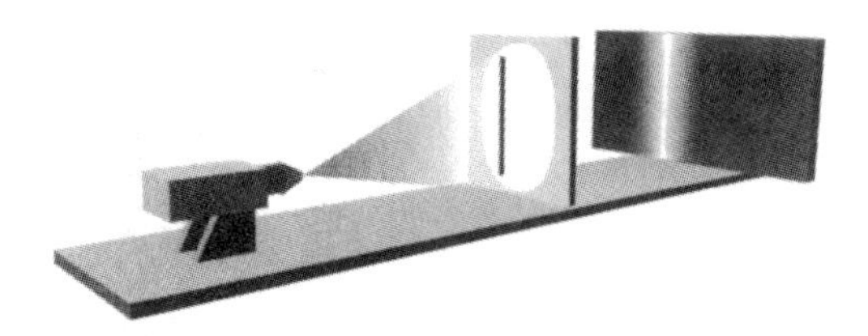

图4.5　与图4.4类似，不过开的是左缝

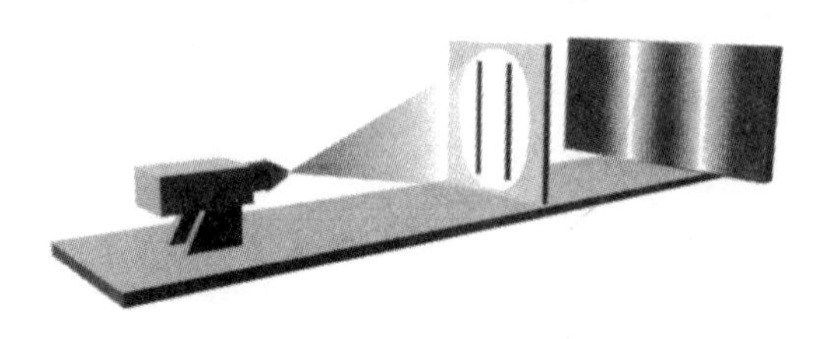

图4.6 牛顿的光的粒子观点预言，当双缝都打开时，图像应该是图4.4和图4.5的综合

我们先考虑水波，光波的结果也是一样的，不过水更容易想象。当水波涌向障碍，穿过缝的波会一圈圈向外展开，就像一颗石子儿扔进了池塘，如图4.7。（拿一张开着两缝的卡片放在一盆水里，很容易做这个实验。）当波从两缝展开，相互重叠时，会发生一件有趣的事情。假如两个波峰相遇，那一处的水波会增高；它是两个峰的高度之和。假如两个波谷相遇，水凹陷的深度也同样会增加。最后，假如来自一缝的波峰与来自另一缝的波谷相遇，它们会*彼此抵消*。（实际上，消声器就利用这个道理——它测出输入的声波波形，然后生成与之“相对”的波，使它们相互抵消，消除不需要的噪声。）除了这些极端重叠的波——如波峰遇波峰、波谷遇波谷和波峰遇波谷——在它们之间还有大量部分增强或减弱的波。假如你跟许多伙伴分别坐在小船上，平行于障碍物排成一列，那么在水波经过时，你们会感觉到不同程度的颠簸。在波峰（或波谷）相遇的地方，颠簸会很强烈；在波峰与波谷相遇的地方，颠簸会很微弱，甚至一点儿也没有，因为那里的波被抵消了。

100

因为照相板记录了光打在板上的强弱情况，将上面关于水波的论

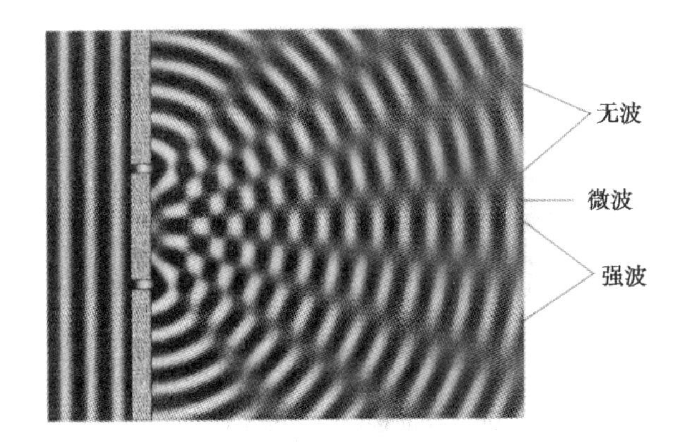

图4.7　源自两缝的水波一圈圈向外扩展，有些地方波动加强，有些地方波动减弱

证用于光的波动图像，我们可以发现当两条缝都打开时，照相板应该是图4.8的样子。图中最明亮的区域是来自两缝的波峰（或波谷）相遇的地方，暗区域则是一个波的波峰与另一个波的波谷相遇的地方，那里的波相互抵消了。这种光的明带与暗带交错的序列，就是有名的波的*干涉模式*。图4.8的照片与图4.6的大不相同，因此我们可以用这个具体的实验来判别光的粒子图像和波动图像。杨做了类似的实验，结果与图4.8的相符合，从而证实了波动图像。牛顿的微粒说失败了（不过，多年以后，物理学家才接受了这一点）。后来，麦克斯韦为流行的光的波动观奠定了坚实的数学基础。

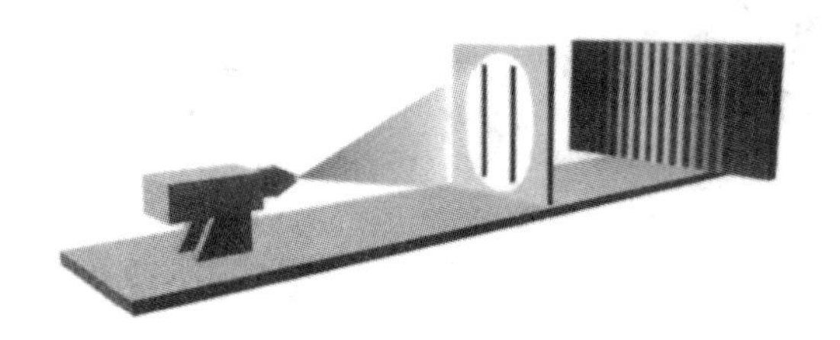

图4.8　假如光是一列波，那么当双缝都打开时，来自每一条缝的波将发生干涉

但是，打倒了牛顿的神圣引力理论的爱因斯坦，现在却似乎又通过他的光子复苏了牛顿的光的粒子模型。当然，我们也面临着跟他同样的问题：粒子的图像如何能够解释图4.8中的干涉模式呢？也许，你马上会想到一种解释：水不是由H_2O分子——水“粒子”组成的吗？但大量分子形成的分子流却能生成水波，表现出图4.7所示的干涉特性。那么，我们似乎有理由猜测，光的波动特性（如干涉模式）也可以来自光的粒子图像，只要光的粒子（光子）数足够大。

可微观世界更加难以捉摸。实际上，即使图4.8里的光源强度越来越弱，直到光子以缓慢的速率（例如每10秒钟发出一个）逐个地打在障碍上，在照相板上仍然会产生像图4.8那样的结果：只要等待足够长的时间，大量分离的光子将穿过缝隙，每一个光子都记录在它打在照相板的那一点，这些点将形成图4.8里的干涉图样。这是很令人 102 惊讶的，相继通过缝隙然后独立打在照相板上的一个个光子，如何能够“协同地”打在照相板上产生干涉波的明暗条带呢？照传统的思维，我们以为一个光子要么通过左缝，要么通过右缝，从而应该看到图4.6的样子，但事实却不是这样的。

假如这些事实没能让你感到惊讶，那可能因为你以前就知道了，或者你对什么都漠不关心，要么就是上面讲的还不够生动。为了避免后面这种情况，我们在这里以稍微不同的形式再把它讲讲。我们先将左缝关闭，让光子一个个地通过障碍，有的通过了，有的没有通过。那些落到照相板上的一个个光子的确会生成图4.4那样的图形。然后，换一块新的照相板重做一次实验，不过这回让两条缝都打开。当然，你可能认为这只不过让更多的光子通过障碍打到照相板，因而板面会出现比第一次实验更多的光亮区域。但是，实验过后拿照片来看时，你会发现，除了意料中的有些原来暗的地方现在明了，还有些原来明的地方现在却暗了，如图4.8。我们增大了落到照相板的光子的数目，却同时减少了某些区域的亮度。看来，在时间上分离的一个个光子能以某种方式相互抵消。就是说，原来能通过右缝打在图4.8的照相板上某个暗带的光子，在左缝打开时却过不去了（因为这一点那些带才成了暗的）。想想看，这事有多奇怪。一小束光是否通过一条缝，完全取决于另一条缝是否打开，世界上怎么可能有这样的事情？这真像费恩曼讲的那样奇怪：假如朝照相屏幕打枪，当两条独立的缝开着时那些独立射出的子弹似乎彼此吞没了，结果失去了好多目标——而那些目标在一条缝开着时都是被打中了的。

这些实验说明爱因斯坦的光粒子大不同于牛顿的光微粒。尽管光103子也是粒子，它们却不知怎么也表现着光的波动特征。粒子的能量由波的特征——频率——决定，从这个事实我们开始隐约感到波与粒子的奇特统一。而光电效应和双缝实验则真的把那统一实现了。光电效应证明光具有粒子特性，双缝实验证明光能表现波的干涉特性。两个事实结合起来证明了光同时具有粒子和波的特性。在微观世界里，我们必须摆脱在宏观世界形成的直觉——事物要么是粒子，要么是波；我们应该接受这样的事实，它可能既是波，也是粒子。我们现在该明白费恩曼说的那句话了，“没人懂得量子力学”。我们可以讲什么“波粒二象性”，可以将它表达为数学形式，以令人惊讶的精度来描写现实的实验。但是，我们真的很难从更深的直觉的水平去认识微观世界的奇异特征。

物质都是波

在20世纪开头的二三十年里，许多大理论物理学家都在不遗余力地建立一个数学上合理而又有物理学意义的体系，来认识那些还隐藏着的事物的微观特性。例如，在哥本哈根的尼耳斯•玻尔的领导下，从炽热的氢原子发出的光的性质得到了很好的解释。但是，这同其他20世纪20年代中叶以前的工作一样，不过是19世纪的旧观念与新量子概念的临时凑合，而不是一个和谐的关于物理宇宙的认识体系。与牛顿定律或麦克斯韦电磁理论那清晰的逻辑体系相比，这些部分发展起来的量子理论还处在混沌状态。

1923年，年轻的法国贵族德布罗意（Louis de Broglie）为这场量子论战增添了新内容，他因此赢得了1929年的诺贝尔物理学奖。在爱因斯坦狭义相对论的逻辑链的启发下，德布罗意提出，波粒二象性不仅适用于光，也适用于物质。他的论证大致是这样的：爱因斯坦的$E = mc^2$联结了质量与能量，普朗克和爱因斯坦又把能量与波的频率联系起来，那么这两点的结合意味着物质也该具有波一样的形态。沿着这条思路仔细走下去，德布罗意提出，既然量子理论说明波动的光可以用粒子来描写，那么我们通常以为是粒子的电子，也应该可以同样有效地用波来描写。爱因斯坦很快就喜欢了德布罗意的思想，认为那是他的相对论和光子思想的自然结果。即使如此，它还是离不开实验的检验。实验很快就来了，是戴维逊（Clinton Davisson）和革末（Lester Germer）做的。

104

20世纪20年代中叶，贝尔电话公司的两个实验物理学家戴维逊和革末研究电子束如何从镍反射回来。与我们有关的细节是，镍晶体在实验中起着图4.8中双缝的作用。——实际上，完全可以认为那就是一个双缝实验，只不过以电子束代替了光束。我们下面就从双缝实验的观点来讨论。戴维逊和革末让电子通过双缝打在磷光屏上，屏幕闪烁一个亮点记下电子的位置——这也就是在电视机内部所发生的——他们发现了令人惊奇的事情：出现了像图4.8那样的干涉图样。于是，他们的实验证明了电子也表现出干涉现象，那正是波的标志。屏幕上的黑点是电子不知怎么在那里"消失了"，就像水波的波峰与波谷在那儿相遇。即使把电子束减弱，例如，弱到10秒钟射出一个，那一个个电子仍然会形成明暗相间的条带。每一个电子都像光子那样，以某种方式相互"干涉"——说干涉，是因为它们在一定时间内重新形成了与波相联系的干涉图样。我们不可避免地会得到这样的结论：电子除了我们熟悉的粒子形态之外，还被赋予了波的特征。

尽管我们只谈了电子，类似的实验证明一切物质都具有波的特征。但是，为什么我们现实经历的事物却是硬邦邦的，一点儿都不像波呢？这问题好，德布罗意写下了一个物质波波长的公式，它表明波长正比于约化普朗克常量$\hbar$。（更准确地说，波长等于$\hbar$除以物体的动量。）因为$\hbar$很小，所以计算出的波长与寻常尺度相比也小得可怜。这也是为什么只有在微观的考察中才能直接看见物质的波动性。巨大的光速c遮挡了时间和空间的本性，微小的$\hbar$则令寻常世界的物质隐藏了它们波动的一面。

什么波

戴维逊和革末发现了电子的干涉现象，使电子的波动特征实在地显露了出来。但那是什么波呢？奥地利物理学家薛定谔（Erwin Schrödinger）先提出那些波是“抹开了的”电子，这有点儿电子波的意思，但太模糊了。当我们将某样东西抹开时，它总会东一点西一点的；然而，对电子来说，谁也没见过半个、1/3个或者其他分数的电子。这样，我们很难把握抹开的电子到底是什么。1926年，德国物理学家玻恩（Max Born）提出了另一种建议，极大地修正了薛定谔的电子波解释，他的新解释——经过玻尔和他的同事们的发扬光大——在今天仍然伴随着我们。玻恩的解释是量子理论最奇异的特征之一，不过已经得到了大量实验数据的证实。他指出，应该从概率的观点来看电子波。波的振幅（更准确些说，是振幅的平方）大的地方，电子出现在那儿的可能性越大；波的振幅小的地方，电子出现在那儿的可能性越小。图4.9是一个例子。

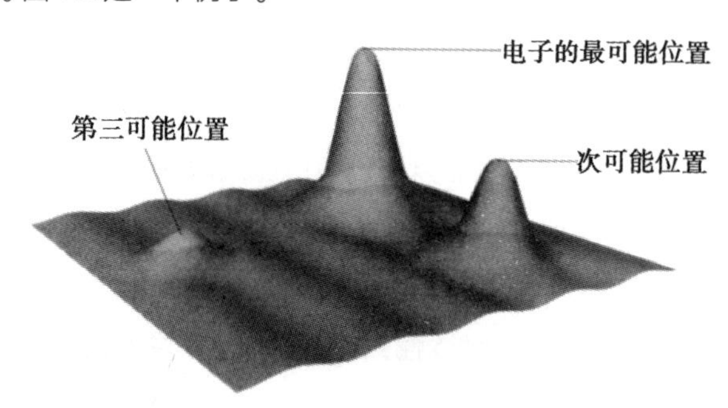

图4.9　哪里最容易找到电子，哪里的电子波最大；而在波小的地方发现电子的机会也越小

这真是奇特的想法。基础物理学的建立与概率何干呢？我们只是在赛马、扔硬币和轮盘赌的场合才习惯概率，那不过反映了我们知道得不完备。例如，在轮盘赌中，假如我们完全知道轮盘的速度，小球的硬度和质量，它落在盘中的位置和速度，以及小格子的具体构成材料，等等，假如我们有足够强大的计算机来完成需要的计算，那么，根据经典物理学，我们能够预知那小球会滚落在什么地方。赌牌的趣味正在于人们不可能在押赌注以前判断所有的信息和进行必要的计算。但是，我们在轮盘赌遇到的概率问题一点儿也没有反映宇宙活动的任何特别基本的东西。而量子力学却把概率概念植入了宇宙的深处。根据玻恩的理论和后来半个多世纪的实验，物质的波动性质意味着我们应该从根本上以概率的方式来描述物质本身。对宏观物体来说，如咖啡杯或轮盘，德布罗意的公式说明它们的波动性质微不足道，所以在大多数普通情形中，我们可以完全忽略与物体相关的量子力学概率。但是，在微观水平上，我们知道我们最多不过能说在特定地方找到一个电子的概率。

概率解释的好处在于，当电子波像其他波那样活动时——例如，穿过障碍物，形成各种波荡漾开去——并不是说电子本身裂成了碎片，而是说电子可能以较大的概率在许多位置出现。实际上，这就是说，假如我们以绝对相同的方法重复某个有电子参与的实验，我们不会总是得到相同的结果。例如，我们可能发现一个电子在不同的位置出现。而且，不断重复实验将得到各种不同的结果，在某一位置发现电子的次数，将由电子概率波的形状决定。假如A处的概率波（准确地说，应该是概率波的平方）是B处的2倍，那么经过一系列实验以后，在A处找到的电子应该是B处的2倍。我们不可能预言精确的实验结果，我们最多只能预言某个结果可能出现的概率。

即使如此，只要能从数学上决定概率波的精确形式，我们就能通过多次重复某个实验来观测某一结果发生的可能性，从而检验那些概率的预言。德布罗意的建议提出没几个月，薛定谔就迈出了决定性的一步。他写下了一个方程，能决定概率波的形状和演化——我们今天把那概率波叫*波函数*。薛定谔的方程和概率波的解释很快就做出了令人惊讶的精确的预言，于是，到1927年时，经典物理学的纯真时代结束了，宇宙不再是一只精确的大钟。过去我们总以为，宇宙间的一切事物都照一定的节律运动，它将从过去某个时刻走向它唯一注定了的终结。根据量子力学的观点，宇宙也遵照严格准确的数学形式演化，不过那形式所决定的只是未来发生的概率——而不是说未来一定会发生什么。

许多人感到这个结论太困惑，甚至完全不能接受。爱因斯坦就是这样的一个人。他在警告量子力学的拥戴者时，说过一句在物理学史上鼎鼎有名的话："上帝不会跟宇宙玩骰子。"他觉得，概率在基础物理学中出现是因为某种说不清的理由，像在轮盘赌中那样，概率出现是因为我们的认识从根本上说还不够完备。在爱因斯坦看来，宇宙没有给靠机会实现的未来留下空间。物理学应该预言宇宙*如何*演化，而不仅是预言某个演化发生的可能性。但是，越来越多的实验——有些令人不得不相信的实验是在爱因斯坦去世以后做的——证明，爱因斯坦错了。英国物理学家霍金（Stephen Hawking）曾说过，在这一点上，"爱因斯坦糊涂了，而量子理论是对的。"[1]

108

---

1. 霍金1997年6月21日在阿姆斯特丹"引力黑洞和弦理论"学术会议上的演讲。

不过，关于什么是量子力学的争论今天仍在继续着。每个人都知道怎么用量子理论的方程来做精确的预言，但是，关于概率的意义，关于粒子如何"选择"它的未来，还没有一致的认识；甚至，我们还不知道粒子是不是真的选择了一个未来；也许，它会像树枝那样分开，向着不断膨胀着的平行宇宙展开它各个可能的未来。这些观点本身都应该写一本书来讨论，实际上也有好多精彩的书以这样那样的方式思考量子理论的问题。但有一点是明白的，不论我们如何解释量子力学，从日常的立场看，它都不可否认地证明了，宇宙建立在一些奇异的原则上。

我们从相对论和量子力学得到的教训是，当我们深入追寻宇宙的基本行为时，我们会遇到许多意料之外的事情。我们需要大胆提出深层次的问题，更需要巨大的勇气来适应和接受它们的答案。

费恩曼的图景

理查德•费恩曼是继爱因斯坦以来最伟大的物理学家之一，他完全接受了量子力学的概率论核心，但在第二次世界大战后的几年里，他提出了一种强有力的新方法来思考这个理论。从数值预言的角度看，费恩曼描绘的图景与以前的理论完全一致，但他的公式迥然不同。我们把它放到电子双缝实验中来讨论。

图4.8的困惑在于，我们原以为一个电子要么穿过左缝，要么穿过右缝，于是我们预料结果应该是图4.4和图4.5的综合，即图4.6。从一条缝穿过去的电子本不应该关心是不是还存在另一条缝；然而它

109

却似乎真的多少受到了另一条缝的影响。结果表现的干涉模式说明，某种对两条缝都有“感觉”的东西相遇融合在一起了，即使电子一个个地经过，结果还是那样。为了解释这个现象，薛定谔、德布罗意和玻恩为每一个电子赋予一个概率波。电子的概率波像图4.7的水波一样，“看见”了两条缝，从而也像水波那样干涉、融合。像图4.7中波浪涌起的地方，是概率波融合增强的地方，也是电子最可能出现的地方；像图4.7中波动平缓的地方，是概率波融合相消的地方，也是电子几乎不会出现的地方。电子一个个打在荧屏上，按照这种概率波的形态分布，从而形成图4.8的干涉图样。

费恩曼的方法与众不同。传统观念认为，电子要么经过左缝，要么经过右缝，费恩曼却向它提出了挑战。可能有人会想，那是事物活动的基本特性，向它挑战岂不是太傻了。不过，你真能看见缝与屏之间的事情从而确定电子是从哪条缝穿过来的吗？是的，你能看见，但这时你就在挑战实验了。因为，你总得做点儿什么才能看到电子——例如，用光照它，也就是让光子从它反射回来。在日常的尺度，光子从树木、图画等物体上反射回来，像感觉不到的微小探针，几乎不会给那些相对的庞然大物的运动状态带去任何影响。但是，电子是小得可怜的东西，不论你怎样小心翼翼去发现它从哪条缝过来，照在它上面的光子总会影响它以后的运动。运动的改变将改变实验的结果。假如你正好通过干扰实验决定了每个电子来自哪一条缝，实验结果便从图4.8变成图4.6！量子世界保证，一旦确定了电子从哪条缝经过，两缝间的干涉现象也就消失了。 110

尽管据我们平常的经历，一个电子似乎应该通过一条缝，但费恩曼的挑战最终还是赢了——早在20世纪20年代后期，物理学家就意识到，任何想证实量子世界的基本物理量的尝试，都会破坏实验的结果。

费恩曼宣布，每个到达荧屏的电子实际上穿过了*两条缝*，这听起来是很疯狂的，但接下来还有更狂更野的事情。费恩曼说，每一个电子，从源到荧屏上某一点，实际上*同时经历了所有可能的路径*，其中的几条画在图4.10中。电子以良好的次序通过左缝，同时也以良好的次序通过右缝；它可能朝着左缝去，却突然在空中调头走向右缝；它可能前后犹豫，最后通过一条缝，它还可能远征仙女座星系，然后又回来穿过一条缝到达荧屏。总之，它就这样什么路都可能经历——在费恩曼看来，电子要同时去“发现”联结起点和终点的*每一条*可能的路径。

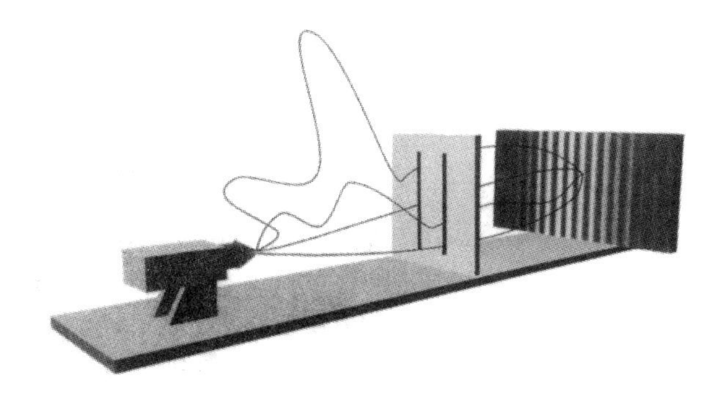

图4.10　根据费恩曼的量子力学形式，应该认为粒子在起点到终点间的每一条可能路径上运动。图中画出了一个电子从源到荧屏的几条可能的路径。注意这个电子实际上通过了两条缝

111　费恩曼证明，他能为每一条路径赋予一个数，这些数的联合平均将给出与波函数计算相同的概率结果。这样，在费恩曼的图景中，不需要为电子联系一个概率波。实际上，我们得想象另一种同样奇怪的

东西。电子——通常被看作一个完完全全的粒子——到达荧屏某一点的概率由到达那一点的所有可能路径的联合效应来决定，这就是费恩曼著名的量子力学的“路径求和”方法了。[3]

在这一点上，我们学过的经典东西无能为力了：一个电子怎么能够同时经历不同的路径——而且还是无限多个呢？这似乎是很有力的反对理由，然而量子力学——关于我们世界的物理学——却要求我们把这寻常的抱怨抛到脑后。用费恩曼方法计算的结果符合波函数的方法，也都符合实验。我们应该允许大自然自己决定什么是合理的，什么是不合理的。正像费恩曼讲的，“（量子力学）描写的自然从常识看是荒唐的，但它完全符合实验。所以，我希望你们也能够那样接受她——自然本来就是荒唐的”。[1]

可是，不论微观尺度下的世界多么荒唐，在寻常的尺度下，事物还应该回到我们所熟悉的普遍状态。为此，费恩曼证明，当我们考察大物体的运动时——如棒球、飞机、行星或者其他一切比亚原子粒子大的东西——他为每条路径赋值的法则保证，所有路径在求和时会彼此抵消，最后只留下唯一的一条路径。就是说，在考虑大物体时，无限多的路径里只有一条是有意义的。那也就是在牛顿运动定律中出现的轨道。这也就是为什么我们在日常生活中看到的物体（如抛向天空的球）只沿着一条预言的唯一可能的轨道从起点走到终点。但对微观物体来说，费恩曼为路径赋值的法则说明，许多不同的路径常常

1. Richard Feynman,*QED:The Strange Theory of Light and Matter*(Princeton:Princeton University Press,1988）.(费恩曼这本小书的中译本是“走进费曼丛书”里的一种，《QED：光和物质的奇异理论》，张钟静译，湖南科学技术出版社，2013。——译者注）

都能影响物体的运动。例如，在双缝实验里，这些路径通过不同的缝，产生我们看到的干涉图像。所以，在微观领域里，我们不能判断电子通过了哪一条缝。干涉模式和费恩曼的量子力学形式特别证实了另一112 个事实：电子从两条缝通过了。

我们知道，对一本书或一部电影的不同解释或多或少有助于我们理解作品的不同方面；同样，我们也需要用不同的方法来看量子力学。虽然从预言结果看，波函数方法和费恩曼的路径求和方法是完全一样的，但关于事件的发生，它们是不同的思维路线。我们以后会看到，在某些问题上，这些方法都能提供不可估量的解释框架。

古怪的量子

现在你多少应该感觉到量子力学里的宇宙行为是多么奇异，假如玻尔令人眩晕的理论还没有令你着魔，那么我们现在要讲的量子至少会让你头痛一会儿。

我们很难直觉地把握量子力学——很难像一个在微观世界里出生长大的小生命那样看量子力学，这一点比相对论更困难。不过，理论中有一点可以作为我们直觉的导引，这个特征能从根本上将量子理论与经典理论区别开来。那就是德国物理学家海森伯（Werner Heisenberg）在1927年发现的*不确定性原理*。

这个原理是从你可能早就想到过的一个意见产生出来的。我们讲过，为了确定电子从哪条缝通过（电子的位置），必然会干扰电子以后的运动（它的速度）。可是，你可能会想，例如，为确定我们身边是不是有人，我们可以轻轻抚摸一下，或者亲热地拍拍他的背；那么，为什么不能用“更轻柔”的光，通过更微弱的干扰来确定电子的位置呢？从19世纪物理学的观点看，我们是能够那么做的。用更暗淡的灯光（以及更灵敏的光探测仪），我们可以不断减轻对电子运动的影响。但量子力学自身却暴露了这个论证的缺陷。当我们减弱光源强度时，也就在减少它发出的光子数。当光子一个个发射出来时，我们就不可能再把它减弱了，除非把光源关闭。这是量子力学对我们所能做到的“轻柔”所规定的基本极限。于是，在我们测量电子的位置时，总会引起哪怕是极小的速度干扰。

113

好了，那基本上是正确的。普朗克定律告诉我们，单个光子的能量正比于它的频率（反比于它的波长）。通过频率越来越低（波长越来越长）的光，我们能产生越来越轻柔的一个个光子。但问题来了：当波从物体上反射回来时，我们收到的信息只能在*相当于波长的一个误差区域内*决定物体的位置。为了直观感受这个重要事实，我们想象来确定一块巨大的浸没在水中的岩石。岩石能影响经过它的海浪。波有次序的一个跟着一个涌向岩石，从岩石旁边经过时，一个个波都将被破坏——也告诉我们岩石就在那里。波的一个个起伏是一列波的最基本单位，就像直尺上的精细刻度，所以通过考察一个个波是如何被搅乱的，我们就可以在一个波动周期的误差范围内，即一个波长的范围内，确定岩石的位置。在光的情形中，组成它的光子大概也可以说是一个个波动周期（波动的高度由光子决定），这样，我们用光子也只能在一个波长的精度下决定一个物体的位置。

因此，我们面临着量子力学的一种均衡行为。如果用高频率（短波长）的光，我们能以更大的精度确定电子的位置。但高频率的光子能量很大，会强烈干扰电子的速度。如果用低频率（长波长）的光，我们可以将它对电子的影响减到最小，因为光子的能量相对来说是很小的；但是，我们却将牺牲电子位置的精度。海森伯量化了这一对抗行为，在位置和速度的测量精度间建立了一个数学关系。他发现——与114我们讨论的例子一致——两个精度互成反比：位置测量的高精度必然带来速度测量的大误差，反之亦然。更重要的是，尽管我们的讨论限于以一种特别的方法来决定电子的位置，但海森伯证明，不论运用什么测量仪器，采取什么测量步骤，位置与速度的测量精度间的均衡关系总是成立的。在牛顿甚至爱因斯坦的体系中，我们都是通过位置和速度来描写粒子的运动；但量子力学不同了，它证明在微观水平上，*我们不可能同时完全精确地知道那些性质*。而且，一个量知道得越精确，另一个量就越不精确。虽然我们这里谈的是电子，但这个思想也能直接用于大自然的一切组成因素。

为尽可能缩小量子理论与经典物理学的偏离，爱因斯坦提出，尽管量子论显然限制了人们关于位置和速度的*知识*，但电子仍然像我们通常认为的那样，*具有*确定的位置和速度。但是，在最近几十年，以已故物理学家贝尔（John Bell）为先驱的理论发现和阿斯佩克特（Alain Aspect）及其合作者们的实验结果，令人信服地证明爱因斯坦错了。电子——以及其他所有的事物——不可能同时在某个位置*并*具有某个速度。量子力学证明，那样的说法不仅永远得不到实验证实——我们上面解释过了——而且也跟最近得到的其他实验结果矛盾。

事实上，假如你想捕捉固体大盒子里的一个电子，为了确定它的位置，你把盒子慢慢向里挤压，这时你会发现电子变得越来越疯狂，仿佛患了幽闭症，在盒子四壁间撞来撞去，速度越来越大，越来越难预料。不过，大自然是不会让它的“骨肉”走向死路的。我们曾想象，在量子酒吧里，$\hbar$ 比它在真实世界里的值*大得多*，从而寻常的事物也能遭遇量子效应。例如，乔治和格蕾茜酒杯里的冰块也像染了幽闭症，狂野地撞得杯子砰砰作响。虽然量子酒吧是幻想的王国——实际的 $\hbar$ 小得可怜——但这种量子幽闭现象却是微观世界普遍存在的特征。当我们考察微观粒子并将它们限定在越来越小的空间区域时，它们会变得越来越疯狂。 115

从不确定性原理还生出一种令人惊奇的效应：*量子隧道*。假如你向着3米厚的混凝土墙射出一个塑料小球，经典物理学的结论与你本能的感觉是一样的：球会反弹回来。原因是，小球没有足够的能量穿透这堵难以逾越的障碍。但是量子力学确凿地证明，在基本粒子的水平上，组成小球的粒子的波函数——即概率波——总有一小部分透过了墙。这意味着小球有小小的——但不是零——机会能穿透那堵墙，出现在墙的另一边。怎么能这样呢？原因还是在海森伯的不确定性原理。

为明白这一点，我们想象一个一贫如洗的人，他在远方的亲戚死了，给他留下一大笔遗产。然而，他没有钱买飞机票，去不了那儿。他把困难告诉了朋友：如果朋友们能帮他解决这个难题，借钱给他买张机票，他回来时可以加倍奉还。但是朋友们也没钱。不过，他忽然记起一位在航空公司的老朋友，便向他求救。那朋友还是没钱借他，但提出一个办法：他只要在到达终点后24小时内把钱电汇过来，公司的会计系统是不会发现钱是在出发以后补的。这样，他可以去继承他的财产了。

量子力学的统计过程大概也是这样的。我们已经看到，海森伯曾证明，在位置和速度的测量精度间存在一种平衡。他还证明，同样的平衡关系也存在于测量*能量*和测量*时间*的精度之间。量子力学断言，我们不能讲一个粒子在某一时刻具有某个能量。为提高能量的测量精度，必须增大测量的时间。大体上讲，这意味着在足够短的时间尺度内，粒子的能量可能疯狂地涨落起伏。所以，就像我们可以“借钱”坐飞机（只要能尽快还钱），量子力学也允许粒子“借”能量，只要它能在海森伯不确定性原理所规定的时间内把它还回去。

116

量子力学的数学证明，能量障碍越大，那种奇怪的微观统计行为实际发生的概率就越小。但是，面对一块石板的微观粒子，有时的确可能借来足够的能量在瞬间穿透它原来没有足够能量进入的区域——从经典物理学的观点看，这简直是不可能的。当我们研究的东西越来越复杂，组成的粒子越来越多，量子隧道效应仍然可能发生，不过越来越困难，因为那需要*所有*粒子都能幸运地穿过隧道。但是，乔治的雪茄消失在脑后，酒杯里的冰块从杯壁漏出，乔治和格蕾茜从酒吧的墙上穿过——这些奇异的事情都能发生。在我们假想的量子酒吧，$\hbar$ 很大，那样的量子隧道到处都是。但在真实的世界里，$\hbar$ 很小，假如你频繁走近一堵墙，根据量子力学的概率法则，你需要等待我们今天宇宙的年龄这么久，才能找到一个好机会穿墙而去。只要有耐心（还得长寿），你迟早会出现在墙的另一边。

不确定性原理抓住了量子力学的核心。我们通常认为的一些毫无疑问的基本事实——例如物体有确定的位置和速度，有确定的能量，确定的动量——现在看来不过是因为普朗克常量太小而在寻常世界表现的一些特例。更重要的是，当我们把量子思想用于时空结构时，“引力的锦绣图景”将暴露致命的缺陷，把我们引向过去百年里的第三次物理学大冲突。

第5章
渴望新理论：
广义相对论与量子力学

117 在过去的100年里，我们对物理宇宙的认识已经非常深入了。量子力学和广义相对论的理论工具使我们懂得了很多事情，我们能够很好地预言发生在原子、亚原子领域乃至星系和星系团尺度的物理现象，甚至我们还能认识整个宇宙本身的结构。这是了不起的成就。真的，一种普普通通的生命，困在一颗小小的行星上，在一个普普通通的星系的边缘，绕着一颗普普通通的恒星旋转，却能凭他们的头脑和实验，去发现和理解物理宇宙中某些最神秘的特征。不过，物理学家天生是难得满足的，他们还要去把最幽深和基本的东西揭示出来，这就是霍金讲的，认识"上帝的大脑"的第一步。[1]

很多证据说明，量子力学和广义相对论没能达到最深层的认识。它们通常的适用范围是不同的。大多数情形，要么用量子力学，要么用广义相对论，不会同时需要它们。然而，在某些极端条件下，事物质量大而且尺度小——例如在黑洞的中心、在大爆炸时刻的宇宙——为了得到正确的认识，我们既需要量子力学，也需要广义相对论。可是，量子力学与广义相对论，一个像火药，一个像火，它们遇到

118

1. Stephan Hawking. *A Brief History of Time* (New York:Bantan Books,1988). p. 175.（霍金的《时间简史》也是我们这套《第一推动丛书》中的一本。——译者注）

一起便带来巨大的灾难。当这两个理论的方程混合起来时，好好的物理问题却得不出有意义的答案。那些无意义的答案主要是一些无限大的东西，如关于某过程的量子力学概率的预言，不是一个百分数，而是无限大。大于1的概率已经够荒谬了，无限大的概率是什么呢？我们被迫承认，一定出了什么严重的问题。通过认真考察广义相对论和量子力学的基本性质，我们可以找出毛病在哪儿。

量子力学的核心

海森伯发现不确定性原理时，物理学在那儿拐了一个大弯，但并没有停歇下来。概率、波函数、干涉和量子，都带着认识实在性的崭新思路。不过，顽固的“经典”物理学家们还抱着一丝希望，盼着当一切都弄清楚以后，这些“离经叛道”的东西将树立一个离过去思路不远的理论框架。然而，不确定性原理把所有的“复辟”幻想都扫荡干净了。

不确定性原理告诉我们，当我们考察的距离越小、时间越短，宇宙会变得越疯狂。上一章讲过，当我们想确定基本粒子（如电子）的位置和速度时，会遇到这种情况：用更高频率的光照电子，我们能以更高精度测量它的位置，但那代价是我们的观测更多地干扰了电子的运动。高频率的光子具有更多的能量，所以像针一样“扎”在电子上，从而极大地改变了它的速度。在一间满是小孩儿的屋子里，我们会遇着同样的狂乱场面。你可以精确知道每个孩子的瞬间位置，但你却几乎管不了他们的活动——向哪个方向跑，跑多快——不可能同时知道基本粒子的位置和速度，意味着微观世界在本质上是混沌的。

尽管这个例子在不确定性与疯狂性之间建立了基本联系，它也只[119]说明了问题的一部分。你大概会认为，不确定性只有在我们这些笨拙的自然观测者闯进了它们的场景才会出现。这是不对的。电子在小盒子里飞速地撞来撞去，这个例子可能会让你更明白那是怎么回事。即使实验者没有“直接”拿光子去“打击”电子，电子速度还是会剧烈地不可捉摸地从一点变到另一点。但是，这个例子也没能完全说明海森伯的发现所隐藏的微观世界那迷人的特征。即使在我们所能想象的最宁静的场合，例如空空如也的空间区域，不确定性原理告诉我们，从微观的角度看，那里也有大量的活动。距离和时间的尺度越小，那活动就越狂乱。

明白这一点的关键是量子的会计方法。我们在前一章看到，粒子（例如电子）可以暂时“借”能量来克服难以逾越的物理障碍——就像人们常常可以借钱渡过难关。这是对的。但量子力学迫使我们将这类比向前推得更远。我们想象一个不得不靠借钱生活的人，他去求一个个朋友，每个朋友只能借他几天，他只得找更多的朋友，这家借，那家还，还了借，借了还——他费好大力气借来钱，不过是为了尽快把它还掉。像华尔街狂涨狂跌的股票价格一样，这位可怜的借钱者手里的钱也在瞬间经历着巨大的涨落。不过，当一切平息过后，他的账目说明他还跟当初一样，一点儿也没富起来。

海森伯的不确定性原理说，在微观的距离和时间间隔里，能量和动量也发生着类似的疯狂的涨落。即使在虚空的空间——例如一只空盒子——不确定性原理也会说能量和动量是*不确定的*：当我们从更小的时间尺度来看更小的盒子时，它们的涨落就更大。仿佛盒子里的空间也不得不"借"能量和动量，不断从宇宙把它们"借来"，接着 120又很快还回去。那么，在平静的空虚的空间区域里，哪些东西参与了这样的"交易"呢？什么东西都可能有，这真是难以想象的；不过，最终"流通"的还是能量（也包括动量）。$E = mc^2$告诉我们，能量可以转化为物质，而物质也能转化为能量。这样，如果能量涨落足够大，即使在虚空的空间里，它也可以在瞬间生成正反粒子对，例如电子与它的正电子伙伴。因为这些能量必须马上归还，所以粒子对会在瞬间湮灭，归还生成它们的能量。其他形式的能量和动量也发生着相同的事情——如其他粒子的生成与湮灭、电磁场疯狂的振荡、强弱相互作用场的涨落……量子力学的不确定性原理告诉我们，宇宙在微观尺度上是一个闹哄哄的、混沌的、疯狂的世界。费恩曼曾笑话过，"生了灭、灭了生——浪费了多少时间。"[1] 由于能量的借与还在平均意义上相互抵消了，所以只要不是微观地去看，空虚的空间仍然显得宁静而太平。但是，不确定性原理说明，宏观的平均的眼光模糊了众多微观的行为。[1] 我们很快会看到，融合广义相对论和量子力学的那个障碍，就是这里讲的那些疯狂的东西。

量子场论

20世纪三四十年代，理论物理学家们在不懈地寻找一种数学形式来描写微观世界的混沌行为，我们可以提几个杰出的名字，如狄拉克、泡利（Wolfgang Pauli）、施温格（Julian Schwinger）、戴森、朝永振一郎（Sin-Itiro Tomonaga）和费恩曼。他们发现，薛定谔的波动方程（第

---

1. 费恩曼的话引自 Timothy Ferris, *The Whole Shebang* (New York: Simon & Schuster, 1997), p.97。

4章讲过）实际上只是微观物理学的一种近似描写——当我们不太深入微观的混沌时（不论实验的还是理论的），这近似是非常好的；但当我们想走得更近时，它就失败了。

薛定谔在他的量子力学方程里遗忘了一个重要的东西，那就是狭义相对论。实际上，他当初*确*实试过把狭义相对论包括进来，但后来发现那方程做出的预言不符合氢原子的实验观测。于是薛定谔继承了物理学的老传统，将问题分开来解决：不急着跨一大步把所有新发现的物理学东西都塞进一个新的理论；通常更好的办法是小步、小步地走，一步步地把研究前沿的最新发现囊括进来。薛定谔发现并建立的数学方程包含了实验发现的波粒二象性，但在那个初步认识的年代，他没有包括狭义相对论。[2]

但物理学家很快发现，狭义相对论对一个正确的量子力学框架来说是很重要的。这是因为，微观的混沌行为让我们看到了能量可以有多样表现形式——这个观点来自狭义相对论的$E = mc^2$的结果。薛定谔的方法忽略了狭义相对论，也就忽略了物质、能量和运动的重要性。

为了把狭义相对论与量子概念结合起来，物理学家们首先把力量集中在电磁力与物质的相互作用上。经过一系列激动人心的进步，他们创立了*量子电动力学*。这是后来*相对论量子场论*（或简称*量子场论*）的一个例子。说它是量子的，因为概率和不确定性的观点从一开始就融合在理论中了；说它是场论，因为它把量子原理融入了以前的经典力场的概念——在这里，那是麦克斯韦的电磁场。最后，我们说它是相对论的，因为狭义相对论也是从一开始就走进来了。（如果你想对量子场有一个直观的认识，你可以很好地借助经典场的想象——例如，数不清的看不见的力线穿过空间——不过，那图像应该有两个特点：第一，量子场应该由粒子构成，就像电磁场由光子组成一样；第二，能量应该以粒子质量和运动的形式出现，它不停地在量子场之间往来波动，在空间和时间里不停地振荡。）

量子电动力学可以说是有史以来关于自然现象的最精确理论。我们可以从木下东一郎（Toichino Kinoshita）的例子来说明这种精确。木下是康奈尔大学的粒子物理学家，在过去的30年里，他一直在艰辛地用量子电动力学计算电子的某些具体性质。他的计算写满了几千页，最后还是世界上最大的计算机来完成的。他的努力是值得的：计算的结果在小数点后面十二位都得到了实验的证实。这绝对是抽象的理论计算与现实世界之间惊人的契合。通过量子电动力学，物理学家能在完备、实用、可靠的数学框架下巩固光子作为"最小的一束光"的角色，揭示它们与带电粒子（如电子）的相互作用。 122

量子电动力学的成功激励其他的物理学家在20世纪六七十年代去发展一门类似的新的量子力学方法，以认识弱、强和引力的作用。结果证明，对弱力和强力来说，这是一条硕果累累的道路。通过与量子电动力学类比，物理学家构造了强力与弱力的量子场论，叫*量子色动力学*和*量子弱电理论*。"量子色动力学"这个色彩绚丽的名字，在逻辑上该叫"量子强动力学"，但那不过是一个名字而已，没有别的更深的意思。[1]另一方面，"弱电"这个名字确实概括了我们在认识自然力

1. 我们记得，夸克有一种性质叫"色"，强力的量子力学理论在很大程度上就是描写那些"色"的作用，所以也叫"量子色动力学"，这个名字好像跟"夸克"一样，也是盖尔曼取的。——译者注

的长路上所树立的一座里程碑。

格拉肖（Sheldon Glashow）、萨拉姆（Abdus Salam）和温伯格（Steven Weinberg）证明了弱力与电磁力可以自然地用他们的量子场理论*统一起来*——尽管两种力在我们周围世界的表现好像是迥然不同的，凭借这项研究，他们共同获得了1979年诺贝尔物理学奖。毕竟，除了在亚原子的尺度内，弱力场几乎消失了，没有一点儿作用；而电磁场——可见光、无线电波、电视信号、X射线……却是我们离不开的宏观实在物。不过，格拉肖、萨拉姆和温伯格从根本上证明，在足够高的能量和温度下——如在大爆炸的几分之一秒内——电磁场和弱力场*熔*化在一起，表现出不可分辨的特征，应该更准确地叫*弱电场*。当温度下降，电磁力与弱力便结晶似地*分离*开来（分离的过程实际从大爆炸时就开始了），具有与高温下不同的形式——这样一个过程就是有名的"*对称破缺*"，我们会在以后慢慢讲——从而在我们今天冰冷的宇宙中表现得迥然不同。

123

好了，现在我们知道，到20世纪70年代，物理学家已经对四种力中的三种（强、弱、电磁）做了合理而成功的量子力学描述，还证明了其中的两种（弱和电磁）实际上有着共同的起源（弱电力）。在过去的20年，物理学家做了大量实验，通过那三种力的自我表现和它们在第1章介绍的物质粒子中的作用，来检验量子力学的处理方法。理论安然面对了所有的实验挑战。实验家们测量了19个特别的参数（表1.1中的粒子质量和第1章注释1中补充的力荷、表1.2中的三个力的强度，以及几个别的我们不需要讨论的参数），理论家将这些数引进物质粒子和三种力的量子场理论，结果，这个微观宇宙的理论做出的预言与实验符合得好极了。在我们今天的技术条件下——所达到的能量可以将物质粉碎到一百亿亿分之一米的大小——理论都是正确的。因为这一点，物理学家把这个关于引力外的三种力和三族物质粒子的理论叫作标准理论，或者，更多的时候称它是粒子物理学的*标准模型*。

信使粒子

根据标准模型，强力和弱力的场也有最小的组成粒子，就像电磁场以光子为最小组成一样。我们在第1章曾简单讲过，最小的强力单元是*胶子*，而最小的弱力单元是*弱规范玻色子*（或者，更准确地说是W和Z玻色子）。标准模型要求我们把这些力的粒子看成没有内部结构的——在这样的框架下，这些粒子全都是基本的，跟那三族物质粒子一样。

124

光子、胶子和弱规范玻色子提供了它们所组成的力的微观传递机制。例如，当一个带电粒子排斥另一个带同性电荷的粒子时，我们大体上可以想象每个粒子都裹着一个电场——一团“电的云雾”——每个粒子感觉的力就源自那“两团云”的排斥。不过，更准确的量子图景却多少有些不同。一个电磁场由一群光子组成，两个带电粒子间的相互作用实际上是光子在两个粒子间往来“出没”的结果。两个带电粒子通过交换小小的光子而相互影响，这个过程有点儿像两个溜冰的人连续不断地相互传球，通过传球，两个人的运动状态都将受到影响。

然而溜冰者的比喻却有一个大毛病，那就是传球总是“排斥性的”——它使两个人越离越远。不同的是，带相反电荷的粒子也通过交换光子发生相互作用，而那电磁力却是“吸引的”。看来，光子似乎并不是力本身的传递者，它只不过是传递“*消息*”，告诉粒子该如何响应那个力。对同性电荷的粒子，光子带来的消息是“离开”；而对异性电荷的粒子，那消息是“走近”。因为这一点，我们有时说光子是电磁力的*信使粒子*。同样，胶子和弱规范玻色子分别是强力和弱力的信使粒子。把夸克锁在质子和中子里的强力起源于一个个夸克交换胶子。可以说，胶子真就像把这些亚原子粒子紧紧黏在一起的“胶”。弱力决定着粒子的某种放射性衰变的嬗变过程，它的中介是弱规范玻色子。

规范对称性

你大概已经看到了，我们关于自然力的量子理论的讨论还遗漏了一个奇异的角色，那就是引力。物理学家靠那个方法成功地处理了其他三种力，你可能会建议他们去寻找一个引力的量子场理论——在那个理论中，引力场的最小单元*引力子*应该是它的信使粒子。乍看起来，这该是一个特别合时宜的建议，因为另外三种力的量子场论告诉我们，它们与我们在第3章遇到的引力的某个方面之间存在着诱人的相似。

回想一下，引力让我们能够把所有的观察者——不论他们的运动状态如何——看作绝对平等的。即使通常认为在加速运动的人，也能说自己是静止的，因为他可以把感觉到的力归结为他处在一个引力场中。在这个意义上，引力强调对称：它保证所有可能的观察者的观点以及所有可能的参照系都是同样有效的。同样，强力、弱力和电磁力也都通过对称性相联系，虽然那些对称比同引力相关的对称要抽象得多。

为了粗略体会这些难以捉摸的对称性原理的意思，我们考虑一个重要的例子。我们记得，在第1章后面的注释里，每个夸克都带着三种“颜色”（我们想象那是红、绿、蓝，当然这不过是一些标签，与通常看到的色彩没有一点儿关系），这些颜色决定着夸克该如何“响应”强力，就像电荷决定着对电磁力的响应一样。在得到的所有数据的基础上，我们建立了夸克间的一种对称性，那就是，同色夸克（红与红、绿与绿或蓝与蓝）间的相互作用都是相同的，不同色夸克（红与绿、绿与蓝或蓝与红）间的相互作用也是相同的。实际上，我们还从数据发现了更令人惊奇的事情。假如夸克携带的三种颜色（三个不同的强荷）都“转移”了（用假想的色彩来说，大概意思是，红、绿、蓝转移成黄、青、紫），甚至它们每时每刻从一个地方到另一个地方都在不停地转移，夸克之间的相互作用却一点儿也不会改变。因为这一点，我们说宇宙体现着一种*强力对称性*：物理学不因力荷的转移而改变——或者说，物理学一点儿也不知道力荷转移了。这很像我们说球体现着旋转对称性，因为不论我们在手里怎么转，不论转多大的角度，球看起来都是一样的。由于历史的原因，物理学家也说强力对称是*规范对称*的一个例子。[3]

126

我们来看关键的一点。在广义相对论中，为使所有可能的观察立场都处于对称地位，必须要求存在引力。类似地，从外尔（Hermann Weyl）20世纪20年代以及杨振宁和米尔斯（Robert Mills）20世纪50年代的工作发展起来的规范对称性也要求存在另外一些力。根据杨振宁和米尔斯的观点，那些力场能完全补偿力荷的转移，从而完全地保证粒子间的物理相互作用不会改变。这很像一个灵敏的环境控制系统，通过彻底补偿任何外来的影响而使一个区域内的温度、气压、湿度保持为常数。对与夸克的色荷转移相关的规范对称来说，需要的力不是别的，正是强力。就是说，如果没有强力，物理学在上面说的色荷转移下会发生改变。这一发现表明，虽然引力和强力有许多不同的性质（回想一下，引力比强力弱得多，而作用范围却远得多），它们确实还有某种相同的特征：它们的存在是为了让宇宙享有特别的对称性。而且，相同的论证也适用于弱力和电磁力，它们的存在关联着另外的规范对称性——所谓的弱与电磁的规范对称。因此，四种力都直接联系着对称性原理。

四种力的这个共同特征预示着我们在这节开头的建议是很有希望的。那就是，为了把量子力学融入广义相对论，我们应该寻找一种引力的规范场理论，就像物理学家已经发现了的其他三种力的成功量子场理论一样。近些年来，这个思想激励了一大批有名的物理学家满怀热情地踏上寻找之路，但一路上困难重重，还没有谁走到尽头。我们来看那是为什么。

广义相对论与量子力学

127　广义相对论适用于巨大的天文学尺度。在那样的距离，爱因斯坦的理论说明，没有物质意味着空间是平直的，像图3.3画的那样。为了把广义相对论与量子力学融合起来，我们现在必须转移关注的焦点，去考察空间的微观性质。在图5.1中，我们说明了如何一点点去暴露越来越小的空间结构。开始的时候，看不出什么来；看图中底下的三层，空间结构几乎是一样的形态。从纯经典的立场看，我们以为这样平直稳定的空间图景会一直保持到任意的距离尺度。但量子力学完全改变

128

图5.1 逐级放大空间区域，显露它的超微观特性。为了融合广义相对论与量子力学，我们将在最高的地方面对汹涌的量子泡沫

了这种想法。*万物*都摆脱不了不确定性原理所规定的量子涨落——引力场也不例外。虽然经典理论认为虚空间没有引力场，但量子力学证明，引力场尽管在平均意义上等于零，实际上却因量子涨落而波荡起伏。另外，不确定性原理还告诉我们，关注的空间越小，看到的引力场起伏越大。量子力学展现了一个没有绝望的世界，越是狭小的地方，越是浪花飞溅。

引力场通过空间的弯曲表现出来，而量子涨落通过周围空间越来越强烈的扭曲表现自己。在图5.1中我们看到那种扭曲隐约出现在第四层。向更小的距离尺度逼近，我们会在第五层遇到随机的量子力学波动，那里的引力场表现出极强烈的空间弯曲，一点儿也不像我们在第3章画过的弯曲的橡皮膜。实际上，它像图顶那样，到处是混沌的卷曲。惠勒发明了一个名词*量子泡沫*来描绘这种超微的空间（和时间）里表现出的混沌状态——它描绘了一幅陌生的图画，传统的一些概念，如左和右、前和后、上和下（甚至过去和未来），都失去了意义。还是在这样的小尺度上，我们才发现广义相对论与量子力学原来是不相容的。*广义相对论的核心原理——光滑的空间几何的概念——被小距离尺度的量子世界的剧烈涨落破坏了。*在超微尺度上，量子力学核心的不确定性原理与广义相对论核心的空间（以及时空）的光滑几何模型是针锋相对的。

实际上，那矛盾是很具体地表现出来的。把广义相对论和量子力学融合起来的所有计算，都得到一个相同的答案：无限大。这是一个当然的信号，告诉我们做错了事情，该让老师打手掌心了。[4]广义相对论的方程平息不了量子泡沫的喧嚣。

不过，应该看到，当我们回到寻常尺度（在图5.1中从上往下看），小距离尺度上剧烈的随机涨落会平息下来——像那位被迫借钱的人把钱还了，银行的账户没留下借钱的痕迹——这时，宇宙结构的光滑几何学又变得精确了。我们有过这样的经历：从远处看到的一幅色彩均匀光亮柔和的图画，走近一看，却跟光滑的画面大不相同，原来它不过是一点点色斑，每一点都是分离的。但是你得注意，只有在离图很近，一点点地看，你才会发现它原来是离散的；而从远处看时，它是光滑的。同样，除了在超微观的尺度下，时空结构都表现得很平坦，这也是为什么广义相对论在足够大的距离（和时间）尺度——与许多典型的天文学问题相关的尺度——能做得很好，而在小距离（和时间）尺度上却产生那么多矛盾。广义相对论核心的光滑和轻微弯曲的几何图像，在大尺度上证实了；但在推向小尺度时，却被量子涨落破坏了。 130

广义相对论和量子力学的基本原理使我们能够在某个很小的尺度上进行计算，不过，低于那个尺度时，图5.1里的可怕现象会表现得很明显，计算不能再往前走了。因为标志量子作用强度的普朗克常量太小，描写引力本来强度的引力常数也太小，它们构成一个更小的几乎难以想象的*普朗克长度*：十亿亿亿亿分之一（10^{-33}，小数点后面32个零）厘米。[5]图5.1最高层描绘的就是在普朗克长度下的超微观的宇宙景观。为了对那尺度有一个具体的认识，我们想象，把一个原子放大到我们的宇宙尺度，那么普朗克长度也不过是一棵普通的树的高度。

于是我们看到，广义相对论与量子力学间的冲突只是发生在宇宙相当隐蔽的地方；因为这一点，你当然可以问，那些问题值得去忧虑吗？有些物理学家也很明白那个问题，但他们还是在研究需要的时候，在典型尺度远远超过普朗克长度的问题上，快乐地运用广义相对论和量子力学。而另外一些物理学家则深信，我们那两块物理学基石根本就搭配不起，并不因为超微观的尺度才暴露了问题。他们认为，这个矛盾指出了我们对物理宇宙认识的根本缺陷。这种看法源于一个不能证明然而深入人心的世界观：如果在最深最基本的水平上认识宇宙，宇宙应该能以一个各部分和谐统一、逻辑上连贯一致的理论来描述。不论那矛盾对各人的研究是不是根本性的，有一点是肯定的，那就是，大多数物理学家很难相信，我们对宇宙最深层的认识的理论基础是由两个虽然有力然而搭配不起的数学框架拼接起来的。

131　为了能让两个理论协调起来，物理学家做过大量的尝试，他们以这样那样的方法，要么修正广义相对论，要么修正量子力学；虽然一次次的努力通常都胆识惊人，但结果却是一个失败跟着一个失败。

终于，超弦理论来了。[6]

3

宇宙交响曲

第 6 章
万物都是音乐：超弦理论的基础

135　当人们考虑同宇宙有关的一些问题时，音乐总是我们选择的方向。从毕达哥拉斯古老的“天球的音乐”到“自然的和谐”，千百年来一直引导着我们去追寻天体平和运行的天然乐音和亚原子粒子混沌的喧嚣。自超弦理论发现以来，音乐的幻想成了惊人的现实，因为这个理论认为，微观世界里到处是小小的琴弦，它们不同的振动便合奏出宇宙演化的交响曲。根据超弦理论，变化的劲风吹遍了一个充满琴弦的宇宙。

另一方面，标准模型却把宇宙的基本组成看作一点一点的没有内部结构的粒子。虽然这个方法很有力量（我们说过，标准模型提出的几乎每个微观世界的预言在一百亿亿分之一米的尺度上都得到了验证，那已经达到今天的技术极限了），却成不了完备的或最后的理论，因为它没有包括引力。而且，把引力囊括进它的量子力学框架的尝试也都失败了，原因是在超微尺度下——也就是在小于普朗克长度的距离下——空间结构将出现剧烈的涨落。这个尚未解决的矛盾激励着人们去寻找一个更深的自然理论。1984年，还在玛丽皇后学院的格林（Michael Green）和加州理工学院的施瓦兹（John Schwarz）提出了第136 一个令人信服的证据，说明*超弦理论*（或简称为弦理论）可能是我们寻找的那样东西。

超弦理论革命性地修正了我们对宇宙的超微观性质的理论描述——物理学家慢慢发现，那修正正是我们需要的，它使爱因斯坦的广义相对论与量子力学完全相容了。根据弦理论，宇宙的基本构成要素不是点粒子，而是有点儿像细橡皮筋的上下振动着的一堆丝线。不过，别让这名字给骗了：它不像一根普通的弦，本身也由分子和原子组成；弦理论的弦被认为是深藏在物质核心里的。根据理论，弦是构成原子的粒子的超微观组成元。弦理论的弦小得可怜，平均大约是普朗克长度的尺寸，所以即使用我们最灵敏的仪器来检查，它们看起来也像点一样。

不过，简单地用弦来代替点粒子作为万物的基元，已经产生了深远的结果。第一点，也是最重要的一点，弦理论似乎解决了广义相对论与量子力学间的矛盾。我们将看到，弦在空间延展的本性，是把两个理论结合到一个和谐框架里来的一个关键的新要素。第二点，弦理论提供了一个真正的统一理论，因为所有物质和力都来自同一个基元：振动的弦。最后一点，我们在后面几章还会更彻底地讨论，那就是，除了上面提到的成绩，弦理论又一次极大地变革了我们对时空的认识。[1]

弦理论简史

1968年，年轻的理论物理学家维尼齐亚诺（Gabriele Veneziano）正在费力弄清实验观测到的强核力作用的各种性质。他那时是欧洲

---

1. 专业的读者会发现，这一章讲的只是微扰的弦理论；非微扰的理论在第12、第13章讨论。

核子研究中心（CERN）的研究人员，在瑞士日内瓦的欧洲加速器实验室，对那些问题已经研究了好多年。一天，他突然有了一个惊人的[137]发现。令他惊奇的是，著名瑞士数学家欧拉（Leonhard Euler）在200年前因纯粹数学目的构造的一个不太起眼的公式——所谓的欧拉β函数——似乎一下子就描写了强相互作用的大量性质。维尼齐亚诺的发现将强力的许多性质纳入一个强有力的数学结构，并掀起一股热浪，用欧拉β函数和它的各种推广去描写从全世界收集来的不同原子碎片的数据。不过，维尼齐亚诺的发现从某种意义上说是不完整的。欧拉的β函数似乎很有用，但没人知道为什么；就像一个学生靠记忆用了公式，但不知道它的意义和证明。那时，β函数还是一个等待解释的公式。到1970年，情况变了。芝加哥大学的南部阳一郎（Yoichiro Nambu）、尼耳斯•玻尔研究所的尼尔森（Holger Nielsen）和斯坦福大学的苏斯金（Leonard Susskind）揭示了藏在欧拉公式背后的物理学秘密。他们证明，如果用小小的一维的振动的弦来模拟基本粒子，那么它们的核相互作用就能精确地用欧拉函数来描写。他们论证说，这些弦足够小，看起来仍然像点粒子，所以还是能够与实验观测相符。

虽然强力的弦理论直观、简单，也令人满意，但不久人们发现它也有失败的地方。20世纪70年代初，高能实验已经能探索更深层的亚原子世界。实验表明，弦模型预言的某个数直接与观测结果相矛盾。这时候，作为点粒子量子场理论的量子色动力学也在发展着，它在描写强力时获得了压倒一切的成功，弦理论当然也就黯然失色了。

大多数粒子物理学家认为，弦理论已经被扔进了科学的垃圾堆。不过，有几位虔诚的研究者还在守着它。例如，施瓦兹觉得“弦理论的数学结构太美了，还有那么多奇妙的性质，一定关系着什么更深层的东西。”[1] 物理学家发现的一个弦理论问题是，它似乎“管得太多”了。这个理论中振动的弦的图像具有类似胶子的性质，这一点证实了它原来是一个强力理论的宣言。但是，除了这些，它还包含着多余的信使粒子，似乎与强力的任何实验观测都不相干。1974年，施瓦兹和巴黎高等师范学院的谢尔克（Joël Scherk）迈出了大胆的一步，使这一显然的缺陷成了优点。他们在研究了那令人疑惑的像信使粒子一样的弦振动模式后，发现它完全符合假想的引力的信使粒子——引力子。尽管这些“最小的引力单元”从来没有发现过，理论家还是能预言它们应该具有的某些性质，而施瓦兹和谢尔克则发现这些性质正好通过一定的弱振动模式实现了。在这个基础上，谢尔克和施瓦兹提出，弦理论最初的失败是因为我们不恰当地限制了它的范围。他们断言，弦理论不单是强力的理论，也是一个包含了引力的量子理论。[2]

138

物理学圈子里的人并没有满怀热情地欢迎他们的建议，实际上，施瓦兹说：“我们的工作被普遍忽略了。”[3] 在统一引力和量子力学的征途上，人们已见过太多的失败；弦理论当初在描写强力时也有过错误，在很多人看来，带着它去追求一个更宏伟的目标似乎是没有意义的。更令人失望的是，20世纪70年代末和80年代初的研究证明，弦理论和量子力学遭遇了各自微妙的矛盾。看来，引力还是“不愿意”走进宇宙的微观图景。

---

1. 1997年12月23日J.施瓦兹的谈话。
2. 米谷民秋（Tamiaki Yoneya）以及Korkut Bardakci和Martin Halpern也独立提出这类似的观点。瑞典物理学家Lars Brink对早期弦理论的发展也有过重要贡献。
3. 1997年12月23日J.施瓦兹的谈话。

直到1984年，情况才有了变化。格林和施瓦兹经过10多年艰苦的遭大多数物理学家白眼、排斥的研究，终于在一篇里程碑式的文章里证明了，令弦理论困惑的那个微妙的量子矛盾是可以解决的。而且，他们还证明，那个理论有足够的能力去容纳4种基本力。这些话传遍了整个物理学世界，许许多多的粒子物理学家都停下他们的研究计划，139 涌向这最后一个理论的战场——为了一个古老的追求，认识宇宙最深最远的秘密。

我从1984年开始在牛津大学读研究生，虽然我为所学的量子场论、规范理论和广义相对论感到兴奋，但老同学们却普遍感觉粒子物理学前途渺茫。标准模型摆在那里，预言的实验结果那么成功，它的证实是迟早的事情，最多不过补充些细节。超越它的极限，把引力包括进来，而且要能解释它所依赖的实验事实——概括基本粒子质量的那19个数，它们的力荷，力的相对强弱，那些从实验得到却还没有理论根据的数等——一项多么可怕的使命，只有最勇敢的物理学家才敢迎接这个挑战！但是，6个月以后，气氛完全不同了。格林和施瓦兹的胜利最后也感染了一年级的研究生，身在物理学历史的伟大运动中的激情，替代了以往的忧郁。我们多数同学都攻读到深夜，就为了学会理解弦理论所需要的大量的理论物理和抽象的数学。

从1984年到1986年，是我们所谓的“第一次超弦革命”时期。在那3年里，全世界的物理学家为弦理论写了一千多篇研究文章。这些研究明确地证明，标准模型的许多特征——那是经过几十年艰难探索发现的——简单地在弦理论的宏大结构中自然出现了。正如格林说的，“当你遇到弦理论，发现近百年来所有的重大物理学进步都能从那么简单的起点产生出来——而且是那么美妙地涌现出来——你会感觉，这个令人着迷的理论真是独一无二的。"[1] 另外，我们还将讨论，对多数性质来说，弦理论的解释比标准模型更完美，更令人满意。这些成果使许多物理学家相信，弦理论正在一步步实现它的愿望，成为一个终极的统一理论。

140

但是，弦理论总是一次又一次地遭遇同一块巨大的绊脚石。在理论物理学研究中，我们经常遭遇的只不过是难解或难懂的方程。物理学家一般不会放弃，而是试着近似地解决它们。弦理论的情形则更加困难，连*方程本身*都很难确定，至今我们也只是导出了它的近似形式。于是，弦理论家们只限于寻找近似方程的近似解。经过第一次革命的巨大进步以后，物理学家发现，他们运用的近似解不足以回答挡在理论前头的许多基本问题。除了近似方法，物理学家们找不到别的具体方法。于是，有些走进弦理论的人感到沮丧，又回到他们过去的研究路线。对留下的人来说，20世纪80年代末和90年代初是他们热身的时期。弦理论像一座宝库，但锁得严严的，只能通过一个小孔看到它，可望而不可即；它那么美妙，那么有希望，在召唤着人们，但没人有打开它的钥匙。漫长平淡的日子过后总会迎来重大的发现。但每个人都明白，我们还需要强有力的新方法来超越过去的近似方法。

接下来，在南加利福尼亚召开的"弦1995年会"上，惠藤通过他那激动人心的演讲——一篇令在场的世界顶尖物理学家们大吃一惊的演讲——宣布了下一步的计划，从而也点燃了"第二次超弦革命"。

---

1. M.格林1997年12月20日的谈话。

弦理论家们跟我们这儿讲的一样，都在费尽心力地磨炼一套新的方法，有望能克服以前遇到过的那些理论障碍。全世界的超弦理论家们的技术本领都将面临前进路上的困难的考验，而在那另一尽头的光明，虽然还很遥远，总有一天会看到的。

在这一章和接下来的几章里，我们要谈通过第一次超弦革命到第二次超弦革命以前的研究得到的对弦理论的认识。有时我们也会用后来的眼光去看前头的东西；而最新的进展要等到第12章和第13章。

还是希腊人的原子吗

141　我们在本章开头讲过，图1.1也画过，弦理论宣扬的是，如果能以远远超越我们现在能力的精度去检验标准模型假设的点粒子，我们将看到，每个粒子都是单独的一根细细的振荡着的小线圈儿。

以后我们会明白，这些闭合的弦一般是普朗克长度的尺度，大约是原子核的一万亿亿分之一（小数点后面19个零）。难怪我们今天的实验还不能决定物质的微观的弦的本性：即使在亚原子粒子的尺度上看，弦也是太小太小了。我们需要用加速器来把物质能量比以前做的提高大约1000亿倍，才可能直接揭示它们是弦而不是点粒子。

我们将简单说明以弦代替点粒子会产生哪些惊人的结果。不过，还是先来讲一个更基本的问题：弦是什么做的？

问题有两个可能的答案。第一，弦是真正基本的东西——是“原子”，在古希腊人本来的意义上，也就是*不可分的基元*。绝对的最小的构成万物的基元的弦，像最后的那个俄罗斯洋娃娃，[1]代表着微观世界数不清的亚结构层次走到了尽头。从这点看，弦即使在空间延伸，问它们的组成也是没有意义的。如果弦是由更小的事物组成的，它们就不会是基本的。相反，如果什么东西构成了弦，它就当然可以取代弦的位置，而成为更基本的宇宙基元。用语言学的类比，我们说，段落由句子组成，句子由词语组成，词语由字母组成，那字母由什么组成呢？从语言学的立场看，字母是最基本的东西。字母就是字母，它们是书面语言基本的建筑砖块，没有更细的结构。问它们的组成也是没有意义的。同样，弦就是弦，没有比它更基本的东西，所以不能把它描写成由别的任何物质组成的东西。 142

以上是第一个答案。第二个答案基于目前的现实情况：我们还不知道弦理论是不是正确的大自然的最后理论。假如弦理论真的走错了方向，我们可以忘记弦和不相干的关于它们组成的问题。虽然这是可能的，但20世纪80年代中期以来的研究令人不得不相信，事情很可能不是那样的。不过另一方面，历史也确实告诉我们，每当对宇宙的认识深入一步，我们总会发现物质还有更微观的层次，还有更小的组成元素。所以，关于弦是否能成为最后的理论，还有一种可能，那就是，它们仿佛是宇宙大洋葱剥下的一层，在普朗克长度下可以看到这一层，尽管还不是最后的一层。在这种情形中，弦可能由更小的结构组成。弦理论家们提出了这种可能性，也在不停地寻找这种可能性。今天，理论研究中出现了一些有趣的线索，暗示弦可能有更小的结构，但还没有

---

1. 俄罗斯洋娃娃是嵌套在一起的一组洋娃娃，打开一个，里面还套着更小的。据说这是从日本本州传到俄罗斯的。—— 译者注

确实的证据。经过艰苦的研究，总有一天我们能回答这个问题。

除了第12章和第15章的几点猜想，我们都在第一个答案的前提下讨论弦的问题——就是说，我们认为弦是大自然最基本的组成单元。

通过弦理论走向统一

标准模型除了不能把引力包括进来，还有一个缺点：不能具体解释它的那些组成。为什么大自然会选择表1.1和表1.2列的那些特别的粒子和力？为什么描写这些粒子和力的19个量具有那样的数值？你可能不禁会想，那些数和具体的性质似乎都是任意的。这些看起来很随机的组成单元的背后是否还藏着什么更深的道理？难道宇宙的这些形形色色的物理学性质真是被偶然“选中”的？

标准模型本身不可能解释这些问题，因为它把这些粒子和它们的性质当作实验观测为它输入的*原始数据*。在没有原始投资数据的情况下，股市的表现不能用来决定证券盈亏；同样，如果离开了那些基本粒子性质的数据输入，标准模型什么也预言不了。[1]在实验粒子物理学家一丝不苟测量那些数据以后，理论家就能用标准模型做出一些可以检验的预言，如某些粒子经过加速器的轰击后会发生什么事情。但是，标准模型不能解释表1.1和表1.2里的基本粒子性质，就像今天的道琼斯指数不可能解释你10年前买了多少股票。

实际上，假如实验发现了什么不同的微观世界的粒子可能与不同的力发生作用，我们只需要把不同的参数输入理论，就很容易把这些变化纳入标准模型。从这个意义说，标准模型的结构也太能“善变”了，能适应很多可能的事情，所以它解释不了基本粒子的性质。

弦理论大不一样，它是独特的牢固不变的理论大厦。它不需要输入更多的参数，只需要一个确定测量尺度标准的数（下面讲）。微观世界的一切性质都在它的解释能力之内。为明白这一点，我们先来考虑大家熟悉的弦，如小提琴的弦。每一根琴弦都可能有许多（实际上是无限多）不同的振动模式，也就是我们知道的*共振*，如图6.1。共振是

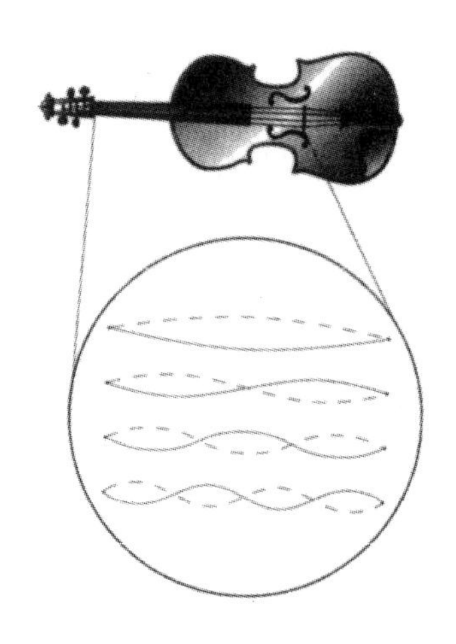

图6.1 琴弦能产生的共振模式。共振波的峰谷数目正好能满足弦的两个端点间的距离

那些峰谷正好在弦的两个端点间张开的波动模式，我们的耳朵感觉这些不同的共振，就听到不同的音调。弦理论中的弦也有类似性质，在这里，弦可能产生的共振模式是在它的空间范围内恰当展开的峰和谷。图6.2列举了几个例子。像琴弦的不同振动模式奏响不同乐音那样，*一根基本弦的不同振动模式生成了不同的质量和力荷*。这是最核心的

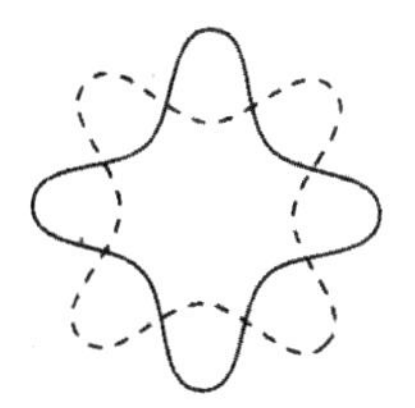
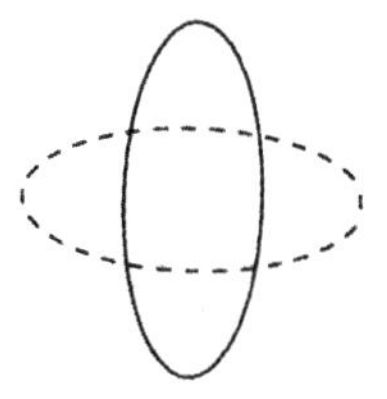

图6.2　弦理论中的闭合线圈也能以共振形式振动——类似于琴弦的共振——峰谷的数目也正好适应弦的空间长度

144 一点。因为核心，我们再说一遍：依照弦理论，一个基本“粒子”的性质——它的质量和不同的力荷——是由它内部的弦产生的精确的共振模式决定的。

弦与粒子质量的关联很容易理解。弦的某个振动模式的能量取决于它的振幅（峰谷的最大相对位移）和波长（相邻两个峰或谷之间的距离）。振幅大的和波长小的，能量较大。这与我们的直觉是一致的——振动越疯狂，那个模式的能量越大；不那么疯狂的振动，能量145 也会小些。我们在图6.3里列举了两个例子。这也是我们熟悉的现象。当用力拨动琴弦时，振动会很剧烈；而轻轻拨动它时，振动会很轻柔。现在来看，从狭义相对论我们知道，能量和质量像一枚硬币的两面，

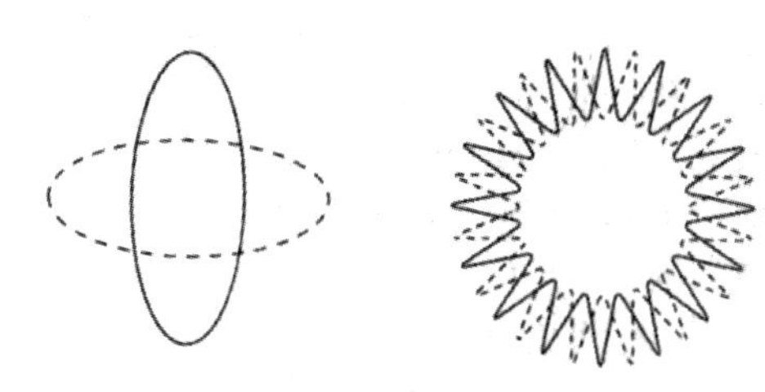

图6.3　疯狂的振动模式比轻柔的振动模式有更大的能量

是同一事物的不同表现：大能量意味着大质量，大质量也就是大能量。那么，依照弦理论，基本粒子的质量决定于内在弦的振动模式的能量。质量较大的粒子所具有的弦振动较剧烈，质量小的粒子所具有的弦振动较轻柔。

因为粒子的质量决定着它的引力性质，于是我们在这里看到，弦的振动模式与粒子的引力作用之间存在着直接的关联。物理学家还发现，在弦振动模式的其他方面与其他力的性质之间，也存在着类似的关联，尽管这里涉及的论证多少要抽象一些。例如，一根弦所携带的电荷、弱荷与强荷也完全由它的振动方式决定。另外，这些关联对信使粒子本身也完全成立。如光子、弱规范玻色子和胶子等粒子，还是弦的共振模式。特别重要的一点是，在弦的振动模式中，有一种模式完全满足引力子的性质，从而保证了引力是弦理论的不可分割的一部分。[2]

现在我们明白了，依照弦理论，每种基本粒子所表现的性质都源自它内部的弦经历着特别的共振模式。这种观点与物理学家在弦理论发现之前提出的主张是迥然不同的。照从前的观点，基本粒子间的差别大致被解释为每种粒子都是“从不同的结构里分离出来的”。虽然每个粒子都被看作是基本的，但各自被赋予的“基元”类型却是不同的。例如，电子的“基元”带负电荷，而中子的“基元”没有电荷。弦理论彻底改变了这幅图景，它宣布所有物质和力的“基元”都是相同的。每个基本粒子都由一根弦组成——就是说，一个粒子就是一根弦——而所有的弦都是绝对相同的。粒子间的区别是因为各自的弦在经历着不同的共振模式。不同的基本粒子实际上是在同一根基本弦

146

上弹出的不同“音调”。由无数这样振动着的弦组成的宇宙，就像一支伟大的交响曲。

上面的概括说明，弦理论搭起了一个多么辉煌的真正的统一理论的框架。物质的每一个粒子，力的每一个传递者，都由一根弦组成，而弦的振动模式则是识别每个粒子的“指纹”。发生在宇宙间的每一个物理学事件，每一个过程，在最基本的水平上都能用作用在这些基本物质组成间的力来描写，所以，弦理论有希望为我们带来一个包容一切的统一的物理宇宙的描述，一个包罗万象的理论（T.O.E.）。

弦的音乐

虽然弦理论远离了以前的没有结构的基本粒子的概念，但旧的语言还很难消失，特别是在最微小的距离尺度上，过去的一些语言还为实在提供了准确的描述。所以，我们以后还是继续习惯地讲“基本粒子”，不过它的意思总是“一根根振动着的弦”。上一节我们说过，这样一些基本粒子的质量和力荷是相应的弦的振动方式的结果。这就使我们认识到，假如能够弄清基本弦的可能振动模式——或者说，“听清”它们所能奏响的“音调”——那么，我们就能解释所看到的基本粒子的性质。于是，弦理论第一次搭起了一个**解释**我们所观察到的自然粒子性质的框架。

147

这样说来，我们该“抓”一根弦来“弹”，用所有的方法去弹，以决定可能的振动模式。如果弦理论是对的，我们将发现那些可能的模式能完全产生表1.1和表1.2里的物质和力的各种粒子的观测性质。当然，弦太小了，不可能像我们讲的那样实验。不过，我们可以用数学语言在理论上弹一根弦。20世纪80年代中期，许多弦的信奉者都认为做这些实验所要求的数学分析差不多就能解释宇宙最微观水平的每一个性质。有些热情的物理学家还宣扬，一个包罗万象的理论终于找到了。10多年过后来看，有这样信念的人也高兴得太早了。弦理论是有点儿T.O.E.的模样，但一路的坎坷还很多，我们还得不出足够精确的能与实验结果相比较的弦振动模式。所以，我们现在并不知道表1.1和表1.2总结的宇宙基本特征能不能用弦理论来解释。如我们将在第9章讨论的，在一定假设条件（我们将具体说明是什么条件）下，弦理论可以生成一个宇宙，在定性上具有与我们知道的粒子和力相符的性质，但目前还没有办法从理论导出具体的数值预言。因此，虽然弦理论的框架与点粒子标准模型不同，它能解释为什么粒子和力有我们看到的那些性质，但我们还不能把这些解释从理论中抽象出来。不过，值得注意的是，弦理论包容多、延伸远，即使确定不了具体的性质，我们还是能够认识许多从这理论生出的新物理学现象，这一点我们会在后面的章节里看到。

在接下来的几章，我们要比较详细地讨论弦理论目前遇到的困难。还是先来大概了解一下它们。我们周围的“弦”都有着不同的张力，例如，鞋带通常比小提琴的琴弦松，而这两样又都远不如钢琴的金属弦那么有力。弦理论为了确立它的总体大小，需要的一个量就是弦圈的张力。如何决定张力呢？是这样的。如果我们拨动一根弦，那么我们将知道它的强度是怎样的，这样，我们就能像测量普通弦的张力那样来测量基本弦的张力。但基本弦太小，这种办法实行不了，还需要有更间接的办法。1974年，谢尔克和施瓦兹提出，某个特别的弦

148

振动模式是引力子，他们找到了那种间接的方法，从而预言了弦理论的这些弦的张力。他们的计算表明，通过那假想的弦振动的引力子传递的力的强度反比于弦的张力。我们曾设想引力子传递的是引力——一种天生很微弱的力——于是他们发现，那意味着引力子的弦有巨大的张力，一千万亿亿亿亿（10^{39}）吨，这是所谓的*普朗克张力*。这样看来，基本弦与我们熟悉的那些例子相比，是极端强硬的，这引出三点重要结果。

硬弦的结果

第一点，固定琴弦的两端，弦长度也就固定了；但对基本弦来说，没有琴架子来把弦固定起来。实际上，弦理论的闭弦会因为强大的张力而收缩成很微小的弦圈，详细计算表明，在普朗克张力的作用下，一根典型的弦只有普朗克长度的大小——10^{-33}厘米——我们以前讲过的。[3]

第二点，因为弦理论中振动圈的张力巨大，它的能量一般也是极高的。为明白这一点，我们可以想想，弦的张力越大，就越难让它振动。例如，拨动小提琴的弦很容易，拨动钢琴就要难一点儿。所以，张力不同的两根弦，虽然振动方式完全一样，也不会有相同的能量。张力大的弦比张力小的弦有更高的能量，因为赋予它更多的能量，它才能产生运动。

149

这提醒我们，振动弦的能量由两样东西决定：振动的准确模式（振动越疯狂，能量越高）和弦的张力（张力越大，能量越高）。乍看起来，这可能令人想到，如果我们让振动越来越轻柔——振幅越来越小，峰谷越来越少——那么它的能量可能会越来越低。但是，正如我们在第4章的场合看到的，量子力学告诫我们，这样的推论是错误的。在量子力学看来，弦跟其他所有的振动和波动一样，只能以分离的单位存在。大体上说，一个振动模式所赋予的能量是某个最小能量单元的*整数*倍，就像那个仓库里的伙伴们拿的钱，都是某个钞票单位的整数倍。特别地，这里说的最小能量单元正比于弦的张力（它也正比于相应振动模式的峰和谷的数目），而那整数则由振动模式的振幅决定。

我们现在讨论的要点是：因为最小能量单元正比于弦的张力，而弦的张力很大，所以，在基本粒子物理学的一般尺度上，这个基本的能量单元也是很大的。它们是所谓*普朗克能量*的倍数。这个量有多大呢？假如我们用爱因斯坦著名的转换公式$E = mc^2$将普朗克能量化成质量，相应的质量将是质子质量的一千亿亿（10^{19}）倍。这个以基本粒子的标准看来庞大的质量，就是*普朗克质量*，大概相当于一粒沙尘或者一百万个细菌的质量。这样，在弦理论图景中，振动的弦圈所对应的典型质量一般是普朗克质量的整数（1，2，3……）倍。关于这一点，物理学家常说，弦理论的“自然”或“典型”的能量尺度（当然也是质量尺度）是普朗克尺度。

这引出一个大问题，直接与我们想再现表1.1和表1.2的粒子性质的愿望有关：如果弦理论“自然”的能量尺度比质子大一千亿亿倍，它又如何能解释构成我们周围世界的那些“轻飘飘”的粒子——电子、[150]夸克、光子，等等？

问题的答案还是来自量子力学。不确定性原理保证了没有什么东西是绝对静止的，所有物体都在经历着“量子战栗”，否则我们就会完完全全地知道物体在哪儿，运动多快，那就违背海森伯的原则了。这一点对弦理论中的弦圈也是成立的。一根弦圈，不论显得多宁静，也总是经历着一定的量子振荡。20世纪70年代发现了一件令人惊奇的事情，前面图6.2和图6.3示意的那些直观的弦振动会与量子振荡发生能量的“*消减*”。就是说，由于量子力学的奇异性，与弦的量子振荡相关联的能量是*负*的，它将振动弦的总能量*减少*了大约普朗克尺度的能量。这意味着我们曾天真地以为等于1倍普朗克能量的弦振动模式的最低能量将大大地减少，从而生成相对低能的振动，它们相应的等价质量正好处在表1.1和表1.2的物质粒子和力的信使粒子的质量附近。于是，正是这些*最低*能量的振动模式，应该能在弦的理论图景和实验能及的粒子物理世界之间建立某种联系。一个重要的例子是，谢尔克和施瓦兹发现，在那个性质像引力的信使粒子的振动模式中，能量*彻底地*消失了，结果产生一个零质量的引力的粒子，恰好是我们所期待的引力子；因为引力是以光速传播的，而只有零质量的粒子才能以这个极大速度运行。但是，低能振动的组合却更多是例外，而不是一般法则。更典型的振动基本弦所对应的粒子，质量一般要比质子大十万亿亿倍。

这些事实告诉我们，表1.1和表1.2中相比之下轻得多的基本粒子应该是以某种方式从高能量弦的咆哮的朵朵浪花里产生出来的。即使顶夸克那样有189个质子质量的重粒子，也能从振动的弦生成，不过，151 这需要让弦的巨大的普朗克尺度的特征能量在量子不确定的涨落中减小到原来的一亿亿分之一。这好像在“买得巧”[1]的游戏中，主持人给你一千亿元钱，叫你去把它花了，或者说，把它减少，只留下189元，不能多，也不能少。拿着那么多钱，要花得那么精确，还不知道每样东西的精确价格，即使世界上最精明的买卖人也会大伤脑筋的。在弦理论中，流通的不是钞票，而是能量，近似计算证明了类似的能量消减一定能够出现。不过，要证明这种消减在那么高的精度上实现，总的说来超出了我们今天的理论水平，在随后的几章里我们会逐渐明白那是为什么。即使这样，我们还是可以看到，像以前说过的那样，弦理论中的许多其他对细节不那么敏感的性质，都能抽象出来，并满怀信心地理解它们。

这将我们引到巨大弦张力的第三个结果。弦能以无限多的不同的振动方式振动，例如在图6.2里我们画了几个峰谷数越来越多的弦振动模式，那才是一个无限序列的开头。这似乎意味着它还对应着一个无限的基本粒子序列，那不是显然与表1.1和表1.2概括的实验情况相矛盾了吗？

是的，的确如此。如果弦理论是对的，无限多弦共振模式的每一个都应该对应一个基本粒子。不过，还有基本的一点，强大的弦张力保证除了几种振动模式（几种能量最低的振动，能量差不多被量子涨落消减净了）以外，其他的都对应着极重的粒子。这里，“重”的意思是，比普朗克质量还重许多倍。我们最强大的粒子加速器所能达到的能量只有质子质量的1000倍，还不及普朗克能量的千亿分之一。所以，

1. 美国电视节目the *Price Is Right*，据作者介绍，这是一档“猜价格”的游戏节目：参与者通过不同的游戏来猜一些商品的价格。——译者注

在实验室里寻找弦理论预言的那些新粒子，离我们还遥远得很。

然而，我们却有许多间接的办法来寻找那些粒子。例如，在宇宙诞生之初，能量应该是很高的，足以产生大量那样的重粒子。当然，我们一般不会指望它们能留存到今天，因为这些超重的粒子往往是不稳定的，会通过一级一级的衰变失去大质量，最终成为我们熟悉的寻常世界的轻粒子。不过，这些超重的弦振动状态，大爆炸的遗迹，也可能真的会留到现在。毫不夸张地讲，找到这样的粒子可是不朽的发现，在第9章我们会更详细地讨论。

弦理论中的引力和量子力学

弦理论搭建的统一框架是很吸引人的，但它真正吸引人的地方在于它能缓和引力与量子力学间的对立。我们都记得，在结合广义相对论与量子力学时，问题就发生了，那是两个理论的核心特征碰撞的结果——在广义相对论里空间和时间形成一个光滑弯曲的几何结构；而在量子力学中，宇宙万物，包括空间和时间，都在经历着量子涨落，而且，在越小的距离尺度上，涨落越剧烈。在普朗克尺度以下，疯狂的量子涨落打破了光滑弯曲的几何概念，也就推倒了广义相对论的基础。

弦理论"抹平"了空间的短距离性质，从而令喧嚣的量子波浪安静了许多。这到底是什么意思？它是怎么解决矛盾的？关于这些问题，我们有一个粗略的回答，还有一个更准确的回答，下面就依次来讨论。

粗略的回答

大体上说，我们认识物体结构的一种办法是，用其他事物来打击它，然后观察它们沿着什么路线偏转。例如，我们能*看见*东西，是因为从那东西反射回来的光子带着信息到达我们的眼睛，然后我们的大脑识别了这些信息。粒子加速器建立在同样的基础上：它让电子和质子等物质相互碰撞，也让它们去撞击其他目标，然后，精密的探测仪器来分析产生的碎末，从而决定那些目标所包含的结构。 153

一般说来，我们所用的*探针粒子的大小*决定了我们所能探测的尺度的下限。为认识这句话的重要性，我们来看一个例子。斯里姆和吉姆兄弟想学点儿艺术，于是他们报名进了一个绘画班，经过一段时间的课程，吉姆越来越讨厌斯里姆那一副美术家的派头。他想跟他玩一场不同寻常的比赛。他提议每人拿一粒桃核，固定在台钳上，然后画一幅精确的静物图。吉姆的挑战的不同寻常在于谁也不许看着桃核，而是向核发射东西（当然不是光子！），通过观察东西的偏转来确定它的大小、形态和特征，如图6.4。吉姆瞒着斯里姆，在他的枪里填满石弹子［图6.4（a）］，而在自己的枪里填满小得多的5毫米塑料弹头［图6.4（b）］。两人都开枪发射，比赛开始了。

过一会儿，斯里姆的图画好了，如图6.4（a），通过观察石弹子偏转的轨迹，他发现桃核是表面坚硬的小团东西，不过他也只能知道这么多。石弹子太大了，不可能反映出桃核更细的褶皱结构。当斯里姆看吉姆的画时，惊讶地发现他的画比自己的好［图6.4（b）］。不过，看一眼吉姆的枪，他知道自己上当了：吉姆用的小弹头足以反映出由

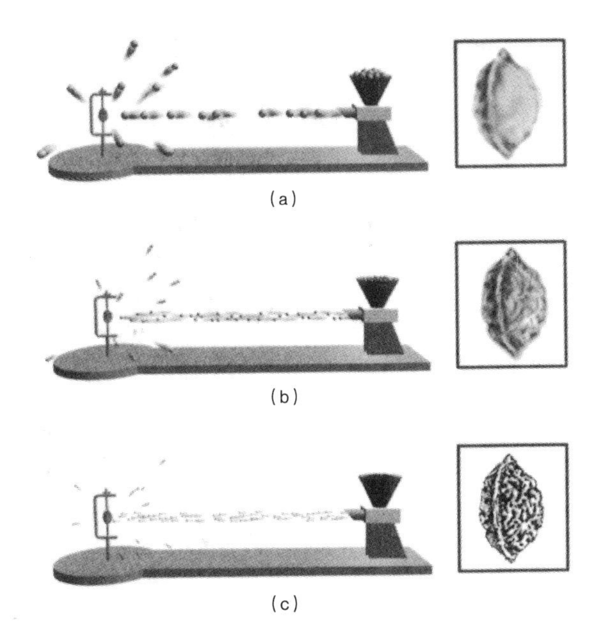

图6.4　桃核固定在架子上，通过观察打在它表面的"探针"的偏转情况来描绘它的图像。所用探头越小——(a)石弹子，(b)5毫米弹头，(c)半毫米弹头——绘出的图像越细致

桃核表面的一些大结构所引起的偏转角度。所以，在发射许多5毫米弹头后，吉姆可以看到子弹的偏转的情形，然后画出更细的图。斯里姆不服输，回头用更细小的半毫米弹头填满他的枪，这些小探针粒子足以从核表面的细微褶皱间进出。看它们如何偏转，斯里姆就能画出图6.4(c)的那幅胜利的图画。

这场小小竞赛的教训是很清楚的：我们用的探针粒子不能比所检验的物理特征的尺度大得太多；否则，它们就感觉不到那些有意义的结构。

154

假如我们还想更深入地认识桃核的原子和亚原子结构，上面讲的当然还是对的。半毫米的子弹这时不能提供什么信息；它们显然是太大了，不可能对原子尺度的结构产生什么反应。这也是为什么我们在粒子加速器里用质子或电子来作为探针的理由，因为它们尺寸小，更适合探测小尺度的结构。在亚原子尺度，量子概念取代了经典逻辑，粒子探针灵敏度的最恰当的度量是它的量子波长，波长表明了它的位置有多大的不确定性。这一点是我们第4章关于海森伯不确定性原理的讨论的结果，在那里我们曾看到，用点粒子做探针（我们主要讲的是光子探针，但讨论也适合于所有其他粒子）引起的误差区间大约等于探针粒子的量子波长。用不那么严格的语言，我们可以说，量子力学的“战栗”把点粒子的探针“抹平”了，就像一位紧张的外科大夫，用颤抖的手拿着手术刀，那开刀的位置还能准确吗？不过，回想一下，我们在第4章还谈到另一点重要事实：粒子的量子波长反比于它的动量，而动量大致也就是它的能量。所以，通过提高点粒子的能量，可以使它的量子波长越来越短——探头越来越“尖”——从而可以用来探测更精细的物理结构。直观地看，高能粒子有更强的穿透能力，所以能探测更细微的特征。 155

在这一点上，点粒子与弦表现出显著的差别。与塑料弹头探测桃核表面特征的情形一样，弦的空间大小也限制了它不能探测比它自身尺度更小的任何事物的结构——在这里，即那些在普朗克长度以下生成的结构。说得更具体一点，1988年，当时在普林斯顿大学的格罗斯（David Gross）和他的学生孟德（Paul Mende）证明，在考虑量子力学的条件下，持续增大弦的能量并不能持续提高它探测更精细结构的能力，这与点粒子的情形是直接对立的。他们发现，弦能量开始增加时，确实像点粒子那样，能探测更小尺度的结构。但当能量超过普朗克长度下的结构所要求的量时，多余的能量不能使弦探针变得更尖。相反，那些能量会使弦长大，从而减小它的小尺度灵敏度。实际上，虽然弦的典型尺度是普朗克长度，但是，如果在弦上堆积足够的能量——那是我们怎么也想象不到的大能量（不过，它很可能在大爆炸时出现过）——我们可以使它长大到宏观的尺度，那实际上不可能是灵敏的微观宇宙的探针！看来，弦不同于点粒子，它有两个令探头“迟钝”的根源：一个是量子战栗，与点粒子类似；一个是它自身的空间大小。增大弦的能量可能减小第一个来源的影响，却最终增大了第二个来源的影响。结果，不管我们费多大力气，弦的延伸本性使我们不可能探测普朗克长度以下的现象。

156　但是，广义相对论与量子力学之间的整个矛盾却出现在普朗克长度以下的空间结构性质。如果宇宙的物质基元不能探测普朗克尺度下的距离，那么不论这些基元还是它们组成的事物，都不可能受那可能的灾难性的小尺度量子涨落的影响。这就像我们用手抚摸一块非常光亮的花岗石，虽然花岗石表面在微观上凹凸不平，是点点细小的颗粒，但我们的手指头摸不出那些细微的变化，只感觉它是完全光滑的。我们粗糙的手指头把小颗粒都“抹平”了。同样，因为弦能在空间生长，它对小尺度的灵敏度也有一定的极限。它“感觉”不出普朗克距离尺度下的变化，它像我们的手指一样，把引力场的超微观涨落都“抹平”了。虽然残留的涨落还很剧烈，但抹平后的光滑已足以平息广义相对论与量子力学的水火不容。而且，还有特别的一点，从引力的量子理论的点粒子方法中产生的那些可恶的无限大（上一章讨论过了），都被弦理论干净地消除了。

花岗石与我们关心的真正的空间结构之间的根本区别在于，我们有办法让花岗石表面的微观颗粒结构表现出来：不用手指，用更细、更精的探针，就能做到这一点。电子显微镜能识别比百万分之一厘米还小的表面结构，这足以揭示数不清的表面缺陷。相反，在弦理论中，普朗克尺度以下的空间结构“缺陷”是没有办法暴露出来的。在弦理论定律主宰的宇宙中，我们不能再像传统那样把大自然无限地分割下去。分割是有极限的，在我们遭遇图5.1中吞没一切的量子泡沫之前，那极限就会出现。因此，在某种意义上我们甚至可以说，假想的普朗克尺度下汹涌的量子波浪*是不存在的*，以后我们还会把这话讲得更准确一些。实证主义者总是认为，只有——至少在原则上——可以探寻和测量的事物才是存在的。因为弦被看作是宇宙最基本的东西，又因为普朗克尺度以下的空间结构涨落的波澜不足以影响这些相对说来巨大的弦，所以，那些涨落是无法测量的，从而在弦理论看来，它们 157 实际上是不存在的。

花招

上面的讨论可能不会让你满意，我们没有说明弦理论如何克服普朗克尺度以下的空间量子涨落，而是似乎用弦的尺度来回避了整个问题。我们真的解决了什么问题吗？是的。下面讲的两点会让我们更清楚一些。

首先，以上的讨论说明，假想的普朗克尺度以下的空间涨落是在以点粒子框架建立广义相对论和量子力学时产生的人为现象。所以，从某种意义说，当代理论物理学的核心矛盾是我们自己造出来的问题。以前，我们想象所有的物质的粒子和力的粒子都是点状的东西，没有空间大小，所以我们也总觉得要在任意小的空间尺度下考虑宇宙的性质。而在最小的尺度上，我们走进了似乎不可逾越的问题堆。弦理论告诉我们，我们遭遇那些问题只是因为没有真正懂得游戏规则；新规则告诉我们，我们在宇宙中将走近一个距离的终点——那实际上是说，我们传统的距离概念在超微观的宇宙结构中并不是无限适用的。我们想象的可恶的空间涨落现在看来不过是从我们的理论生出来的，而原因是我们不知道那些极限，从而在点粒子路线的引导下走过了物理学实在的边缘。

现在我们看到，广义相对论与量子力学间的矛盾就这样简单地克服了。可能有人会奇怪，为什么过了那么久人们才发觉点粒子不过是一种理想化的描述，而真实世界的基本粒子确实是有空间大小的。这引出我们要讲的第二点。多年以前，理论物理学的一些伟大的思想家，如泡利、海森伯、狄拉克和费恩曼，的确提出过大自然的基本组成可能不是一些点，而是一些捉摸不定的“点滴”或者“零碎”。然而，他们和其他一些人发现，很难构造一个理论，其中的物质基元不是点粒子，而158且还要满足最基本的物理学原理，如量子力学的概率守恒（因为这一点，宇宙间的事物才不会毫无声息地突然消失），信息传播的光速极限。他们的研究从许多方面一次又一次地证明，如果抛弃点粒子的概念，那两个原理也会被破坏。于是，长期以来，寻找一个以点粒子以外的其他事物为基础的合理的量子理论，似乎是不可能的。弦理论真正动人的地方是，20多年来的艰苦研究表明，尽管弦理论有一些陌生的特征，但它的确满足任何一个合理的物理学理论所要求的性质。而且，还有一点，因为振动的引力子模式，弦理论包括了引力的量子理论。

准确地回答

从前面那个粗略的回答，我们基本明白了为什么弦理论在点粒子理论失败的地方独领风骚。所以，如果你愿意，你可以接着读下一节，而不会失去讨论的逻辑连贯。不过，既然第2章已经讲过了狭义相对论的基本概念，我们现在就有可能更精确地说明，弦理论如何平息了疯狂的量子“战栗”。

在这个更准确的回答里，我们还是依据大概回答所依据的中心思想，不过直接在弦的水平上表达。我们将通过较为详细地对比点粒子和弦的探针来回答这个问题。我们会看到，弦的延展特性是如何抹去点粒子探针所得到的信息，从而它又是如何走出当代物理学最核心的超短距离下的困境的。

图6.5 两个粒子的相互作用——它们“轰”地撞在一起，然后沿偏转的轨道离开

我们先来考虑，假如点粒子真的存在，它们会如何发生作用，从而如何成为物理学的探针。最基本的相互作用发生在两个运动粒子的碰撞过程中，这时，两粒子的轨迹会像图6.5那样相交。如果粒子是台球，它们会在碰撞以后发生偏转，走上新的轨道。点粒子的量子场论证明，基本粒子发生碰撞时也会发生类似的事情——粒子散射分离，

然后飞向偏转的轨迹 —— 不过细节有些不同罢了。

为说得具体简单一些，我们假设一个粒子是电子，另一个是它的反粒子 —— 正电子。物质与反物质发生碰撞时，会湮灭为纯能量，生成光子。[4] 为区别新生成的光子的轨道与原来的电子和正电子的轨道，我们遵循传统物理学的约定，把光子的路径画成波浪线。一般来说，光子走过一段距离后会把从原来的电子–正电子对得到的能量放出来，生成另一个电子–正电子对，它们的轨迹如图6.6的右端。两个粒子撞向对方，通过电磁力发生相互作用，最后又出现在偏转的轨道上，这个过程与台球的碰撞过程是相似的。

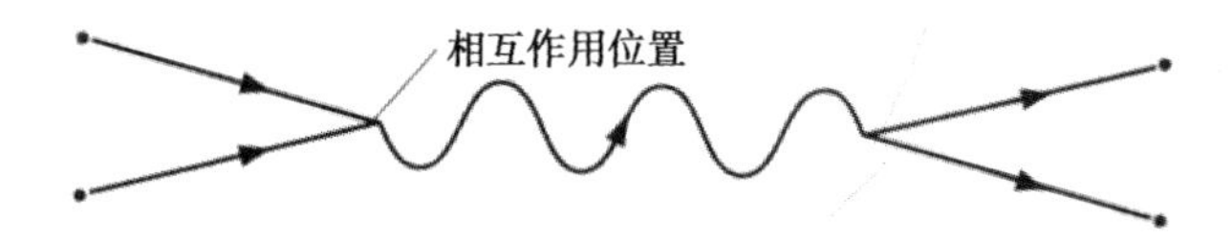

图6.6　在量子场论里，粒子与它的反粒子会在瞬间湮灭，生成光子。然后，光子生成另一对粒子和反粒子，沿不同的轨道飞离

160 我们感兴趣的是相互作用的细节 —— 特别是原来的电子与正电子发生湮灭产生光子的那一点。以后我们会明白，最核心的事实是，湮灭发生在完全可以确定的一个空间和时间点：标在图6.6的那一点。

当我们走近这些零维的点状物体时，它们实际上是一维的弦，这时会出现什么情况呢？相互作用的基本过程还是一样的，不过碰撞的东西是振动的线圈，如图6.7。如果线圈振动的共振模式适当，它们也可能代表像图6.6那样的电子与正电子的碰撞。只有在走近最微小的距离尺度 —— 比我们今天技术能及的任何事物都小得多的尺度，它们真正的类弦特征才能明显地表现出来。与点粒子情形一样，两根弦发生碰撞，在“闪光”中相互湮灭。那闪光的光子本身也是一根特殊振动的弦。于是，两根弦走过来融合在一起，生成第三根弦，如图6.7。像点粒子的图景那样，新生的弦经过一小段距离，然后释放出原来两根弦的能量，生成两根新的弦，继续走下去。除了最微观的方面，这一切看起来还是像图6.6的点粒子相互作用。

可是，在两种图景间还存在着很重要的差别。我们强调，点粒子相互作用发生在空间和时间的一个可以确定的位置，那是所有观察者都能同意的。而我们应该看到，这在弦相互作用是不对的。关于这一点，我们来看第2章的那两位相对运动的观察者，乔治和格蕾茜会

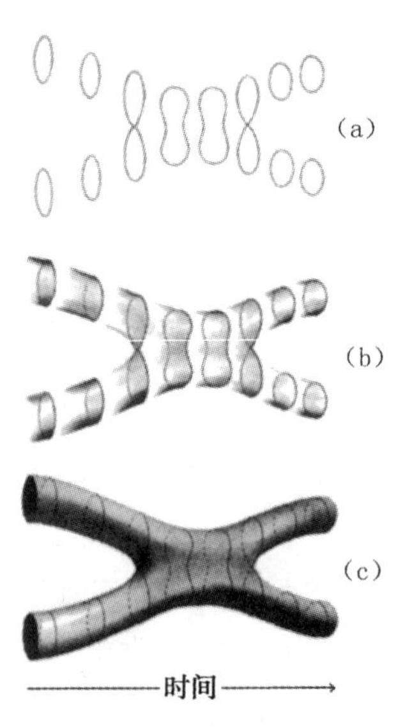

图6.7（a）两根碰撞的弦可以结合成第三根弦，然后再分裂成两根弦沿偏转的轨道运动下去

（b）是与（a）相同的过程，强调了弦的运动

（c）两根相互作用的弦随时间流逝而扫过一张“世界叶”

如何描述弦的相互作用。我们将看到，关于两根弦第一次在什么时刻、什么地方相遇，他们会有不同的意见。

我们想象用摄像机来观察两根弦的相互作用，把全过程拍成一小段电影，[5]结果是图6.7（c）的所谓*弦的世界叶*。把世界叶“切割”成一些相互平行的片——如面包片——我们能恢复弦相互作用的每一瞬间的历史。在图6.8里我们画了切割的例子。具体说，图6.8（a）是乔治看到的事情，他关心的是两根过来的弦；图中还画了一张切割的平面，切过空间所有在他看来同时发生的事件。像往常一样，为了图像更清晰，我们压缩了空间维。实际上，任何观察者看到的同时发生的事件都应该是一个三维的序列。图6.8（b）和图6.8（c）是在稍后

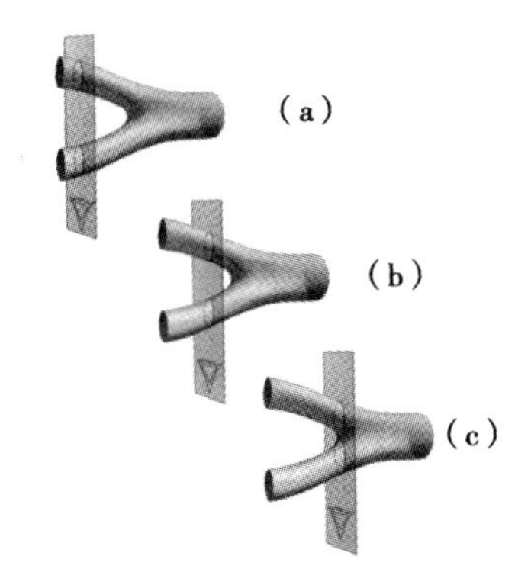

图6.8　乔治看到的两根弦在相继三个时刻的样子。在（a）和（b），两根弦越靠越近；它们在（c）第一次接触（从他的观点看）

时刻的两个镜头——后来的一“片”世界叶——它们说明乔治看到的两根弦是如何靠近的。最重要的是，我们的图6.8（c）定格在两根弦第一次相遇的瞬间（当然是乔治看到的），两弦结合在一起，生成一

根新弦。

现在来看格蕾茜的情形。我们在第2章讲过，因为格雷茜与乔治是相对运动的，关于事件是不是同时发生，他们会有不同的观点。从格蕾茜的观点看，在空间同时发生的事件处在不同的一张面上，如图6.9。那就是说，在她看来，图6.7（c）的那个世界叶应该以另外的角度切割才能反映相互作用在每一个瞬间的表现。

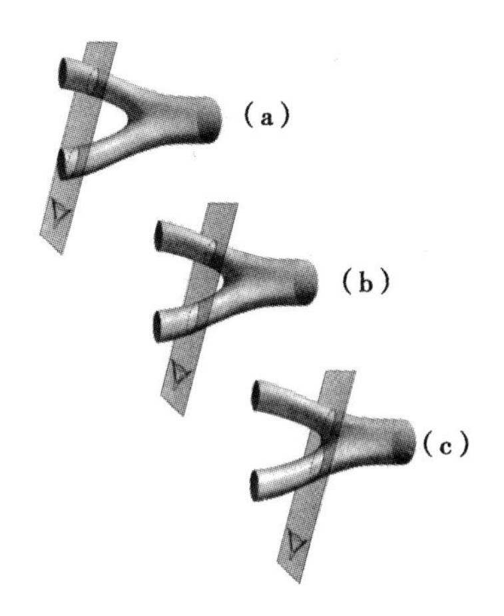

图6.9 格蕾茜看到的两根弦在相继三个时刻的样子。在（a）和（b），两根弦越靠越近；它们在（c）第一次接触（从她的观点看）

在图6.9（b）和图6.9（c），我们画了后来两个时刻的情形（现在是从格蕾茜的观点画的），包括她看到两根弦相遇生成第三根弦的瞬间。

图6.10把图6.8（c）和图6.9（c）放到一起来比较，我们看到，

163 关于原来的两根弦在什么时候、什么地方第一次相遇——发生相互作用，乔治和格蕾茜有不同的意见。因为弦是有空间大小的，它们在

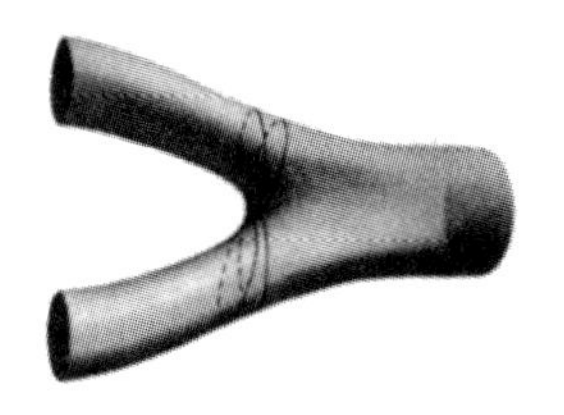

图6.10 乔治和格蕾茜看到的发生相互作用的位置是不同的

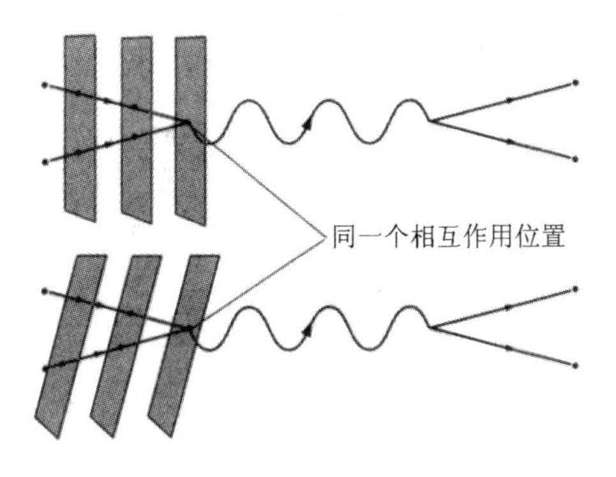

图6.11 相对运动的观察者会看到两个点粒子的相互作用在同一时刻发生在空间的同一点

空间的什么地方、在什么时刻第一次发生相互作用，不可能有明确的位置——那依赖于观察者的运动状态。

把同样的论证用于点粒子的相互作用，如图6.11，我们还是能得到以前讲过的结论——点粒子的相互作用在确定的时刻发生在空间确定的一点。点粒子把一切相互作用都挤进一个确定的点。当相互作

用的力是引力——就是说，传递相互作用的信使粒子是引力子，而不是光子——那么，完全挤在一个点的相互作用将带来灾难性的结果，如我们以前提到过的无限大结果。反过来，弦把发生相互作用的地方"抹开"了。因为不同观察者看到相互作用发生在图6.10左边不同位置的切面上，相互作用实际上就在所有这些面上展开了。这样，力的包裹打开了，在引力的情形中，超微观的"浓缩"性质也大大地淡化了——于是，原来计算无限大的地方，现在出现了很好的有限的结果。这就是我们在前一节大概回答时讲过的"抹平"的准确意思。当[164]然，在普朗克长度距离以下模糊的超微观空间涨落也因此而抹平、光滑了。

从弦理论看世界，就像戴着不适当的眼镜看东西，原来点粒子探针能探测到的普朗克尺度下的精细图景，在弦看来成了模糊的一片，不再令人害怕了。不过，弦理论不是近视眼，它看到的就是宇宙的最终图景，不存在校正的透镜去聚焦什么普朗克尺度下的涨落。广义相对论与量子力学的矛盾只有在普朗克尺度下才会明显表现出来，而在距离——传统意义上能够达到或者可能存在的距离——有下限的宇宙中，矛盾是可以避免的。那就是弦理论所描绘的宇宙，在这里，我们看到"大"定律与"小"定律和谐地走到一起了，而过去感觉会在超[165]微观尺度上出现的灾难，则烟消云散了。

弦外

弦因为有两点而奇特。第一点，弦虽然在空间延展，但还是可以很好地在量子力学的框架里描述；第二点，在无数的共振模式中，有一种完全具有引力子的性质，这使得引力成为弦结构的一个天然组成部分。然而，既然弦理论证明了传统的零维点粒子是一种数学的理想化，而不是真实世界的再现，那么无限细小的一维弦圈会不会也是一种数学理想呢？真实的弦也可能是有粗细的——如二维的自行车胎，或者甚至更“真实”地像三维的面包圈？这条自然路线研究者们从来没有走出结果，那困难似乎是难以逾越的。当年海森伯、狄拉克等人为了构造一个关于三维物质基元的量子力学，也没能走过去。

然而，谁也没想到，在20世纪90年代中期，弦理论家们通过间接但精妙的论证发现，那种高维的物质基元确实在弦理论中扮演着重要而微妙的角色。研究者们逐渐意识到，弦理论并不是只包含了弦的理论。1995年由惠藤等人发动的第二次超弦革命的一个重大发现就是，弦理论实际上还包含着许多不同维的东西；它们像二维的飞盘、三维的小水滴，甚至可能像别的更奇异的怪物。有关的最新认识留到第12章、第13章讲。现在我们还是继续沿着历史的路线，去看看一维弦生成的宇宙比点粒子宇宙有什么惊人的新性质。

第7章
超弦的“超”

1919年，当爱丁顿成功观测了爱因斯坦预言的太阳引起的星光弯 166
曲时，荷兰物理学家洛伦兹（Hendrik Lorentz）用电报把这好消息告诉了爱因斯坦。大家看过这封证实广义相对论的电报后，有个学生问爱因斯坦，如果爱丁顿没有在日食中看到预言的星光弯曲，他会怎么想。爱因斯坦回答说，“那我会为亲爱的上帝感到遗憾，因为理论*真是*正确的。”[1] 当然，假如实验没能证明爱因斯坦的预言，广义相对论就不会是正确的，也成不了现代物理学的基石。不过，爱因斯坦的意思是，广义相对论以那么深刻而美妙、简单而有力的概念描写了引力，很难想象大自然会“错过”它。在爱因斯坦看来，广义相对论太美了，几乎不可能是错的。

然而，美学的认识并不是科学进程的裁判。理论的最终判决是看它们如何经历和面对冷酷、严峻的实验事实。不过，这话必须满足非常重要的一个条件。一个理论在形成之初总是不完全的，很难评价实验结果。但物理学家还是必须判断和抉择应该往哪些方向发展他们的部分完成的理论。有些抉择是依靠内在的逻辑一贯性；我们当然要求 167

---

1. 爱因斯坦的话引自R.Clerk，*Einstein：The Life and Times*（New York：Avon Books，1984），p.287。

任何一个合理的理论避免逻辑的荒谬。另一些抉择依靠我们对定性的实验结果的感觉，看它对不同的理论概念有什么意义；我们感兴趣的理论总该与现实世界的某些事物发生联系。不过，当然还有一种情况，理论物理学家的某些抉择是根据美学趣味做出的——那样的理论具有跟我们经历的世界一样精妙美丽的结构。当然，美的不一定是真的。也许，宇宙的结构本来就不如我们凭经验想象的那样美；也许，我们会发现今天的美学标准应用在陌生的地方还需要重大的修正。但不管怎么说，当我们走进这个陌生的时代，理论描写的那片天地越来越难以靠实验去探索时，物理学家更是特别需要依靠这样的美学来帮助他们避免可能的死胡同。现在看来，美学的方法确实带来了力量和光明。

同艺术一样，对称性也是物理学美的一个重要组成部分。不同的是，物理学中的对称性有非常具体而精确的含义。实际上，根据对称性的精确概念和它们的数学结论，物理学家在过去几十年里建立了一些新奇的理论，在这些理论中，物质粒子和力的信使粒子之间的关联比我们过去想象的要密切得多。这些理论不仅统一了大自然的力，也统一了物质的基本组成，具有最大可能的对称性，因为这一点，它们被称为*超对称的*。我们将看到，超弦理论就是在超对称框架下树起的一个例子，它既是第一个，也是登峰造极的一个。

物理学定律的本质

我们想象那样一个宇宙，它的物理学定律像赶时髦似的令人捉摸不定——年年变、月月变、天天变，甚至每时每刻都在变。在这样的世界里，如果生命历程没遭破坏，我们还能生存，但至少可以说，我们永远不可能有瞬间停留的感觉。任何一个简单的行为都像在历险，[168] 因为世界在随机变化着，谁也不能靠过去的经验预测未来的结果。

这样的宇宙是物理学家的噩梦。物理学家——当然，还有差不多所有的人——都依靠一个稳定的宇宙：今天的定律在昨天是正确的，在明天仍将是正确的（尽管我们还没能把这些定律都找出来）。当然，假如“定律”能在倏忽间改变，我们还能说它是定律吗？这并不是说宇宙是静止不变的；宇宙当然在变，每一瞬间都在以无限多的方式变。我们说的是，主宰这些变化的定律是固定不变的。你可能会问，我们是否真的知道这一点。实际上，我们不知道。但我们成功描写了从大爆炸后的短暂时刻直到今天的宇宙的无数特征，这使我们相信，即使定律在变化，那变化也非常缓慢。符合我们所有知识的，最简单假定就是，定律是不变的。

现在我们想象另一个宇宙，物理学定律像一些风土人情——一个地方有一个地方的风俗，它们都坚决地拒绝外来影响的融合。在这样的世界里周游，你会像格列弗那样，[1] 经历许多意外的奇遇。但从物理学家的观点看，这是另一个魔鬼的世界，在那里生活真是太难了。例如，在一个国家甚至更小的地方成立的定律，到另一个地方就不再成立了。但是，如果定律的本性就是多变，会发生什么事情呢？在那样的世界里，一个地方做的实验可能与其他地方的物理学定律毫不相干。物理学家们必须在不同的地方重复相同的实验，去发现当地的自然定律。谢天谢地，我们所知道的关于物理学定律的一切，到处都是相

1. Gulliver，斯威夫特（Jonathan Swift，1667—1745）的名著《格列弗游记》（*Gulliver's Travels*）的主人公。——译者注

同的。世界各处的实验都能用同一组基本的物理学定律来解释。而且，我们还能用一系列不变的物理学原理来解释宇宙中遥远的天体物理学发现的东西，这更令人相信，相同的定律的确处处都是真的。我们从没到过宇宙的另一头，所以我们也不能肯定在别的地方不会有一种全新的物理学在发生作用，但我们还没看到一点儿新物理学的影子。

当然，这并不是说宇宙在不同的地方有相同的样子——或者有相同的具体性质。在月球上踩高跷的宇航员能做许多在地球上做不了的事情，那不过是因为月球的质量比地球小得多，而不是说引力定律从地球到月球有什么改变。牛顿的（或者更准确的爱因斯坦的）引力定律在地球和月球都是一样的。宇航员经历的差别是因为环境条件变了，而不是物理定律变了。

物理学定律不随运用时间和地点而改变，物理学家把这样的性质说成是自然的**对称性**。物理学家这么讲的意思是，大自然总是平等地——对称地——对待时间的每一瞬间和空间的每个位置，这样就保证了相同的基本定律在大自然发生作用。这些对称性与音乐和艺术中的对称性一样，反映了大自然的秩序与和谐，一样美妙动人。物理学家在说“美”的时候，至少有一部分说的是现象之美——那些从一组简单的普遍定律中产生出来的千姿百态的复杂而多变的现象。

我们在讨论狭义和广义相对论时，还遇到过别的自然对称性。想想相对性原理，那是狭义相对论的核心。它告诉我们，不论观察者以多大的不变速度相对运动，他们的物理学定律都必须是相同的。这也是一种对称性，因为它的意思是大自然平等地——对称地——看待所有的观察者。每一个这样的观察者都有理由认为自己是静止的。当然，这并不是说相对运动的观察者看到的现象都是完全相同的；实际上，正如我们以前讲的，他们各自看到的可能有着许多惊人的*差别*。像在地球和月球上踩高跷的人会有不同的经历一样，这些观察的差别也反映条件的不同——观察者在相对运动着——连他们的观察也是相同的*定律*所决定的。

爱因斯坦通过广义相对论的等效原理把对称性的内容又扩大了许多，物理学定律对所有观察者都是相同的，即使他们在经历着复杂的加速运动。我们还记得，爱因斯坦的等效原理来自他的一个发现：加速的观察者完全有理由说他自己是静止的，而将他所受的力归结为一个引力场。一旦引力走进这个框架，所有可能的观察者的立场就完全平等了。我们已经看到，所有运动一律平等的对称性原理，除了有内在的美学趣味，在爱因斯坦发现的有关引力的奇异结果中，也起着关键的作用。 170

自然定律可能牵涉到的与时间、空间和运动有关的对称性原理，只要你肯去想，还会遇到更多。例如，物理学定律与观测的*角度*无关。你可以做一个实验，然后将所有仪器转一个角度再做一次，它们都遵从同样的定律。这就是所谓的旋转对称性，意思是物理学定律认为所有的*方向*都是平等的。这也是一个与我们前面的讨论一样的对称性原理。

还有什么我们忽略了的对称性吗？你可能会想到我们在第5章讨论过的与非引力作用相关联的规范对称性。那当然也是自然的对称性，不过太抽象了。我们这里只讲那些与时间、空间和运动有直接联系的对称性。这样的话，似乎不会再有别的可能的对称性了。实际上，物理学家科尔曼（Sidney Coleman）和曼都拉（Jeffrey Mandula）在1967年就证明了，除刚才讨论的外，不会再有别的与空间、时间和运动相关的对称性能生成一个与我们的世界有任何联系的理论。

然而，经过许多物理学家的仔细研究，后来发现这个科尔曼–曼都拉定理有一点微妙的毛病：它没有完全考察与某种叫*自旋*的东西密切相关的对称性。

自旋

基本粒子（如电子）能像地球绕太阳旋转那样绕着原子核转171动。但在传统的电子的点粒子图景中，似乎没有什么现象对应于地球绕自己轴的自转。物体自转时，转轴上的点——像飞盘的*中心点*一样——是固定不动的。如果什么东西真的像一个点，那它就不会有什么转轴以外的“其他点”，所以也不会有点粒子自旋的概念。但是，这个论证却因另一个量子力学奇迹而失去了意义。

1925年，荷兰物理学家乌伦贝克（George Uhlenbeck）和戈德斯米特（Samuel Goudsmit）发现，与光被原子发射和吸收有关的大量令人困惑的数据都可以通过假定电子具有特别的*磁*性来解释。大约百年前，法国人安培（André-Marie Ampère）就证明了磁性来自电荷的运动。乌伦贝克和戈德斯米特沿着这条思路发现，只有一种特别的电子运动形式才能产生实验数据所要求的磁性，那是一种特别的*转动*——即自旋。与传统观念不同，乌伦贝克和戈德斯米特声称，电子有点儿像地球，既公转，也自转。

乌伦贝克和戈德斯米特果真说的是电子在自旋吗？是，也不是。他们的研究所显示的确实是一个量子力学的自旋概念，多少有点儿像寻常的自转，但本质上却是量子力学的。这是一个微观世界的性质，它清除了经典概念，添加了实验证实的量子特征。例如，我们看一位旋转的溜冰者，当她放下手臂时，会转得更快；当她张开手臂时，会转得更慢。但不论她原来转得有多快，她迟早会慢慢停下来。乌伦贝克和戈德斯米特发现的自旋却不是这样的。照他们的实验和后来的研究，宇宙的每一个电子总是永远地以固定不变的速率旋转。电子自旋不是我们习惯的那类物体偶然发生的短暂的旋转运动，而是一种内禀的性质，跟它的质量和电荷一样。如果电子没有自旋，它也就不是电子了。

虽然自旋先是在电子身上发现的，物理学家后来发现这种思想也同样适用于表1.1的那三族物质粒子。这完全是正确的：所有的物质粒子（连同它们的反物质伙伴）都有与电子相同的自旋。用专业的话讲，物理学家说物质粒子有1/2自旋，这里的1/2大体上代表着粒子旋转快慢的量子力学度量。[1]另外，物理学家还证明，除引力外的那些力的传递者——电磁作用的光子、弱规范玻色子和强作用的胶子——也都有着内禀的自旋特征，是物质粒子的两倍，都是“1自旋”。

172

1. 更准确地说，1/2自旋的意思是，电子自旋的角动量是$\hbar/2$。

那么，引力呢？对了，在弦理论之前，物理学家就能确定那种假想的引力子应该有多大的自旋才能成为引力的传播者，答案是光子、弱规范玻色子和胶子的两倍——“2自旋”。

在弦理论背景下，自旋与质量和力荷一样，也关联着弦的振动模式。与点粒子情形一样，这可能会让人错误地以为弦产生的自旋真是因为弦在空间旋转，不过这样的想象的确让我们在头脑里有一个大概的图景。顺便说一下，我们现在可以把以前遇到的一个重要问题说得更清楚一些。1974年，在谢尔克和施瓦兹发现弦理论应该看成一个包含了引力的量子理论时，他们就是那样想的。他们发现，在所有的弦振动模式中，*必然有一种是没有质量的2自旋的*——那正是引力子的标志性特征。哪里出现引力子，哪里就有引力。

有了一点自旋概念，现在我们来看上面提到过的问题：自旋是如何暴露科尔曼-曼都拉关于所有可能自然对称性的结论的缺陷的。

超对称与超伙伴

我们强调过，虽然自旋在表面上像旋转的陀螺，但在本质上却是基于量子力学的结果。1925年发现自旋时，也就发现了一种不可能存在于纯经典宇宙的旋转运动。

173　这就产生了下面的问题：寻常的旋转运动可能满足旋转不变的对称性原理（“物理学将所有的空间方向都看成平等的”），那么，这种更难捉摸的自旋的旋转运动是不是也能产生什么自然规律的可能的对称性呢？到1971年左右，物理学家证明了回答是肯定的。虽然这段故事很复杂，但基本的意思是，对自旋来说，恰好还有一种在数学上可能的*自然规律的对称性*，那就是所谓的*超对称*。[1]

超对称没有一个简单直观的图像；我们所能想象的是，时间的移动，位置的转移，方向的改变，速度的变化，但所有这些可能的看得见的改变都跟超对称牵扯不到一起。不过，就像自旋是“带着量子力学色彩的旋转运动”一样，在“空间和时间的量子力学扩张”下，从观察的立场说，超对称性还是可以跟变化发生联系。这里引号里的话是很重要的；后面那句的意思不过是说，超对称性大概在什么地方能走进一个更大的对称性原理的框架。[2]不管怎样，虽然超对称的起源不那么好理解，我们还是要来讲一点它最基本的*意义*——假如自然规律体现了这些原理——这要容易把握得多。

20世纪70年代初，物理学家发现，如果宇宙是超对称的，自然粒子必然成对出现，而自旋相差半个单位。这样的粒子对，不论看作点（如标准模型）还是看作振动的小圈，都叫一对*超伙伴*。因为物质粒子自旋为1/2，而多数信使粒子的自旋为1，这样看来，超对称让物质粒子与力的粒子配成了对，结成了伴。这似乎是一个美妙的统一图景。问题出在一些细节上。

到20世纪70年代中期，当物理学家想让标准模型包容超对称时，他们发现，表1.1和表1.2的那些粒子，没有一个能做另一个的超伙伴。相反，详细的理论分析表明，如果宇宙具有超对称性，那么每一个已知的粒子都必然有一个尚未发现的超伙伴粒子，它的自旋比已知

174 的伙伴小半个单位。例如，电子应该有自旋为0的伙伴，这个假想伙伴的名字叫*超电子*（超对称电子的简写）。其他物质粒子也该是这样的。例如，中微子和夸克的假想0自旋伙伴叫*超中微子*和*超夸克*。类似地，力的粒子应该具有1/2自旋的超伙伴：光子有*光微子*（photino），胶子有*胶微子*（gluino），W玻色子和Z玻色子有W微子（wino）和Z微子（zino）。

再走近些看，超对称性似乎是一种很“浪费”的特征，它需要一大堆新的粒子，结果把基本粒子的数目加大了一倍。因为这些超伙伴粒子一个也没发现过，你可以把第1章里拉比为μ子说过的那句话说得更干脆些，“没人想要超对称”，而且你可以完全拒绝这个对称性原理。然而，许多物理学家强烈地感到，那么干脆地把超对称性扔了还为时过早，原因有三点，我们下面就来讨论。

弦理论之前的超对称

第一点，在美学立场上，物理学家觉得很难相信大自然遵从了绝大多数数学可能的对称，却不遵从余下的那些对称。当然，也许实际出现的就是这样不完全的对称，那是很令人遗憾的。仿佛巴赫在用无数相互交织的乐音实现他那天才的对称的乐曲时，忘了最后几个决定性的音节。[1]

---

1. 巴赫（Johann Sebastian Bach，1685—1750）在去世前创作的《赋格的艺术》（*The Art of Fugue*）约包括20首（不同版本数目不同）赋格曲和卡农（canon），在形式上极尽变化，是高等对位的楷模。最后一首没有完成，曾在艺术史上留下些难题；而从形式看，那对称也就不够完美。—— 译者注

第二点，假如理论是超对称的，即使在忽略了引力的标准模型里，与量子过程相关的那些棘手问题也将迎刃而解。基本的问题在于，每一种粒子都是微观的量子“热浪”的一朵浪花。物理学家发现，在这沸腾的量子池塘里，某些粒子相互作用的过程，只有在标准模型里的参数经过精细调节——精确到千万分之一——从而消除了可恶的量子效应以后，才可能没有矛盾。那样高的精度大概相当于用枪去瞄准月亮上的一个目标，而偏差还不能超过一个变形虫的大小。[1] 虽然类似的数字精度能在标准模型中实现，但许多物理学家还是怀疑这样的理论——它太敏感了，即使它所依赖的某一个数在小数点后面第15位有一点儿改变，它也会崩溃。[3]

175

超对称性极大改变了这种状况，因为*玻色子*——自旋为整数的粒子［以印度物理学家玻色（Satyendra Bose）的名字命名］——和*费米子*——自旋为半整（奇）数的粒子［以意大利物理学家费米（Enrico Fermi）的名字命名］——可能产生相互抵消的量子力学效应。它们像一块跷跷板的两端，如果玻色子的量子波浪向上，费米子就要将它压下去。因为超对称性保证了玻色子和费米子是成对出现的，所以某些疯狂的量子效应从一开始就基本平息下来了。这样看来，*超对称标准模型*——添加了所有超对称伙伴粒子的标准模型——的和谐，不再依赖于令人难过的敏感的数字调节。尽管这是一个很技术的问题，但许多粒子物理学家还是认为它使超对称性更有吸引力了。

超对称性的第三点间接证据来自大统一的思想。自然界四种力

---

1. 变形虫［音译是“阿米巴”（amoeba）］是一种原生动物，最大的不过600微米（长），一般的（如最常见的痢疾内变形虫）只有10微米左右。——译者注

的一个令人疑惑的特征是，它们固有的强度差异太大。电磁力不足强力的百分之一，弱作用大概比电磁力还弱一千倍，而引力只是弱力的一千亿亿亿亿分之一（10^{-35}）。1974年，格拉肖和他在哈佛的同事乔基（Howard Georgi）根据他本人和萨拉姆、温伯格曾赢得诺贝尔奖的开创性研究，在电磁力、弱力和强力间建立了类似于（我们在第5章讨论过的）电磁力与弱力间的联系。他们提出的引力外的三种力的“大统一”与弱电理论有一点根本的不同：电磁力与弱力是宇宙温度降到一千万亿开（10^{15}K）时从更对称的统一中分离出来的，而乔基和格拉肖证明，与强力的统一只有在更高的温度下——约一万亿亿亿开（10^{28}K）才是显著的。从能量看，这相当于质子质量的一千万亿倍，或者说，大约比普朗克质量小四个数量级。乔基和格拉肖大胆地把理论物理学领进了一个高能量的领域，比过去人们所能探索的能量高出好多个数量级。

同一年里，乔基、奎恩（Helen Quinn）和温伯格在哈佛的研究，将三种力的潜在统一性在大统一的框架下更显著地揭示出来了。他们的成果对力的统一和超对称性与自然界的关系的评判起着重要作用，所以我们花点儿工夫来解释它。

我们都知道，两个带相反电荷的粒子的电吸引力和两个重物体间的万有引力随着物体间距离的减小而增强，这是经典物理学里众所周知的简单特性。但是，当我们研究量子物理学对力的强度的影响时，就会出现一点奇怪的东西。那么，为什么会有量子力学的影响呢？答案还是在量子涨落。例如，当我们考察一个电子的电力场时，我们实际上是隔着一团“云雾”看它——那是在电子周围空间随处出现的瞬间的电子－正电子生成和湮灭形成的“雾”。物理学家先前就发现，这团热腾腾的云雾一般的微观涨落会使电子的力变得模糊，仿佛隔着薄雾看远处的灯塔。不过请注意，当我们走近电子时，一定穿过了那层遮在眼前的粒子－反粒子云雾，从而不太能感觉它们逐渐消失的影响，这意味着，电子的电场强度随我们的靠近而*增强*了。

物理学家认为，当我们靠近电子时，电场强度的量子力学的增加，根本不同于我们熟悉的它在经典物理学中的增加；量子力学的增加，是因为电磁力的*内禀*强度随距离减小而增加。这说明，力的增强不仅是因为我们离电子近了，而且还因为我们看到了更多的电子的内禀电*场*。其实，虽然我们一直在说电子，这些讨论也同样适用于其他带电粒子。总之，我们可以说，在越小的距离尺度上，量子效应使电磁力变得越强。 177

标准模型里的其他力呢？它们的内禀强度如何随距离改变？1973年，普林斯顿的格罗斯和威切克（Frank Wilczek），哈佛的波利泽尔（David Politzer）分别独立研究了这个问题，发现一个令人惊奇的答案：粒子生成与湮灭的量子云把强力和弱力的强度*放大*了。就是说，如果我们穿过这团沸腾的量子云，在更近的距离来看这些力时，它们还没经历那样的放大作用。因此，从近距离看，强力和弱力*减弱*了。

乔基、奎恩和温伯格凭着这点认识，发现了一个重要的事实。他们证明，当把这些沸腾的量子效应都仔细考虑进来时，结果是引力之外的三种力将*走到一起来*。他们认为，这些在当前技术所及的尺度上迥然不同的力，实际上是微观的量子薄雾所产生的不同影响的结果。

他们的计算表明，如果不是在寻常尺度上，而是穿过云雾，在十万亿亿亿分之一厘米（10^{-29}厘米，只是普朗克长度的一万倍）的距离看这三种力，它们的强度会变得完全相同。

当然，那个尺度离我们寻常的经验是很遥远的，不过，感应这么小尺度所必需的能量却是混沌、热烈的早期宇宙所特有的——那是在大爆炸后一千万亿亿亿亿分之一（10^{-39}）秒的时候，我们曾说过，那时宇宙的温度是10^{28}开。就像千差万别的物质——如铁、木头、岩石、矿物等——在足够的高温下熔化，形成均匀的等离子体一样，理论研究表明，强力、弱力和电磁力在那样的高温下也会融合成一个“大统一”力。这一点简单地画在图7.1上。[4]

虽然我们的技术还不能深入这样小的距离尺度，也产生不了那么炽热的温度，但实验家们自1974年以来已经在日常条件下把那三

178

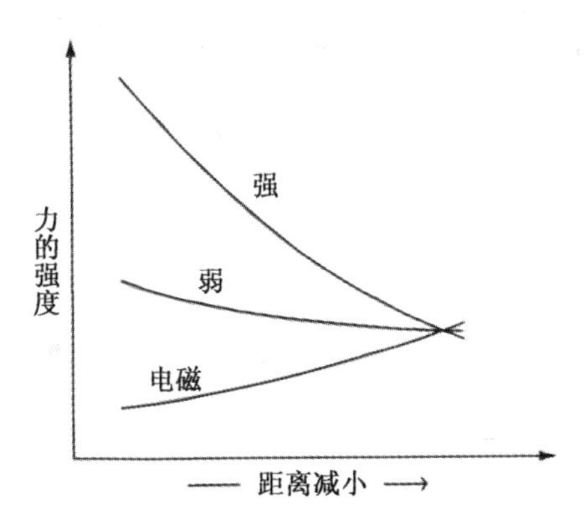

图7.1　引力外的三种力随距离尺度减小——或者说，随能量增加——的作用情况

种力的测量强度大大精确化了。这些数据（图7.1的三条力度曲线的出发点）是乔基、奎恩和温伯格的量子力学外推的前提。1991年，欧洲核子中心（CERN）的阿马尔蒂（Ugo Amaldi）、德国卡尔斯鲁厄（Karlsruhe）大学的德波耳（Wim de Boer）和弗尔斯特瑙（Hermann Fürstenau）用这些数据重做了乔基三人的计算，发现了两样重要的东西。第一，引力外的三种力在微小距离尺度（也就是高能/高温状态）几乎是一致的，但并不完全相同，如图7.2。第二，假如有超对称性，这小小的然而确定不疑的力的偏差就会自动消失。原因是，超对称性需要的新的超伙伴粒子会产生新的量子涨落，这些涨落正好能使那些力的强度趋于一点。

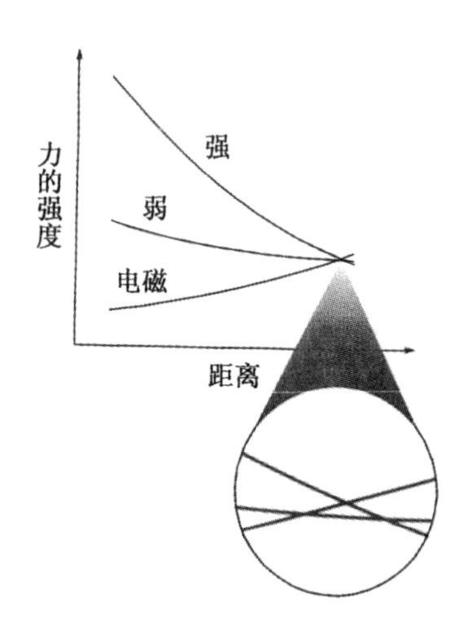

图7.2 力的强度的更精确计算表明，如果没有超对称性，三种力不会完全趋于一点

大多数物理学家都感到这太难以置信了：大自然竟会这样来选择力——让它们在微观尺度上几乎具有统一的强度（在微观上相等），

却还留下一点儿偏差。这就像玩拼图游戏时，最后留下一块图板，总不能很好地放进它应该去的地方。超对称性灵巧地把那块图板的形状修正了一点儿，于是可以恰到好处地还原。

179　最后这个发现的另一点意义是，它为下面的问题提供了一个可能的答案：为什么我们没有发现任何超伙伴粒子？刚才讲的将三种力融合的计算以及许多物理学家研究过的其他问题都表明，超伙伴粒子一定比已知的粒子重很多。尽管还不能有确定的预言，但我们大概知道，超伙伴粒子的质量可能是质子的1000倍（假如不是更重的话）。我们人工的加速器不可能达到这样的能量，所以这也就解释了我们为什么还没有发现一个这样的粒子。在第9章，我们会回来讨论实验的前景，也许在不远的将来，它们可以决定超对称性是否真的是我们宇宙的一种性质。

当然，让人们相信——至少不拒绝——超对称性，理由还不是那么充分有力。我们讲过，超对称性如何能将理论提高到最大的对称形式，但你可能会说，宇宙本不在乎这些数学独有的最大对称形式；180 我们讲过，超对称性如何让我们摆脱标准模型里为避免量子问题而调节参数的困难，但你可能会说，真的自然理论也可能就在自我破坏与自我协调间走钢丝；我们讲过，超对称性如何修正了引力外的三种力在小距离的内禀强度，使它们能融合成一个大统一的力，但你还是可能会说，在大自然的设计中，似乎没有什么东西说明这些力应该在微观尺度上相同。而且，最后你可能会说，我们为什么还没找到一个超伙伴粒子，最简单的答案是，宇宙不是超对称的，超伙伴并不存在。

没人能反驳这些回答。不过，当我们考虑超对称在弦理论中的作用时，它就显得力大无比了。

弦理论中的超对称

20世纪60年代从维尼齐亚诺的研究中生出的弦理论包括了本章开头讲的所有对称性，但不包括超对称性（那时还没发现呢）。以弦概念为基础的第一个理论，更准确地该叫*玻色子弦理论*。*玻色子*的意思是，弦的所有振动模式都具有整数自旋——没有半整数的自旋模式，也就是弦没有费米子的振动模式。这带来两个问题。

首先，如果要拿弦理论来描述所有的力和物质，就必须想办法让它把费米子振动模式也包括进来，因为我们知道物质的粒子都是1/2自旋的。第二点，也是更令人困惑的一点，在玻色子弦理论中，有一种振动模式的质量（更准确地说是质量的平方）是*负的*——即所谓的*快子*。虽然在弦理论以前，物理学家就研究过，在我们熟悉的正质量粒子外还可能存在快子，但他们也发现那样的理论在逻辑上很难（几乎不可能）是合理的。同样，在玻色子弦理论背景下，物理学家为了使奇异的快子振动模式的预言变得合理，曾探讨过各种可能的框架，结果都失败了。这些特点使人们越来越明白，玻色子弦理论虽然很有趣，但一定还存在某些根本性的错误。 181

1971年，佛罗里达大学的拉蒙（Pierre Ramond）担起了修正玻色子弦理论以囊括费米子振动模式的挑战。经过他和后来施瓦兹和内弗（André Neveu）的研究结果，弦理论出现了新面目。令人惊讶的是，在新理论中，玻色子和费米子的振动模式是成对产生的。每一个玻色子对应着一个费米子，每一个费米子也对应着一个玻色子。到1977年，斯特林大学的格里奥茨（Ferdinando Gliozzi）、帝国学院的谢尔克和奥利弗（Dayvid Olive）才发现这些成对出现的粒子的正确意义。新的弦理论包含了超对称性，而看到的这些成对出现的玻色子和费米子振动模式就反映了这种高度对称的性质。超对称弦理论——即超弦理论——就这样诞生了。而且，他们三人还有另一个重要结果：他们证明玻色子弦那令人困惑的快子振动不会损害超对称的弦。这样，一点点的弦困惑慢慢地消失了。

不过，拉蒙、内弗和施瓦兹的研究的最初影响并不在弦理论。到1973年的时候，物理学家韦斯（Julius Wess）和朱米诺（Bruno Zumino）发现，超对称性——从新构造的弦理论中出现的那种新的对称性——甚至也能用于以点粒子为基础的理论。他们很快就迈出重要一步，把超对称引进点粒子的量子场论框架。那时候，量子场论是主流粒子物理学家们的核心——而弦理论正慢慢成为它边缘的一个课题——所以，韦斯和朱米诺的发现所激发的大量的后来的研究都集中在所谓的*超对称量子场论*。上一节讲过的超对称标准模型就是这些探索的一个辉煌成果。我们现在看到，在崎岖的历史征途上，点粒子理论也从弦理论获得过巨大的帮助。

随着超弦理论在20世纪80年代中期的复兴，超对称性又在原来发现它的背景下出现了。在这个框架下，超对称性的表现远远超过了上一节讲的。弦理论是我们知道的唯一能融合广义相对论和量子力学的方式，但只有超对称的弦理论才能避免快子问题，才能包括费米子

182

振动模式从而才能说明组成我们世界的物质粒子。为了实现引力的量子理论，也为了一切力和物质的大统一，超对称性与弦理论手拉手地走来了。假如弦理论是对的，物理学家希望超对称性也是对的。

然而，到20世纪90年代中期，超对称弦理论遇上了一个特别麻烦的问题。

“多”的烦恼

如果有人告诉你，他们解决了埃尔哈特（Amelia Earhart）的失踪之谜[1]，你开始可能感到怀疑；但如果他们有确凿的证据和想好的一套解释，你大概会听他们说下去，说不定还会相信他们。可是接下来，他们告诉你还有一种解释。你也耐着性子听了，惊奇地发现这种解释跟头一个解释一样有根据。这时候，他们又向你讲了第三种、第四种甚至第五种解释——每一种都不同，但都同样令人信服。最后，你一定觉得对埃尔哈特之谜还是跟从前一样，什么也不知道。对一个事物的基本事实解释越多，所知越少，多也就等于无。

到1985年的时候，弦理论——尽管理所当然地激发了许多人的热情——开始有点儿像我们那些过分热心的埃尔哈特专家了。原来，物理学家发现，超对称性（那时已成为弦理论结构的核心元素）实际上可以通过5种不同的方式进入弦理论。每一种方式都能生成成对的玻色子和费米子振动模式，但这些粒子对的具体性质和理论的许多其

---

1. Amelia Earhart（1897—1937）是单独飞越大西洋的第一个女飞行员（1932年），后来与F.J.Noenan一起环球飞行时，在太平洋上神秘失踪。——译者注

他性质都有着巨大的不同。尽管名字并不重要，但我们还是应该记住 183 这些理论：**Ⅰ型理论，ⅡA型理论，ⅡB型理论，杂化O(32)型理论和杂化$E_8 \times E_8$理论**。我们讨论过的弦理论的一切特征在这些理论中也都能表现出来——只是细节有所不同。

一个包罗万象的理论——一个可能的最终的统一理论——有5种不同的形式，这令弦理论家烦恼。不论埃尔哈特出了什么事情，真正的解释只能有一个（不论我们是否能发现它）；同样，我们希望关于宇宙的最深刻、最基本的认识也应该是这样的。我们生活在一个宇宙，我们希望一个解释。

关于这个问题，一个可能的解决办法是，虽然有5个不同的超弦理论，但其中的4个可以简单地通过实验来排除，最后留下一个真正的相关的解释框架。不过，即使真是那样，我们还是有一个头疼的问题：为什么开始会有那几个理论呢？用惠藤的话来说，“如果5个理论有一个描写了我们的宇宙，那么谁住在其他4个宇宙呢？”[1] 物理学家总是梦想寻求最终的答案，引向一个唯一的绝对不可避免的结论。理想地说，最终的理论——不论是弦理论还是其他什么理论——都应该是这样的，不会有别的可能，而只能是它自己。假如我们能发现只有一个逻辑合理的理论能融合相对论和量子力学的基本结构，许多人会认为我们将获得一个对宇宙性质的彻底认识。一句话，那就是大统一理论的天堂。[2]

---

1. Edward Witten, *Lecture at the Heinz Pagels Memorial Lecture Series*, Aspen, Colorado, 1997.
2. 关于这一点的更深入的讨论和相关思想，见Steven Weinberg, *Dreams of a Final Theory*（温伯格，《终极理论之梦》）。

我们将在第12章看到，最近的研究将超弦理论推进了一大步，离统一的乌托邦更近了；那5个不同的理论，原来是描绘同一个宏大理论的5种不同的方法。超弦理论确实有唯一的根源。

问题似乎解决了，但从下一章的讨论我们会看到，通过弦理论走向统一还要求我们离开传统智慧走得更远。

第 8 章 看不见的维

184　爱因斯坦通过狭义相对论和广义相对论，解决了他过去百年的两大科学冲突。尽管从激发他研究的原始问题看不出后来的结果，但两个问题的解决完全改变了我们对空间和时间的认识。弦理论解决了一百年来的另一个科学冲突，解决的方式很可能连爱因斯坦都觉得惊奇，它要我们的空间和时间的概念经历一个更剧烈的变革。弦理论彻底动摇了现代物理学的基础，甚至宇宙的维数——那个我们认为不是问题的基数，也正发生着戏剧性的而且令人信服的改变。

习惯的错觉

经验产生直觉。但经验的作用不止于此：它还为我们分析和解释我们感觉的事物树立一个框架。例如，你一定相信，一群狼养大的“野孩子”会根据与你全然不同的观点来解释世界。即使不那么极端的185 例子，拿在不同文化传统里成长起来的人来比较，我们也能看到，经验在很大程度上决定了我们认识世界的思想倾向。

当然，有些事情是我们都共同经历过的。往往就是来自这些共同经历的信念和希望，我们最难说得明白，也最难向它们挑战。我们来看一个简单却深刻的例子。假如你放下这本书，站起来，你可以在3个独立的方向——也就是3个独立的空间维——运动。当然，你走任何一条路径，不论多么复杂，都是在3个不同方向的运动的组合——我们一般称那些方向为“左右”“前后”和“上下”。你每迈出一步，都在做一种选择，决定你如何穿过那3个维度。

还有一种等价的说法，我们在讨论狭义相对论时见过，那就是，宇宙间的任何一个位置都可以用3个数来完全确定：3个数相应于3个空间维。例如，用寻常的话说，城里的某个地址可以用街道（“左右”位置）、路口（“前后”位置）和楼层（“上下”位置）来确定。从更现代的观点说，我们已经看到，爱因斯坦的理论鼓励我们把时间看作另一个维（“过去-未来”维），这样，我们一共有了4维（3个空间维和1个时间维）。为确定宇宙的一个事件，我们应该说它发生在什么时候、什么地方。

宇宙的这个特征是基本的、一贯的，也是普遍存在的，而且似乎根本成不了什么问题。然而，在1919年，一个无名的波兰数学家，来自柯尼斯堡大学的卡鲁扎（Theodor Kaluza）却敢向显然的事实挑战——他提出，宇宙也许*不*只有3个空间维，而是有*更多*。有时候，听起来傻乎乎的话本就是傻话，但也有时候，傻话却动摇了物理学的基础。当然，很久以后我们才会认识到，卡鲁扎的建议变革了我们物理学定律的体系。我们至今还为他的远见感到震惊。

卡鲁扎的理论和克莱茵的改进

186　宇宙空间不是三维的，可能还有更多维，这话听起来很荒唐，很奇怪，还有点儿神秘。不过，实际看来，那是很具体实在的，也是完全合理的。为看清这一点，我们暂时把目光从浩瀚的宇宙转向我们更熟悉的花园，看一根细长的浇水管。

想象一根几百米长的水管横过一道峡谷，从几百米外看，就像图 8.1（a）的样子。在这么远的距离上，你很容易看到水管是一根长长的展开的线，如果没有特别好的视力，你很难判断它有多粗。从远处看，如果一只蚂蚁在水管上，你想它只能在一个方向，即顺着水管方向爬187 行。谁问你某一时刻蚂蚁的位置，你只需要告诉他一个数：蚂蚁离水管左端（或右端）的距离。这个例子的要点是，从几百米以外看，长长的一根水管就像是一维的东西。

图8.1　（a）从远处看，花园的浇水管就像是一维的
（b）走近来看，水管的第二维就显现出来了——管壁上环绕管道的那一维

实际上我们知道水管*是*有粗细的。从几百米以外你可能不容易看清，但拿一个双筒望远镜，你可以看得很真切，原来水管是图8.1（b）的样子。在望远镜的镜头里，你还看到有只蚂蚁爬在管子上，能朝两个方向爬行。它可以顺着管子，左右爬行，这一点我们已经知道了；它还可以绕着管子，沿顺时针或逆时针方向爬行。现在你明白，为确定某一时刻小蚂蚁在哪儿，你必须告诉两个数：它在管子的什么长度以及它在管圈的什么地方。这说明水管的表面是二维的。[1]

不过，那两维却有很明显的不同。沿着管子伸展方向的一维很长，容易看到，绕着管子的那一圈很短，“卷缩起来了”，不容易发现。为看清圆圈的那一维，你得用更高的精度来看这根管子。

这个例子强调了空间维的一点微妙而重要的特征：空间维有两种。它可能很大，延伸远，能直接显露出来；它也可能很小，卷缩了，很难看出来。当然，在这个例子里你用不着费多大力气就能把“卷缩起来的”绕管子的小圆圈儿揭露出来，那只需要一个望远镜就行了。不过，假如管子很细——像一根头发丝儿或毛细管——要看清那卷缩的维就不那么容易了。

卡鲁扎在1919年给爱因斯坦的信中，提出一个惊人的建议。他指出，宇宙的空间结构可能不只有我们寻常感觉的三维。我们马上就会讨论他提出这一激进问题的动力。原来，他发现这可以提供一个美妙动人的框架，把爱因斯坦的广义相对论和麦克斯韦的电磁理论编织进单独一个统一的概念体系。但更直接的问题却是，这个建议如何能与我们只*看到*三个空间维这一显然的事实相协调呢？

问题的答案，隐含在卡鲁扎的理论中；后来，在1926年，瑞典数 188 学家克莱茵（Oskar Klein）把它说得更具体和明确，那就是：*我们宇宙的空间结构既有延展的维，也有卷缩的维*。就是说，我们的宇宙有像水管在水平方向延伸的、大的、容易看到的维——我们寻常经历的三维；也有像水管在横向上的圆圈那样的卷缩的维——这些多余的维紧紧卷缩在一个微小的空间，即使用我们最精密的实验仪器也远不能探测它们。

为了更清楚地认识这个不同寻常的图像，我们再来看看花园里的浇水管。我们这回绕着管子密密地画满圆圈。同以前一样，从远处看，管子是一根长长的一维的细线。但是，如果拿望远镜来看，很容易看到卷缩的那一维，画了圆圈就看得更清楚了，如图8.2所示。这幅图说明

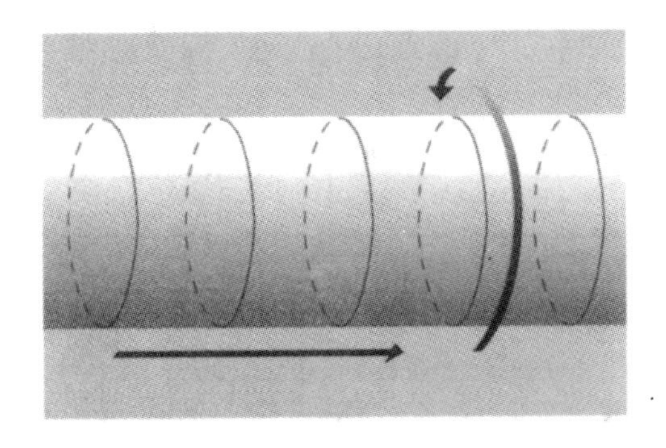

图8.2 花园里浇水的管子是二维的：水平方向的一维由直线箭头表示，是延伸的；横向的一维（圆圈表示）是卷缩的

水管的表面是二维的，1个大的延伸的维和1个小的卷缩的维。卡鲁扎和克莱茵认为，我们的宇宙空间也像这样，不过它有3个大的延伸的维，1个小的卷缩的维——一共是四维。那么多维的东西不好画，为了看得

清楚，我们只好将就看两个大维和一个小维的图。图8.3是一个示意图，我们在图中把空间结构放大了，就像用望远镜看水管那样。

190

图中最下面的一级表现了我们熟悉的周围世界的寻常距离尺度（如若干米）的空间结构，这些距离用大网格表示。接下来，我们关注越来越小的区域，把它放大来看。先看小一点儿的距离尺度下的空间结构，没有什么异常发生；它似乎与原来尺度的结构一样——经过三级放大，我们看到的情景都是这样。不过，当我们在最微观的水平——图8.3的第四级——看空间时，一个新的卷缩的维度出现了，像精心织成的地毯上一个个毛茸茸的小线圈儿。卡鲁扎和克莱茵认为，这些小圈存在于延伸维的*每一点*，就像水平延伸的水管上处处绕着横向的圆圈。（为看得清楚，我们只在延展的方向上按一定间隔画了些圆圈的维。）在图8.4里，我们画了一个特写镜头来表现卡鲁扎和克莱茵眼中的空间的微观结构。

宇宙空间与花园的浇水管子虽然大不相同，但也表现出相似的地方。宇宙有3个大的延展的空间维（我们实际只画了两个），而水管只有一个；更重要的是，我们现在描绘的是宇宙*自身*的空间结构，不是水管那样存在*其间*的东西。但是，基本思想是一样的：假如宇宙另一个卷缩的维也像水管的细圆圈儿那样很小，它就会比那些显然的延伸的维难测得多。实际上，如果它太小了，我们用最大的放大器也看不到。另外，最重要的是，这些卷缩的维*并不*像图上画的那样（你也可能会那么想）是长在延伸方向上的一圈圈“肉瘤”，而是一个*新的*维度，存在于我们熟悉的空间维的每一点，正如空间每一点都有上下、左右、前后方向一样。这是一个新的独立的方向，蚂蚁（如果足够小的话）

189

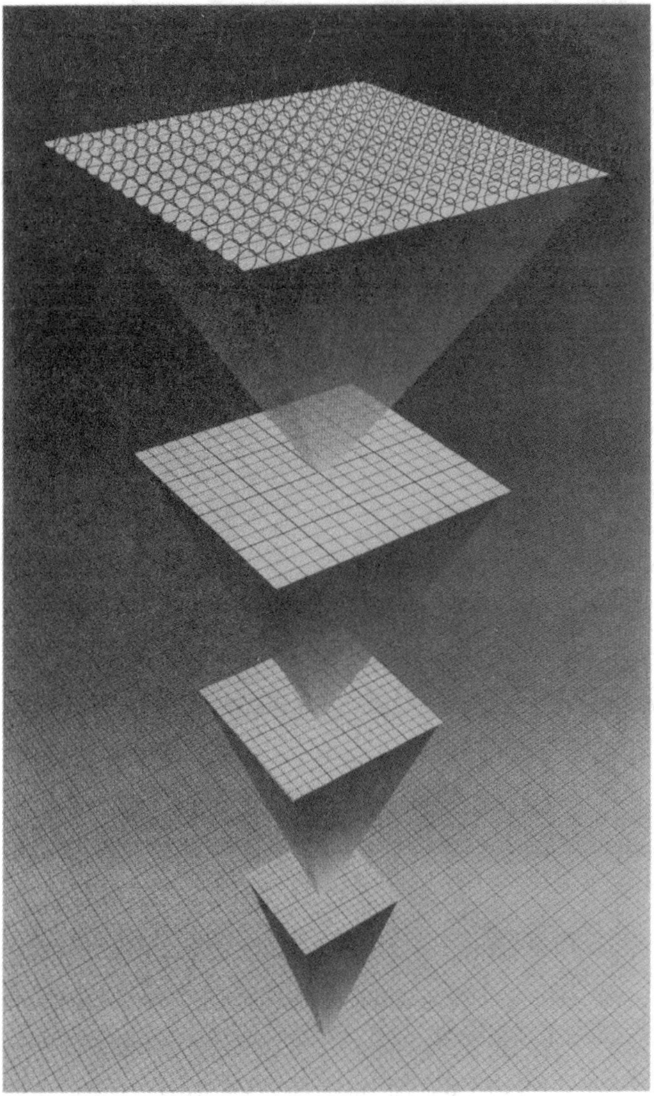

图8.3　类似于图5.1。上一层是下一层表现的空间结构的放大。我们的宇宙可能有额外的维度——如在第四层看到的——不过它们卷缩在很小的空间里，还没有直接表现出来

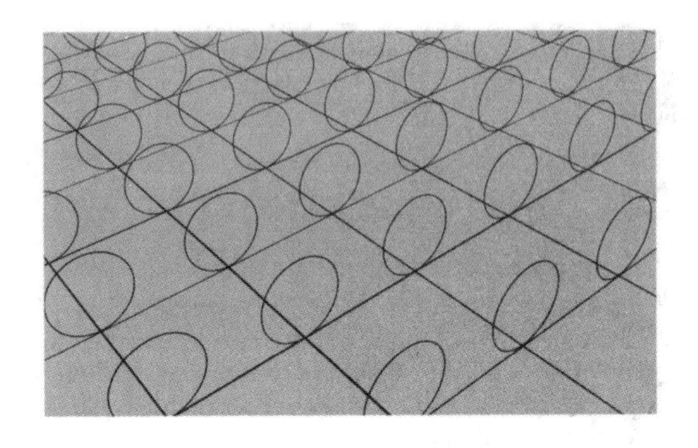

图8.4 网线代表寻常经历的延展维，圆圈代表新的微小的卷缩维。这些圆圈像地毯上的绒毛线圈儿一样，存在于延展方向的每一点——为清楚起见，我们只是把它们画在网格的交点处

可以朝这个方向爬行。为了确定那样一只微观蚂蚁的空间位置，我们不仅需要告诉它在延伸的什么方向（由网格表示），还要告诉在圆圈的什么地方。一个空间位置需要4个数；如果加上时间，我们就得到一条5个数表达的时空信息——比我们平常想的多1个。

这样，我们看到一个令人惊讶的事实：虽然我们知道宇宙只有3个延展的空间维，但卡鲁扎和克莱茵的论证却说明，那并不排除还存在别的卷缩维（至少，如果那些维很小，就是可能的）。宇宙很可能有我们看不见的维。

那些看不见的维多小才算"小"呢？我们最先进的仪器能探测小到百亿亿分之一米的结构。如果那些维卷缩得比这个尺度还小，我们就看不见了。1926年，克莱茵结合了卡鲁扎的原始想法和新出现的量子力学思想。他计算的结果表明，卷缩的维可能小到普朗克长度，是

192 实验远远不可能达到的。从此以后，物理学家把这种可能存在额外小空间维的思想称为卡鲁扎-克莱茵理论。[2]

水管世界的生命

现实的花园浇水管的例子和图8.3的示意图，让我们多少能感觉宇宙也可能有更多的空间维。但是，即使这个领域里的研究者，也很难具体“看见”三维以上的宇宙空间。因为这一点，物理学家常常像阿伯特（Edwin Abbott）在1884年的那本迷人的经典流行作品《平直的世界》里描写的那样，[1] 想象我们生活在一个维数较低的宇宙，然后逐渐认识宇宙还有我们不能直接感知的更多的维——通过这些想象，我们也养成了对多余维的直觉。现在，我们想象一个二维的宇宙，形状像那花园的浇水管。为此，我们必须抛开“旁观者”的念头，我们不像以前那样“从外面”看宇宙里的一根水管；我们必须忘记原来的世界是什么样的，而走进一个新的管状的宇宙——一根长长的（可以认为无限长）水管的表面就是这个宇宙空间的全部。现在，我们是生活在这个面上的小蚂蚁。

先来看一个有点儿极端的情形。设想管子宇宙很细，细得没有哪个管子上的居民能感觉它的存在。这样，我们生在这个管子宇宙的人们当然相信这样一个基本事实：宇宙空间是一维的。（如果管子世界生出一个小爱因斯坦，他会告诉我们宇宙有一个空间维和一个时间维。）这个事实如此明显，看来不会有什么问题，于是，我们说自己的

1. Edwin Abbott, *Flatland* (Princeton: Princeton University Press, 1991).

家园是“直线国”，就是为了强调它只有一个空间维。

直线国里的生命跟我们所了解的生命大不一样。例如，我们熟悉的身体就不可能适合生活在直线国里。不论你的身体怎么改变，它总是有长度、宽度和厚度——三维的空间延展，这是不可能克服的。直线国没有为这样精美的生命形态留下生存的空间。请记住，虽然在你头脑中直线国可能仍然是存在于我们宇宙空间的一根长长的丝线一样的东西，但是你得把它作为一个宇宙——它就是全部。生活在这样一个家园，你就得适应它那一个空间维。好好想想，即使你像一只蚂蚁，也不能走进它；你必须先变成一条虫子，然后拉得长长的，直到完全失去粗细的感觉。为了生活在直线国，你必须那样，只有长度。 193

你身体两端各有一只眼睛——那可不像你做人时的眼睛，能在三维空间里向四面张望；直线形生命的眼睛是永远固定的，每一只都盯着前面一维的距离。这并不是你的眼睛长得有问题，你和直线国中所有的人都知道，那是因为直线国只有一个维，你们的眼睛没有别的方向可以看。直线国的方向只能向前或者向后。

我们还可以进一步想象一些直线国里的事情，但很快会发现那没有多大意义。例如，在你身旁有另一个线形生命，将出现下面的情景：你能看到她的一只眼睛——朝着你的那一只——但不像人眼，而只是一个点。直线上的眼睛没有形状，也没有表情——因为没有它表现那些我们熟悉的特征的余地。而且，你将永远盯着邻居那点一般的眼睛。如果你想探索她身体另一边的直线世界，你会大为失望的。你不可能经过她，她把路“塞满了”，直线国里没有能绕过她的路。当生命在直线国排列起来，次序就固定不变了。多无聊的世界呀！

几千年过去了，直线国里生出一个叫卡鲁扎•克•莱茵（Kaluza K.Line）的，为压抑在直线上的人们带来一线希望。也许因为灵感，也许因为多年来看惯邻居的那“一点”眼睛而产生的幻想，总之，莱茵猜测，直线国可能不是一维的。据他的理论，直线国实际上是二维的，第二维是卷缩着的小圆圈，因为在空间延展太小，所以还没有直接发现过它。他接着描绘了一种新的生命——假如那个卷缩的空间方向能够展开，那么照他的伙伴莱茵斯坦（Linestein）最近的研究，这种生命至少是可能的。194 莱茵描绘的世界令你和你的同伴们很兴奋，人人都满怀着希望——直线上的人们可以通过第二维自由地往来，受一维奴役的日子一去不复返了。我们看到，莱茵描绘的是一类生活在“有粗细的”水管世界的生命。

实际上，假如卷缩的小圆圈会长大，直线国“胀”成管子世界，你的生活也将发生巨变。以你的身体来说，在线形状态下，两眼间的一切构成你的身体。于是，对你来说，眼睛也就是皮肤，它将体内与体外的世界分隔开。直线国里的医生只有穿过眼睛才能给人做手术。

现在我们来看“胀大”的直线国会发生什么事情。我们假设卡鲁扎－克莱茵理论中直线国的那一个隐藏卷缩的维展开了，人人都能看到它。这时，别的线形生命能从侧面看到你的内部，见图8.5。通过展开的这一维，医生可以直接在暴露的身体内部动手术。这太不可思议了！195 看来，这些生命将“及时”长出一层皮肤暴露的内脏遮起来。而且，他们当然会进化成既有长度也有宽度的生命：在二维管子世界里滑行

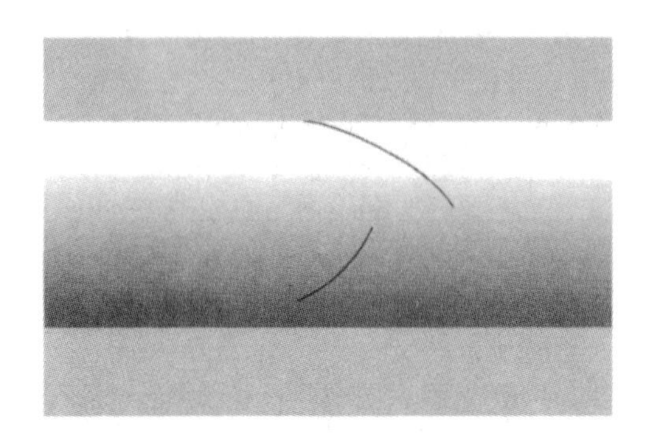

图8.5　直线世界膨胀为管子世界后，一个生命可以直接看到另一个生命的身体内部

的平坦生命，如图8.6。假如卷缩的维足够大，这个二维宇宙就会像阿伯特的平直世界——一个假想的二维世界，有阿伯特赋予它的丰富的文化遗产，还有更具讽刺意味的以生命的几何形态为基础的社会等级。在直线的世界里，我们很难想象能发生什么有趣的事情——因为

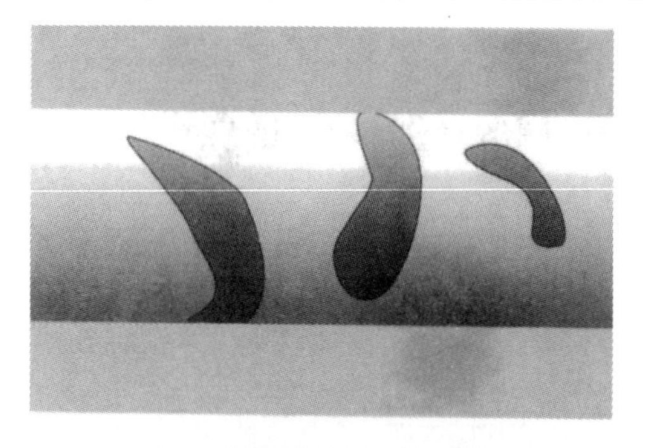

图8.6　生活在管子世界的平直二维生命

没有足够的空间——在管子世界，好多事情都可能发生。从看得见的一个大空间维进化到两个大空间维，真是“换了人间”。

现在，我们要问一个老问题：到此为止了吗？二维宇宙本身也可能有卷缩的一维，从而也可能是三维的。我们可以用图8.4来说明这一点，不过应该明白，我们现在想象的宇宙只有两个空间维（而在引进图8.4时，我们是用平面网格来代表3个展开的维）。如果卷缩的一维张开了，二维生命就会发现他生活在一个崭新的世界里，他不再限于两个方向的前后、左右运动了，现在，他也能在第三个方向——在那个圆圈维“上下”运动。实际上，如果这一维能长大，那就是我们的三维宇宙。我们现在还不知道我们的3个空间维是否会永远向外延伸，也许其中一维会卷缩成一个大圆，一个超出我们最大望远镜的大圆。假如图8.4的圆圈能长大——长到几十亿光年——那将是我们宇宙的良好写照。

196

不过，问题又来了：这就到头了吗？这将我们带进卡鲁扎和克莱茵的图景：我们的三维宇宙空间原本还有一个谁也不曾想到的卷缩的第四维。假如这惊人的图景——甚至更多维的更惊人的图景（我们很快会来讨论）——是真的，而且那些卷缩的维都展开来，成为宏观的维，那么根据刚才说的好几个低维的例子可以想象，我们的生命会发生多么大的变化。

令人惊讶的是，即使那些维总是小小的卷缩起来的，它们的存在仍然会产生深远的影响。

高维下的统一

我们宇宙的空间维数可能比我们直接感知的更多，卡鲁扎在1919

年提出的这个建议从自身说来是很有可能的。不过，令它更动人的还在于别的原因。爱因斯坦在我们习惯的3个空间维和1个时间维的宇宙框架里建立了广义相对论，而这个理论的数学形式可以很直接地推广到更高维的宇宙，写下类似的方程。卡鲁扎在只多1个空间维的“最保守的”假设条件下进行了这样的数学分析，具体导出了新的方程。

他发现，在修正了的形式中，与普通三维相关的方程从根本上说与爱因斯坦的方程是一样的。但是，因为他多包含了一个空间维，他当然也发现了爱因斯坦原来不曾导出的方程。在研究了这些与新维度相关联的方程后，卡鲁扎意识到有趣的事情正在发生。那多出的方程不是别的，正是麦克斯韦在19世纪80年代为描写电磁力而写下的方程！这样，通过添加1个空间维，卡鲁扎把爱因斯坦的引力理论与麦克斯韦的光的理论统一起来了。

在卡鲁扎的统一提出以前，引力和电磁力被认为是两种毫不相关的力，甚至没有一点儿线索暗示它们可能存在什么联系。卡鲁扎凭着他的创造力，大胆想象我们的宇宙还有另一个空间维，从而发现引力与电磁力实际上存在着深刻的联系。他的理论指出，两种力都伴随着空间结构的波动。引力在我们熟悉的3个空间维中波动，而电磁力则在那个新的卷缩的空间维里荡漾。

197

卡鲁扎把论文寄给爱因斯坦，爱因斯坦起初也很感兴趣。1919年4月21日，爱因斯坦回信告诉卡鲁扎，他从来没有想过统一能“通过一个五维（四维空间和一维时间）的柱形世界”来实现。他又补充说，

“起初，我非常喜欢你的想法。”[1] 可是，大约一个星期以后，爱因斯坦又来信了，这回他有点儿怀疑：“我读了你的文章，感觉它确实有意思。现在我还没有发现有什么不可能的地方。不过，另一方面，我得承认，目前提出的那些论证似乎还没有足够的说服力。”[2] 两年多以后，爱因斯坦有了更多时间更彻底地消化卡鲁扎的新奇想法。1921年10月14日，他又写信告诉卡鲁扎，“再次觉得耽误了你发表你两年前关于引力和电力统一的思想……如果你愿意，我仍然可以把文章交给科学院。”[3] 卡鲁扎终于收到了这位巨人迟到的“录取通知”。[4]

卡鲁扎的思想尽管很美妙，但后来经过克莱茵的仔细研究，发现它与实验结果有很大的矛盾。例如，一个简单例子是，把电子纳入理论所预言的质量与电荷的关系，大大偏离了观测的数值。因为没有什么明显的办法来克服这个问题，许多关注卡鲁扎思想的物理学家也失去了兴趣。爱因斯坦等人还不时考虑过多余卷缩维的可能性，但它还是很快就离开了理论物理学的中心，成为一个边缘问题。

实在说来，卡鲁扎的思想走在了时代的前头。20世纪20年代标志着理论和实验物理学向微观世界的基本定律高歌猛进的开端。理论家们在全身心追寻量子力学和量子场论的结构；实验家们在忙着发现原子和无数其他基本物质构成的细节。理论指导实验，实验修正理论，这样经过半个世纪，物理学家终于找到了标准模型。在这果实累累令

198

---

1. 爱因斯坦致卡鲁扎的信，引自A.Pais，*Subtle is the Lord：The Science and the Life of Albert Einstein*（Oxford：Oxford University Press，1982），p.330。
2、3. 爱因斯坦致卡鲁扎的信引自D.Freedman and P.van Nieuwenhuizen，“The Hidden Dimensions of Spactime”，*Scientific American* 252（1985），62。
4. 爱因斯坦说的科学院即普鲁士科学院，卡鲁扎的文章发表在普鲁士科学院报告上（*Sitzungsber. d.Preuss. Akad.d.Wiss*），1921，p.966。——译者注

人振奋的年代里，多维的猜想当然只有远远躲到后面了。物理学家们在寻找有力的量子方法，寻找可以用实验来检验的预言，他们对多维空间的那点可能性不感兴趣——宇宙可能在小尺度下有迥然不同的面目，但那尺度却是我们最强大的仪器也无法探测的。

不过，激情的年代迟早会过去的。20世纪60年代末和70年代初，标准模型的理论结构成了新的潮流。到20世纪70年代末和80年代初，它的许多预言都被实验证实了，多数粒子物理学家相信，其他预言也终将被证实，那不过是时间问题。虽然好多具体问题还没有解决，但还是有很多人觉得，关于强力、弱力和电磁力的主要问题，已经有答案了。

最后我们又该回到那个最大的老问题：广义相对论与量子力学间的神秘的大冲突。三种力的量子理论已经成功建立起来了，这激励着物理学家们要把第四种力——引力，也囊括进来。他们尝试了数不清的方法，最终都失败了。所以，他们的思想也变得更加开放，也欢迎那些异乎寻常的思想方法。在20世纪20年代末被人遗忘的卡鲁扎-克莱茵理论，现在复活了。

现代卡鲁扎-克莱茵理论

自卡鲁扎理论提出60年以来，我们对物理学的认识发生了巨大的改变。量子力学完全确立了，也经过了实验的检验；20世纪20年代未知的强力和弱力也发现了，还有了深入的认识。有些物理学家提出，卡鲁扎最初的思想之所以失败，是因为他不知道那些其他的力，从而

图8.7　卷缩成球面的两维

图8.8　**卷缩成面包圈（环）的两维**

他对空间的变革还太保守。更多的力意味着需要更多的空间维。只凭一个卷缩的维——尽管能在广义相对论和电磁理论之间建立某种联系——还不足以结合更多的力。

20世纪70年代中期，物理学家花了很大工夫来研究有多个卷缩空间方向的更高维理论。图8.7画了两个多余维的例子，那两维卷缩在一个球的表面，形成一个球面。跟一个卷缩维的情形一样，这些多余的维也生在我们熟悉的三维空间的*每一点*。（为清楚起见，我们只是在延展方向的网络点上画了二维的球面。）我们除了想象不同的维数，也可以想象多余的维有不同的形状。例如，图8.8画的也是两个卷缩维的一种可能情形，它们卷缩成面包圈的形状——也就是环。可以想象，还可能有更多的空间维，如3个、4个、5个，甚至任意多个，200 可能卷缩成各种奇异的形状，可惜我们无法把它们画出来。这些维有一点是相同的：它们的空间延展都小于我们所能探测的最小尺度，因为我们还没有在实验中发现它们的存在。

最有希望的高维想象是那些同时包含了超对称性的图景。超对称粒子对能部分消除许多剧烈的量子涨落，物理学家想靠它们来缓和广义相对论与量子力学间的矛盾。他们把这些包含引力、多维和超对称性的理论称为*高维超引力*。

像卡鲁扎的原始想法一样，不同形式的高维超引力乍看起来似乎都有希望。从新维度产生的新方程会令人想起那些用来描写电磁力、强力和弱力的方程。不过，仔细考察会发现，老问题依然存在。最严重的是，令人讨厌的空间小尺度下的量子涨落虽然由于超对称性有所减弱，但还不足以产生一个合理的理论。物理学家还发现，很难找一 201 个高维理论能把所有的力和物质特性都囊括进来。[3]

现在人们慢慢明白了，统一理论的碎片正在显现，但还缺少一条基本的线索把它们缝合起来成为一个与量子力学协调的大统一理论。1984年，那条失去的线索——弦——戏剧性地走进了我们的故事，站到了舞台的中心。

多维的弦理论

现在你该相信，我们宇宙*可以*包容更多的卷缩的空间维；当然，只要它们足够小，就没有东西能否定它们。但是，你也可以把多维当成一种技巧。我们看不见比百亿亿分之一米更小的距离，所以在那样的尺度下，不但多维是可能的，任何奇异的事情也都可能发生——甚至出现小绿人的微观文明。尽管多一些小空间维似乎比多一个小文明更合理，但不论设想什么，不经实验证明——在今天还不能证明——都同样是随意的。

弦理论出现以前的情形就是这样。我们需要一个理论来解决当代物理学面临的核心难题——量子力学与广义相对论的矛盾——并统一我们对自然基本物质组成和力的认识。但是，为了实现这些目标，弦理论*要求*宇宙有更多的空间维。

为什么呢？量子力学的一个主要观点是，我们的预言在根本上只能说某个事件会以某个概率发生。虽然爱因斯坦认为这是我们现代认识的一个令人遗憾的特征，但你也可能看到了，那是事实，我们应该接受它。我们知道，概率总是0到1之间的数——当然，如果用百分数表示，也可以是0到100之间的数。物理学家发现，量子力学理论的某些计算得出的“概率”*不在*可以接受的范围，这是理论失败的信号。

202 例如，我们在以前讲过，无限大概率的出现，是点粒子框架下广义相对论与量子力学互不相容的信号。我们也讲过，弦理论能消除这些无限的东西；但我们没说还留着一个更玄妙的问题。在弦理论初期，物理学家曾发现某些计算会得出*负*概率，那也是不能接受的。这样看来，弦理论好像也淹没在它自己的量子力学的热浪里。

物理学家经过不懈努力，终于找到了负概率出现的原因。我们先来看一个简单的情形。假如一根弦束缚在二维面上——如桌面或者水管的表面，它就只能在两个独立方向振动：左右方向和前后方向。任何一个振动模式都是两个方向振动的组合。相应地，我们看到，在平直王国、管子世界或者其他二维宇宙的弦，也都只能在两个独立的空间方向振动。如果让弦离开二维面，那么它也能上下振动，这样独立的振动方向就增加到3个。就是说，在三维宇宙空间里，弦能在3个独立方向振动。依此类推（尽管难以想象），在更多空间维的宇宙中，弦能在更多的独立方向振动。

我们强调弦振动的事实，是因为物理学家发现那些令人困惑的计算结果强烈依赖于弦的独立振动方向的数目。负概率产生的原因就是理论需要的振动方向与实际表现的方向*不相称*：计算表明，如果弦能在9个独立空间方向振动，那么所有的负概率都将消失。这在理论上当然很漂亮，但那又如何呢？用弦理论来描写我们只有3个空间维的世界，我们似乎还是有麻烦。

真是那样的吗？半个多世纪过后，我们发现，卡鲁扎和克莱茵为我们留下一个窗口。因为弦很小，不但能在大的展开的空间方向振动，[203] 也能在小的卷缩的方向振动。这样，只要我们像卡鲁扎和克莱茵那样，假定在我们熟悉的3个展开的空间维以外还有6个卷缩的空间维，就能在我们的宇宙中满足弦理论的9维空间的要求。弦理论就这样从物理学王国的边缘挽救回来了。而且，多维的存在，不仅是一种假定（如卡鲁扎、克莱茵和他们的追随者那样），更是弦理论的要求。为了让弦理论有意义，宇宙应该是10维的：9个空间维，1个时间维。这样，卡鲁扎1919年的想象在今天找到了最有活力，也最有说服力的位置。

几个问题

这里生出几个问题。第一，为什么弦理论需要那样一个特别的空间维数来避免不合理的概率值呢？不借助数学公式，这大概是弦理论中最难回答的一个问题。直接用弦理论来计算能得到答案，但还没有人能用直观的非技术的方法来解释为什么会出现这个特别的数字。物理学家卢瑟福说过，大意是，如果我们不能以一种简单的非技术的方式解释一个结果，我们就还没有真正弄懂它。他不是说那个答案错了，而是说我们没有完全懂得它的起源、意义和作用。对弦理论的超维特征来说，这也许是对的。[顺便说一句，我们借这个机会来强调一下第12章将要讨论的第二次超弦革命的核心问题。关于十维时空——九维空间和一维时间——的计算后来证明是近似的。20世纪90年代中，惠藤根据他本人的发现和前人的一些结果（得克萨斯A & M大学的Michael Daff，剑桥大学的Chris Hull和Paul Townsend），提出了令人信服的证据，说明近似计算实际上丢失了一个空间维。他的结论令多数弦理论家大吃一惊：弦理论实际需要十一维，十维的空间和一维的时间。我们到第12章才讨论这个重要结论，现在忽略它不会给以下的讨论带来什么影响。]

204

第二，如果弦理论的方程（应该说近似方程；在第12章以前我们都在这个近似方程下讨论）证明宇宙有9个空间维和1个时间维，为什么其中的3个空间维（和那个时间维）是大的展开的维，而其余6个维是小的卷缩的呢？为什么它们不都展开或者卷缩？为什么不会是其他可能的情形呢？目前没人知道答案。如果弦理论是对的，我们总会找出答案的，可我们对理论的认识，还不够深入，还回答不了这些问题。当然，这并不是说没人勇敢地尝试过回答它们。例如，从宇宙学的观点看，我们可以想象所有的维原来都是紧紧卷缩着的，然后，3个空间维和1个时间维在大爆炸中展开，一直膨胀到今天的尺度；而其余的空间维仍然卷缩在一起。至于为什么只展开了3维，我们也有大概的说法，将在第14章讨论。不过，实在说来，这些解释还只是略具雏形。在后面的讨论中，我们假定除了3个以外，别的空间维都是卷缩的，这是为了符合我们看到的周围世界。现代研究的一个基本目标就是确立这种假设来自理论本身。

第三，弦理论需要那么多额外的维，其中会不会有更多的时间维呢？那样不正好与多维的空间对应吗？用心想一想，你会发现那才真是令人困惑的事情。关于多维空间，我们总还有些认识，因为我们生活的世界一直都在与三维打交道。但多维时间意味着什么呢？难道一个时间跟我们寻常感觉和经历的时间相同，而另外的时间却多少有些“不同”？

当我们考虑卷缩的时间维，事情就更奇怪了。如果一只蚂蚁在卷缩成圆圈的空间爬行，爬过一圈，它总是回到原地。这一点儿也不奇怪，[205]因为我们也总能回到空间的同一个地方，只要我们喜欢。可是，假如卷缩起来的是时间维，那么穿过它就意味着回去——在时间流过后回到以前的某一刻。这当然是我们没有经历过的。就我们的认识，时间是一维的，我们只能绝对地无选择地朝着一个方向走，永远也不可能回到它经过的瞬间。当然，卷缩的时间维在性质上也许不同于我们熟悉的那个从大爆炸创生长流到今天的大的时间维。但是，如果有新的以前未知的时间维，就不会像更多的空间维那么随意，虽然它们会更加“刻骨铭心”地改变我们对时间的感觉。有些理论物理学家已经尝试过在弦理论中包容更多的时间维，但还没有什么结论性的东西。我们在讨论弦理论时，还是坚持更“传统的”观念，认为所有卷缩的维都是空间维。不过，在未来的理论中，新的时间维也许会扮演某个有趣的角色。

多维的物理意义

从卡鲁扎的原始论文起，几十年的研究表明，尽管物理学家提出的额外的维都必须小于我们能直接“看到”的尺度（因为我们还没见过它们），但它们对我们看到的物理学确实有着重要的“间接的”影响。空间的这种微观性质与我们看到的物理学之间的联系在弦理论中表现得尤为显著。

为明白这一点，我们需要回想一下弦理论中的粒子质量和电荷是由可能的弦共振模式决定的。想象一根运动振荡的弦，你会发现它的共振模式受空间环境的影响。我们可以拿海洋的波浪来做例子。在无垠的大海，波可以相对自由地形成，以这样或那样的方式运动。这种情形很像振动的弦在大的展开的空间维度里穿行。我们在第6章讲过，这样的弦也可以在任何时刻在空间的任何方向自由振动。但是，假如海波经过狭窄的海湾，波形和运动肯定会受到水的深浅、岩石的形状和分布以及水道条件等因素的影响。当然，我们也可以想想单簧管或法国号，它们的声音是内部气流共振的结果，而这又取决于乐器中气流空间的形状和大小。卷缩的空间对弦的可能振动模式也会产生类似的影响。因为弦在所有空间维振动，所以那些额外的维如何卷缩、如何自我封闭，都强烈影响并束缚着弦的可能的共振模式。这些主要由额外维度的几何决定的模式构成了我们在寻常维度里可能观察到的粒子的性质。这就是说，*额外维度的几何决定着我们在寻常三维展开空间里观察到的那些粒子的基本物理属性，如质量、电荷等。* 206

这是极深刻而重要的一点认识，我们值得再说一遍。照弦理论看，宇宙由一根根细小的弦构成，它们的共振模式就是粒子质量和力荷的微观起源。弦理论还要求所有多余的空间维都卷缩在极小的尺度里，难怪我们从来不曾见过它们。但是，小弦能探寻小空间。当弦振动着在空间运动时，多维的几何形态将决定它的共振模式。弦的共振模式在我们看来就是基本粒子的质量和电荷，所以我们可以说，宇宙的这些基本性质在很大程度上取决于多余维度的几何形态和大小。这是弦理论的一个深远的洞察。

既然多余的维度那样深刻地影响着宇宙的基本物理性质，我们现在就带着无限的激情去看看那些卷缩的空间像什么样子。

卷缩的空间像什么

弦理论中的多余的空间维并不是随便能以任何方式“褶皱”起来 207

的，来自理论的方程严格限定了它们的形态。1984年，得克萨斯大学的坎德拉斯（Philip Candelas）、加利福尼亚大学的霍罗维茨（Gary Horowitz）和斯特罗明戈（Andrew Strominger）与惠藤证明，某类特殊的六维空间的几何形态能满足那些条件。那就是所谓的卡-丘空间（或卡-丘形态），是以宾夕法尼亚大学的数学家卡拉比（Eugenio Calabi）和哈佛大学的数学家丘成桐（Shing-Tung Yau）两人的名字命名的。他们两位对相关问题的研究比弦理论还早，对理解这些空间有着重要作用。尽管描写卡-丘空间的数学既复杂又玄妙，我们还是大概知道它们像什么样子。[4]

我们在图8.9画了一个卡-丘空间的例子。[1]你看这张图时，一定会感觉到它本来的局限——我们想在二维纸面上表现六维形态，当然会产生巨大的变形。不管怎么说，这图还是大致说明了卡-丘空间的样子。图8.9的形态不过是一个例子，还有成千上万的卡-丘形态都能满足在弦理论的额外维度所应具备的严格条件。虽然这种形态成千上万，似乎太多了，但与无限多的数字可能相比，卡-丘空间也实在是“稀有”的。

208

好了，现在我们该用这些卡-丘空间来取代图8.7中代表两个卷缩维的球面。就是说，在寻常的三维展开空间的每一点生出一个弦理论所需要的六维空间，那些谁也不曾想过的维，紧紧地卷缩成一个看起来眼花缭乱的形状，如图8.10。这些维度无处不在，是空间结构不可分割的部分。假如你挥一挥手，你的手不但穿过三维展开的空间，

1. 本图经印地安那大学Andrew Hanson同意，用mathematica三维图像软件包绘制。

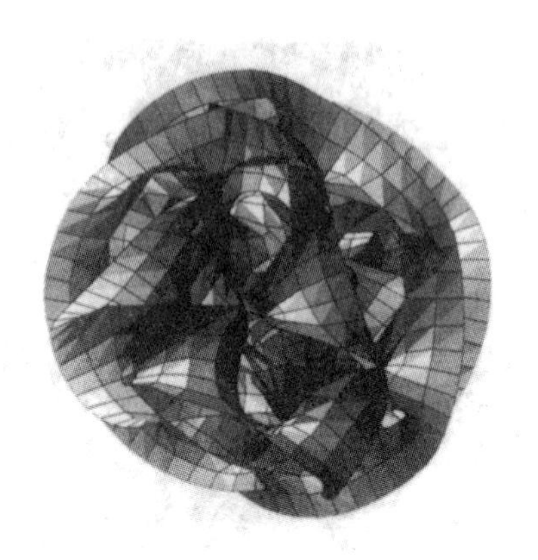

图8.9 卡拉比－丘成桐空间的一个例子

图8.10 根据弦理论，宇宙多余的维卷缩成卡拉比－丘成桐空间

也穿过了那些卷缩的空间。当然，卷缩的维太小，你的手不知扫过了多少那样的小空间。小空间的意思是没有大物体（如你的手）运动的余地——你的手挥过时，仿佛把小空间也"抹去"了，你根本不知道你自己经过了卷缩的卡－丘空间。

这是弦理论的一个惊人特征。但是，假如你想得更实际，你一定会把这些讨论与一个基本而具体的问题联系起来。既然我们对额外的维有了更好的认识，那么在这些空间振动的弦能生成哪些物理性质呢？这些性质又如何与实验观测相比较呢？那是弦理论中一个价值64 000美元的问题。[1]

1. 据作者说，在一个老的美国电视节目中，竞争者回答了所有问题就能赢得64 000美元的奖金。—— 译者注

第9章
证据：实验信号

最令弦理论家高兴的，莫过于堂堂正正地向世界提出一系列详细的能经受实验检验的预言。当然啦，没有经过实验验证的理论是不可能用来描写世界的。不论弦理论描绘的图景多诱人，如果它没能准确描写我们的宇宙，就不过是精巧的“地下城与龙”的游戏。 210

惠藤骄傲地宣布，弦理论已经做出了激动人心而且经实验证实了的预言：“弦理论具有一个令人瞩目的性质，它*预言了引力*。”[1]惠藤这话的意思是，牛顿和爱因斯坦都是因为他们对世界的观察表明存在着引力需要一个准确而和谐的解释，才去创立他们的引力论；而另一方面，研究弦理论的物理学家，即使一点儿不懂广义相对论，也会不可避免地在弦的引导下走向它。弦理论通过零质量的自旋2引力子振动模式，把引力密密地织入了它的理论结构。正如惠藤说的，“弦理论产生引力论，这是空前伟大的理论发现。”[2]惠藤也承认，所谓的“预言”应该再贴上“后言”的标签，因为物理学家早在知道弦理论前就发现了引力的理论描述。但他又指出，这不过是地球上的历史巧合罢了。 211 他猜想，在宇宙的其他高等文明里，很可能先发现弦理论，后来才发

1. Edward Witten, “Reflections on the Fate of Spacetime.” *Physics Today*, April, 1996, p. 24.
2. 1998年5月11日惠藤的谈话。

现引力理论是它的一个动人结果。

我们当然尊重自己星球上的科学史，有很多人认为，所谓引力的“后言”并不是弦理论令人信服的实验证明。多数物理学家更喜欢真正的预言或“后言”，它们要么能通过实验来证明，要么是目前还不能解释的宇宙的某些性质（如电子的质量，或存在3族粒子等）。我们这一章将讨论弦理论家朝着这个目标走了多远。

有讽刺意味的是，我们将看到，尽管弦理论可能是物理学家研究过的最具预言能力的理论——一个有能力解释最基本的自然性质的理论——但物理学家却还拿不出一个足够精确的能面对实验数据的预言。小孩得到了梦想的圣诞礼物，却不知道怎么玩儿——说明书丢了几页。今天的弦理论家也处在这种境地，他们手里可能正握着现代物理学的圣杯，却发挥不了它预言的威力，因为完整的使用手册还没写好。不管怎么说，我们要在这一章说明，运气好的话，弦理论的一个核心特征在10年后可能得到实验验证。如果运气更好些，我们随时都可能证实理论的一些间接特性。

四面楚歌

弦理论对吗？我们不知道。如果你也相信物理学定律不该分离成大的和小的两个领域，而且还相信我们应该永不停息地寻找一个没有应用极限的理论，那么，弦理论就是唯一值得考虑的途径。不过，你可能认为，那只能说明物理学家缺乏想象，并不说明弦理论有什么基本的唯一性。也许真是这样。你也可能会说，物理学家流连于弦理论，只是因为变幻多姿的科学史恰好在这个方向上投来一丝光亮，这就像 212 丢了钥匙的人只在街灯的昏暗光影里去寻找。这也可能是真的。而且，假如你有些保守，或者爱玩些诡辩，你甚至还可能说，物理学家无权把时间浪费在这样一个幻想的理论上，它所提出的那些自然新特征比我们实验直接探测的任何事物还小几乎20个数量级。

如果你是在20世纪80年代弦理论刚闪亮登场时发这些抱怨，可能我们今天的大多数物理学家都会有同感。例如，20世纪80年代中期，哈佛大学的诺贝尔奖获得者格拉肖，还有物理学家金斯帕格（Paul Ginsparg，那时也在哈佛），曾公开批评弦理论没有实验检验的可能：

> 超弦理论追求的不是传统的理论与实验的统一，而是一种内在的和谐，以精密、独特和优美来决定真理。这个理论的存在，靠的是一些魔幻般的巧合，无限大在这里奇迹般地消失了，看似毫无关联（也可能尚未发现）的数学领域也奇迹般地联系起来了。难道这些性质能成为我们把超弦当成实在的理由吗？难道数学和美学就这样完全替代并超越实验了吗？[1]

在别的场合，格拉肖又说：

> 超弦理论野心勃勃，它要么完全正确，要么完全错误。唯一的问

1. Sheldon Glashow and Paul Ginsparg, "Desperatedly Seeking Superstring ？" *Physics Today*,May,1986,p.7.

题是数学太新、太难，再过几十年我们也不知道会出现什么结果。[1]

他甚至提出“物理系是否还应该为弦理论家们掏钱？还让他们去误导不懂事的学生吗？”他警告大家，弦理论在损害着科学，跟中世纪的神学没什么两样。[2]

费恩曼在去世前明确表示，他不相信弦理论是解决困扰引力与量子力学和谐统一的问题——特别是令人讨厌的无限大问题——的唯一良方：

213

> 我的感觉是——可能是错的——解决问题的途径有很多。我想不会只有一种办法才能摆脱那些无限大。对我来说，一个理论只凭摆脱了无限大，还不足以令人相信它就是独一无二的。[3]

格拉肖在哈佛的同事和伙伴乔基，在20世纪80年代末也是弦理论的积极批评者：

> 假如我们甘愿沉溺于那种在我们的实验朋友无能为力的小距离尺度的“终极”统一的诱惑，我们就会陷入困境，因为那样我们将无法剔除那些不相干的东西，而正是这个过程才使物理学不同于许多别的不那么有趣的人类

---

1. Sheldon Glashow 的话见 *The Superworld* I,ed,A. Zichichi（New York：Plenum,1990）,p.250。
2. Sheldon Glashow, *Interactions*（New York：Warner Books,1988）,p.335.
3. 费恩曼的话见 Superstrings：*A Theory of Everything*? ed.Paul Davies and Julian Brown（Cambridge,Eng：Cambridge University Press,1988）。

活动。[1]

同许许多多的大问题一样，有积极的反对者，也会有热情的支持者。惠藤说过，当他知道弦理论如何把引力和量子力学结合在一起时，他经历了有生以来“最强烈的思想震撼”。[2] 著名弦理论家、哈佛大学的瓦法（Cumrun Vafa）说，“弦理论无疑前所未有地揭示了宇宙最深层的东西。”[3] 诺贝尔奖获得者盖尔曼也说，弦理论是“很迷人的东西”，他盼着它的某种形式能在某一天成为整个世界的理论。[4]

我们看到，论战发生在物理学和关于物理学该怎么做的形形色色的哲学之间。“传统论者”希望理论工作走几百年来的成功之路，紧紧与实验观测相联系。但另一些人则认为我们有能力解决当今实验技术不能直接检验的问题。

尽管众说纷纭，在过去的十年间，对弦理论的批判慢慢平息了。格拉肖认为有两个原因。第一，在20世纪80年代中期，

> 弦理论家们曾狂热而野心勃勃地宣扬他们将很快回答物理学的所有问题。现在，他们谨慎多了，我在20世纪80年代的许多批评没有意义了。[5]

---

1. Howard Georgi的话见*The New Physics*,ed.Paul Davies（Cambridge：Cambridge University Press，1989）,p.446。
2. 1998年3月4日惠藤的谈话。
3. 1998年1月12日瓦法的谈话。
4. 盖尔曼的话引自Robert P.Crease and Charles C.Mann,*The Second Creation*（New Brunswick,N.J：Rutgers University Press,1996）,p.414。
5. 1997年12月28日格拉肖的谈话。

第二，他又指出

214

> 我们这些不是弦理论家的人在最近十年里什么进展也没有，关于弦理论是唯一途径的说法，是很有力量的。许多问题不能在传统量子场论的框架下解决，这是明摆着的事情，它们可能由别的东西来解决，而据我所知，那东西就是弦理论。[1]

乔基差不多也是这样回顾20世纪80年代的：

> 弦理论在发展之初的许多时候被宣扬过头了。这些年里，我发现弦理论的某些思想引出了有趣的物理学思路，对我自己的研究也很有帮助。现在我更高兴地看到人们在弦理论上付出辛劳，因为我能明白那些有用的东西将如何从中产生出来。[1]

格罗斯既是传统物理学家，也是弦理论家，他生动地总结了弦理论的状况：

> 我们像是在攀登大自然这座山，实验家总是赶在前头，我们这些懒散的理论家老是落后。他们偶尔踢下一块石头，

1. 1997年12月28日格拉肖的谈话。

> 砸在我们头上。最终我们会觉悟，并沿着实验家们开辟的路径前走。当我们与实验家走到一起时，我们会告诉他们，我们觉悟了什么，是如何觉悟的。这是最传统也最容易的（至少对理论家来说）登山途径。我们都向往着能回到那些日子。但是现在，我们理论家可能不得不赶到前头了，这是更加孤独的征程。[1]

理论物理学家并不想在自然的山峦独自登高，他们更愿与实验伙伴们共同经历艰辛，分享快乐。可惜的是，我们的历史不同步，今天的状况不够和谐，理论的登峰工具齐备了，实验的还没有。但这并不是说弦理论与实验分道扬镳了。实际上，弦理论家很可能"踢下一块理论的石头"，从超高的山巅滚落到山下的实验家们的大本营。这是当今弦理论研究的基本目标。当然，还没有哪块石头从山巅飞落下来，但正如我们现在讲的，的确有几块诱人的石头正摇摇欲坠呢。

215

走向实验

如果没有大的技术突破，我们永远也不可能聚焦到能直接看到一根根弦的小尺度上来。物理学家可以用几千米大的加速器探测100亿亿分之一米大小的尺度。探测更小的尺度需要更高的能量，这意味着把能量聚集到单个粒子的机器也应该更大。由于普朗克长度比我们今天能达到的最小尺度低17个量级，用今天的技术，要银河系那么大的加速器才能直接看见一根一根的弦。实际上，特拉维夫大学的努辛诺

1. David Gross, " Superstring and Unification " ,in *Proceedings of the XXIV International Conference on High Energy Physics*,ed.R.Kotthaus and J.Kühn (Berlin : SpringerVerlag,1988) ,p.329.

夫（Shmuel Nussinov）已经证明，这个基本的直观尺度的粗略估计似乎太乐观了，他更详细的研究表明，我们需要的加速器该有整个宇宙那么大。（探测普朗克长度下的物质所要求的能量大约等于1000千瓦小时，差不多是普通空调工作1000小时的耗电量——这看来也不怎么稀奇。最大的技术难题在于如何把这个能量完全集中到一个基本粒子，即一根弦上。）美国国会最终取消了超导超级对撞机（SCS）的资助——那“不过”才86千米的周长——所以，我们用不着焦急盼望有人会拿钱来做普朗克的加速器。如果我们还想用实验来检验弦理论，那只能用间接的方法。我们只好找出弦理论的某些物理结果，在比弦本身尺度大得多的尺度下去观测它们。[2]

坎德拉斯、霍罗维茨、斯特罗明戈和惠藤在他们“破土奠基”的文章里，向着这一目标迈出了第一步。他们不但发现弦理论中多余的维度应该卷缩成卡-丘空间的形态，还计算了一些可能对弦振动模式产生影响的结果。他们发现的一个主要结果表明，弦理论可能为存在已久的粒子物理学问题带来令人意想不到的答案。

216

回想一下，物理学家发现的基本粒子分成3个组织相同的族，后一族比前一族有更大的质量。弦理论出现以前，有一个问题一直令人困惑：为什么粒子成族出现？为什么是3族？弦理论是这样考虑的：典型的卡-丘空间都包含着洞，像唱片或面包圈，甚至像“面包圈链”，如图9.1。在高维卡-丘空间背景下，实际上有多种不同类型的孔——孔本身可以有不同的维（“多维孔”），但图9.1说明了基本思想。坎德拉斯等人认真考察了这些孔对弦振动模式可能产生的影响，下面是他们的发现。

空间的卡-丘部分的每一个孔都关联着一族最低能量的弦振动模式。因为我们熟悉的基本粒子都该对应于最低能量的振动模式，所以，多孔的存在（像多孔的面包圈）意味着弦振动模式应该是多族的。假如卷缩的卡-丘空间有3个孔，那我们就会看到3族基本粒子。[3] 这样，弦理论告诉我们，实验观察到的粒子族组织，不是什么解释不了的源于随机或神奇的特征，而是构成多维空间的几何形态的孔数的反映！这类结果令物理学家心动不已。 217

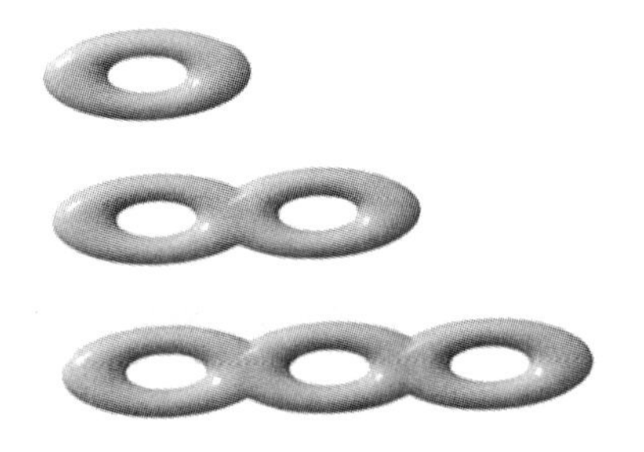

图9.1 面包圈（环）和它的多孔伙伴

也许，你认为卷缩的普朗克尺度的空间维的孔数——卓绝的“山顶物理学”——就是一块落到一般能量下的试金石。毕竟，实验家能够——实际上已经——确定3族粒子与那孔数相对应。遗憾的是，已知的成千上万的卡-丘空间包含的孔数各不相同，有的是3，但也有4，5，25的，甚至还有多达480的。*现在的问题是，没人知道如何从弦理论方程导出哪些卡-丘形态构成了额外的空间维。*假如我们能找到一个能从无数可能中挑选出某个卡-丘形态的原则，那么，石头就真的从山巅滚落到实验家的大本营来了。假如从方程中选出的特殊卡-丘形态一定有3个孔，我们便从弦理论发现了动人的“后言”，解释了本是一团迷雾的已知的自然特征。但我们现在还没有发现那样的选择原则。不管怎么说——这也是很重要的——我们看到弦理论具有回答粒子物理学基本疑难的潜力，这本身就是一大进步。

粒子的族数不过是多维几何形态的一个实验结果。通过对弦振动模式产生影响，多维的结果还包括力和物质粒子的具体性质。看一个基本例子：斯特罗明戈和惠藤后来发现，每一族粒子的质量依赖于——或者说取决于——卡-丘空间中各种多维孔洞边界是如何交叉和重叠的。这个问题有点儿复杂，很难形象表达。大概意思是说，当弦在卷缩维振动时，卡-丘空间孔洞的分布和孔洞周围的空间褶皱方式将直接影响可能的共振模式。细节很难讲，也并不都很重要；重要的是，跟粒子族的情形一样，弦理论还能提供一个框架来回答为什么电子和其他粒子的质量是那样的，等等，诸如此类的问题——以前的理论对这些问题无话可说。不过，完成这些计算还是需要我们知道多余的维具有哪样的卡-丘空间形态。

上面的讨论大概说明了，弦理论如何可能在未来的某一天解释表1.1列举的物质粒子的性质。弦理论家相信，根据同样的理由，它还可能解释表1.2列举的基本力的信使粒子的性质。就是说，当弦在展开和卷缩的空间里卷曲振动着运动时，无数振动模式中的一小部分构成自旋等于1或2的集合，这些可能就是传递力的弦振动状态。不管卡-丘空间是什么形态，总会有一种质量为0、自旋为2的振动模式，我们说它就是引力子。不过，自旋为1的信使粒子——它们的数目，所传递力的强度以及它们遵从的规范对称性——则强烈依赖于卷缩维的具体几何形态，我们还不能完全列举出来。这样，我们又一次看到，弦理论提供了一个框架，能解释我们观察到的宇宙的信使粒子的性质，也就是能解释基本力的性质。但是，我们还不知道那些多余的维卷缩成了哪种卡-丘空间形式，所以还得不出确定的预言或“后言”（除了惠藤讲的关于引力子的后言外）。

我们为什么选不出那个“正确的”卡-丘空间形态呢？多数弦理论家将它归咎于我们今天用来分析弦理论的工具还不够充分。我们在第12章会更详细地讨论，弦理论的数学工具太复杂了，物理学家只能在所谓微扰论的形式下做一些近似计算。在这近似的框架下，所有卡-丘空间似乎都是平等的，方程决定不出一个基本的形态。由于弦理论的物理结果敏感地依赖于卷缩维的准确形态，不能从大量卡-丘形态中选出一个，就不可能得到确定的能用实验检验的结果。今天研究背后的一大动力就是发展超越近似方法的理论方法，希望它能带来一些结果，特别是将我们引向一个唯一的多维的卡-丘空间形态。我们将在第13章讨论这些路线取得的进展。 219

数不尽的可能

于是你可能要问：即使我们还不知道弦理论选择的是哪种卡-丘形态，那么，任选一种形态能得出与我们的观测一致的物理性质吗？换句话讲，假如我们把与每一种卡-丘形态相关联的物理性质都找出来，然后汇集在一起，我们能找出与实在相符的某个形态吗？这是一个很重要的问题，但主要因为两点理由，我们很难完全回答它。

我们先来看产生3族的卡-丘形态，这应该是合理的出发点。它大大削减了可能的选择，但还是有很多。实际上，我们可以让面包圈变形，从一个形态变成许多形态——其实是无穷多——而不会改变孔的数目。在图9.2中，我们将图9.1下面的三孔圈变成现在这样。同样，我们可以从一个三孔的卡-丘空间开始，光滑地改变它的形态而不改变孔数，这样又生成一个无限的形态序列。（我们以前说万种卡-丘形态，已经把能相互光滑变形的空间合并成一组，这样的一组算一种空间形态。）问题是，弦振动的具体物理性质（它们的质量、它们对力的响应）严格受空间具体形态改变的影响，而我们仍然没有办法选择最可能的形态。不论教授让多少研究生去做，也不可能列出对应于无穷多空间形态的物理学。

220

认识到这一点后，弦理论家便去考察从可能的卡-丘形态的某些样本能生成什么物理学。然而，即使在这种情形下，他们也不是一帆风顺的。理论物理学家们现在用的近似方法并不是从一定的卡-丘形态导出所有的物理学。从粗略的意义说，它们会大大有助于我们理解

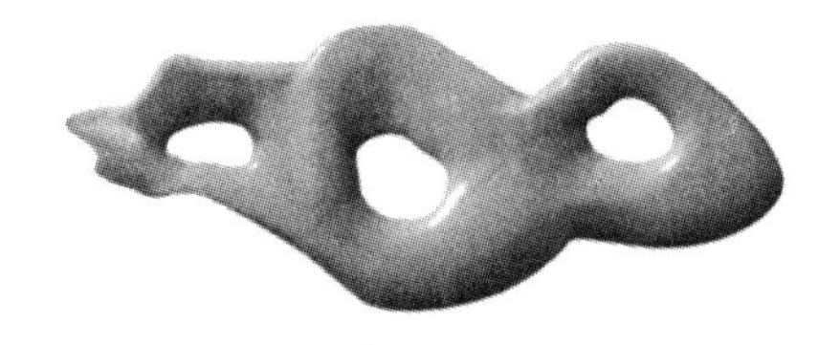

图9.2　多孔面包圈可以通过多种方式变形，而不会改变孔的数目。这是一个例子

那些我们希望能与观察到的粒子相对应的弦振动；但是，为得到精确确定的物理学结果（如电子的质量、弱力的强度），我们需要比今天的近似框架精确得多的方程。想想我们在第6章讲的，弦理论的“自然”能量尺度是普朗克能量，只有经过“价格游戏”那样极端精巧的

能量消减，才能得到具有已知物质和力的粒子质量的弦振动模式。精巧的能量消减靠的是精确的计算，哪怕是很小的误差，也会对精度产生巨大的影响。正如我们将在第12章讨论的，物理学家20世纪90年代中期在超越目前近似方程上已经取得了重大进展，当然，前面的路依然很长。

那么，我们现在的情形怎样呢？虽然没有一个基本准则指导我们选择一个卡-丘空间形态，也没有足够的理论工具从那样的选择中得出所有的可观测结果，但我们还是可以问，是不是任何一个卡-丘形态的选择都能产生一个与我们的观察一致（哪怕是大体一致）的世界？答案是令人鼓舞的。尽管多数卡-丘空间生成的结果与我们的世界迥然不同（不同数目的粒子族，不同数目和类型的基本力，以及其他许多不同的东西），但还是有几种选择的物理学在性质上确实与我们实际看到的相同。那就是，有些卡-丘空间在选择为弦理论所要求的卷缩维的形态时，产生的弦振动非常接近标准模型的粒子。而且，特别重要的是，弦理论成功地将引力编织进了量子力学的框架。 221

就我们现在的认识水平，这样的局面已经够好了。假如很多卡-丘形态都能与实验大体相符，特别的某个选择与我们观察的物理学之间的联系就不那么令人感兴趣了。许多选择都能满足，那么即使从实验观点看似乎也选不出一个特别的来。另一方面，假如没有一个卡-丘形态能产生我们看到的物理学性质，那么弦理论就与我们的世界无关，虽然它的理论结构是那样美妙。我们今天决定具体物理学结果的本领还低得可怜，凭这点能力，找少数几个卡-丘形态，能在粗略水平上令人接受，就是很令人鼓舞的结果了。

解释基本物质和力的粒子性质，至少应该是最伟大的科学成就之一。不过，你可能还是要问问，不论现在或是不远的将来，会不会有什么真正的弦理论的*预言*——不是“*后言*”——能让实验物理学家来证实？是的。

超粒子

从弦理论导出具体的预言，眼前还有许多理论障碍，这迫使我们去寻找由弦构成的宇宙的*一般*而不是特殊的方面。这里的一般，说的是弦理论的那样一些基本特征，它们几乎（如果不是完全的话）不受超出我们现在理论水平的那些具体性质的影响。即使我们不懂得整个理论，还是可以满怀信心地讨论这些一般特征。在以后的篇章里我们会讲很多例子；现在我们先看一点：超对称性。

222

我们曾经讲过，弦理论的一大基本特征是它具有高度的对称性，它不仅包含了直观的对称性原理，还遵从这些原理的最大的数学扩张——超对称性。正如第7章讲的，这意味着弦振动模式是成对产生的——所谓的超对称伙伴对——一对伙伴的差别仅在于差半个自旋单位。如果弦理论是正确的，那么某些弦振动将对应于已知的基本粒子，由于超对称伙伴的出现，弦理论也*预言*每个这样的基本粒子都应该有一个超对称伙伴粒子。我们可以确定这些超伙伴粒子该携带多大的力荷，却还没有办法预言它们的质量。即便如此，超伙伴*存在*的预言是弦理论的一般特征之一；它是真正的弦理论的性质，与我们尚未明白的理论的其他方面无关。

然而，我们从没发现过已知粒子的超对称伙伴，这似乎说明它们并不存在而弦理论错了。不过，许多粒子物理学家认为，那说明超伙伴太重了，超出了我们今天的实验观测能力。现在，物理学家还在瑞士日内瓦做庞大的加速器，叫大型重子对撞机。这台机器很有希望发现超伙伴粒子。它在2010年以前大概就能运行了，不久超对称性就可得到实验证明。正像施瓦兹说过的，“发现超对称应该不会等得太久；那一天的到来一定是激动人心的。”[1]

不过，我们应该牢记两件事情。即使超伙伴找到了，仅凭这一点也不能保证弦理论是正确的。正如我们看到的，尽管超对称是在弦理论研究中发现的，但它也成功走进了点粒子理论，从而并不唯一属于弦。反过来讲，即使大型重子对撞机发现不了超伙伴粒子，这一点也不能排除弦理论，因为超伙伴的质量也可能超过了那台机器的能力。

话虽这样说，假如超伙伴真的发现了，对弦理论来讲肯定是一个强有力的令人振奋的间接证据。

分数电荷

弦理论的另一个实验信号与电荷有关，似乎不像超伙伴粒子那么“一般”，但也同样激动人心。标准模型的基本粒子的电荷只有有限的 223

1. 1997年12月23日施瓦兹的谈话。

几种：夸克和反夸克的电荷是1 / 3、2 / 3和—1 / 3、—2 / 3；其他粒子的电荷为1，0和—1。这些粒子的组合能解释宇宙间所有已知的物质。然而，在弦理论中，可能存在一些共振模式对应着电荷大不相同的粒子。某些粒子可能具有非常奇怪的分数电荷，如1 / 5、1 / 11、1 / 13或1 / 53等。这些异乎寻常的电荷可以来自一定几何性质的卷缩维：空间的孔有那种特殊性质，绕着它们的弦需要绕过一定的圈数才可能自行解开。[4]细节并不重要，重要的是圈的数目在可能的弦振动模式中表现出来了，那就是分数电荷的分母。

有些卡-丘空间有这种几何性质，而另一些没有，因此分数电荷的可能出现并不像超伙伴粒子的存在那样"一般"。另一方面，超伙伴的预言不是弦理论的独特预言，而几十年的经验告诉我们，任何点粒子理论似乎都没有充分理由存在这些奇异的分数电荷。如果谁要硬把这些电荷塞进点粒子理论，他可就成了瓷器店里横冲直撞的大公牛。分数电荷从额外空间维可能具有的简单几何性质实现出来使这些奇异的电荷成了检验弦理论的自然的实验信号。

跟超伙伴的情形一样，那种带奇异分数电荷的粒子我们也从没见过，而我们对弦理论的认识也还不能确定地预言它们的质量——假如卷缩的维真有产生它们的恰当性质的话。看不到它们的原因还是那句老话：如果确实存在，它们的质量一定超出了我们目前的技术能力——事实上，它们的质量可能是普朗克质量级的。但是，假如未来某个实验遇到了这种奇异的粒子，那将成为弦理论的一大证据。

224

几点猜想

我们还可能通过别的方法找到弦理论的证据。例如，惠藤曾提出一个大胆的猜想；天文学家可能有一天会在他们收集的天文数据里发现直接的弦理论信息。我们在第6章说过，弦的典型尺度是普朗克长度，但高能的弦可以大得多。实际上，大爆炸的能量可能足以产生几根从宏观上看也足够大的弦，这些弦随着宇宙膨胀可能长到天文学的尺度。我们可以想象，一根这样的弦可能在现在或者将来的某一天扫过夜空，在天文学家们收集的数据里留下醒目而可测的印迹（如微波背景辐射的温度出现小小偏移；见第14章）。正如惠藤说的，“尽管那多少是个幻想，但却是我最欣赏的证实弦理论的图像，因为没有什么能比在望远镜里看到一根弦更激动人心的事了。”[1]

距离地球近一些的可能的弦理论实验信号也有人提出来了。我们看五个例子。第一，我们在表1.1中说过，我们不知道中微子到底是质量很小，还是根本没有质量。根据标准模型，它们是没有质量的，但并没有什么特别深刻的原因。弦理论面临的一个挑战就是，为现在或将来的中微子数据找一个令人信服的解释——特别是，如果实验最终证明它确实具有小小的非零质量。第二，某些标准模型禁戒的假想过程在弦理论中却是可能发生的。例如，质子可能分解（别担心，即使真有这种分解，也是十分缓慢的），不同夸克的组合可能相互转变或者衰变，这些都违背了点粒子量子场论中的某些确立已久的性质。[5] 225
这些过程之所以特别有意思，是因为它们是传统理论没有的东西，从

1. 1998年3月4日惠藤的谈话。

而也成为新物理的一个敏感信号：如果不求助新的原理，就解释不了它们。如果能观测到这些过程发生，那么任何一个都能为生成弦理论的解释提供肥沃的土壤。第三，某些卡-丘空间形态的选择会出现特别的弦振动模式，对应于一些新的小的长程作用的力场。假如这些新力的效应发现了，它们可能反映弦理论的某些物理特征。第四，正如我们将在下一章看到的，天文学家收集了大量证据说明我们银河系甚至整个宇宙都浸没在所谓*暗物质*的汪洋里，但暗物质至今还没得到确认。弦理论通过多种可能的弦振动模式，提供了许多暗物质候选者；等将来实验结果揭示出暗物质的具体性质以后，我们才能确定某个候选者。

最后，联系弦理论与实验观测的第五种可能途径牵涉宇宙学常数——我们还记得，在第3章讨论过的，这是爱因斯坦为了保证一个静态宇宙而临时在他原始的广义相对论方程里添加的一个修正参数。后来发现宇宙在膨胀，爱因斯坦便取消了这一项，但物理学家从那时就认识到，我们不能解释*为什么*宇宙学常数应该是零。实际上，宇宙学常数可以解释为某种存在于真空的能量，从而应该可以根据理论计算它的值，也可以用实验来测量。但在今天，那些计算与观测却带来一大堆的矛盾：观测表明，宇宙学常数要么为零（如爱因斯坦最终认为的），要么很小。计算表明，虚空的量子力学涨落可能*生成*一个非零的宇宙学常数，比实验允许的大120个数量级（1后面跟120个零）！这向弦理论提出了一个挑战，也提供了一次机遇：弦理论的计算能与实验对应起来吗？能解释宇宙学常数为什么是零吗？或者，假如实验最终确定它的值很小但不是零，弦理论还能解释吗？假如弦理论家能响应挑战——现在还没有呢——将为理论带来多么激动人心的支持啊！

评判

物理学史充满了那样的思想，它们在刚提出时似乎完全不可能证实，但经过意想不到的发展以后，最终还是走进了实验的王国。原子的思想、泡利的中微子假设，中子星和黑洞的预言，都是这样的例子——这些东西，我们现在完全相信了，当初它们却更像科幻小说的玄想，没有一点儿科学事实的影子。 226

弦理论出现的原因，至少跟这3个例子一样动人——事实上，我们曾经欢呼，弦理论是自量子力学发现以来最重要最激动人心的理论物理学进步。拿这两者来比较是很恰当的，因为量子力学的历史告诉我们，物理学革命有时要经历几十年才能走向成熟。与今天的弦理论相比，量子力学战线的物理学家该是很幸运的：量子力学在尚未完全建立的时候，就能直接与实验结果发生联系。即使这样，量子力学的逻辑结构也过了近30年才建立起来，而又过了20年才完全与狭义相对论结合在一起。我们现在要把它与广义相对论结合起来，是更富挑战性的使命；而且，与实验相联系更是难上加难。与量子理论的开拓者们不同的是，弦理论家没有看到一丝自然的光亮透过具体的实验结果来指引他们一步步往前走。 227

这就是说，弦理论的认识和发展可能在耗尽一代或几代物理学家的心血后，还得不到一点儿实验响应。世界上热烈追求弦理论的数不胜数的物理学家都知道，他们是在冒险：一生的奋斗可能只换来飘忽不定的结果。当然，理论总会进步的，但它能克服今天的障碍而得到确定的能让实验检验的预言吗？我们上面讨论的间接检验能为弦理论带来确凿的证据吗？这些问题每一个弦理论家都很关心，但谁也说不清一点儿东西。我们只有等着答案的到来。美妙而简洁的形式，强大的囊括万物的力量，无限的预言能力，简单而自然的消除引力和量子力学矛盾的方式，弦理论的所有这一切，荡起无数人的激情，甘愿为它冒巨大的风险。

这些崇高的愿望在一点点地变得更实在——弦理论不断揭示出弦宇宙的新物理学特征——那些揭示了大自然杰作中更微妙更深层联系的特征。用上面的话讲，多数这样的特征都是一般性的，不论我们今天未知的东西怎样，它们都是弦构成的宇宙的基本特征。在这些特征里，最惊人的那些已经对我们不断演进的时空认识产生了深远的影响。

4

弦理论与空间结构

第10章
量子几何

231　在大约10年的时间里，爱因斯坦凭他的一双手推倒了200多年老的牛顿体系，为世界带来了可以证明的崭新而深刻的引力理论。不论专家还是外行，都喜欢谈爱因斯坦在塑造广义相对论时所表现的卓绝才华和惊人的创造力，不过，我们也不应该忘记对他的成功有过极大帮助的历史环境。这里面影响最大的是黎曼19世纪的数学发现，他严格建立了描写任意维弯曲空间的几何方法。1854年在格丁根大学那篇著名的就职演讲中，黎曼砸碎了平直空间的欧几里得思想锁链，开辟了一条"民主的"几何道路——用统一的数学方法处理各种不同的弯曲空间。正是黎曼的这种思想，为图3.4和图3.6那样的弯曲空间带来了定量的分析方法。爱因斯坦的天才在于他认识到这个数学宝贝仿佛就是为他实现引力新形象而定做的。他大胆宣言，黎曼几何的数学与引力的物理学是天生的姻缘。

然而，在爱因斯坦的绝妙发现约百年后的今天，弦理论为我们提供了一个引力的量子力学图景，不得不在距离尺度小到普朗克长度时修改广义相对论。因为黎曼几何是广义相对论的数学灵魂，所以它也必然需要改变，才可能忠实反映短距离下的弦理论景象。广义相对论断言宇宙的弯曲性质由黎曼几何描述，弦理论则认为只有我们在大尺度下看宇宙才会那样。在普朗克长度那样的小尺度下，一定会出现一种新的几何，来做新的弦理论物理学的伴侣；这门新的几何框架叫*量子几何*。 232

与黎曼几何的情形不同，弦理论家找不到什么现成的数学宝贝躺在哪个数学家的书橱里，可以拿来当量子几何。所以，物理学家和数学家们今天正轰轰烈烈研究弦理论，一点点筑成一门新的物理学和数学的分支。尽管完整的故事还有待别人来写，但他们的研究已经揭开了许多弦理论所赋予时空的新的几何性质——爱因斯坦见了也会惊愕的性质。

黎曼几何

如果你在弹簧垫子上跳，垫子会因你的重量而塌陷、弯曲。陷得最深的是你落脚的地方，而边缘则没受多大影响。如果在垫子上画一幅你熟悉的《蒙娜丽莎》，你会清楚地看到这个过程。当弹簧垫子上什么也没有时，蒙娜丽莎与寻常一样；但当你站在垫子上时，画会变形，特别是你脚下的部分，如图10.1所示。

这个例子触及了黎曼弯曲几何数学框架的根本特征。在高斯（Carl Friedrich Gauss）、罗巴切夫斯基（Nikolai Lobachevsky）、波里亚（Janos Bolyai）等前辈数学家的基础上，黎曼证明了，物体上任何两个位置间的*距离*可以用来定量表示物体的弯曲程度。粗略地说，不均匀塌陷越大——距离关系偏离平直空间越远——物体的曲率越大。例如，你脚下的垫子陷得最深，在那个区域里两点间的距离关系扭曲 233

也最严重。因此，垫子的这个区域有最大的曲率，这跟你预料的一样。蒙娜丽莎的脸在那儿经历了最严重的扭曲，她那永恒的谜一般微笑的嘴角露出一丝诡异的表情。

图10.1　当你站在“蒙娜丽莎床垫”上时，她的微笑扭曲了

爱因斯坦采纳了黎曼的数学发现，为它赋予了精确的物理学意义。我们在第3章讲过，他说明了时空弯曲体现着引力的作用。不过，现在我们要更近地来思考这种解释。从数学上讲，时空曲率——与床垫的弯曲一样——反映了时空点之间的距离关系的扭曲。从物理学看，物体感觉的引力是这种扭曲的直接结果。实际上，如果让物体更小，当我们更深入地认识点的抽象的数学概念的物理意义时，物理和数学将走得更近。但是，弦理论限制了引力物理学能在多大程度上实现黎曼几何的数学体系，因为它限制了我们能让物体变得多小。当我们走近一根根的弦时，就不能走得更远了。弦理论没有传统的点粒子概念——这是它能为我们带来引力的量子理论的基本因素。这具体说明在根本上依赖于距离概念的黎曼几何结构，在超微观尺度下被弦理论改造了。

234

这些发现对广义相对论的宏观应用没有产生多大影响。例如，在宇宙学中，物理学家依然把星系当作一个个的点，因为它们的大小与整个宇宙比起来是小得可怜的。因此，以这种粗略的方式实现黎曼几何还是很精确的近似，广义相对论在宇宙学背景的成功也证明了这一点。但是，在超微观的领域，弦的延展本性意味着黎曼几何肯定不会是正确的数学形式。正如我们即将看到的，它将被弦理论的量子几何所取代，我们将面临一些崭新的意想不到的特征。

宇宙大舞台

根据宇宙学的大爆炸模型，整个宇宙大约是在150亿年前从一场奇异的大爆炸中轰然出现的。今天，我们看到——最早是哈勃发现的——大爆炸的“碎片”，那亿万个星系，还在向外奔流着。宇宙在膨胀。我们不知道宇宙是一直这样膨胀下去，还是有那么一天会慢慢停下来，然后反过来经历一场宇宙的大收缩。天文学家和天体物理学家正努力从实验来解决这个问题，因为答案引来一个原则上可以观测的量：宇宙的平均物质密度。

假如平均密度超过十万亿亿亿分之一（10^{-29}）克/立方厘米的所谓*临界密度*——相当于宇宙中每立方米中有5个氢原子——那么足够强大的引力将穿透宇宙，把它从膨胀拉回来。假如平均密度比临界值小，引力作用会很弱，挡不住宇宙永不停歇的膨胀。[凭你自己的观察，你大概以为宇宙物质的平均密度远远超过了临界值。但别忘了，物质与金钱一样，会朝着某些地方聚集。拿地球或太阳系，或银河系的物质密度来作为整个宇宙的密度指标，就像拿比尔•盖茨（Bill

Gates）的财产来作为全球财富的指标，我们知道多数人的财产与盖茨相比都是微不足道的，平均下来要小得多；同样，星系间存在着大量几乎真空的区域，它们会大大降低宇宙的平均物质密度。]

天文学家通过仔细研究星系在空间的分布，很好掌握了宇宙可见物质的平均量。结果比临界值小许多。但不论从理论还是实验，都有证据强烈表明宇宙还充满着看不见的暗物质。这些物质不参与恒星能源的核聚变，所以不会发光，不能走进天文学家的望远镜。现在还没人能认定暗物质的本性，更谈不上确定它存在的总量。看来，我们还说不清今天膨胀的宇宙会有什么样的命运。

为了讨论方便，让我们假定物质密度真的超过了临界值，在遥远未来的某一天，宇宙将不再膨胀，而开始坍缩。所有星系将慢慢靠近，随着时间的流逝，它们靠近的速度将越来越快，最后以疯狂的速度撞在一起。你应该看到，整个宇宙在挤压成一块不断收缩的物质。就像我们在第3章讲的那样，它从亿万光年开始收缩，速度在每时每刻增大，*万物*在不停地汇聚到一起，挤进一个星系大小的空间；它收缩到百万光年，然后到一颗恒星的大小，然后，一颗行星，一个橘子，一颗豆，一粒沙…… 照广义相对论，它还要继续收缩下去，成一个分子，一个原子，最后在无法抗拒的宇宙大挤压下，它*没有了大小*。根据传统理论，宇宙从没有大小的原初状态爆炸而来，如果有足够的质量，它又在大收缩中回到相同的终极挤压状态。

但是，我们现在很清楚，当距离尺度在普朗克长度附近或者更小时，量子力学使广义相对论的方程不再有效。我们必须运用弦理论。

那么，既然广义相对论允许宇宙的几何形式可以任意小——这相当 236 于黎曼几何的数学允许我们想象任意小的抽象的几何形式——我们自然会问，弦理论是如何改变这种图景的呢？我们很快会看到，弦理论以一种奇异的方式为物理学能达到的距离尺度确立了一个下限，它声称宇宙在任何空间维上都不可能收缩到普朗克长度以下。

这个结果是怎么来的？你可能忍不住要凭自己现在对弦理论的认识，大胆猜想一个答案。当然，你会说不论多少个点堆起来——点粒子就是那样的——体积总还是零。不过，假如粒子真是一根根的弦，它们在完全随机的方向坍缩在一起，就可能填满体积不为零的一团，仿佛一个橡皮筋卷起来的普朗克大小的皮球。如果你这样想，那就走对路了，但可能会忽略一些重要而微妙的特征——弦理论巧妙地利用这些特征发现宇宙应该有一个极限的小尺度；这些特征则具体说明了即将到来的新的弦物理学和它可能给时空几何带来的影响。

为解释这些重要问题，我们先来看一个例子，它忽略了无关紧要的细节，但又不损害新物理学的特征。我们不考虑弦理论的所有10个空间维——甚至我们熟悉的4个展开的时空维也不都考虑——我们还是回到那个花园水管的宇宙。在第8章引进这个二维宇宙是为了说明20世纪20年代卡鲁扎和克莱茵的思想。现在我们用它来作为一个“宇宙大舞台”。看看弦理论在这样简单的情形会有些什么性质，然后我们根据这样得来的知识去更好地认识弦理论所要求的所有空间维。为达到这个目标，我们想象管子宇宙的横向维度开始是圆鼓鼓的，然后慢慢收缩，圆圈越来越小，管子越来越细，趋向一根直线——这样我们看到一个简化的大挤压过程的缩影。

我们的问题是，这样的宇宙坍缩的几何和物理性质，在弦的宇宙和在点粒子的宇宙间会有什么显著不同的特征吗？

新特征

237　我们用不着远远地去寻找弦物理的什么基本新特征。一个在二维世界的点粒子可以像图10.2画的那样：在水管伸展的方向运动，在环绕的方向上运动，或者在两个方向之间运动。一根弦的小圈也能这样，不同的是，它会在运动中振动，如图10.3（a）。这点差别我们已经较详细地讨论过了：弦通过振动而产生诸如质量和力荷等特征。虽然这是弦理论的决定性的方面，但我们现在不谈它，因为我们已经懂得了它的物理意义。

我们现在感兴趣的是点粒子运动与弦运动的另一点差别，它直接依赖于运动所在空间的*形态*。因为弦是展开的物体，所以除了已经讲的那些，还有一种可能的形式：它可以像绳子一样*缠绕着*管子世界，如图10.3（b）。[1] 弦将仍然在管子上滑行和振动，不过是以缠绕的形式运动。实际上，弦可以缠绕管子任何圈［也画在图10.3（b）］，一样在滑行中振动。当弦这样卷曲时，我们说它处于*缠绕式*的运动。显然，缠绕式的运动是弦固有的可能运动形式，点粒子没有对应的状态。我们现在要来认识这类性质全然不同的运动，对弦本身和它所缠绕的维

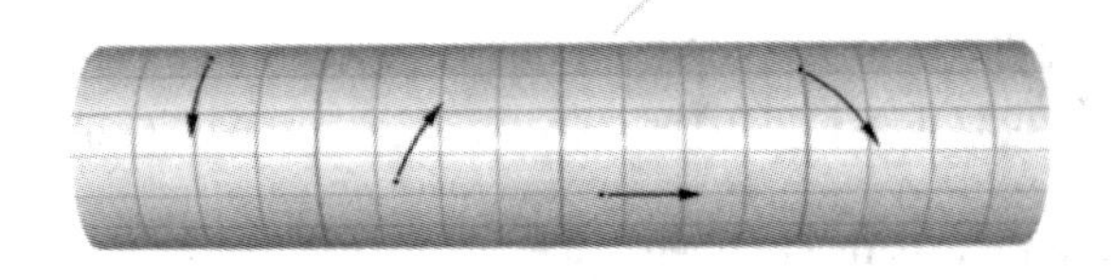

图10.2　在柱面上运动的点粒子

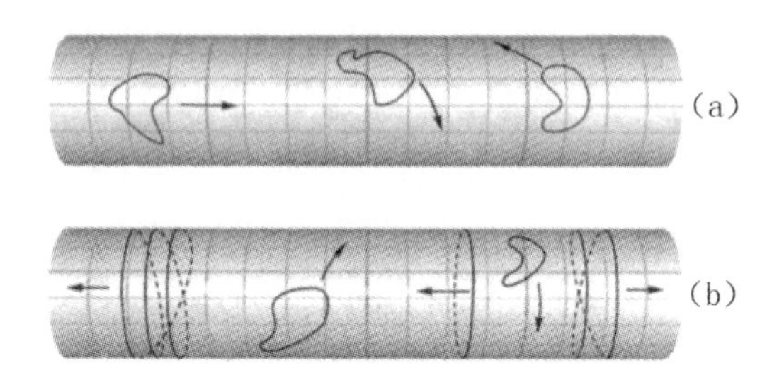

238

图10.3 弦在柱面上能以两种不同方式运动——“缠绕式的”(b)和“非缠绕式的”(a)

度的几何性质会产生什么影响。

缠绕的弦

我们前面关于弦的运动讲的都是未缠绕的弦。缠绕空间的圆圈维的弦也几乎都有我们讲过的那些弦的性质。它们的振动也跟未缠绕的伙伴一样，决定着它们的观测性质。两者的基本差别是，缠绕的弦有一个*极小质量*，取决于卷缩维的大小和缠绕的圈数。弦的振动则决定超过极小质量的那部分质量。

我们很容易明白那极小质量是怎么来的。一根缠绕的弦有极小长度，那是卷缩维的周长和弦缠绕它的圈数所决定的。弦的极小长度决定它的极小质量：弦越长，它的极小质量越大，因为“东西更多”。由于圆周长正比于半径，所以缠绕弦的极小质量正比于缠绕圆周的半径。用爱因斯坦的$E=mc^2$把质量同能量联系起来，我们也可以说束缚在缠绕弦内的能量正比于被缠绕的圆周的半径。[未缠绕的弦也有极小长度，否则便又回到点粒子的王国了。因为同样的理由，我

239 们说未缠绕的弦也有一个极小但非零的质量。从某种意义说这是对的，但第6章讲的那种量子力学效应（再想想那个“价格游戏”）却可能消除这部分质量——零质量的光子、引力子和其他无质量或几乎无质量的粒子就是这样产生出来的。从这点看，缠绕的弦是不一样的。]

缠绕弦的存在如何影响它所缠绕的空间维的几何性质呢？日本物理学家吉川敬治（Keiji Kikkawa）和山崎政实（Masami Yamasaki）在1984年第一次找到一个答案，令人惊讶而困惑。

我们来看管子宇宙大收缩的最后那“惊天动地”的一幕。照广义相对论的方式，卷缩的空间向着普朗克长度收缩，然后继续朝更小的尺度收缩下去；关于这一幕实际发生的事情，弦理论却有着迥然不同的说法。弦理论认为，卷缩维半径小于普朗克长度而且还在减小的管子宇宙所发生的*所有*物理学过程，与半径大的而且还在增大的管子宇宙所发生的过程，绝对是完全相同的！这就是说，当卷缩的空间向着普朗克尺度和更小的尺度坍缩时，一切的努力都被弦化解了，弦把空间几何扭转回来。弦理论证明，这种演化还可以说成是——或者更准确地解释为——卷缩的空间收缩到普朗克尺度，然后开始扩张。弦理论重写了短距离下的几何定律，原来似乎完全的宇宙坍缩现在好像成了宇宙*反弹*。卷缩的维可以收缩到普朗克长度，但因为弦的缠绕，再往下收缩实际却成了扩张。我们来看那是为什么。

弦的状态[1]

新的弦的缠绕形式的出现，意味着管子宇宙中弦的能量有两个来源：弦的振动和缠绕。根据卡鲁扎和克莱茵的传统，这两个来源都依赖于管子的几何，也就是说，依赖于卷缩圆圈的半径，不同的是带上 240 了明显的弦的特征，因为点粒子是不可能发生缠绕的。于是，我们的第一件事情是准确地决定弦的振动和缠绕的能量贡献如何依赖于卷缩维圆周的大小。为此，我们遵照一种被证明是很方便的办法，把弦的振动分解为两个部分：*均匀的*振动和*普通的*振动。普通的振动指我们讨论过多次的寻常的振动，如图6.2画的那些振动；均匀的振动说的是一种更简单的运动：弦从一个地方到另一个地方的不改变形状的整体性滑动。所有的弦运动都是滑动与振动的组合，不过在现在的情形下，我们很容易把它们区别开来。实际上，普通振动在我们的讨论中不会起多大作用，我们讲完要点以后再考虑它的效应。

我们有两点基本发现。第一点，弦的均匀振动（整体滑动）所激起的能量*反*比于卷缩维的半径，这是量子力学不确定性原理的直接结果：小半径的空间更严格束缚了弦的活动，从而通过量子力学的幽闭效应增大了弦运动的总能量。所以，当卷缩维的半径减小时，弦运动的能量必然会增大——这明显是反比性的特征。第二点，跟我们以前发现的一样，缠绕运动的能量*正*比而不是反比于维的半径。记住，这是因为缠绕弦的最小长度——从而也是最小能量——正比于那个半

1. 这一节和后面几节的有些思想不太好懂，如果你跟不上我们解说的思路——特别是，有时是孤零零的一个问题，请你不要泄气。

径。这两个事实说明，大的半径意味着大的缠绕能和小的振动能，而小的半径意味着小的缠绕能和大的振动能。

241

这将我们引向一个重要事实：任何一个卷缩维的圆周半径大的二维世界（或者说较粗的管子世界）都对应着一个半径小的伙伴，前者的弦的缠绕能等于后者的弦的振动能，而前者的弦的振动能等于后者的弦的缠绕能。由于物理学性质关心的是弦结构的*总*能量——而不在乎能量如何在缠绕和振动间分配——所以这两个*几何形态不同的*管子世界没有*物理学的区别*。于是，弦理论得出一个非常令人惊讶的结论：不论管子世界是“粗”还是“细”，它们之间不存在什么区别。

这是宇宙的一个“双赢”策略。假如你是位精明的投资者，你遇到下面的困惑时也会这么做的。假定在华尔街上市的两种股票——一种是做健康器械的，一种是做心脏瓣膜的——牢牢地相互关联着。它们今天的收盘价都是1美元1股。据可靠消息，如果一家股票涨了，另一家就会跌；而且，那位消息灵通人士——他是完全信得过的（尽管他的做法有点儿违规）——告诉你，明天这两家股票收盘时的价格肯定会互为反比。就是说，如果一家的收盘价是2美元，则另一家该是1 / 2美元（50美分）；一家是10美元，另一家就是1 / 10美元（10美分），等等。但是，那人不能告诉你哪家高，哪家低。你该怎么办呢？

你会一下子把所有的钱都投进来，平均分配到两家公司的股票。因为通过几个例子你就能计算出结果，不论第二天股市如何，你都不会赔的。最坏的情形也能保住本钱（两种股票都是1美元1股）；但只要股价有变化——像你的内线说的那样——你总会赚钱的。例如，健康器械公司在4美元收盘，而心脏瓣膜公司在1/4美元收盘，两者之和是4.25美元，超过了前一天的2美元。而且，从净赚的钱看，你用不着管哪家高哪家低。如果你只关心总的收入，那么两家公司的不同状况并不会对结果发生影响。

弦理论中的能量也处于类似的情形。弦的能量也是两个来源（振动的和缠绕的），两者对总能量的贡献一般是不同的。但我们在下面会看到，不同的几何形态构成的一对——一个产生高缠绕/低振动能，[242]一个产生低缠绕/高振动能——*在物理上*是没有区别的。另外，在股票的情形中，除了总收入以外，两种股票是可以区别的；但两种弦的图景是绝对没有物理学区别的。

实际上，在股票市场也含有类似情形。不过，我们应该考虑另一种投资方式：你没有将钱平均投向两家公司，而是买了1000股健康器械公司，3000股心脏瓣膜公司。这时候，你的总收入与哪家公司收盘高低有关系？例如，健康器械收盘10美元，心脏瓣膜收盘1/10美元时，你原来投入的4000美元现在成了10300美元；如果两家收盘情况相反，则你的股票价值该是30100美元——多多了。

不管怎么说，反比例的股价一定会产生下面的结果。假如你有个朋友，她买股票跟你完全“对着来”——3000股健康器械公司的，1000股心脏瓣膜公司的。于是，在健康器械收盘高（10美元）的情形，她的股值是30100美元，跟你在相反情形的股值一样；同样，当心脏瓣膜收盘高时，她的股值为10300美元，还是跟你在相反情形的股值一样。这就是说，从总的股值看，两个股价的高低更替的影响将完全被两种股票数量的交换所抵消。

记着最后这一点，我们现在回到弦理论，在一个具体例子中考虑可能的弦能量情况。假定管子世界的圆圈半径是普朗克长度的10倍，我们记作$R = 10$。弦可以缠绕管子任意多圈，如1圈、2圈、3圈，等等。弦缠绕管子的圈数叫*缠绕数*。缠绕的能量决定于缠绕弦的长度，正比于半径与缠绕数的*乘积*。另外，任何缠绕的弦都能振动，我们现在讲的整体的均匀振动的能量与半径成反比，也就是半径的*倒数*$1/R$（这里是普朗克长度的1/10）的整数倍。我们称这个整数因子为*振动数*。[2]

243

你可以看到，这种情形与我们在华尔街遇到的情形很相似。在这里，缠绕数和振动数恰好对应于两家公司股票的份额，而R和$1/R$则类似于两种股票的收盘价格。现在，我们可以像计算股值那样，通过缠绕数、振动数和半径来计算弦的总能量。表10.1列举了部分弦状态的总能量。表中还列举了在管子半径$R = 10$情况下我们选择的缠绕数和振动数。

缠绕数和振动数可以是任何整数，所以完整的表是无限长的。不过，就我们的讨论来说，这几行有足够代表性。从表中可以看到，我们选择的是高缠绕能和低振动能的状态：缠绕能的因子为10，而振动能的因子为1/10。

现在想象管子收缩，半径从10缩到9.2、7.1……直到1.1、0.7，最后收缩到0.1（1/10），停下来。我们现在讨论这种情形。对这个几何特征不同的管子宇宙，我们可以得到类似的一个弦能量表：现在缠绕

表10.1 部分弦状态的总能量

振动数	缠绕数	总能量
1	1	1/10+10=10.1
1	2	1/10+20=20.1
1	3	1/10+30=30.1
1	4	1/10+40=40.1
2	1	2/10+10=10.2
2	2	2/10+20=20.2
2	3	2/10+30=30.2
2	4	2/10+40=40.2
3	1	3/10+10=10.3
3	2	3/10+20=20.3
3	3	3/10+30=30.3
3	4	3/10+40=40.3
4	1	4/10+10=10.4
4	2	4/10+20=20.4
4	3	4/10+30=30.4
4	4	4/10+40=40.4

注：在图10.3所示宇宙中运动的弦振动和缠绕的例子，缠绕维的半径为$R=10$。振动能的因子为1/10，缠绕能的因子为10，从而得出所列的总能量。能量单位为普朗克能量。例如，表中最后一列10.1的意思是10.1倍普朗克能量。

能的因子是1/10，而振动能的因子是它的倒数10。结果是表10.2。

乍看起来，两张表是不同的。但仔细看看，除了数字的次序不同外，两表的“总能量”是完全相同的。为在表10.1中找到与表10.2的某个能量对应的值，只需要交换缠绕数和振动数。就是说，当卷缩维的半径发生改变时（如从10到1/10），振动与缠绕所扮演的角色也相互替换了。于是，只要我们考虑弦的总能量，卷缩维的大小就不会产生什么影响。像那两种股票价格的变化完全被股票份额的交换所补偿一

244

样，把半径从10调换为1 / 10的结果，也将通过交换振动数和缠绕数而消化。而且，这种结论对任何半径和它的倒数都是成立的，我们选择R = 10与R = 1 / 10不过是为了简单方便。[3]

245

表10.2　部分弦状态的总能量（半径R = 1/10）

振动数	缠绕数	总能量
1	1	10+1/10=10.1
1	2	10+2/10=10.2
1	3	10+3/10=10.3
1	4	10+4/10=10.4
2	1	20+1/10=20.1
2	2	20+2/10=20.2
2	3	20+3/10=20.3
2	4	20+4/10=20.4
3	1	30+1/10=30.1
3	2	30+2/10=30.2
3	3	30+3/10=30.3
3	4	30+4/10=30.4
4	1	40+1/10=40.1
4	2	40+2/10=40.2
4	3	40+3/10=40.3
4	4	40+4/10=40.4

表10.1和表10.2是不完整的，原因有两个。第一个我们讲了，弦的振动数和缠绕数可以有无限多的可能，而我们只列举了几个。这当然不会有什么问题——我们只要有耐性，想把表列多长都行。我们会发现，表中的关系总是成立的。第二个原因是，除缠绕能外，我们只考虑了来自弦的均匀振动的能量。现在，我们要把普通振动也考虑进来，它们为总能量带来另一份贡献，而且还决定着弦携带的力荷。但

246

更重要的是，这些贡献与半径大小无关。这样，即使我们在表10.1和表10.2里考虑了这些更具体的特性，两个表还是相互对应的，因为普通振动的贡献在任何情况下都是相同的。于是，我们可以说，半径为R的管子世界里粒子的质量和力荷与半径为$1/R$的情形是完全一样的。因为质量与力荷决定着基本的物理现象，所以在物理上我们不能区别这两种不同几何的宇宙。一个宇宙做的实验在另一个宇宙中有一个对应的实验，它们将导出相同的结果。

争论

乔治和格雷茜走进二维管子世界，成了二维生命，做了那里的物理学教授。两人各建起一个与对方竞争的实验室，都宣布自己确定了卷缩维的半径。两人的实验精度一贯令人佩服，但奇怪的是这回他们的结果却是矛盾的。乔治说半径$R=10$倍普朗克长度，而格蕾茜宣称$R=1/10$倍普朗克长度。

“格蕾茜，”乔治说，“据我的弦理论计算，我知道，假如圆圈维的半径是10，我就能预期看到表10.1所列的那些能量的弦。我已经用新的普朗克能量加速器做了好多实验，已经证实了这个预言。所以，我相信，我敢说那圆的半径是$R=10$。”格蕾茜替自己说了差不多同样的话，不过她的结论是她发现了表10.2所列的能量，从而证明半径$R=1/10$。 247

格蕾茜灵机一动，让乔治看到两个表虽然次序不同，内容却是完全一样的。可乔治总要迟钝一些，他问：“怎么会这样呢？根据量子力学和缠绕弦的基本特征，我知道不同的半径会产生不同的弦能量和力荷，如果承认这一点，那我们的半径应该是相同的。”

格蕾茜根据她对弦物理学的新发现告诉乔治：“你说的差不多是对的，可不完全。一般情况下，不同的半径会产生不同的能量；但在特殊情形，例如两个半径互为倒数——10与1/10——则允许的能量和力荷实际上是完全一样的。你看，你说的是缠绕，我说的是振动，而你说是振动，我说是缠绕。大自然可不管我们怎么说，物理学决定于基本的物质构成——粒子质量（能量）和它所带的力荷。不论半径是R还是$1/R$，弦理论中基本物质构成的这些性质是完全一样的。”

乔治费好大气力才明白过来，他回答说：“我想我明白了。虽然你我给出的弦的具体描述有所不同——要么缠绕卷缩维的方式不同，要么振动行为不同——但它们表现的物理学特征却是完全相同的。因为宇宙的物理学性质依赖于这些基本物质组成的性质，所以在半径互为反比的两个宇宙间没有什么不同，也没有办法区分它们。”说得完全正确。

三个问题

现在你可能会问：“你看，假如我是管子世界里的一个小生命，我可以很简单地拿皮尺去测量管子的周长，从而毫无疑问地确定它的半径——没有假设，也没有但是。那么，不同半径而又不可分辨的两个世界有什么意思呢？另外，弦理论不是排除了普朗克长度以下的尺度了吗，为什么我们还在谈多少分之一普朗克长度的半径的维度呢？最后，虽然我们在讲二维的管子世界，但谁会把它当真呢？——当我们把所有的维都考虑进来时，它还能有什么意义吗？”

我们先来看最后这个问题，答案会把我们引向前两个问题。

虽然我们在二维管子世界里进行讨论，仅限于1个展开维和1个卷缩维，但这样做只是为了简单。如果我们有3个展开维和6个卷缩维——后者是所有卡-丘空间里最简单的形态——那些结论也是完全一样的。每个卷缩维有一个半径，它与半径为倒数的维将生成在物理学上完全相同的宇宙。

我们甚至还可以把这个结论推得更远。在我们的宇宙中，可以看到三个展开的空间维，据天文学家的观测，它们看起来都延伸到大约150亿光年（1光年大约是9万亿千米，所以这延伸的距离大概是1.4亿亿亿千米）。我们在第8章讲过，没人知道那距离以外在发生什么。我们不知道它们是继续无限延伸下去，还是把自身卷缩成超出我们望远镜“感觉能力”的一个巨大的圆。假如它们是卷曲的，那么在太空远行的宇航员不断朝着同一个固定的方向走下去，就能最终绕宇宙一圈——像麦哲伦（Magellan）环游地球那样——回到原来出发的地方。

看来，我们熟悉的展开维也可能是些圆圈，从而也像弦理论说的那样，R与$1/R$的世界是不可区别的。具体说，这些圆的半径应该是刚才讲的150亿光年，是普朗克长度的10万亿亿亿亿亿亿亿（10^{61}倍），而且还在随宇宙膨胀而增大。如果弦理论是对的，这个宇宙与一个展开维的半径只有$1/R=1/10^{61}=10^{-61}$普朗克长度的宇宙在物理学上是一样的！*这是在弦理论下我们熟悉的宇宙空间的另一幅图景。*实际上，在那个“倒数世界”，小圆圈还将随时间变得更小。因为R增大，$1/R$自然会缩小。现在我们似乎真的走到尽头了。这能是真的吗？我们6英尺（1英尺≈0.3米）的身躯怎么可能“活”在这样难以置信的微观世界里？那么“一丁点儿”宇宙怎么能在物理上与我们看到的茫茫太空相同呢？而且，我们现在也自然走近上面提的第二个问题：弦理论似乎剥夺了我们探索普朗克尺度以下的距离的能力。但是，假如圆半径R大于普朗克长度，它的倒数$1/R$自然只有普朗克长度的若干分之一。那么结果呢？答案将关联我们的第一个问题，而且揭示了空间和距离的重要而奇妙的一面。

两个距离

距离是我们认识世界的一个十分基本的概念，似乎很简单，人们常常忽略它还有玄之又玄的地方。狭义和广义相对论曾给我们关于空间和时间的概念带来过惊人的影响，弦理论也生出一些新奇的特征，这些经历使我们今天在距离的概念上也更小心翼翼了。物理学中最有意义的定义是那些可操作的——就是说，定义为所定义的东西提供了至少是原则上的测量方法。毕竟，不管概念如何抽象，有了可操作的定义，我们就能在实验中揭示它的意义，测量它的大小。

我们如何才能得到一个可操作的距离的定义呢？在弦理论的背景下回答这个问题会令人大吃一惊的。1988年，布朗大学的布兰登伯格（Robert Brandenberger）和哈佛大学的瓦法两位物理学家指出，假如某个空间维是圆，那么在弦理论中存在着两个不同然而相关的可操作定义。每个定义都有一套不同的测量距离的实验程序，而测量的基础大致说来却是一个很简单的原理：如果探针以已知固定的速度运动，我们可以根据它经过某个距离的时间来确定那段距离的长度。两个定义的差别在于实验过程所选择的探针不同。第一个定义用的是*未缠绕*在圆圈维的弦，而第二个定义用的是*缠绕的*弦。我们看到，[250] 弦理论中存在两种不同的可操作的距离定义，原因正在于所用的基本探针具有延展的本性。在点粒子理论中没有缠绕的概念，所以只有一种距离定义。

两种操作过程会有怎样不同的结果呢？布兰登伯格和瓦法的发现既令人惊奇，也难以捉摸。借助于不确定性原理，我们大概能明白那答案的意思。未缠绕的弦可以自由沿着圆周滑动，长度正比于半径R。根据不确定性原理，弦的能量正比于$1/R$（回想一下我们在第6章讲过的探针的能量与它对距离敏感性的关系）。另一方面，我们知道缠绕的弦有着正比于R的极小能量，于是不确定性原理告诉我们，它对距离的敏感程度正比于R的倒数，$1/R$。将这个思想用数学公式表达出来，我们就能看到，如果拿它们来测量空间的卷缩维的半径，那么未缠绕的弦将测得R，而缠绕的弦将测得$1/R$。这里，我们的测量还是像从前一样，以普朗克长度为单位。两个实验都可以说自己的结果是圆周的半径——弦理论教导我们的是，以不同探针来测量距离可以得到不同的结果。实际上，这个性质可以推广到所有长度和距离的测量，而不仅限于确定卷缩维的大小。缠绕与未缠绕的弦探针所获得的结果将互成反比。[4]

251

如果宇宙真像弦理论描绘的那样，我们为什么没在寻常的生活和科学活动中遇到过那两种可能的距离概念呢？我们讲距离的时候，似乎总是从经验来讲的，只有一种距离，没有任何线索暗示还藏着另一种距离的概念。我们为什么会错过那个可能呢？原来，尽管在我们的讨论里R与$1/R$是高度对称的，但当R（从而$1/R$也）远远偏离1（当然还是指1个普朗克长度）时，两个可操作的定义中有一个是极难实现的（虽然还有一个是极易实现的）。大概说来，我们总是操作那个容易的，完全不知道还有另一种可能。

两种方法难易悬殊的原因在于所用探针的质量大不相同——要么缠绕的能量高，要么振动的能量高。假如半径R（从而$1/R$也）远离普朗克长度（即$R=1$），这时候，所谓“高”能相当于重得惊人的探针——例如比质子重百亿亿倍，而所谓“低”能，差不多就是比零质量重一点儿的探针。在这样的背景下，两种方法便有着天壤的难易差别。因为，光是产生那样的重弦形态也远远超越了我们今天的技术能力。因此，在实践中，只有那个涉及较轻的弦形态的方法才有技术上的可能，那也是我们在讨论距离问题时一贯用的方法。这种方法培养了我们的直觉，从而也符合我们的直觉。

把实际抛到一边，在弦理论主宰的宇宙中，我们可以自由选择一种方法来测量距离。天文学家测量“宇宙的大小”，是通过检验穿过太空碰巧进入他们望远镜的光子；显然，光子在这儿可真是光光的没有质量的弦。结果，光子测得的距离是10^{61}倍普朗克长度，前面已经说过了。假如我们习惯的那3个空间维也是卷缩的，假如弦理论是正确的，那么从原则上讲，用迥然不同的（当然现在还没有的）仪器的天文学家，应该能测量重弦缠绕的空间有多大，他们将发现那距离是光子测得距离的倒数。在这个意义上，我们可以认为宇宙既可能像我们寻常感觉的那么大，也可能小得可怜。根据轻弦模式，宇宙是巨大而膨胀的；而据重弦模式，宇宙是渺小而卷缩的。这里没有矛盾，而是存在着两种不同然而却同样合理的距离定义。由于技术的限制，我们很熟悉第一种定义，而不管怎么说，两个概念都是一样有效的。

现在我们来回答前面的问题，大人如何能在小宇宙中生存？当我们测量一个人的身高，说他高1.8米时，我们一定在用轻弦模式。为比较他们与宇宙的大小，我们必须用同样的过程来测量宇宙，上面说过，那是150亿光年，比1.8米大多了。这样的人类如何能活在重弦模式所测量的“小”宇宙中呢？这是一个没有意义的问题——是在拿苹果同橘子比。现在我们有了两个距离概念——轻弦探针的和重弦探针的——我们也该在相同的模式下比较测量结果。 252

最小尺度

慢慢往前走，我们就要到头了。如果我们坚持用“容易的办法”来测量——也就是用最轻的弦模式来测量——结果将总是大于普朗克长度。为看清这一点，我们考虑假想的三维空间的大收缩，并假定我们熟悉的那三维是圆的。为讨论方便，假定在思想实验的开始，未缠绕的弦模型是轻的，我们用它来测量宇宙，发现它有一个巨大的半径，正在随时间而收缩。当它收缩时，未缠绕的弦变得越来越重，而缠绕的弦越来越轻。当半径一路收缩到普朗克长度——即$R=1$时——缠绕的弦与振动的弦正好有相同的质量。这时，两种测量距离的方法都同样难以实现；而且，它们将得出相同的结果，因为1也是它自己的倒数。

半径继续往下收缩，缠绕的弦将变得比未缠绕的更轻，这样，它们自然成为我们用以测量距离的“更容易的方法”。根据这种测量，结果是较重的未缠绕弦的结果的倒数，即半径大于1个普朗克长度，并且还在增大。这不过反映了，当未缠绕弦测量的R收缩到1，并继续收缩时，缠绕弦所测量的$1/R$将增大到1并且继续增大。于是，当我们决意总以轻弦模式这种“更容易”的方法来测量距离时，我们遇到的最小半径就是普朗克长度。

因为轻弦模式测量的宇宙半径总是大于普朗克长度的，一个特别的结果就是，我们避免了一个会趋向于零的大收缩。根据最轻弦253 模式的测量，宇宙半径不会朝比普朗克长度更小的方向收缩，当它收缩到普朗克长度时，它会反过来开始增大。反弹的一幕替代了无限的大挤压。

用轻弦模式测量距离，符合我们关于长度的传统概念——那是早在弦理论发现以前就形成的了。如我们在第5章看到的，正是因为这个距离概念，我们才在普朗克尺度以下的距离遇到了不可克服的剧烈的量子波澜。我们又一次看到，弦理论凭它的两个互补的距离概念避免了那可怕的超短距离。在广义相对论的物理学框架和相应的黎曼几何的数学框架下，距离的概念只有一个，它可以是任意小的数值。在弦理论的物理学框架和相应的新生的量子几何的领域里，距离的定义有两个。小心翼翼地运用这两个定义，我们发现有一个概念在大尺度下，与我们的直觉和广义相对论都是相容的，但在小尺度下却迥然不同。具体说来，小于普朗克尺度的距离是不可能达到的。

上面讲的有点儿玄，我们把关键的一点再强调一遍。假如我们硬是不在乎什么“难”与“易”的距离测量方法，而要坚持用未缠绕的弦来测量，那么当R收缩到普朗克长度以下时，我们似乎真能走近比普朗克尺度更小的距离。但上面的讨论告诉我们，那所谓“更小的距离”需要小心来理解，因为它可以有两种不同的意思，而只有一种符合我们的传统观念。在这里，当R收缩到普朗克长度以下时，如果我们还坚持用未缠绕的弦（这时它们已经变得比缠绕的弦更重了），那我们实际上是在用“难”的方法来测量距离，从而那“距离”的意思不满足我们标准的用法。然而，这里讨论的绝不仅仅是语义学的问题、传统习惯的问题或者测量的可行性问题。即使我们愿意用非标准的距离概念来描写一个比普朗克长度更小的宇宙，我们遇到的*物理学*——如前几节讨论的——并没有什么不同，还是那个大半径宇宙（传统距离的表义下）的物理学（举例来说，就像表10.1与表10.2之间对应的物理学）。真正有意义的正是物理，而不是语言。 254

布兰登伯格、瓦法和其他一些物理学家根据这些思想重新写下了宇宙学定律，在那里，大爆炸和可能的大收缩都不再牵扯一个零尺度的宇宙，而是每个维都是普朗克长度的宇宙。这当然是一个诱人的图景，原来那个起源于并可能坍缩成一个无限致密的点的宇宙所具有的那些数学的、物理的和逻辑的难题都烟消云散了。尽管很难想象整个宇宙卷缩在一个普朗克尺度的小球里，但比起想象它挤压成一个没有大小的点，还是好得多了。我们将在第14章讨论，弦宇宙学还是一个年轻的领域，不过希望很大，很可能为我们带来这样一个比标准大爆炸模型更容易理解的模型。

结论普遍吗

如果空间维不是圆，结果会怎样呢？那些关于弦理论的最小空间距离的惊人结论还能成立吗？谁也说不准。圆形维度最基本的特征是允许弦的缠绕。只要空间维——不论什么形状——允许弦的缠绕，我们讲的大多数结论应该还是成立的。但是，假如有两维是球形的呢？这种情况下弦不能“牢牢”绕在球面上，因为它总会“滑落下来”，像一根橡皮筋从篮球上滑下来。另外，弦理论限定了这些维的收缩尺度吗？

大量研究表明，答案有赖于一个完全的空间维是卷缩的（如我们这一章讲的），还是在坍缩的孤立的“一小块”空间（我们将在第11章和第13章讨论）。弦理论家普遍相信，不论形状如何，只要我们是在让一个完整的空间维发生收缩，它就像圆的情形一样，有一个极限的255尺度。确立这一观念是未来研究的一个重要目标，因为它将直接影响弦理论的诸多方面，包括它的宇宙学意义。

镜像对称

爱因斯坦通过广义相对论在引力的物理学与时空的几何学之间建立了联系。乍看起来，弦理论巩固并拓宽了物理与几何的联系，因为振动弦的性质——它们的质量和所携带的力荷——基本上取决于空间卷缩部分的性质。不过，我们刚开始看到了，量子几何这一弦理论的几何物理学还有些奇奇怪怪的东西。在广义相对论和“传统”几何学中，半径为R的圆与半径为$1/R$的圆是绝对不同的；然而在弦理论中，它们在物理上却是不可区别的。这使得我们敢雄心勃勃地往前走得更远，我们想，也许还有差别更大的空间几何形式——不仅大小不同，形态也不同——但在弦理论中却找不出它们有什么物理的差别。

1988年，斯坦福大学直线加速器中心的狄克松（Lance Dixon）有一个关于这方面的重大发现，欧洲核子中心（CERN）的勒克（Wolfgang Lerche）、哈佛的瓦法和当时在麻省理工学院（MIT）的瓦纳（Nicholas Warner）也发现了同样的东西。这些物理学家在基于对称性考虑的美学原则下提出一个大胆猜想：为弦理论的卷缩维选择的两种不同卡-丘空间，也许能生成相同的物理。

为说明这种奇异的可能性如何能够发生，我们回想一下，卡-丘空间的孔洞数决定着弦能产生多少族可能的激发态。这些孔洞像我们见过的单孔或多孔的环，如图9.1。我们在纸上画的二维图有一大缺点，不能表现一个六维的卡-丘空间可以具有不同维的孔洞。虽然我们画不出这些孔，但可以用大家理解的数学来描述它们。关键的一点是，[256] 源自弦振动的粒子族的数目只依赖于孔的总数，而与某个维的孔数无关（因此，我们在第9章的讨论里并不在意孔的类型有什么不同）。接下来我们想象两个卡-丘空间，它们在不同的维有不同数目的孔，但孔的总数却是相同的。由于不同维的孔数不同，所以这两个卡-丘空间有不同的形态。但因为孔的总数相同，所以它们生成的宇宙有相同数目的粒子族。当然，这不过是一个物理性质。如果要一切物理性质都相同，那要求就严格得多。不过，这一点性质至少能说明狄克松-勒克-瓦法-瓦纳猜想很可能是对的。

1987年秋，我来到哈佛大学物理系做博士后，我的办公室刚好在瓦法的走廊下面。我的学位论文研究的就是弦理论中卷缩卡-丘空间的物理和数学性质，所以瓦法常向我通报他在这方面的工作。1988年秋的一天，他经过我办公室时停下来告诉我，他和勒克、瓦纳有了那个猜想。我很感兴趣，但也有些怀疑。兴趣来自这样的认识：如果猜想是对的，它将在弦理论的研究中开辟一条新路；而怀疑来自我的担心：猜想是一回事，证实那些理论性质却是另一回事。

在接下来的几个月里，我总在考虑他的猜想。坦白地说，我一半认为它是错的。然而，奇怪的是，我与普里泽（Ronen Plesser）做过的一个看似不相干的项目令我很快完全改变了看法。普里泽那时是哈佛的研究生，现在在魏茨曼研究所和杜克（Duke）大学，我们曾满怀热情地想发展一种方法，从一个初始的卡-丘空间出发，用数学操作生成一种尚未知晓的卡-丘形态。我们特别感兴趣的是所谓的轨形变换（orbifolding）技术，先前是由狄克松、哈维（Jeffrey Harvey，在芝加哥大学）、瓦法和惠藤在20世纪80年代中期发展起来的。粗略地讲，就257是将原来的卡-丘空间里不同的点黏在一起，按一定的数学法则生成一个新的卡-丘空间。图10.4示意了这样一个过程。这幅图背后的数学是很可怕的，因为这一点，弦理论家只是对最简单的空间形态——如图9.1的高维多孔面包圈——考察了这种技术的应用情况。不过，普里泽和我发现，革普纳（Doron Gepner，那时在普林斯顿大学）的一些美妙发现也许能提供一个有力的理论框架，把轨形变换技术推行到如图8.9那样复杂的卡-丘空间。

经过几个月的紧张探寻，我们得到一个令人惊讶的结果。如果以恰当方式把某些特殊的点黏结在一起，生成的卡-丘空间将以一种奇异的方式表现出与原来空间的区别：新空间的奇数维的孔数等于老空间的偶数维的孔数，反过来也对。特别的是，这意味着孔的总数——从而粒子族的数目——是相同的，尽管两个奇偶相对的空间形态和基本的几何结构当然是完全不同的。[5] 258

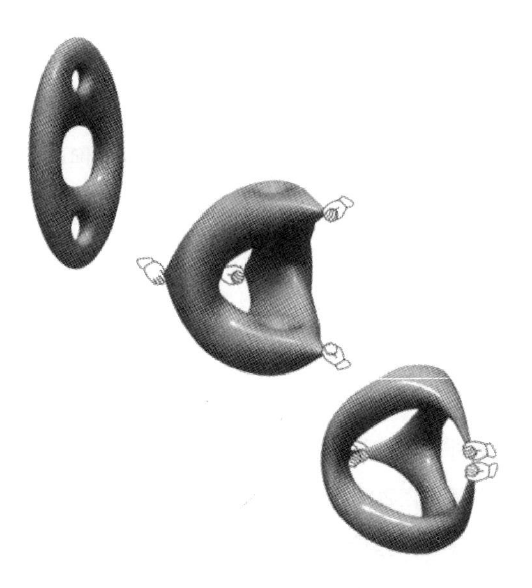

图10.4 所谓轨形变换技术是这样一个过程：通过将初始卡-丘空间的不同点黏结在一起而生成一个新的卡-丘空间

结果显然与狄克松等人的猜想相关，这令我们很兴奋。接下来，普里泽和我又去研究一个关键问题：那两个卡-丘空间除了粒子族的数目相同之外，别的物理性质也相同吗？经过两个多月仔细而艰难的数学分析，其间还得到我的学位论文导师、牛津大学的罗斯（Graham Ross）和老朋友瓦法的启发和鼓励，普里泽和我最后得到了答案：差不多可以肯定是那样的。因为一个与交换奇偶性有关的数学理由，我们以镜像流形来称这些在物理上等价而几何形态不同的卡-丘空间。[6] 每一对镜像卡-丘空间当然并不是我们平常讲的字面意义的镜像。尽管它们有不同的几何性质，但在用于弦理论的额外空间时，却能生成同一个物理的宇宙。

发现这个结果后的几个星期，我们是在焦虑中度过的。普里泽和我都明白，我们正在弦理论的一个浪头上，我们证明，爱因斯坦建立的几何与物理学的紧密联系在弦理论中焕然一新了：在广义相对论中意味着不同物理性质的不同几何形态，在弦理论中却可能生成相同的物理。但是，假如我们错了呢？假如那些物理性质以我们忽略了的某种微妙方式产生变化呢？我们把结果告诉了丘成桐，他礼貌然而严厉地指出，我们一定在哪儿错了；他说，从数学观点看，我们的结果太离奇了，不会是真的。他的意见使我们很犹豫。如果一个小结论或不会太引人注意的结论，犯点儿错误也许还算不得什么；而我们的结果是在一个新方向上迈出的意想不到的一步，当然会引起强烈反响。如果它错了，所有的人都会知道。

最后，我们把文章反复检查了，越来越有信心，就拿出去发表。几天以后，我正坐在哈佛的办公室时，电话响了。那是得克萨斯大学的坎德拉斯打来的。他开口就问我是不是坐好了。当然。接着他告诉我，他和两个学生林克（Monika Lynker）和施姆里克（Rolf

Schimmrigk）发现了一样东西，会让我从椅子上蹦起来。他们仔细考察了计算机生成的大量卡－丘空间例子，发现这些空间几乎都是成对出现的，两个空间的差别仅在于奇数维和偶数维的洞的数目相互交换了。我告诉他，我还坐得好好的——普里泽和我已发现了相同的结果。坎德拉斯和我们的结果原来是互为补充的：我们走得远一点，证明了镜像空间生成的物理学是一样的；而坎德拉斯和他的学生证明大量的卡－丘空间都以镜像对的形式出现。通过这两篇文章，我们发现了弦理论的镜像对称。[7]

镜像对称的物理学和数学

爱因斯坦在空间的几何与物理的现象间建立的刚性而唯一的联系，在弦理论中获得了解放，这是一个惊人的"范式的转移"。但这些发展所带来的远不只是哲学态度的改变。镜像对称还特别为认识弦理论的物理和卡－丘空间的数学提供了强大的工具。

在所谓代数几何领域从事研究的数学家,在弦理论发现很久以前就一直在为纯数学的理由研究卡－丘空间。他们发现了这些空间的许多具体性质，没有一个显得有未来的物理意义。不过，卡－丘空间的某些性质已经证明是很困难的——基本上不可能完全揭示出来。但弦理论的镜像对称的发现极大地改变了这种局面。大致说来，镜像对称说的是，原来认为毫不相干的特殊的卡－丘空间对现在被弦理论紧紧联系在一起了。联结它们的是一个共同的物理宇宙，任选一个空间作为卷缩维的空间形式，都将生成这样的宇宙。这种意外的内在联系提供了一个新的有力的物理学和数学工具。

举例来说，假如你在忙着计算与卷缩维的某个卡－丘形式相关联的物理性质——如粒子的质量和力荷。你并不特别关心计算结果与实验的联系，因为我们已经看到，现在做那些实验还有大量理论和技术的障碍。实际上，你是在靠思想实验做计算，关心的是假如选择了某个卡－丘空间，宇宙应该像什么样子。开始计算的时候，一切都还顺利；但接着，你的计算遇到了难以逾越的障碍。没人能帮你，世界上最好的数学家也不知道该怎么往下算。你迷失了方向。但是你后来发现这个卡－丘空间有一个镜像伙伴。因为这两个空间生成的弦物理是完全相同的，你意识到自己可以自由地随便拿一个来做计算。于是，你用原来那个卡－丘空间的镜像伙伴重新做刚才那些艰难的计算，你相信计算的结果——物理——应该是一样的。起初你可能认为重新做的计算也会像原来那么难，但你却惊喜地发现，两个计算虽然结果会是一样的，但具体形式却大不相同。原来的某些可怕的计算，在镜像的卡－丘空间里变得非常简单了。为什么会这样呢？这不是两三句话就能说明白的，不过，至少对某些计算来说，几乎肯定是这样的，而且计算的难度可以大大降低。它的意义自然是清楚的：你从迷失的方向里走出来了。

这多少有点儿像下面的例子。假设有人陪你数一堆橘子，橘子随便堆放在一只大果箱里，那箱子长3米，宽3米，高3米。起初，你一个个地数，但很快发现这太累人了。幸运的是，这时来了一个朋友，他是看到橘子送来的。他告诉你，橘子原来整整齐齐堆放在小箱子里（他正好拿着一只那样的箱子），小箱子堆在一起，长、宽、高都是20个。你很快算出，送来了8 000小箱橘子。现在你需要知道的只是数清一只小箱子里能堆放多少橘子。这是很容易的。你从朋友那儿借来小箱子，用橘子把它填满，这样，原来那艰巨的使命不费吹灰之力就完成了。总之，发现一种聪明的计算方法，做起来就容易得多。

弦理论中的许多计算都是这种情形。从一个卡－丘空间看，计算可能牵涉大量艰苦的数学步骤；然而，如果转移到它的镜像空间，计算可以更有效地重新组织，从而能够相对容易地实现。这一点是普里泽和我发现的，后来，坎德拉斯和他的合作者得克萨斯大学的奥莎（Xenia de la Ossa）、帕克斯（Linda Parkes）和马里兰大学的格林（Paul Green），令人惊奇地将它投入了实践。他们证明，几乎所有困难的计算都能在镜像空间里实现，只需要一台电脑和几页的代数计算。 261

这对数学家来说更是特别激动人心的发现，因为其中的某些计算也曾令他们困惑过多年。用物理学家的话说，弦理论把它们都解决了。

现在你该明白，在数学家和物理学家之间存在着许多有益的而且通常是友好的竞争。事实上，两个挪威数学家——埃林斯鲁德（Geir Ellingsrud）和斯特罗姆（Stein Arild Strømme）——就曾计算过坎德拉斯和他的伙伴们用镜像对称成功解决了的一个问题。大体说来，那相当于计算在某个特别的卡－丘空间里能“堆放”多少个球，有点儿像我们在大果箱里数橘子的问题。1991年，在伯克莱举行的一次物理学家和数学家会议上，坎德拉斯宣布他的小组用弦理论和镜像对称得出的结果是317 206 375。埃林斯鲁德和斯特罗姆也宣布了他们艰难的数学计算结果：2 682 549 425。几天里，数学家和物理学家一直在争论：谁是对的？这个问题成了弦理论定量可靠性的真正考验。许多人甚至说——多少带点儿玩笑——这是弦理论能否与实验对比的最好检验。另外，坎德拉斯的结果远不仅是埃林斯鲁德和斯特罗姆也计算了的数值结果，他们还宣布说回答了许多别的极端困难的问题——实际上，那些难题连数学家也从未想过。但 262 弦理论可信吗？数学家和物理学家们在会上进行了广泛的交流，可分歧最终还是没能解决。

大约一个月过后，一封电子邮件在参加过伯克莱会议的人中间传开了，信的主题是*物理学赢了*！埃林斯鲁德和斯特罗姆在他们的计算机代码中发现了一个错误，改正以后他们也证实了坎德拉斯的结果。从那以后，许多数学家都来检验弦理论镜像对称的定量可靠性：所有的检验都胜利通过了。在物理学家发现镜像对称近10年后，最近，数学家在揭示其内在的数学基础方面取得了重大进展。根据数学家康泽维奇（Maxim Kontsevich）、曼宁（Yuri Manin）、田刚（Tian Gang）、李军（Li Jun）和吉温托尔（Alexander Givental）等人的重要成果，丘成桐和他的合作者刘克峰等终于从数学上严格证明了用来计算卡-丘空间能放多少个球的公式，从而解决了困扰数学家几百年的一大难题。

除了这场独特的胜利，这些发现真正让我们看到物理学开始在数学舞台上崭露头角了。过去许多时候，物理学家曾在数学的仓库里“发掘”出一些工具来构造和分析物理世界的模型。现在，通过弦理论的发现，物理学家开始偿还他们的债务，为数学提供新的方法去解决他们的未解问题。弦理论不仅树立起一个统一的物理学框架，还可能实现一个同样深刻的数学大联合。

第 11 章
空间结构的破裂

假如你一个劲儿地拉扯一块橡皮膜，它迟早会破裂的。这个简单 263
的事实近年来一直令许多物理学家在想，构成宇宙的空间结构是不是也可能出现这样的事情呢？就是说，空间结构会分裂吗？当然，也许因为我们把橡皮膜的例子太当真了，而被它引向了歧路？

在爱因斯坦的广义相对论看来，答案是否定的，空间结构不会破裂。[1] 广义相对论的方程牢牢植根于黎曼几何，我们在前一章讲过，那是分析空间相邻位置距离关系的扭曲的一个数学框架。为了使距离关系有意义，基本的数学形式要求空间背景是*光滑的*——这是一个有严格数学意义的概念，不过它的寻常意思也能把握某些基本特征：没有褶皱，没有针眼，没有一小块一小块“黏”起来的痕迹，当然也没有破裂。如果空间结构生出这些不规则的东西，广义相对论方程就会崩溃，预示着这样那样的宇宙灾难——那些灾难的结果显然没有出现在我们运转良好的宇宙中。

有想象力的理论家并没有因此停止他们的想象。多年来，他们一直在思考，也许某个超越爱因斯坦经典理论并融合量子物理学的新物理学体系，会证明空间结构可能出现裂痕、破裂和重新组合。实际上，

264 当人们认识到量子物理学能破坏短距离下的涨落时，就有人怀疑裂痕和破碎可能是空间结构的普遍特征。*虫洞*的概念（对星际旅行着迷的人该熟悉这个词儿）就是从这样的想象中产生出来的。想法很简单。想象一下，假如你是某大公司的总裁（CEO），总部在纽约世界贸易中心一座塔楼的第90层。你还有一家患难与共多年的伙伴公司，在中心另一座塔楼的第90层。[1] 两家公司当然不可能搬迁。为了往来密切方便，你自然会想，在两座塔楼间搭一座天桥，这样员工们就能自由往来而用不着上下90层楼了。

虫洞也起着类似的作用：它是一个桥梁或隧道，为联结宇宙两个 265 区域提供了捷径。拿二维模型来说，宇宙像图11.1的样子。假如你公司的总部设在图11.1（a）的下面那个圆圈处；通过那段U形路径，从宇宙的一头走到另一头，你可以来到上面那个圆圈处的另一个办公室。但是，假如空间结构可以破裂，生成图11.1（b）的孔洞，而孔洞还能生长“触角”，像图11.1（c）那样结合起来，这样，原来两个遥远的区域就通过一座空间桥梁联系起来了。这就是虫洞。你可以看到，虫洞在某些地方像那座世界贸易中心的天桥，但还有点根本的差别：世界贸易中心的天桥穿过一个*存在的*空间区域——两座塔楼间的空间。而虫洞则生成一个*新的*空间区域，因为二维空间*整个*就是图11.1（a）的样子（在我们的二维例子中）。薄膜外的区域只不过说明原来的图是不够充分的，它把U形宇宙描绘成我们更高维宇宙里的一样东西。虫洞生成新空间，从而也开辟了新的空间领域。

---

1. 遗憾的是，2001年9月11日，世界贸易中心大厦在遭恐怖袭击后倒塌了。——译者注

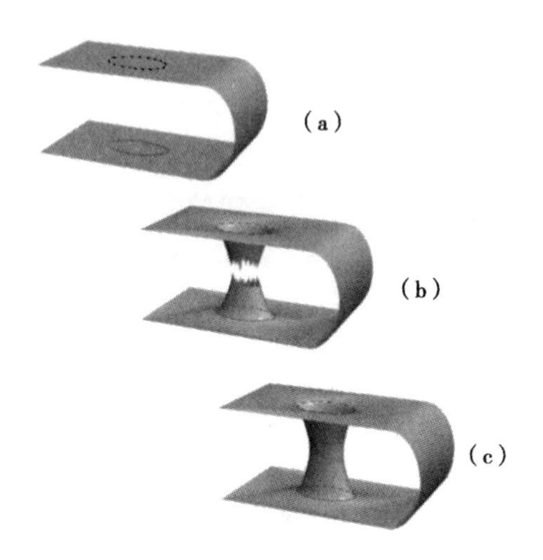

图11.1 （a）在U形宇宙中，从一端到另一端的唯一路径是穿过整个宇宙；
（b）空间破裂，虫洞从两端生出；
（c）虫洞两端结合，形成一座桥梁——从宇宙一端到另一端的捷径

宇宙中有虫洞吗？谁也不知道。如果有的话，我们也不知道它们是微观的，还是可能在宇宙的一个巨大区域展开。但是，评价虫洞是真还是假，基本的一点在于决定空间结构是否可能破裂。

黑洞为我们提供了另一个诱人的例子。在这个例子中，空间结构延伸到了极限。在图3.7我们曾看到黑洞巨大的引力场导致了极端的空间卷曲，从而空间结构在黑洞的中心显得破碎了。与虫洞情形不同的是，有许多实验证据支持黑洞的存在，所以关于在黑洞中心发生什么事情的问题，是科学的，而不是幻想的。在这样极端的条件下，广义相对论的方程仍然是失败的。有些物理学家曾提出，破碎的空间结构确实存在着，但黑洞的事件视界（它里面的任何事物都逃不出引力的魔掌）遮住了那个宇宙“奇点”。这个想法使牛津大学的彭罗斯

(Roger Penrose)提出一个“宇宙监督假说”，只有在事件视界的遮蔽下才可能出现那种空间奇异性。另一方面，还在弦理论发现之前，就有物理学家猜想，量子力学与广义相对论的恰当结合将证明，那种表266 面的空间破裂实际上会被量子行为平滑掉——也可以说，破裂的空间又被“缝合”起来了。

随着弦理论的发现和量子力学与引力论的融合，我们最终会研究这些问题的。尽管现在弦理论还不能完全回答它们，但在过去几年里有些密切相关的问题已经解决了。这一章里我们将讨论弦理论如何第一次确定性地证明在某些物理背景下——在某些方面不同于黑洞和虫洞——空间结构是可能破裂的。

诱人的翻转

1987年，丘成桐和他的学生田刚(现在在麻省理工学院)做了一次有趣的数学考察。他们发现，一定的卡-丘空间形态可以通过我们熟悉的数学步骤变换成其他形态：空间表面破裂，生成孔，然后照精确的数学形式将孔缝合起来。[2]简单地说，他们“黏合”了处于原来那个卡-丘空间内部的一类特殊的二维球面——如皮球的表面，如图267 11.2。(皮球跟所有普通物体一样是三维的，不过，我们这里只谈它的表面，而不管它的组成材料的厚薄，也不管它所包围的内部空间。皮球表面上的点的位置可以用两个数——“经度”和“纬度”——来确定，因而它的表面跟我们前面讨论的水管的表面一样，是二维的。)然后，他们考虑球面像图11.3那样逐渐收缩成一个点。这幅图和本章后面的图都把卡-丘空间简化了，只突出了关系最密切的那一“小块”，

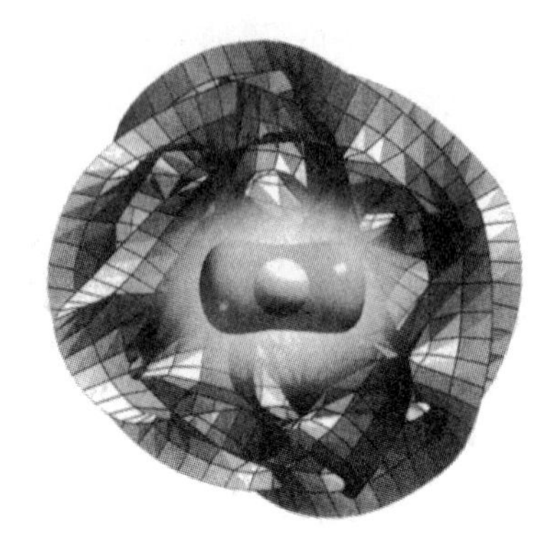

图11.2　在卡-丘空间内部包含着一个球面，特别突出了球所在的区域

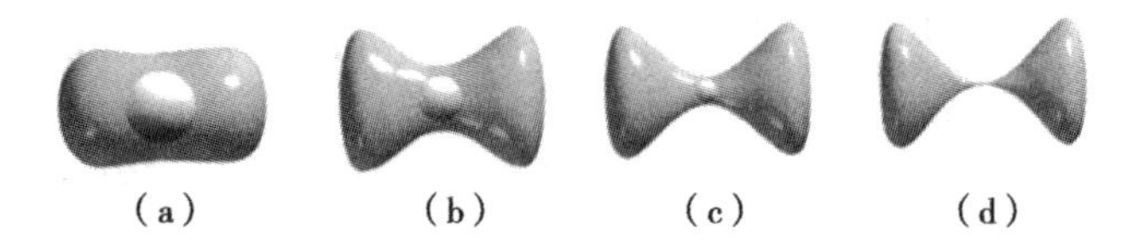

图11.3　卡-丘空间里的球收缩成一点，使空间结构破裂。在这里和后面的图中，我们简化了卡-丘空间，只画出了有关的部分

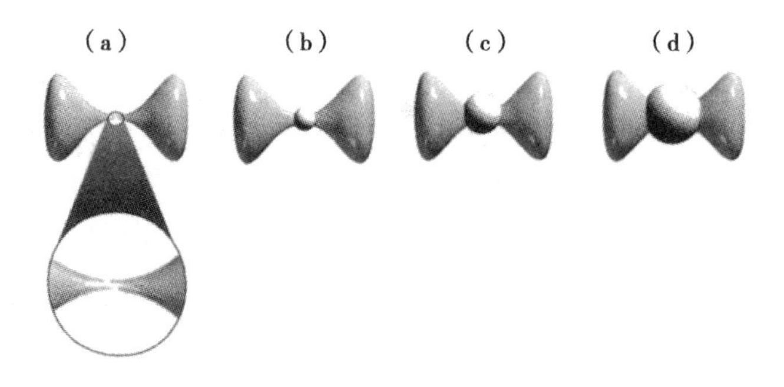

图11.4　破裂的卡-丘空间在尖点处生成一个球面，使表面重新光滑。图11.3中 的球被“翻转”过来了

但在头脑中我们应该清楚，这样的形变发生在更大的如图11.2的卡－丘空间。最后，田和丘想象，在尖点处将卡－丘空间轻轻分裂，张开缺口［图11.4（a）］，重新黏合起来［图11.4（b）］，然后让它膨胀成圆球的形状［图11.4（c）、图11.4（d）］。

数学家称这样一个操作序列是一种翻转变换（flop-transition）。268 那是说，原来的皮球似乎在整个卡－丘空间里“翻转”到一个新的方向。丘、田和其他研究者还注意到，在一定条件下，翻转生成的新卡－丘空间［图11.4（d）］与原来的卡－丘空间［图11.3（a）］在拓扑学上是不相同的。这个奇特的说法实际上等于说，绝对不可能不经过空间结构的破裂而将初始的图11.3（a）的卡－丘空间变形成为最后的图11.4（d）的卡－丘空间。

从数学观点看，丘－田过程的意义在于提供了一个从已知卡－丘空间生成新空间的途径。不过，它的真正潜力还在物理学方面，它提出一个诱人的问题：除了抽象的数学程序外，从图11.3（a）到图11.4（d）的序列真能在自然界出现吗？也许，空间结构果然与爱因斯坦的想象不同，它可能分裂然后像上面讲的那样重新修补好？

镜像图景

自1987年的发现以来的几年，丘成桐常鼓励我去考虑翻转变换是否能在物理学中实现。我没有去想这个问题。在我看来，翻转变换只不过是抽象的数学过程，与弦理论的物理毫不相干。实际上，我们在第10章的讨论中发现卷缩的空间维有一个极小半径，可能有人因此认为弦理论不允许图11.3的球面收缩成一个点。不过，请记住，我们在第10章还讲过，假如是一块空间在坍缩——在这里是卡-丘空间的一个球面——而不是整个维在坍缩，则关于大小半径相同的论证就不适用了。但是，不管怎么说，即使我们不能因为这一点理直气壮地排除翻转变换，空间结构看来仍然不太可能会发生破裂。

可是后来，在1991年，挪威物理学家吕特肯（Andy Lütken）和阿斯平沃尔（Paul Aspinwall，我的研究生同学，从牛津来的，现在是杜克大学教授）提出了一个后来证明是很有趣的问题：假如我们宇宙的卡-丘空间结构会经历空间破裂的翻转变换，那么从镜像的卡-丘空间来看，它会是什么样子呢？为明白提出这个问题的动机，我们需要回想一下，一对镜像卡-丘空间（当然指的是被选作额外维度的那些形式）生成的物理学是相同的，但物理学家为了认识物理而在两个空间遇到的数学困难却大不相同。阿斯平沃尔和吕特肯猜想，从图11.3到图11.4的复杂的数学翻转变换可能有一种简单得多的镜像描述——能更清楚地透视相关的物理图景。 269

那时候，镜像对称的认识深度还不能回答他们提出的问题。不过，阿斯平沃尔和吕特肯发现，在镜像图景中似乎不会出现翻转变换带来的灾难性的物理结果。大约同时，普里泽和我为寻找卡-丘形态的镜像对的工作（见第10章）也意外将我们引到翻转变换的问题上来。在数学上大家都熟悉，像图10.4那样黏合空间的不同点——我们曾用这个程序来构造镜像对——会产生与图11.3和图11.4中的破裂与缝合相同的几何状态。然而，普里泽和我却没有发现有什么相关的物理学灾难。而且，在阿斯平沃尔和吕特肯的发现（还有他们和罗斯以前的一篇论文）激励下，普里泽和我发现，在数学上我们可以用两种不同的方法来修补空间的破裂。一种方法得到图11.3（a）的卡-丘形态，另一种方法则得到图11.4（d）的形态。这就说明，从图11.3（a）向图11.4（d）的演化在大自然是能够发生的。

到1991年底，至少有几位弦理论家强烈感到，空间结构能发生破裂，但还没有人掌握能确定或否定这种惊人的可能性的数学工具。

一步步往前

270　1992年，普里泽和我断断续续地努力证明过空间结构能发生空间破裂的翻转变换。我们的计算得出些零星的间接证据，但还没找到确定的证明。那年春天，普里泽去访问普林斯顿高等研究院，把我们最近关于在弦理论的物理条件下空间破裂翻转变换的一些认识私下告诉了惠藤。普里泽大概讲了我们的想法，然后等惠藤回答。惠藤把头从黑板转过来，两眼望着办公室的窗外。大约过了一两分钟，他才转过头来，告诉普里泽说，如果我们的想法行得通，“那将是很惊人的。”这又激发起我们的热情。可是不久，由于没什么进展，我们两个人都去做弦理论的其他课题了。

尽管这样，我还是在思考翻转变换的可能性。几个月过去了，我越来越相信那应该是弦理论的一个不可分割的部分。普里泽和我的初步计算以及我们与莫里森（David Morrison，杜克大学的数学家）富有启发的讨论，似乎都说明唯有这才是镜像对称的自然结果。实际上，在访问杜克期间，莫里森和我在卡茨（Sheldon Katz，来自俄克拉荷马州立大学，那时也在杜克访问）的一些发现的启发下，初步提出了一个证明翻转变换能在弦理论中出现的策略。但当我们坐下来计算时，才发现那是非常艰难的。即使是全世界最快的计算机，也需要一百多年才能完成那些计算。我们取得了一点进展，但显然还需要能大大提高我们计算效率的新思想。碰巧，埃森大学的数学家巴提列夫（Victor Batyrev）在1992年春夏的两篇论文无意间揭示了那个思想。

巴提列夫早就对镜像对称感兴趣，特别当坎德拉斯和他的合作者们用它成功解决了第10章最后讲的数球问题以后。不过，他凭一个数学家的眼光，为普里泽和我借以寻找卡-丘空间对的方法感到不安。[271]虽然我们用的工具是弦理论家都熟悉的，但巴提列夫后来却告诉我，我们的论文在他看来像“黑色魔术”。这反映了物理学与数学两个学科间巨大的文化差异；当弦理论在模糊它们的界限时，这些差异在两个领域的语言、方法和风格上表现得更显著了。物理学家喜欢先锋派的作风，在寻求问题的解决方法时宁愿改变传统法则，超越大家公认的界线。数学家更喜欢古典风格，习惯按部就班做事情，在前一步没有严格确立以前不会果敢地迈出下一步。两种作风各有优点和缺点；都展开了一条独特的通往创造性发现的道路。两条道路也跟现代音乐与古典音乐一样，不能讲谁对谁错——一个人选择什么样的方法路线，主要凭他个人的兴趣和修养。

巴提列夫开始在更传统的数学框架下重建镜像流形，他成功了。在台湾数学家阮希石（Shi-Shyr Roan）以前工作的激发下，他找到一个系统地生成镜像卡-丘空间对的数学程序。他的重建程序可以约化为普里泽和我在我们考虑过的例子中发现的程序，但展现了一个以数学家更熟悉的方式表达的更为普遍的框架。

巴提列夫论文的另一方面是多数物理学家以前没有遇到过的数学东西。就我来讲，虽然能把握他论证的要点，却很难理解许多关键的细节。但有一点是清楚的：如果正确理解和应用他文章里的方法，很可能会走出一条认识空间破裂的翻转变换的新思路。

在这些发现的激励下，那年夏天快结束的时候，我觉得自己应该全身心地回到翻转问题上来，莫里森告诉我，他要离开杜克到高等研究院去一年，我还知道阿斯平沃尔也将去那儿做博士后。通过几个电话和电子邮件，我也决定离开康奈尔大学，到普林斯顿去度过1992年的秋天。

策略

272　要长时间紧张地集中精力做件事情，恐怕很难找到比高等研究院更理想的地方了。它于1930年建在一片如诗一般的森林边的小山坡上，离普林斯顿大学校园只有几千米。人们都说在研究院工作不会受到干扰，当然啦，因为这里本来就没有什么干扰。

1933年，爱因斯坦离开德国以后就来到研究院，在这里度过他的余生。在这幽静、孤独的苦行僧生活的环境里，一位老人在思索他的统一场理论，这是怎样的图景，是不难想象的。这里的空气仿佛也总是弥漫着深沉的思想，它可能令你兴奋，也可能让你感到压抑——这得看你当时的思想状况是什么样的。

到研究院不久，保尔•阿斯平沃尔和我有一天走在纳索街头（普林斯顿小城的主要商业街），想找一家我们都喜欢的地方吃晚餐。这可不大容易，因为保尔爱吃肉，而我是个素食者。我们一边走，一边谈自己的生活。谈话中，他问我有没有什么可以做的新东西。我告诉他，是有点儿新东西。然后，我向他详细讲了我觉得重要的事情是应该证明，宇宙如果真是弦理论描绘的那样，则它会发生空间破裂的翻转变换。我还简单讲了我正在探寻的路线，并告诉他，我从巴提列夫的工作看到了新的希望，它大概能弥补我们失去的一些东西。我想这些东西保尔应该是知道的，会为它的前景感到兴奋。然而他没有。现在想来，他那时沉默的原因主要是我们在思想上已经友好地竞争了很久，我们对对方的观点总是有点儿吹毛求疵的。过些日子以后，他转变了看法，我们都全心全意来关注空间翻转问题。

那时，莫里森也来了。我们三个就在研究院的休息室里草拟研究计划。我们都认为，中心目标是要明确从图11.3（a）到图11.4（d）的演化是否能在我们的宇宙发生。但直接攻克这个问题是不可能的，因为描写演化的方程太难了，特别是在空间发生破裂时，更加困难。我们选择了另一种方法，用镜像的图景重新表达这个问题，希望其中的方程会更容易把握一些。图11.5大概说明了这个过程。上面的一行是原来从图11.3（a）到图11.4（d）的演化序列，下一行是同一演化在镜像卡−丘空间里的表现。正如我们很多人已经认识的，它说明在镜像空间里弦理论表现出良好的特性，没有出现灾难性的结果。你可以看到，在图11.5的下面一行里似乎并没有什么破裂。不过，这里出现的真正问题是：我们是不是把镜像对称推到了它的适用范围以外？尽管图11.5上下两行最左端的卡−丘形态能生成相同的物理，但是，在向 273

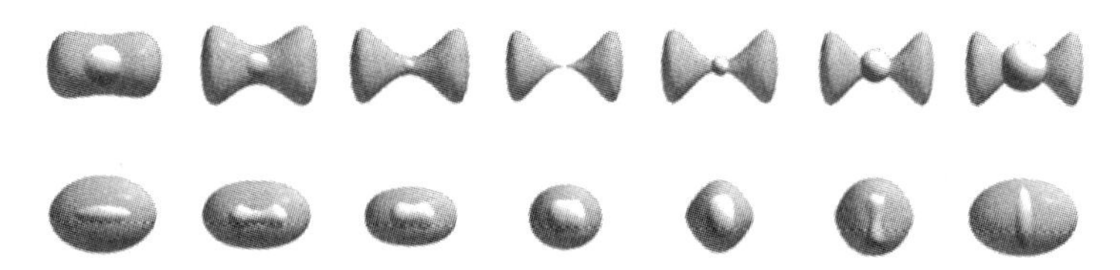

图11.5　一个空间破裂翻转变换（上一行）和设想的镜像过程（下一行）

右端演化的每一步——在中间必然经过破裂和修复的过程——都能让原来的和镜像观点下的物理性质一样吗？

虽然我们有很牢固的根据来相信镜像关系对图11.5上面一行所引起卡-丘空间破裂的序列是成立的，但我们也发现，谁也不知道在破裂发生以后上下两行是否还能继续互为镜像。这是一个关键问题。如果它们是镜像的，则镜像空间不会出现灾难就意味着原来的空间也没有灾难，这样我们就证明了弦理论里的空间能发生破裂。我们发现，这个问题可以归结为一种计算：计算原来的卡-丘空间在破裂以后（即图11.5上一行右端的卡-丘形态）的物理性质以及相应的镜像空间（即图11.5下一行右端的卡-丘形态）的物理性质，看它们是否相同。

274　阿斯平沃尔、莫里森和我在1992年的秋天所做的，就是这个计算。

爱因斯坦暮年归宿的深夜的课堂

惠藤剃刀般的智慧多藏在温和的言谈中，而他的语言常常露着几乎刺人的锋芒。很多人认为，在当今的大物理学家行列里，他是活着的爱因斯坦。甚至还有人说他是有史以来最伟大的物理学家。他对尖锐的物理学问题有永不厌倦的渴求，对决定弦理论的发展方向有着巨大的影响。

惠藤的创造力是源源不断的，还有些传奇的故事。他的夫人娜菲（Chiara Nappi）也是研究院的物理学家，曾向我们描绘了一个坐在餐桌旁的惠藤：他常常神游到弦理论的边缘，只是需要拿纸和笔计算一些令人困惑的细节时，才偶尔回到现实中来。[1]另一个故事是听一位博士后讲的。某个夏天，他正好在惠藤隔壁的办公室。他说，当他痛苦艰难地在桌旁与复杂的弦理论计算搏斗时，常听到有节奏的键盘声不断从惠藤那儿传来，感觉一行行拓荒的文字正从人脑汩汩地流进电脑。

大约一个星期后，我来了。惠藤和我在研究院的园子里聊天，他问我有什么研究计划。我告诉他有关空间破裂翻转的事情和我们正在考虑的证明计划。听到这些想法，他的眼睛亮了，不过，他担心计算会很可怕。他还指出我们计划里的一个薄弱环节，与我几年前与瓦法和瓦纳做过的一项研究有关。但后来发现，他提出的问题只是碰到了翻转问题的边缘，不过这使他开始思考最终的相关而互补的问题应该是怎样的。

阿斯平沃尔、莫里森和我决定把计算分解成两个部分。最自然的分解大概是这样的：先揭示出与图11.5上面一行最后一个卡-丘形态相关的物理，然后对下一行的最后一个卡-丘形态做同样的事情。如果镜像关系没有因为上面卡-丘空间的破裂而破坏，则这最后两个

1. K.C.Cole, *New York Times Magazine*, October 18, 1987, p. 20.

卡-丘空间将跟它们演化之初的两个空间一样，生成同样的物理。(这样表达的问题，避免了卡-丘空间破裂时的复杂计算。)然而，结果表明，计算与上一行最后一个卡-丘形态相关的物理是直截了当的事情，这个方案真正的困难在于，首先确定下一行最后一个卡-丘空间——我们假想的上面那个卡-丘空间的镜像——的*准确形式*，然后再发现与它相关的物理。

为实现后面这一步——在下一行最后那个空间形态确定的条件下，揭示相关的物理特征——坎德拉斯在几年前就发现了一个方法。不过，他的方法算起来太艰难了，在我们的具体例子中还需要一个更好的计算程序。阿斯平沃尔不但是有名的物理学家，也是一流的程序专家，编程序的任务自然落在他身上。莫里森和我则开始做计划的第一步：弄清那个候选镜像卡-丘空间的准确形式。

就在这个时候，我们觉得巴提列夫的工作能为我们提供一些重要线索。然而，数学与物理学之间的文化差异——这回是莫里森和我之间的差异——又阻碍了我们的进步。我们需要将两个领域的力量集中起来，去发现图11.5下面那个卡-丘空间的*数学*形式——如果自然图景中确实可能发生空间破裂，它应该与图11.5上面那个卡-丘空间生成相同的*物理*。但是，我们两个对对方的语言都还没熟悉到能看清如何达到目标的地步。显然，我们需要补课，需要赶紧走进对方的专业领域。于是，我们决定白天尽可能做计算，晚上上课，既做教授，也当学生：我给莫里森讲一两小时的物理；然后他给我讲一两小时的数学。我们经常到夜里11点才下课。

我们日复一日地投入到计划里。进展很慢，但我们能感觉到有些东西就要出现了。这时候，惠藤在加强他以前发现的薄弱环节，取得了重大进展。他的研究是建立一种新的更有力的方法来联结弦理论的物理与卡-丘空间的数学。阿斯平沃尔、莫里森和我几乎每天都跟惠藤坐到一起，他会向我们说明根据他的方法得到的新发现。几个星期过去了，我们逐渐发现，他从完全不同的观点进行的研究竟出人意料地和我们的翻转变换问题走到一起来了。我们觉得，如果不快点儿完成计算，惠藤就会赶到前头去了。 276

周末的六箱啤酒

对物理学家来讲，友好的竞争是最能让人精神集中的。阿斯平沃尔、莫里森和我，3个人的大脑都在高速运转着。有意思的是，这在莫里森和我是一样的，而阿斯平沃尔则是另一回事了。他身上奇特地体现着英国绅士的个性特征，而且很少开玩笑，这大概是他在牛津过了10年学生和研究生的生活留下的印迹。从工作习惯说，他也许是我所见过的最洒脱的物理学家。我们很多人都要工作到深夜，而他的工作从来不超过下午5点。我们周末也工作，而他不会。对他来说，发条拧得太紧，会转得更慢。

到12月初，莫里森和我互相讲课已经几个月，开始有了一点儿回报。我们离认识要找的卡-丘空间的准确形式已经很近了。另外，阿斯平沃尔的计算程序也刚完成，他等着我们的结果，那是他程序所需要的输入条件。一个星期二的晚上，莫里森和我终于相信我们知道如何识别我们需要的卡-丘空间。那也归结为一个用很简单的计算程序就能完成的过程。星期五下午我们把程序写出来调试，到后半夜，结果出来了。

可那是星期五，下午5点以后的事情。阿斯平沃尔已经回家了，要 277 星期一才回来。没有他的计算程序我们什么事也做不了。莫里森和我真不知道整个周末该怎么过。宇宙结构的空间破裂问题想了那么多年，现在我们已经走到答案的边缘了，怎么还能等下去呢。我们给阿斯平沃尔家里打去电话，让他第二天一早就回来。他开始不愿意，后来还是嘟囔着答应了，不过要我们给他买六箱啤酒，我们答应了。

真理时刻

我们如约在星期六的早上聚在一起。那是一个阳光明媚的早晨，我们玩笑着，气氛很轻松。我说，我一半是想阿斯平沃尔别来，如果来了，我会用15分钟来赞美这个让他第一次走进办公室的周末。他说，保证不会有下一次了。

在我和莫里森共用的办公室里，我们围在莫里森的计算机旁。阿斯平沃尔告诉莫里森如何打开他的程序，向我们演示了需要输入东西的准确形式。莫里森把我们前夜得到的结果化为恰当的格式，就这样开始了。

我们进行的特别计算，大概说来是决定一定粒子种类的质量——也就是，弦在我们花了整整一个秋天来认识的卡-丘空间所在的宇宙中运行时，一定振动模式所对应的质量。依照原来的策略，我们希望这个质量应该与空间破裂翻转生成的卡-丘形态的计算结果一致。后面这个计算相对更容易一些，我们以前已经做过了，结果在我们用的特殊单位下是3。因为现在做的是可能的镜像数值计算，我们希望得到很接近3但不是3的结果，如3.000001或2.999999，微小的误差来自四舍五入。

莫里森坐在计算机旁，手指在"enter"键上，轻轻一按，他说"开始"，就让程序运行起来。几秒钟后，计算机回到了答案：8.999999。我的心一沉，难道空间的破裂翻转破坏了镜像关系？它们不可能真的发生？不过，我们几乎马上意识到一定出了什么可笑的事情。假如两个空间形式的物理学真不一样，计算机不可能得出一个那么接近整数的结果。假如我们的思想错了，就没有理由期待除随机的数字以外还能有什么别的东西。我们得到一个错误的结果，但它却提醒我们，也许我们是犯了某个简单的算术错误。阿斯平沃尔和我来到黑板前，没多久就发现我们错哪儿了：在一个星期以前做的"简单"计算里，我们忽略了一个因子3，正确结果应该是9。于是，计算机的结果正好是我们想要的。 278

当然，这种"事后的一致"只能从边缘增强我们的信心。如果我们知道想要的答案，通常很容易找到办法来得到它。我们还需要做别的计算。必要的程序都编好了，做起来也不难。我们在原来的卡-丘形式上计算了另一种粒子的质量，这次十分小心，不会有错了。答案是12。然后，我们又在计算机旁忙开了。几秒钟后，结果出来了：11.999999，*是一致的*。我们这就证明了假想的镜像空间*的确是*镜像的，从而空间破裂翻转变换是弦理论物理的一部分。

这时，我一下子从椅子上跳起来，疯狂似地在办公室里跑了一圈。莫里森也笑嘻嘻地坐在计算机旁。不过，阿斯平沃尔的反应却不一样。“那太好了，但我知道会成功的，”他平静地说，“可啤酒在哪儿？”

惠藤的方法

那个星期一，我们满怀胜利地走向惠藤，告诉他我们成功了。他很高兴听到我们的结果。实际上，他也刚找到一个办法来证明发生在弦理论里的翻转变换。他的论证和我们的迥然不同，而且特别说明了为什么这种空间破裂不会产生灾难性后果的微观原因。

他的方法暴露了空间破裂时点粒子理论和弦理论间的差异。关键的一点差异是，在破裂处弦有两种运动形式，而点粒子只有一种。就是说，弦可以像点粒子那样走近破裂，也可以像图11.6画的那样包围

279

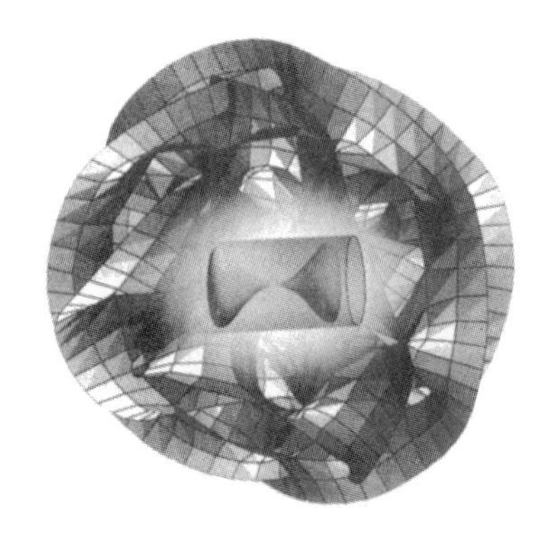

图11.6 弦扫过的世界叶面像一道屏障，消除了与空间结构破裂相关的可能的灾难性影响

着破裂而经过它。总之，惠藤的分析表明，围绕着破裂点的弦——一种不可能在点粒子理论中出现的东西——使周围的宇宙避免了灾难的结果；如果没有它，灾难是一定会发生的。看来，弦的世界叶——回想一下第6章，它是弦扫过空间形成的二维曲面——仿佛提供了一个保护的屏障，消除了空间结构的几何退化所产生的可怕影响。

你很可能要问，如果破裂发生的地方没有弦，结果会怎样呢？而且，你还可能想，在破裂发生的那一瞬间，一根弦——一根无限细的线圈——不过像你身上的一个呼啦圈，能遮挡飞来的一群子弹吗？这两个问题的解答在于第4章讨论过的量子力学的一个基本特征。我们在那儿看到，在量子力学的费恩曼形式里，一个物体，不论是粒子还是弦，都是"摸索着"所有可能的路径从一个地方运动到另一个地方。我们看到的运动是所有可能的组合，每一可能路径在组合中的多少 280 完全取决于量子力学的数学。假如空间出现破裂，则弦可能的运动路径就是图11.6中那些包围破裂点的路径。即使破裂发生时附近没有弦，量子力学考虑的是所有可能弦路径的物理效应，其中就有许多（实际上是无限多）包围破裂点的保护路径。惠藤向我们揭示的就是这些东西，它们消除了可能出现的宇宙灾难。

1993年1月，惠藤和我们三个同时在互联网上发布了我们的论点，通过这种途径，物理学论文可以迅速传遍世界。两篇文章从截然不同的观点描述了所谓*拓扑变化转换*的第一个例子——那是我们发现的空间破裂过程的专用名词。空间结构是否能发生破裂的老问题就这样由弦理论定量地解决了。

影响

我们已经很好地认识了空间能发生破裂而不产生物理学灾难。但是，空间破裂时会发生什么事情呢？会带来什么看得见的影响呢？我们已经看到，周围世界的许多性质都取决于卷缩维的详细结构。于是，你可能认为像图11.5那样神奇的卡-丘空间变换会产生巨大的物理学影响。然而，实际上我们用以描绘空间的二维图像使得那变换看起来比实际发生的更加复杂了。如果能看见六维的几何，我们会发现，空间确实破裂了，但那变化方式是非常“温和”的，像绒毛上的小蛀洞，而不是牛仔裤膝盖上的大口子。

我们和惠藤的结果都说明，像弦振动的族和每一族的粒子类型的数目这样一些物理特征都不受那些过程的影响。当卡-丘空间通过破裂而演化时，影响的只是每个粒子的质量大小——即弦的可能振动模式的能量。我们的文章表明，这些质量将随卡-丘空间几何形态的改变而连续变化，有的增大，有的减小。然而，最重要的是，当空间破裂出现时，变化的质量并不会出现灾难性的跳跃、尖峰或其他异常行为。从物理的观点看，破裂的瞬间没有什么奇特的表现。

281

这引出两个问题。第一，我们以上关心的是发生在宇宙多余的六维卡-丘空间里的空间结构破裂，这样的破裂在寻常的三维空间也会出现吗？几乎可以肯定地回答，是的。毕竟，空间就是空间，不论它卷缩成卡-丘形态，还是展开成我们在星光灿烂的夜晚所感觉的茫茫宇宙；即使卷缩的维与展开的维之间有多大区别，那多少是人为产生的。尽管我们和惠藤的分析都依赖于卡-丘空间特别的数学性质，但空间能产生破裂的结果一定有着更广泛的适用性。

第二，这种拓扑改变的破裂会发生在今天或者明天吗？会发生在过去吗？会的。基本粒子质量的实验观测表明，它们的值是相当稳定的。但是，如果我们回到大爆炸以来的早期阶段，即使不以弦为基础的理论也假定有一个基本粒子质量随时间改变的重要时期。从弦理论的观点看，这样的时期当然会发生本章讨论的拓扑改变破裂。在离现在更近的时期，基本粒子质量看起来是稳定的，这说明如果宇宙还在经历着拓扑改变的空间破裂，那过程也该是非常缓慢的——从而它对基本粒子质量的影响微小得我们今天的实验还发现不了。值得注意的是，只要条件满足了，今天的宇宙就可能处在空间破裂的过程中。假如过程很慢，我们就不会知道它的发生。没有发现特别惊人的现象，282 却引起了极大的兴奋，这在物理学中是少有的事情。那样奇异的几何演化没带来看得见的灾难性结果，这让我们看到弦理论在爱因斯坦的期望之外已经走了多远。

第 12 章
超越弦：寻找 M 理论

283　爱因斯坦在寻求统一理论的漫长道路上，心里想的是“上帝（是否）能以不同方式创造宇宙；就是说，逻辑简单性的要求是否还留着自由的空间”。[1] 他的这句话以朴素的形式清楚地表达了今天许多物理学家都相信的一个观点：如果大自然有终极理论，那么支持它的某个特别形式的最令人信服的论证，就是它不可能是相反的东西。终极理论之所以应该有那种形式，是因为那是唯一能描述宇宙而又不产生任何内在矛盾或逻辑荒谬的解释框架。这样的理论宣扬事物就是它本来的样子，因为它只能那样。只要有任何一点变化，不论多么小，都将使理论出现那个“本句话是谎言”的悖论——埋下自灭的种子。

为了认识宇宙呈现那样的结构本来是不可避免的，我们还需要走很长的路去把握一些多年的最深层的问题。那些问题突出了一点神秘：谁或者什么使得那看来无限多的选择成了设计我们宇宙的显然要求？我们常说那是“不可避免的”，这就抹去了那些选择，也回答了那些问题。实在说来，“不可避免性”就是没有选择；它宣扬宇宙不可能是另外的样子。我们将在第 14 章讨论，没有什么事物能保证宇宙会有

1. 爱因斯坦的话引自 John D. Barrow, *Theories of Everything*（New York: Fawcett. Columbine, 1992）, p.13。

如此牢固的结构。不过，追求自然律的这种“刚性”总是现代物理学的统一蓝图的一个核心内容。 284

到20世纪80年代末，物理学家才发觉，弦理论尽管可能提供一幅独特的宇宙图景，但还不够完美。原因有两点。第一，如我们在第7章简单提过的，物理学家发现实际存在着5种不同形式的弦理论。你可能还记得，它们分别是Ⅰ型、ⅡA型、ⅡB型、杂化O（32）型（简称杂化O）和杂化$E_8 \times E_8$型（简称杂化E）理论。它们有许多共同的基本特征——如弦振动模式决定可能的质量和力荷，需要一个10维的时空，卷缩的维应该是某种形态的卡-丘空间，等等——因此，在前面的章节里我们没有强调它们的差别。但是，20世纪80年代的分析表明它们的确是有差别的。在后面的注释里你可以看到它们的更多性质，不过我们这里知道两点就够了：它们包容超对称性的方式不同；它们具有的振动模式的细节不同。[1]（例如，Ⅰ型弦理论除了有我们集中讨论过的闭弦外，还有两端自由的开弦。）这曾令弦理论家感到疑惑，因为尽管我们需要一个真正的最终的统一理论，但涌现出5种可能的形式来，却令每一种都不够理直气壮了。

第二点偏离“不可避免”的事情更难懂一些。为完全明白这一点，我们应该认识到所有物理学理论都包含着两个部分。一部分是理论的基本思想，通常由数学方程表达；另一部分则由这些方程的解组成。一般说来，一些方程有1个而且只有1个解，而另一些方程有多个（也可能很多个）解。（举一个简单例子，方程“2乘以某个数等于10”只有一个解：5。但方程“0乘以某个数等于0”则有无限多个解，因为0乘以任何数都是0。）所以，即使找到由唯一一组方程组成的唯一一个理论，也不一定得到“不可避免的”结果，因为这些方程可能有许多不同的解。20世纪80年代末，人们发现弦理论正处在这样的情形。物理学家在研究5个弦理论中的任何一个的方程时，发现它们确实有许多解——例如，额外的维有多种不同的卷缩形式——每一个解都对应一个不同性质的宇宙。虽然多数宇宙都是作为弦理论方程的有效解出现的，但与我们所知的宇宙似乎没有什么关系。

285

弦理论得不到“不可避免的”结果，这看起来是很不幸的一个基本特征。但20世纪90年代中期以来的研究为我们带来了极大的新希望：这些特征可能只不过是弦理论家们所用的分析方法产生的。简单地说，弦理论方程太复杂了，谁也不知道它们的精确形式。正是这些近似的方程使一个弦理论迥然不同于另一个。也正是这些近似的方程在5种不同的弦理论背景下出现那么多的解，生成那么多没用的宇宙。

1995年（第二次超弦革命开始那年）以来，越来越多的证据表明，精确的方程（其精确形式我们今天还不知道）可以解决这些问题，从而有助于为弦理论带来“不可避免的”结果。实际上，大多数弦理论家都满意地发现，当精确方程建立起来时，它们会证明5种弦理论原本是密切联系的。5个弦理论像海星的5个触角那样，是同一个整体的不同部分，而我们今天正在努力研究那个整体的性质。物理学家现在相信，他们并没有5个不同的理论，而是有一个把5个理论缝合在唯一一个理论框架的理论。当隐藏的关系显露出来时，问题就一目了然；同样，5个弦理论的统一也将为我们从弦理论看宇宙提供新的有力的视点。

为解释这些东西，我们必须认识弦理论的一些最困难、最前沿的发展。我们必须认识弦理论研究中应用的近似方程的本质和内在局限；我们必须熟悉物理学家借以克服某些近似的灵巧办法——那些技术总称对偶性。接下来，我们必须跟着这些技术的逻辑路线去发现上面提到的那些惊人的结果。但你用不着担心，真正困难的事情弦理论家们已经做了，我们只需要解释他们的结果就行了。 286

不过，我们要讲的有许多看似分离的东西，在这一章里很容易看见了树而失去了森林。所以，如果你什么时候觉得讨论太复杂了，想急着去看黑洞（第13章）和宇宙学（第14章），请你回头来看看下面的一节，它概括了第二次超弦革命的要点。

第二次超弦革命

图12.1和图12.2概括描绘了第二次超弦革命的基本思想。在图12.1中我们看到，在没能超越物理学家用来分析弦理论的传统近似方法以前，是怎样的情形。5个理论看起来是完全分离的。但是，据今天的研究，我们发现那5个弦理论就像图12.2中海星的5个触角那样，是一个包容一切的框架。（实际上，在本章最后我们还会看到第六个理论——海星的“第六个触角”——也将融入这个统一。）这个囊括四方的框架现在暂时叫作M理论，我们下面将明白这是为什么。图12.2是寻求终极理论的一块里程碑。弦理论中看似毫无牵连的研究现在编织成为一个独一无二的统一的理论，那可能就是我们寻求已久的包罗万象的理论。 287

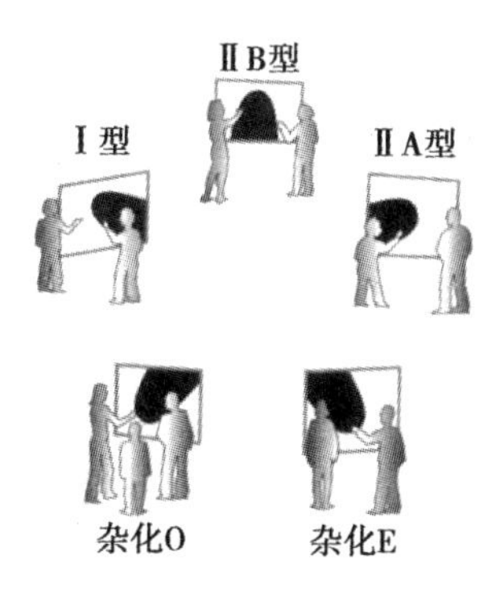

图12.1　多年来，在5个弦理论上做研究的物理学家认为他们是在完全独立的理论上工作

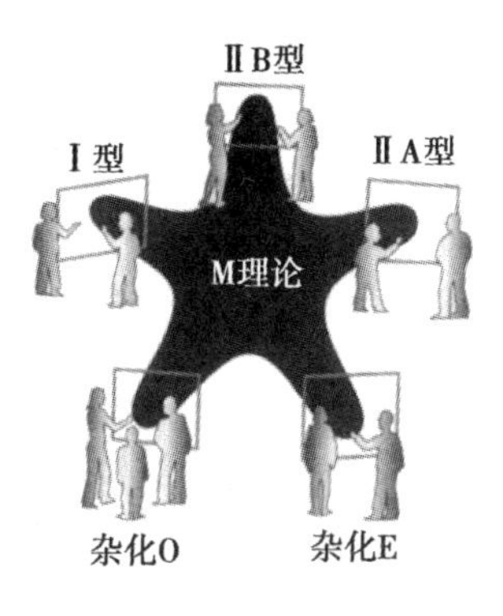

图12.2　第二次超弦革命的结果表明，5个弦理论实际上是一个暂时被称为M理论的统一框架的一部分

虽然还有好多事情要做，但物理学家已经发现了M理论的两个基本特征。第一，M理论有11维（10维空间和1维时间）。我们记得，卡鲁扎曾发现多1个空间维会意想不到地将广义相对论与电磁学结合起来；弦理论家也发现，在弦理论中，多1个空间维——在我们前面讨论的9维空间和1维时间之外的1维——会令人满意地将弦理论的5个不同形式综合在一起。而且，这多余的1个空间维并不是凭空生出来的，而是早就存在了。弦理论家现在知道，20世纪七八十年代得到9维空间

和1维时间的方法是近似的，精确的计算（现在可以完成了）证明还有1个空间维，我们以前都把它忽略了。

我们发现的M理论的第二个特征是，它不仅包含振动弦，还包含着别的东西：振动的2维薄膜、涨落的3维液滴（也叫“3维”）以及其他一些物质的构成元素。M理论的这些特征也跟11维一样，是我们的计算从20世纪90年代以前的近似方法中解脱出来的结果。 288

除了这两点发现和近几年来的其他一些认识外，M理论的许多本性的东西仍然是一个个的“谜”——这就是人们说的“M”（英文是mysterious，中文是mi）的意思。全世界的物理学家都在以巨大的热情去探求那谜一般的理论，这也成为21世纪物理学的核心问题。

近似方法

物理学家从前用来分析弦理论的方法的局限源于所谓的微扰论。微扰论说的是，对某个问题做一近似处理，得到一个大概的结果，然后更仔细地考虑原先忽略的细节，从而系统地提高近似的程度。在许多科学领域它都起着重要作用，在弦理论的认识中也是基本的方法。现在我们来看，在日常生活里也常能遇到它。

假如某一天你的车出毛病了，你找到一个机械师，请他给检查一下。机械师看过后告诉你一个坏消息：你的车需要换一台新的发动机，大约需要900美元。这是很粗略的近似，你希望仔细检查后能得到更详细一些的情况。几天以后，机械师告诉你，经过运行检查，你还得换一个调节器，大约50美元。这样，修车的费用更准确了，大约是950美元。最后，你去取车时，他把所有费用加起来，给你一张987.93美元的账单。他解释说，那包括950美元的发动机和调节器，另外27美元是散热器的风扇皮带，10美元是电线；最后还有0.93美元是绝缘螺栓。原先粗略估计的900美元，最后经过一点点的补充，变得准确了。用物理学的语言说，这些一点点的东西都是对原来估计的微扰。

289　恰当而有效地运用微扰论可以使原来的估计很接近最后的结果；应用微扰论时，原来忽略的细节不会太大地影响最后的结果。但是，有时候你会发现最后结果与原来的估计差别大得惊人，技术上说这是微扰论的失败，你可能还有更富感情的说法。这说明原来的近似不是最后结果的恰当指南，因为修正的东西不是小小的偏差，而是大大地改变了原来的粗略估计。

在前面的几章我们简单说过，我们关于弦理论的讨论都依赖机械师用的那种微扰方法。我们常说的对弦理论的“不完全认识”，都这样那样地源于这种近似方法。现在，我们在不那么抽象但比机械师离弦理论更近的情形来讨论微扰方法，从而更好地理解它为什么是“不完全”的。

微扰论的一个经典例子

运用微扰论的一个经典例子是认识地球在太阳系中的运动。在这样巨大的距离尺度上，我们只需要考虑引力；但如果不做进一步的近似处理，方程仍然是极端复杂的。我们记得，据牛顿和爱因斯坦的理论，任何物体都对别的物体产生引力作用，这样，自然得到一个在数学上难以应付的复杂的引力“混战”，牵涉到地球、太阳、月亮和其他行星，原则上还包括所有其他的天体。你可以想象，考虑这么多的影响是不可能的，也决定不了地球的准确运动。实际上，即使只有3个天体，方程也会复杂得没人能完全解决它们。[2]

但不管怎么说，我们能用微扰的方法以很高的精度预言地球在太阳系里的运动。与太阳系的其他星体相比，太阳的质量最大；与其他恒星相比，太阳离地球最近。这样，太阳对地球运动的影响远远超过了其他所有的天体。所以，我们可以只考虑太阳的引力作用来获得一个粗略的估计。在许多情况下，这样的估计是足够好的。必要的时候，我们还可以考虑次要的一些天体的引力效应，如月亮和当时经过地球的行星，这样可以使估计更加准确。当引力越来越多时，计算也开始变得困难，但我们还是较清楚微扰论的原则：太阳-地球引力相互作用为我们近似解释了地球的运动，而其余复杂的引力作用只是对那个解释的一系列越来越小的修正。

290

微扰方法适用于这个例子的原因在于，这里有一个起支配作用的物理学效应，它的理论描述相对说来更简单。但事情并不总是这样的。例如，假如我们对一个由3颗质量相近的天体组成的三星系统（3颗星相互环绕着运动）感兴趣，就找不出哪个引力关系的影响比别的更大。这样，没有能用来做粗略估计的一个相互作用，而别的效应也不只是一点小小的修正。如果我们硬从两个星体间的引力作用中选一个来运用微扰的方法，用它做一个粗略的估计，我们很快就会发现那是错误的。计算将证明，考虑第三颗星所带来的对原来估计的运动的“修正”不是很小，而是与那粗略的近似一样重要。我们很熟悉这一点：3个人跳霍拉舞一点儿也不像两个人跳探戈。巨大的修正意味着原来的近似离题太远，从而整个计划都不过是一个幻想。我们应该注意，那不单是第三颗星产生的巨大影响的问题，还有更严重的像多米诺骨牌那样的一连串反应：第三颗星极地大影响着原来两颗星的运动，而那两颗星反过来也影响着第三颗星的运动，然后它又会影响那两颗，等等。在这个引力作用网中，每一个都同样重要，因而必须同时加以考虑。在这种情况下，我们常常只能靠计算机的神力来模拟可能的运动结果。

291　这个例子说明，在应用微扰法时，重要的是决定假设的粗略估计是否真是近似的；如果是，那么哪些细节、多少细节还应该考虑进来才能达到需要的精度水平？如我们现在讨论的这几点，对于将微扰工具用于微观世界的物理过程是特别重要的。

弦理论的微扰方法

弦理论里的物理过程建立在振动弦之间的基本相互作用基础上。我们在第6章结束时讲过[1]，那些相互作用包括图6.7的弦圈的分离与结合。为方便起见，我们把图重新画在这里（图12.3）。弦理论家已经证明了图中示意的过程可以与准确的数学公式联系起来——公式表达了每一根弦对其他弦的运动会产生什么影响。（在细节上，5个弦理论的公式有区别，但现在我们要忽略那些难以把握的特征。）如果没有

---

1. 跳过第6章“准确地回答”一节的读者，回头去看看那一节的开头应该是有好处的。

量子力学，这些公式将是弦相互作用的终点。但是，不确定性原理决定的微观涨落却意味着弦－反弦对（两根振动模式相反的弦）可以在瞬间产生，能量是向宇宙“借”的——不过两根弦必须在足够短的时间里湮灭，然后把能量“还”给宇宙。这样的一个弦对，在量子涨落中生成，靠借来的能量存在，从而必然很快重新结合成一根弦圈，因此被称作*虚弦对*。虽然它们是瞬间存在的东西，却将影响相互作用的具体性质。 292

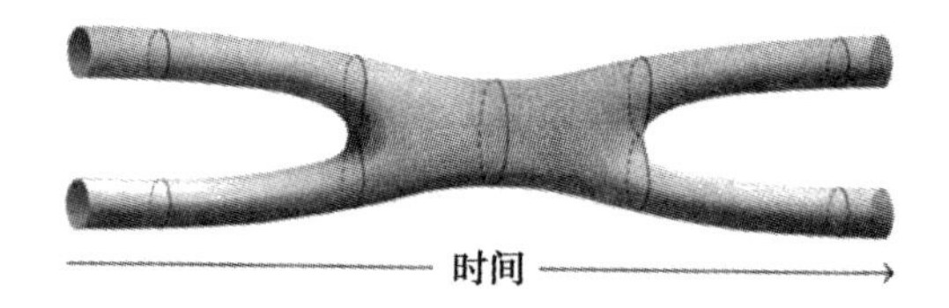

图12.3　弦通过分离和结合发生相互作用

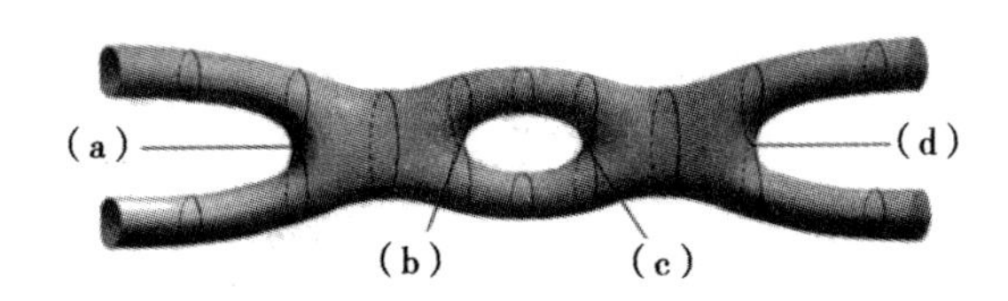

图12.4　量子涨落引发弦－反弦对的生成（b）和湮灭（c），使相互作用更加复杂

虚弦对如图12.4所示。原来的两根弦“突然”在图中的（a）点相遇，在那里结合成一根弦圈，圈向前运动，在（b）点剧烈的量子涨落生成虚弦对，虚弦对运动到（c）湮灭，又还原成一根弦。最后，这根弦在（d）点放出能量，分裂成两根弦，沿不同方向运动。图12.4中间有一个环，于是物理学家称它为“1圈”过程。跟图12.3一样，图12.4也联系着一个精确的数学公式，它概括了虚弦对对原来两根弦的运动

产生的影响。

不过这个过程还没有结束，因为量子涨落可以引发任意多的瞬间虚弦对，从而生成一个虚弦对的序列。这样便形成圈数越来越多的图，如图12.5。每一个图都为描述有关过程提供了简单适用的方法：两根过来的弦结合成一根弦，量子涨落使它分裂成虚弦对，向前运动，然后湮灭，形成一根弦，在运动中又生成另一虚弦对，如此演进下去。对这些图，每个过程也有对应的数学公式，同样概括了虚弦对的原来两根弦的运动的影响。[3]

图12.5　量子涨落引起无数次的弦-反弦对的生成和湮灭

293　我们在前面看到，你付修车费的时候，机械师在原来估计的900美元外增加了更具体的款项，50美元，27美元，10美元和0.93美元；为了更准确认识地球在太阳系的运动，我们在太阳影响之外还考虑了月亮和其他行星的影响。同样，弦理论家证明，两根弦的相互作用可以通过把无圈（没有虚弦对）、1圈（1个虚弦对）、2圈（2个虚弦对）等图的数学表达式加在一起来认识，如图12.6。

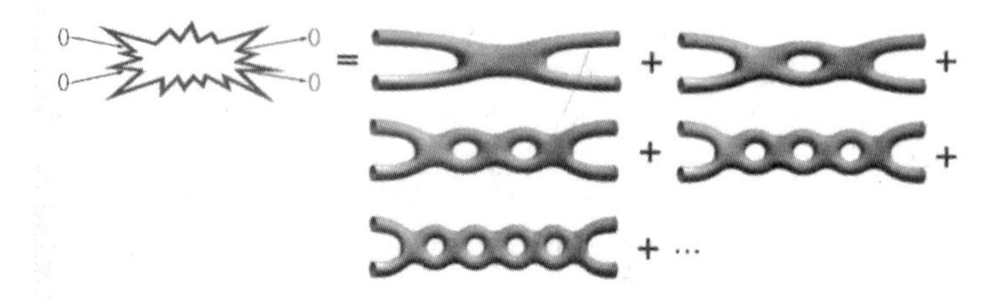

图12.6　一根弦与另一根弦的相互作用的净效应等于各个圈图的影响的总和

为进行精确的计算，我们需要把与圈数越来越多的图相关联的数学表达式加在一起。但是，因为这种图有无限多个，而圈数越多，相关的数学计算也越困难，所以这实际上是不可能的。不过，弦理论家将这些计算转到了微扰论的框架下，这么做的基础在于他们的猜想：零圈过程能得到很好的近似估计，圈图产生一些修正，圈越多，效应越小。 294

实际上，我们所知的关于弦的几乎所有事实——包括前面章节里讲过的许多东西——都是弦理论家通过用这样的微扰方法进行详尽和精细的计算而发现的。但这些结果是否可信，还要看只考虑图12.6的前几个图而忽略更多圈图的粗略估计是否真是一个近似的估计。这引出我们的一个关键问题：我们的近似真的近似吗？

近似真的近似吗

那要看情况，虽然与圈图相关的数学公式随圈数的增多而变得越来越复杂，弦理论家还是发现了一个基本特征。正如绳子的强度决定着它是否可能被拉断或者拧断，同样也存在某一个数，确定着量子涨落是否能将一根弦分裂成两根，产生瞬间的虚弦对。这个数就是所谓的弦耦合常数（更准确地说，5个弦理论有各自不同的耦合常数，这一点我们马上要讨论）。这个名字说得好：弦耦合常数的大小描述了3根弦（原来的一根和分裂成的两根）的量子涨落的关联有多强——就是说，它们彼此的耦合有多紧。从计算公式看，耦合常数越大，量子涨落越可能使原来的弦发生分裂（然后再结合）；耦合常数越小，虚弦瞬时产生的可能性就越小。

我们很快要讲在任何一个弦理论中决定弦耦合常数的问题，不过，我们凭什么说它是“大”还是“小”呢？这一点，弦理论的数学基础已经证明了，区别“大”与“小”的界线是1。意思是这样的：如果弦耦合常数的值小于1，则数量越多的虚弦对越不可能瞬时产生而存在——就像闪电，在同一地方总不太可能多次出现的；然而，如果耦合常数大于或等于1，则很可能出现越来越多的虚弦对。[4]关键的一点是，如果弦耦合常数小于1，圈图的贡献将随圈数的增多而减小。这正是微扰论方法所需要的，因为它说明即使忽略了除前几个圈图外的所有过程，也能得到很准确的结果。但是，如果弦耦合常数不比1小，则圈图的贡献将随圈数的增大而增大。这就像三星系统的问题，微扰方法失败了。原来提出的无圈过程的粗略近似这时不近似了。（这里的讨论同样适用于任何一个弦理论——某个理论下的弦耦合常数值决定着微扰近似方法的有效性。）

这将我们引向另一个重要问题：弦耦合常数是多少（或者更准确地问，5个弦理论各自的耦合常数是多少）？今天，没人能回答这个问题。这是弦理论的最重要问题之一。我们可以确信，只有耦合常数小于1才可能保证微扰框架下的结果是正确的。而且，弦耦合常数的精确数值将直接影响不同弦振动模式所携带的质量和力荷。这样，我们看到，许多物理性质都依赖于弦耦合常数。因此，我们应该更近地去看看，为什么关于它（在5个弦理论中）的数值的重要问题现在还没有答案。

弦理论方程

决定弦的相互作用的微扰方法也可以用来决定弦理论的基本方程。296 大体上说，弦理论的方程决定着弦的相互作用方式，而反过来，弦的相互作用方式也直接决定着弦理论的方程。

一个基本的例子是，在5个弦理论中，各自都有一个用以决定理论的耦合常数的方程。然而，物理学家今天在每一个弦理论中只能用微扰方法估计少数几个相关的弦作用圈图，得到一个近似的方程。近似方程告诉我们的不过是，在5个弦理论的任何一个里，弦耦合常数都有一个这样的数值，它乘以零的结果是零。这太令人失望了；因为任何数乘以零都是零，以任何值作耦合常数都能满足方程。这样，在任何一个弦理论中，关于耦合常数的近似方程等于什么也没说。

这时候，在5个弦理论中还有另一个方程，是提出来决定展开和卷缩的时空维的具体形式的。我们现在有的这个方程的近似形式比关于耦合常数的方程严格得多，但它还是允许有多个解。例如，4个展开的时空维连同卷缩的6维卡－丘空间构成解的一类，但也有其他可能，展开维与卷缩维的数目还可以有另外的划分。[5]

从这些结果我们能得到什么呢？有3种可能。第一，从最悲观的可能说，尽管每个弦理论都有方程来决定耦合常数和时空的维度与几何形式——其他理论不可能回答的问题——但即使这些方程的精确形式（当然我们还不知道），也允许大量的解，从而将根本削弱理论的预言能力。假如真是这样，那就成了一道障碍。因为弦理论承诺自己能够*解释*宇宙的那些特征，而不是要我们从实验观测去发现它们，然后多少随意地把它们塞进理论。我们在第15章还要回来讨论这个可能。第二，近似弦方程的令人讨厌的随意性可能暗示着在我们的297论证中存在微妙的缺陷。我们是在用微扰的方法来决定弦耦合常数的值，而我们讲过，微扰法只有在耦合常数小于1时才有意义；这样，我们的计算可能就是在未经证明地假定结果本身——即假定计算结果小于1。我们的失败则很可能说明那假定错了，也许5个弦理论的耦合常数都大于1。第三，弦理论那讨厌的随意性可能源自我们用的近似方程。例如，即使某个弦理论的耦合常数小于1，理论的方程也还是可能依赖于*所有*圈图的贡献。就是说，更多圈图的一点点修正的累积可能会根本改变近似方程——允许有多个解的近似方程——将它改造成更加严格的准确方程。

到20世纪90年代初，多数弦理论家从后两种可能清楚地认识到，理论的进展实在太依赖于微扰论的方法了。他们几乎都认为，下一步的突破需要一种*非微扰*的方法——它不受近似计算的约束，从而可能远远超越微扰论框架的极限。在1994年的时候，寻找这样的方法似乎还是幻想，但有时幻想也能成为现实。

对偶性

世界各地的几百名弦理论家每年都要聚会一次，总结一年来的成绩，评估各种可能研究方向的优缺点。根据一年的进展情况，人们常常可以预言与会者的兴趣和热情。20世纪80年代中期，在第一次超弦革命的火红年代，这些会总是洋溢着激情和喜悦。物理学家们普遍希望能在短时间内完全认识弦理论，能证明它就是那个宇宙的终极理论。现在想起来，那是太天真了。在后来的年月里，人们发现弦理论有许多深奥的难以捉摸的问题，无疑需要付出长期艰苦的努力才能认识它们。以前那些不切实际的期望曾带来过激情；但当事情没能一下子如愿时，许多研究者就心灰意冷了。20世纪80年代末的弦理论会议就反映了这种理想幻灭后的低落情绪——物理学家带来了有趣的结果，但激不起人们的热情。甚至有人建议这样的年会别再开了。但在20世纪90年代初，情况好起来了。经过不同的突破（有些我们在前面讨论过了），弦理论又恢复了活力，研究者也焕发出乐观的激情。不过，似乎谁也没能预料，1995年3月在南加利福尼亚大学的弦理论年会上会发生什么事情。

298

该惠藤讲话的时候了。他走上讲台，发表了点燃第二次超弦革命的演讲。他在杜弗（Duff）、胡尔（Hull）、汤森（Town-send）的早期工作的激发下，在施瓦兹和印度物理学家A.森（Ashoke Sen）等人发现的基础上，提出了一个超越弦理论的微扰认识的纲领。那纲领的核心部分是所谓*对偶性*的概念。

物理学家们用对偶性来说明那些看起来不同实际上可以证明描述

完全相同物理状态的理论模型。我们来看一个“平凡的”对偶性的例子：实质一样的理论只不过因为表达方式不同而显得不同。如果你只懂中文，那么你可能不会立刻认出用英文写的爱因斯坦的广义相对论。不过，两门语言都精通的物理学家可以很容易把一种语言译成另一种语言，确立二者的等价性。我们说这个例子是“平凡的”，是因为从物理学的观点看，语言的翻译没带来任何东西。如果一个既懂英文也懂中文的人研究广义相对论的一个难题，不论用哪种语言，问题都是一样困难的。沟通两种语言，并不产生任何新的物理认识。

非平凡的对偶性的例子是，同一物理状态的不同描述确实会产生不同和互补的物理学认识与数学分析方法。实际上，我们已经遇到过两个对偶性的例子。在第10章我们曾讨论过，在卷缩维半径为R的宇宙中的弦理论也可以描述为在卷缩维半径为$1/R$的宇宙的理论。这是两个不同的几何，但因弦理论的性质，它们在物理上是完全相同的。镜像对称是另一个例子。6个额外空间维的2个不同的卡-丘空间——乍看起来迥然不同的两个宇宙——具有完全相同的物理性质。它们为同一个宇宙提供了两个互相对偶的描述。特别重要的是，这里的情形与中英文的对译不同，两个对偶的描述产生了重要的物理发现，如维的极小半径和弦理论中的拓扑变换过程。

299

惠藤在“95弦”年会上的演讲中提出了一种新的深刻的对偶性的证据。正如我们在这一章开头简单讲的那样，他指出，5个弦理论尽管看起来有不同的基本结构，但都是同一基本物理学的不同表达方式。于是，我们并不是有5个不同的弦理论，而是有5扇通向同一个基本理论框架的窗口。

20世纪90年代中期的弦理论进展之前，像对偶性这样的宏大构思只是物理学家曾经有过的梦想，实际上几乎没人讲出来，因为它太离奇了。如果两个弦理论在结构上大相径庭，人们很难想象它们能是同一基本物理学的不同描述。不过，通过弦理论的神奇力量，越来越多的证据说明5个弦理论*确实是*对偶的。而且，正如我们将讨论的，惠藤证明可能还有第六个理论走进这个熔炉。

这些思想密切关联着我们在上一节最后讲的关于微扰方法的适用性问题。因为5个弦理论在*弱耦合*时才表现得各不相同——所谓*弱耦合*说的是理论的耦合常数小于1。物理学家靠的是微扰方法，所以他们有时不可能回答这样的问题：如果耦合常数大于1，即所谓*强耦合*的行为，那些弦理论该有什么性质呢？惠藤等人则宣布，这个关键的问题现在可以回答了。他们的结果令人信服地指出，与我们尚未讲过的第六个理论一起，这些弦理论的强耦合行为都有一个对耦的描述，那是另一个理论的弱耦合行为的描述。 300

为更具体地把握这个思想，我们应该记住下面的例子。有两个与世隔绝的人，一个喜欢冰，奇怪的是他从没见过水（冰的液态形式）；另一个喜欢水，当然，他从没见过冰。一个偶然的机会，两人相遇了。他们决定组队远征沙漠。爱冰者被爱水者的光滑透明的液体迷住了，而爱水者也惊讶地看着爱冰者带的晶莹的固体。两个人都不知道在水与冰之间存在着深层的联系；在他们看来，这是两样全然不同的物质。可是，当他们顶着火辣辣的太阳走进沙漠时，才惊奇地发现冰慢慢化成了水；而在沙漠寒冷的夜晚，他们同样惊奇地发现液态的水慢慢结成了固态的冰。他们终于认识到，这两种他们原以为毫不相干的物质竟是密切联系的。

5个弦理论间的对偶关系多少有点儿相似：大体上讲，弦耦合常数起着类似于沙漠例子中温度的作用。5个弦理论的任何两个乍看起来都像冰和水那样显得截然不同，但当各自的耦合常数变化时，这些理论却相互转化了。当温度升高时，冰转变成水；同样，在耦合常数增大时，一个弦理论可以转变成另一个。我们经过漫长的征程才发现所有的弦理论都是同一个基本物理结构的对偶描述——就像冰与水，不过都是H_2O的具体表现。

这些结论的理由几乎完全依赖于对称性原理的应用。我们下面来讨论这一点。

对称性的力量

多年来，几乎没人想过去研究大耦合常数情况下5个弦理论的任何性质，因为没人知道离开微扰论还能做什么。不过，在20世纪80年代末和90年代初，物理学家已经取得了一些虽然缓慢但是持续的进展，他们认准了某些特别的性质——包括一定的质量和力荷——是某个弦理论强耦合物理的一部分，然而也是我们计算力所能及的。这些显然超越了微扰方法的计算在驱动第二次超弦革命中起着核心作用，而它们的力量来自对称性。

301

对称性原理为认识物理世界的许多事物提供了洞察的工具。例如我们讲过，物理学定律从来不认为宇宙的某个地方或某一时刻是特别与众不同的，这个古老的信念使我们能够相信，今天的这个地方的定律在其他时刻的其他地方也同样发生作用。这是一个大例子，而对称性原理在不那么宏大的背景下也一样重要。例如，你目睹了一次犯罪，可你只看到了罪犯的右脸；但警察画家可以根据你提供的情况画出罪犯的整张脸。这就是对称性。尽管一个人的左脸和右脸存在一定差别，但基本上还是对称的，一边的脸完全可以用来作另一边的良好的近似。

在广泛的不同领域的应用中，对称性的力量表现在它能以非直接的方式——那通常比直接的方法容易得多——确定事物的性质。当然，为认识仙女星座的基本物理性质，我们可以到那儿去，寻找一个绕着某颗恒星旋转的行星，在那儿建加速器，做我们在地球上做过的实验。但借助于位置变化下的对称性这一非直接的方法，事情会容易得多。我们也可以直接去追踪那罪犯的左脸的特征，但更简单的办法还是借助脸的左右对称性。[6]

超对称性是一个更抽象的对称性原理，它联系的是具有不同自旋的基本物质组成的物理性质。从实验结果看，至多只有些零星线索表明微观世界里有这种对称性，但根据我们以前讲过的理由，可以相信它确实是存在的。超对称性当然是弦理论的一个组成部分。20世纪90年代，在高等研究院塞伯（Nathan Seiberg）的开拓性研究的指引下，物理学家发现超对称性像一把利剑，能以非直接的方式解决某些重要的纷纭复杂的难题。 302

即使不了解理论错综复杂的细节，如果知道它有超对称性，我们也能给它所具有的性质提出严格的约束。举一个语言的例子。如果有人告诉我们在一张纸条上写着一串字母，其中“y”出现过3次；纸条封在一个信封里。如果没有别的消息，我们无法猜测这个字母序列——我们所知道的只是它可能是一个完全随机的有3个“y”的序列，像mocfojziyxidqfqzyycdi，或者任何其他序列，有无限多的可能。这时，又有人告诉我们两条线索：那张纸条写的是一个英文单词，而且，在所有含3个“y”的单词中，它是字母最少的一个。这些线索从原来的无限多个可能中确定出一个词——含3个“y”的最短英文单词：syzygy。

超对称性也为满足这种对称性原理的理论提出了类似的约束。为认识这一点，假定我们现在遇到一个跟刚才那个语言问题类似的物理学难题。盒子里隐藏着某样东西——不知道是什么——具有一定的力荷。荷可能是电荷、磁荷或者别的什么更一般的荷。为具体起见，让我们假定那是3个单位的电荷。如果没有进一步的信息，我们不可能确定盒子里的东西是怎么组成的。它可能是3个电荷为1的粒子，如3个正电子或3个质子；也可能是9个1/3电荷（如反下夸克）的粒子；还可能在这9个粒子之外另有任意数目的不带电荷的粒子（如光子）。就像只知道3个“y”的未知字母序列一样，盒子里有3个电荷的粒子组成也有无限多的可能。

这时候，像那字谜的情形一样，我们又听到两条线索：描述世界——包括盒子里的东西——的理论是超对称的，盒子里的东西是具有前面说的3个单位电荷的*最小质量*系统。通过波戈莫尼（E.Bogomol'nyi）、普拉萨德（Manoj Prasad）和索末菲（Charles Sommerfield）的发现，物理学家已经证明，具体明确的组织结构（这

303

里如超对称的理论框架，在字谜的例子即英语的体系）和“极小性约束”（具有一定电荷的最小质量，或一定字母的最短单词）就意味着唯一确定了隐藏事物的本性。就是说，如果保证盒子里的东西是质量最轻的，并且还有确定的电荷，则物理学家就能完全确定它是什么东西。具有一定力荷的最小质量组成叫作BPS*状态*，是为了纪念它的3个发现者起的名字。[7]

BPS态的重要在于它的性质可以不借助微扰计算而简单、精确、唯一地确定。不论耦合常数是多少，它都是对的。就是说，即使弦耦合常数很大，微扰法不适用时，我们仍然可以导出BPS组成态的准确性质。这些性质通常叫作*非微扰的*质量和力荷，因为它们的大小超越了微扰近似的框架。因为这一点，我们也可以认为BPS代表着“超越了微扰的状态”。

BPS性质只是大耦合常数下关于一定弦理论的整个物理学的一小部分，但它却让我们实在把握了某些强耦合的特征。当一个弦理论的耦合常数超过微扰论的适用范围时，我们就将有限的认识寄希望于BPS态。它们像几个恰当的外语单词，能把我们带得更远。

弦理论的对偶性

像惠藤那样，我们从一个弦理论说起，如 I 型弦；我们还假定9个空间维都是平直而非卷曲的。这当然不太现实，但可以使讨论简单一些，然后我们再说卷曲维的情形。我们从弦耦合常数远远小于1谈起。这种情况下，微扰论工具是行之有效的，它可以而且确实准确地算出 304

了很多具体的理论性质。如果让耦合常数增大，但还是小于1，微扰方法仍然适用。不过，理论的具体性质会多少有些改变——例如，与两根弦的散射相关的数值结果可能不同，因为耦合常数增大时，图12.6的多圈过程会产生更大的影响。但除了具体数值的变化外，理论的物理内容还是一样的，只要耦合常数还在微扰论的界限内。

当 I 型弦理论的耦合常数超过1时，微扰法不能用了，我们只能去关心有限的非微扰质量和力荷的集合——BPS态——只有这一点还是我们能够认识的。惠藤讲的、后来经加利福尼亚大学波尔琴斯基（Joe Polchinsky）的合作研究证明的结果是：*I 型弦理论的强耦合特征与杂化O型弦理论在小耦合常数下已知的特征是完全一致的*。就是说，当 I 型理论的耦合常数很大时，我们能得到的质量和力荷特征正好等于从杂化O理论在小耦合常数下得到的那些特征。这强烈地暗示我们，看起来像冰与水那样全然不同的这两个弦理论，其实是对偶的。它提醒我们，I 型理论在大耦合常数下的物理与杂化O理论在小耦合常数下的物理是*完全相同的*。相关的论证表明反过来也可能是对的：I 型理论在小耦合常数下的物理与杂化O理论在大耦合常数下的物理也是完全相同的。[8]尽管两个理论在用微扰论方法分析时显得毫不相干，但现在我们看到它们（在耦合常数改变时）相互转变了——像冰与水的转变那样。

一个理论的强耦合物理可以用另一个理论的弱耦合图景来描绘，305 这个重要的新结果叫*强弱对偶性*。跟我们以前讲过的其他对偶性一样，它告诉我们那两个理论并不是迥然不同的。实际上，它们是同一基本理论的不同描述。与中-英文的那个平凡对偶的例子不同，强弱对偶性是大有威力的。当两个对偶的理论中某一个的耦合常数小时，我们可以用充分发达的微扰方法来分析它的物理性质。如果理论的耦合常数很大，微扰方法不能用，我们现在也知道可以用对偶的图景来描述它——这里相关的耦合常数是小的，我们又可以用微扰论的工具了。这样的转换使我们能用定量的方法来分析原来认为超越了我们能力的理论。

不过，确实证明Ⅰ型弦理论的强耦合物理等同于杂化O理论的弱耦合物理，是件极端困难的事情，现在还没有结果。原因很简单：对偶理论中的一方不能用微扰方法来分析，因为它的耦合常数太大了。这样，它的许多物理性质都不能直接计算出来。实际上，正是因为这一点，对偶性才更有潜力。因为，如果真是那样，则它为强耦合理论提供了新的分析工具：用微扰法去分析那个弱耦合的对偶图景。

但是，即使不能证明两个理论是对偶的，我们能满怀信心地确定那些性质间的完美对应，却提供了令人不得不信的证据，说明我们猜想的Ⅰ型与杂化O型弦理论间的强弱对偶关系是正确的。实际上，为检验这种对偶性，越来越精巧的计算都得到了肯定的结论。多数弦理论家相信，对偶性是真的。

用同样的方法，我们可以研究其余几个弦理论的强耦合性质，例如，ⅡB型弦理论。胡尔和汤森原来提出一个猜想，后来得到许多物理学家研究的支持，奇怪的事情果然发生了。当ⅡB型弦的耦合常数越来越大时，我们能认识的那些物理性质似乎跟ⅡB型弦本身的弱耦合情形完全相同。换句话说，ⅡB型弦是自对偶的。[9]具体地讲，详

306 细分析揭示一个诱人的事实：当ⅡB型弦的耦合常数大于1时，如果我们将数值变换为它的倒数（这个值自然小于1），那么结果跟原来是完全一样的。跟我们在探索普朗克尺度下的卷缩维时发现的情形类似，如果把ⅡB型弦的耦合常数增加到大于1，自对偶性将证明那结果与原来耦合常数小于1的ⅡB型弦是完全等价的。

小结

现在来看我们都讨论了些什么。20世纪80年代中期，物理学家构造了5个不同的弦理论。在微扰论的近似框架下，这些理论显得各不相同。但近似方法只有在弦理论的耦合常数小于1时才适用。物理学家曾希望能计算每一个弦理论的耦合常数的精确数值，但那时能用的近似方程的形式不可能做到这一点。因此，物理学家便去研究每个理论在所有可能耦合常数值下的情形，小于1和大于1的情形——即弱耦合与强耦合。但传统的微扰方法对任何一个理论的强耦合特征都是无能为力的。

最近，物理学家借助超对称性的力量学会了如何计算一个弦理论的某些强耦合性质。令大多数圈内人士惊讶的是，杂化O型弦的强耦合性质似乎与Ⅰ型弦的弱耦合性质是完全相同的，反过来也是。而且，ⅡB型弦的强耦合物理与它自身在弱耦合的情形相同。这些意外的关联激发我们沿着惠藤的路线走下去，看另外两个弦理论，ⅡA型与杂化E理论，是不是也能满足这样的图景。我们将遇到更加惊奇的事情。为做好准备，我们需要先简单回顾一下历史。

超引力

20世纪70年代末和80年代初，人们对弦理论还没有多大兴趣，许多理论物理学家还在点粒子量子场论的框架下寻求量子力学、引力和其他力的统一理论。他们看到了一点希望，那就是具有大量对称性的理论有可能克服点粒子的引力理论与量子力学间的矛盾。1976年，同在纽约州立大学石溪分校的弗里德曼（Daniel Freedman）、费拉拉（Sergio Ferrara）和纽文惠曾（Peter Van Nieu-wenhuizen）发现最有希望的是包含着超对称性的那些理论，因为玻色子和费米子消减量子涨落的趋势有助于平息微观世界的疯狂。他们用*超引力*来指那些想包容广义相对论的超对称量子场论。融合广义相对论与量子力学的这些努力最终都失败了。不过，如我们在第8章讲过的，物理学家从这些探索中学会了一点教训，它们孕育着后来弦理论的发展。

307

那点教训经过法国巴黎高等师范学院克里默（Eugene Cremmer）、朱利亚（Bernard Julia）和谢尔克1978年的研究，变得再清楚不过了，那就是，最可能接近成功的是那些建立在更高维（而不是4维）空间的超引力理论，最有希望的是10维或11维的形式。后来发现，11维的形式是最可能的。[10]与4个观测维的联系仍然在卡鲁扎和克莱茵的框架下实现：多余的维是卷缩的。在10维理论中，跟弦理论的情形一样，6维是卷缩的；而在11维理论中，7维是卷缩的。

当弦理论带着物理学家经过1984年的风暴时，点粒子超引力论的观点发生了巨变。我们曾反复强调过，当我们以今天或不远将来可能的精度来观察弦时，它*看起来*像一个点粒子。这种不太正规的说法还可以说得更准确一些：在研究弦理论的低能过程时——这些过程 308 没有足够高的能量去探测超微观的弦的延展特性——我们可以运用点粒子量子场论的框架，将弦近似看成没有结构的点粒子。在面临短距离或高能量的过程时，我们不能再用这样的近似，因为弦的延展性是它能解决广义相对论与量子力学矛盾的关键，而点粒子理论做不到。不过，在足够低能的情形——距离足够大——不会遇到那些问题，我们为了计算的方便还常常用这种近似。

以这种方式最接近弦理论的量子场论不是别的，就是那个10维的超引力论。现在我们把20世纪七八十年代发现的10维超引力的特殊性质理解为弦理论基础力量下的低能"遗迹"。10维超引力的研究者们发现了冰山的一角，那角下藏着丰富的超弦结构。实际上，后来发现有4个不同的10维超引力理论，区别在于超对称性在理论中的具体作用方式。其中3个理论分别被证明是ⅡA、ⅡB和杂化E弦的低能点粒子近似。另一个则同时表现为Ⅰ型和杂化O弦的低能点粒子近似；现在看来，那是这两个弦理论密切相关的第一条线索。

一切似乎都井然有序，但我们别忘了还有11维的超引力。建立在10维的弦理论显然没有空间容纳一个11维的理论。多年来，大多数（而不是全部）弦理论家抱有一种普遍的观点：11维的超引力不过是一个数学怪物，与弦理论的物理没有任何联系。[11]

M理论是什么

现在的观点不同了。在"95弦"年会上，惠藤论证说，如果从ⅡA

型弦出发，把它的耦合常数从远小于1增大到远大于1，那么我们所能分析的物理（主要是饱和BPS态的组合）有一个低能的近似——那正是一个11维的超引力。 309

惠藤宣布这个发现时，在场的听众都惊呆了，从此也震撼着所有做弦理论的人。几乎弦领域的每一个人都感觉这是一个意想不到的进步。你对这个结果有什么第一反应呢？大概跟多数专家是一样的吧：一个确定的11维的理论怎么会与一个不同的10维理论相关呢？

答案有着深刻的意义。为理解这一点，我们先更准确地谈谈惠藤的结果。而实际上，更简单的办法是先说说惠藤和普林斯顿大学的一个博士后霍拉瓦（Petr Hořava）后来发现的一个密切相关的结果，那是关于杂化E弦的。他们发现，强耦合的杂化E弦也有一个11维的图景，图12.7说明了那是为什么。在最左边的图，我们令杂化E弦的耦合常数远小于1。这是我们以前讨论过的情形，而弦理论家也研究过10多年了。从左向右，我们逐渐增大耦合常数，在1995年以前，弦理论家知道这样的结果是多圈过程（图12.6）变得越来越重要；而随着耦合常数的增加，整个微扰论框架将最终失败。谁也不曾想过，当耦合常数增大时，一个新的维度也显露出来了！ 这是图12.7里的一个“垂

图12.7 随着杂化E弦耦合常数的增大，一个新的空间维出现了，弦本身也随之伸展成为柱形膜

直的”维度。别忘了，在这张图里，2维网格代表的是杂化E弦的整个9维空间。这样，垂直的新维是第10个空间维，它们与时间一起，构成一个11维的时空。

310　另外，图12.7还说明新维带来的一个深远结果。随着那一维的生长，杂化E弦的结构也在改变。当耦合常数增大时，它从1维的线圈伸展成一根丝带，然后成为一个变形的圆柱！换句话讲，杂化E弦实际上是一张2维膜，它的宽度（图12.7的垂向伸展）由耦合常数的大小决定。10多年来，弦理论家总是在用微扰论的方法，是一种建立在耦合常数很小的假设基础上的方法。正如惠藤所说，这样的假设使那些物质的基元表现得像一根根1维的弦。而实际上它们还有隐藏着的另一个空间维。从耦合常数很小的假设中解放出来，考虑杂化E弦在大耦合常数时的物理，那第2维就显露出来了。

这一发现并没有否定我们在前面几章下过的结论，但它迫使我们在新的框架下去认识它们。例如，这一切跟弦理论要求的1维时间和9维空间的图景如何相容呢？回想一下，从第8章我们知道，9维空间的约束条件来自弦能在多少个方向自由振动的问题，我们要求振动的方向数能保证量子力学概率有合理的数值。我们刚才发现的新维不是杂化E弦的振动方向，因为它是锁在“弦”本身的结构里的。换句话说，导出10维时空约束的微扰论方法从一开始就假定了杂化E弦的耦合常数很小。很久以后，人们才认识到，这必然得到两个相容的近似：图12.7的膜宽很小，从而看起来像一根弦；或者，第11维本来很小，超出了微扰方程的分辨能力。在这样的近似框架下，我们自然在头脑里形成一个充满着一维弦的10维宇宙。现在我们看到，那不过是包含着2

维膜的11维宇宙的近似。

由于技术的原因，惠藤最先是在研究ⅡA型弦的强耦合性质时遇到第11维的，情形与我们讲的类似。像杂化E弦的例子一样，这里第11维的大小由ⅡA型耦合常数决定。随着常数的增大，新的维也增大。不过，惠藤指出，在维增长中，ⅡA型弦不像杂化E弦那样伸展为丝带，而是形成图12.8那样的“内胎”。同样，惠藤又说，虽然理论家们总把ⅡA型弦看成只有长度没有粗细的1维物体，这只是假定弦耦合常数很小的微扰近似的反映。如果大自然真需要小的耦合常数，那么这种近似是值得信赖的。不过，惠藤和其他一些物理学家在第二次超弦革命中的研究强有力地表明，ⅡA型和杂化E的“弦”根本上说是存在于11维宇宙的2维膜。 311

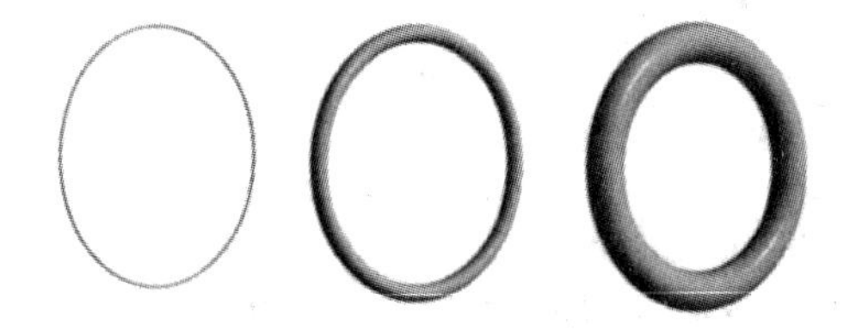

图12.8 耦合常数增大时，ⅡA型弦从1维线延展成为自行车内胎似的2维环状物体

那么，11维的理论是什么呢？在低能（与普朗克能量比）条件下，惠藤等人指出，人们忽略已久的11维超引力量子场论就是它的近似。但在高能条件下，我们又该如何描绘这个理论呢？这个问题如今还在积极研究中。我们从图12.7和图12.8知道，11维理论包含着2维延展的物体——2维膜。我们马上要讲，其他维的延展物也一样可能有重要作用。不过，除了不同性质的大杂烩以外，没人知道11维理

论是什么。膜是它的基本物质组成吗？它的决定性特征是什么？它312如何能够与我们了解的那些物理发生联系？如果相关的耦合常数很小，这些问题目前最好的答案就是我们在前面章节讲的那些，因为在小耦合常数时我们又回到弦理论。但如果耦合常数大，目前还没人知道结果会怎样。

不管11维理论是什么，惠藤都暂时把它叫M*理论*。这名字代表很多意思，看你喜欢哪一个：谜一般的（Mystery）理论、母（Mother）理论（“一切理论之母”的意思）、膜（Membrane）理论（因为不论结果如何，膜似乎都是理论的一部分）、矩阵（Matrix）理论［这个名字是根据鲁特杰斯（Ratgers）大学邦克斯（Tom Banks）、得克萨斯大学奥斯汀分校的费施勒（Willy Fischler）、鲁特杰斯大学的申克（Stephen Shenker）和苏斯金为理论提出的一种新解释而提出的］。但是，即使不了解它的名字，没严格把握它的性质，我们还是清楚地知道，M理论为把5个弦理论结合在一起提供了统一的基础。

M理论与对偶网

有一个古老的寓言，讲的是3个盲人和1头大象的故事。第一个盲人抓住了象牙，就说它又尖又滑；第二个盲人抱住一条腿，说它是粗壮结实的柱子；第三个盲人拖着尾巴，说它是纤细有力的鞭子。3个人说的截然不同，而谁也看不见别人，所以都以为自己抓住的是不同的动物。多年来，物理学家也像盲人那样在黑暗里摸索，认为那些不同的弦理论*本来就是*不同的。但现在经过第二次超弦革命的发现，物理学家认识到M理论就是统一5个弦理论的那头大象。

我们在这一章已经讨论过由于超越微扰论框架——本章之前实际上一直在微扰论的框架下——而带来的对弦理论认识的改变。图12.9总结了我们到目前为止所发现的一些关系，箭头指对偶理论。你可以看到，我们有一个关联网，但还不完整。把第10章的对偶性也包

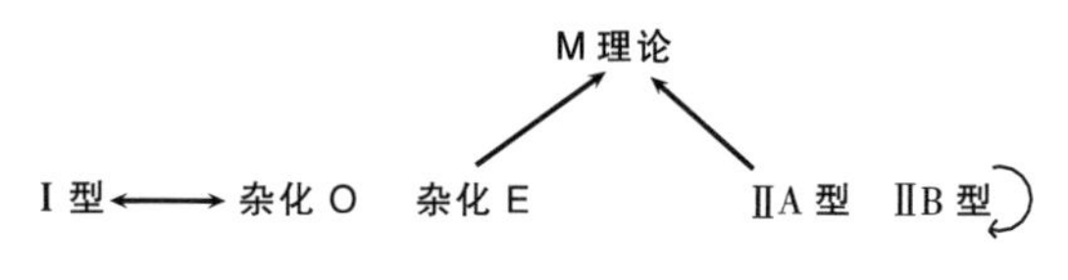

图12.9 箭头说明哪两个理论是对偶的

括进来，我们就能把它完成。

回想一下大-小半径的对偶性（以半径1/R替代R）。以前我们忽略了这种对偶性的一个方面，现在我们来说明它。在第10章，我们讨论弦在一个具有圆周维的宇宙中的性质，但没有具体说明我们用的是5个弦理论中的哪一个。我们说，变换弦的缠绕和振动模式后，我们可以用圆周维半径为R的宇宙的弦理论来同样准确地描述半径为1/R的那一个。我们忽略的一点是，ⅡA和ⅡB型理论在这个对偶性下实际发生了转换，杂化O和杂化E弦也是这样。就是说，大-小半径对偶性的更准确表述应该是在圆周维半径为R的宇宙中的ⅡA型弦的物理完全等同于圆周维半径为1/R的宇宙中的ⅡB型弦的物理（类似的表述对杂化E和O弦也是成立的）。对大-小半径对偶性的这种修正，并不影响第10章的结论，但对我们现在的讨论却有着重要影响。 313

原来，当ⅡA和ⅡB型弦理论以及杂化E和杂化O理论间的联系建立起来后，大-小半径的对偶性便完成了我们说的联系网，如图

314 12.10的虚线。这图说明所有那5个弦理论连同M理论都是相互对偶的。它们都嵌入了一个理论框架；它们提供了描述同一基本物理的5种不同的途径。在某些情形下，一种表述可能比另一种表述有效得多。例如，处理弱耦合的杂化O理论就比处理强耦合的 I 型弦容易得多。不过，它们描写的完全是同一种物理。

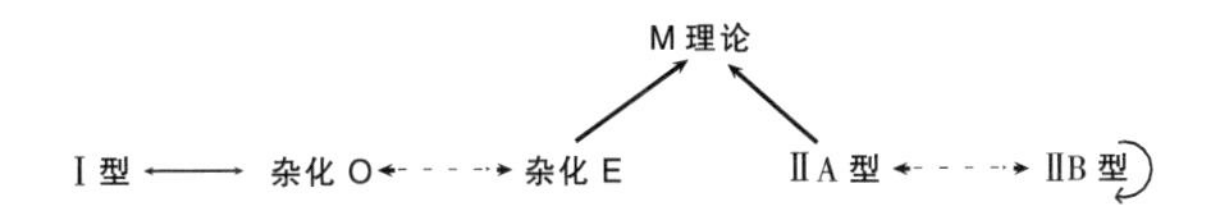

图12.10　把时空几何形式（第10章）的对偶性包括进来，所有5个弦理论和M理论就在一个对偶网中联结在一起了

宏图

现在，我们可以更完整地来认识图12.1和图12.2了——那是我们在这一章的开头为了概括基本要点而引进的两个图。在图12.1中我们看到，1995年以前，在没有考虑任何对偶性时，我们有5个显然不同的弦理论。不同的物理学家抱着一个理论，由于不知道对偶性，这些理论看起来是不同的。每一个理论都有变化的性质，如耦合常数的大小，卷缩维的几何形式和大小。物理学家曾经（现在也仍然）希望能从理论本身来确定这些决定性的性质，但现在的近似方程却没有能力做到这一点，所以他们自然去研究各种可能出现的物理。这是图12.1中以阴影表示的区域——区域内每一点表示一种特别的耦合常数和卷缩维几何的选择。没有对偶性，我们仍然只有5个脱节的理论（集合）。

但是现在，如果把前面讨论过的所有对偶性都应用进来，另外还包括那个统一的M理论的中心区域，那么我们就能随着耦合常数和几何参数的改变，从一个理论转换到另一个理论；这就是图12.2所表示的内容。即使我们对M理论没有多少认识，这些间接的论证也令我们强烈感到，它为5个原来显得不同的弦理论提供了统一的基础。而且，我们也知道，M理论还紧密联系着另一个理论——11维超引力论——这画成图12.11，它比图12.2更准确一些。[12]

图12.11说明M理论的基本思想和方程（尽管目前只有部分了解）统一了所有的弦理论思想和方程。M理论像一头理论的大象，令弦理论家们睁开了双眼，看到了一个更宏大的统一框架。 315

M理论的奇异特征：膜的民主

当弦耦合常数很小时，图12.11中上面5个伸出的触角区域的弦

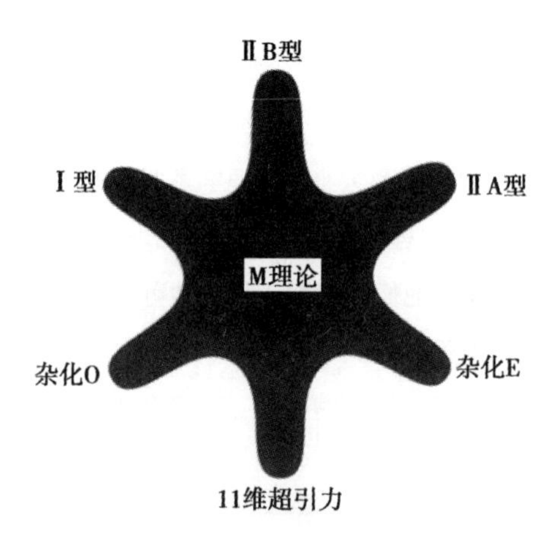

图12.11 把对偶性包括进来，5个弦理论和11维的超引力以及M理论就在一个统一框架下结合在一起了

理论的基本物质组成都表现为1维的弦。然而，我们刚得到一个新发现。如果从杂化E或ⅡA型区域出发，增大各自的耦合常数值，我们将走进图12.11的中心区域，原来1维的弦将展开成2维的膜。而且，经过316 一系列对偶关系的转换——包括弦耦合常数和卷缩空间维的具体形式——我们能自由连续地从图12.11的一点转移到另一点。从杂化E和ⅡA型弦生成的2维膜，也可以在我们向其他3个弦理论的转移中生成，于是我们看到，5个弦理论都包含着2维的膜。

这引出两个问题。第一，2维膜是弦理论真正的基本组成吗？第二，我们在20世纪70年代和80年代初从零维点粒子跳跃到1维弦，现在又看到弦实际上是2维膜，那么在理论中还会有更高维的物质组成吗？我写这些问题时，还没有完全的答案，不过可能是下面的情形。

在微扰论近似成立的范围外，我们主要依靠超对称性来认识每个弦理论的某些性质。特别是BPS态的性质，它们的质量和力荷，是由超对称性唯一决定的，这使我们不经过艰难的直接计算就能认识它们的某些强耦合特征。实际上，经过霍罗维茨和斯特罗明戈的原始研究和后来波尔琴斯基的奠基性工作，我们现在对BPS态懂得更多了。特别是，我们不仅知道它们携带的质量和力荷，还清楚地知道它们像什么。它们的图像也许是所有发现中最令人惊奇的。有些BPS态是1维的弦，有些是2维的膜，这都是我们所熟悉的。令人惊奇的是还有3维、4维的——实际上，任何空间维都是可能的，包括9维。弦理论或M理论或别的什么最后的理论，实际上包含着具有任何可能空间维数的延展物。物理学家用3膜来称具有3个空间维的物体，4膜则具有4个317 空间维，一直到9膜［更一般地说，对一个具有p个空间维的物体（这里p是一个整数)，物理学家找了一个更有韵味的名字：p膜]。用这些名词，有时我们说弦是1膜，寻常的膜为2膜。所有这些延展事物都是理论的一部分，于是，汤森说这是“膜的民主”。

不论有多少平等的“膜”，弦这1维的延展物却是与众不同的。原因是这样的：物理学家已经证明，除了1维的弦外，不论在图12.11的哪个弦理论中，不同维的物体的质量都反比于相关耦合常数的值。这意味着，在弱耦合时，任何一个理论中除弦以外的所有事物都是大质量的——数量级大于普朗克质量。因为质量大，从而$E=mc^2$的能量也大，所以膜对许多(但不是所有，我们很快要在下一章讨论)物理的影响是很微弱的。但是，当我们大胆走出图12.11的触角区域时，高维的膜将变轻，而它的影响将变大。[13]

于是，我们应该牢记这样一幅图景：在图12.11的中央区域，理论的基本物质组成不仅有1维的弦、有2维的膜，还有不同维数的高维“膜”，它们几乎都是平等的。目前，这个完全理论的许多基本特征我们还没有严格把握，但我们能肯定一件事情：当我们从中央转移到边缘任何一个触角区域时，只有1维的弦(或者像图12.7和图12.8中卷缩起来更像弦的膜)才足够轻，才能与我们熟悉的世界——如表1.1里的粒子和它们相互作用的4种力——发生联系。弦理论家们用了近20年的微扰方法还没有能力揭示那些超大质量的高维延展物的存在；弦主宰着我们的分析，所以理论的名字还是离“民主”十分遥远的“弦理论”。在图12.11的边缘区域，我们又一次证明了，在大多数情况下，除了弦以外，别的都可以忽略。根本说来，本书到目前为止都是那么做的。不过，我们现在明白了，理论实际上比以前任何人想象的都丰富得多。

那些东西能回答弦理论未解决的问题吗

318　能，也不能。我们设法从某些结论摆脱出来——现在看来，那些结论不过是微扰近似分析的一些结果，而不是真正的弦理论的结果——从而深化了我们的认识。但我们今天的非微扰工具的能力还太有限。对偶关系网的发现让我们更深入地认识了弦理论，但还有很多问题没有解决。例如，我们现在还不知道如何超越弦耦合常数的近似方程——我们已经看到，那些方程太粗了，得不出什么有用的信息。我们也还不明白为什么正好有3个展开的空间维，也不知道该如何选择卷缩维的具体形式。这些问题需要比我们现有的磨得更加锋利的工具才能解决。

我们确实把握的，是更深入地认识了弦理论的逻辑结构和理论范围。在图12.11总结的认识之前，每个理论的强耦合行为还是一只黑箱，一个无人知晓的谜。强耦合的区域像老地图上的一块处女地，那里可能潜藏着巨龙和海怪。不过现在我们看到，尽管通向强耦合的旅程会带我们穿过陌生的M理论的领地，但它最终还是让我们舒适地躺在弱耦合的怀抱里——尽管在对偶的语言下，那也曾被认为是不同的弦理论。

对偶性和M理论统一了5个弦理论，它们还提出一个重要结论。我们未来的发现也很可能没有比刚才讲的那些更令人惊奇的了。如果哪位地图专家能填满地球表面的每一个角落，地图就画完了，地理学知识也到头了。这并不是说南极探险或密克罗尼西亚孤岛旅行没有科学和文化的意义，而只是说地理大发现的时代结束了。全球没有一个空白点，当然也没有什么需要去"发现"的。对弦理论家来说，图12.11的"理论地图"扮演着类似的角色。从5个弦理论的任何一个开始扬帆远航，都走不出它所覆盖的理论区域。虽然我们还远未完全弄清M理论环球远行的路线，但地图上已经没有空白点了。弦理论家现在可以像地图专家那样满怀自信地宣布，过去百年的基本发现——狭义和广义相对论，量子力学，强力、弱力和电磁力的规范理论，超对称性，卡鲁扎和克莱茵的多维空间等——从逻辑上说，都完全包容在图12.11的理论中了。

319

弦理论家——也许应该说M理论家——面临的挑战，是证明图12.11的理论地图上的某个点确实描绘了我们的宇宙。这需要寻找完整而准确的方程，让它的解去捕捉图中那个飘忽不定的点，然后以足够的精度去理解相应的物理，从而与实验结果进行对比。正如惠藤讲的："认识M理论究竟是什么——它赋予的物理是什么——至少会像历史上的任何一次伟大的科学变革一样，极大地改变我们对自然的认识。"[1] 这是21世纪物理学大统一的纲领。

1.1998年5月11日惠藤的谈话。

第 13 章
从弦 /M 理论看黑洞

320　弦理论出现以前，广义相对论与量子力学间的矛盾真把我们的直觉大大地羞辱了一回——我们一贯直觉地认为，自然律应该是天衣无缝的一个和谐的整体。而那矛盾还不仅仅是理论上的一道巨大裂缝。如果没有引力的量子力学体系，我们不可能认识发生在宇宙大爆炸时刻和统治着黑洞内部的那些极端的物理条件。随着弦理论的发现，我们今天有希望揭开这些深藏的秘密了。在这一章和下一章里，我们要讲弦理论朝着认识黑洞和宇宙起源的方向走了多远。

黑洞和基本粒子

乍看起来，很难想象还有哪两样东西能比黑洞和基本粒子有更大的差别。我们常把黑洞描绘成天体的巨无霸，而基本粒子却是物质的小不点儿。但20世纪60年代末和70年代初的许多物理学家，包括克里斯托多罗（Demetrios Christodoulou）、伊思雷尔（Werner Israel）、普赖斯（Richard Price）、卡特尔（Brandon Carter）、克尔（Roy Kerr）、罗宾森（David Robinson）、霍金和彭罗斯，发现黑洞和基本粒子也许不像我们想的那么悬殊。他们发现越来越多的证据令人相信惠勒所谓的“黑洞无毛”所表达的思想。惠勒这话的意思是，除了少数可以区别的特征外，所有黑洞看起来都是相像的。那几个可以区别的特征，第一当然是黑洞的质量。别的呢？研究发现它们是黑洞所能携带的电荷或其他力荷，还有它的自转速度。就是这几样。任何两个黑洞，如果有相同的质量、力荷和自转，它们就是完全相同的。黑洞没有炫目的"发型"——就是说，没有别的内在的特征——将自己区别出来。这情形我们似曾相识——别忘了，正是这些性质、质量、力荷和自旋，将基本粒子彼此区别开来。因为在决定性特征上的相似，许多物理学家这些年来形成了一个奇特的猜想：黑洞可能本来就是巨大的基本粒子。

实际上，根据爱因斯坦的理论，黑洞没有极小质量的限制。任何质量的一团物质，如果被挤压得足够小，我们能直接用广义相对论证明它可以成为一个黑洞。（质量越小，我们就把它压得越小。）这样，我们可以想象一个思想实验：从质量越来越小的小块物质开始，我们把它们压成越来越小的黑洞，然后拿这些黑洞与基本粒子进行比较。惠勒的"无毛"结论令我们相信，如果质量足够小，我们以这种方式形成的黑洞看起来很像基本粒子。两样小东西都完全由它们的质量、力荷和自旋来刻画。

但有一个问题。天体物理学的黑洞，质量是太阳的许多倍，既大且重，量子力学与它们没有关系，只需要用广义相对论来理解它们的性质。（这里讲的是黑洞的整个结构，没考虑黑洞中心的坍缩奇点，那个小东西当然是需要量子力学来描述的。）然而，当我们形成越来越小的黑洞时，可能出现量子力学确实发生作用的情形。例如，当黑洞总质量为普朗克质量或更小的时候。（从基本粒子物理学的观点看，普朗克质量是巨大的——约质子质量的1000亿亿倍。但从黑洞的观点 322

看，普朗克质量是相当小的，不过等于一粒灰尘的质量。）于是，猜想小黑洞与基本粒子密切相关的物理学家迎面就碰上广义相对论这一黑洞的理论核心与量子力学的不相容问题。过去，两者的不相容曾死死地拖着人们向前的脚步。

弦理论能让我们往前走吗

是的。通过黑洞的一个喜出望外的大发现，弦理论在黑洞与基本粒子间建起了第一个合理的理论联系。通往联系的道路是曲折的，但它会领着我们经过弦理论的一些最有趣的发展，是一段令人难忘的历程。

事情从20世纪80年代末以来弦理论家一直谈论的一个看似毫不相干的问题开始。物理学家和数学家很早就知道，当6个空间维卷缩成卡-丘形式时，在空间结构中一般存在两种类型的球面。一种是2维的，像沙滩皮球的表面，在第11章的空间破裂翻转变换中起着积极的作用；另一种很难想象，但同样是普遍存在的，那就是3维球面——在有4个展开的空间维的宇宙中，海滩上玩的就该是这样的皮球。当然，正如我们在第11章讲的，我们世界的普通的沙滩皮球本来也是3维的东西，但它的*表面*，就像花园里浇水管子的表面一样，是2维的。我们只需要两个数——如经度和纬度——就能确定表面上任何一点的位置。但我们现在是在想象多一个空间维的情形：一个4维的沙滩皮球，它的表面是3维的。这样的皮球我们几乎不可能在头脑里画出来，所以在大多数时候我们还是会借助更容易“看得见”的低维类比来想象它。不过，我们马上会看到，这多1维的球面有一个性质是至关重要的。

通过对弦理论方程的研究，物理学家发现，随着时间的演化，3维的球面可能而且极有可能收缩——坍缩——下去，直到几乎没有体 323 积。那么，弦理论家问，如果空间结构这样坍缩下去，会发生什么事情呢？空间的这种破裂会带来什么灾难性的后果吗？这很像我们在第11章提出并解决了的问题，但那里我们只考虑了2维球面，而现在我们面对的是3维球面的坍缩。（在第11章，我们想象卡–丘空间的一部分收缩，而不是整个空间都收缩，所以第10章的大小半径的等同性不适用了。）维数的不同带来了性质上的根本差异。[1]回想一下我们在第11章讲过的东西。当弦在空间移动时，它们能“套住”2维的球面。就是说，弦的2维世界叶能像图11.6那样把2维球面完全包裹起来。可以证明，这足以避免坍缩、破裂的2维球面可能产生的物理学灾难。但是，我们现在面临着卡–丘空间里的另一类球面，它的维太多，一根运动的弦不可能把它包围起来。如果你觉得这一点不好懂，请你考虑一个类似的低维的例子。你可以把3维球面想象成普通的2维沙滩皮球的表面，不过同时，你还得把1维的弦想象成0维的点粒子。这样，你可以看到，零维的点粒子什么也套不住，当然更套不住2维的球面；同样，1维的弦也不可能套住3维的球面。

这种思路引导弦理论家们猜想，假如卡–丘空间里的3维球面要坍缩——近似方程表明这是很可能（即使不是很普遍）在弦理论中发生的事情——那么它可能会带来灾难性的结果。实际上，20世纪90年代中期以前发展起来的近似弦理论方程似乎说明，假如那样的坍缩发生了，宇宙的活动可能会慢慢停歇下来；那些方程还意味着，某些被弦理论控制了的无限大将重新被那样的空间破裂“解放”出来。多324 年来，弦理论家们不得不生活在这样恼人的没有结果的思想状态下。但在1995年，斯特罗明戈证明，那些绝望的论调和猜想都是错误的。

跟着惠藤和塞伯以前的奠基性工作，斯特罗明戈发展了弦理论的新认识，那就是，以第二次超弦革命的新眼光来看，弦理论并不仅仅是1维的弦的理论。他的思路是这样的：1维的弦——用新的术语讲，即1膜——能完全裹住一块1维的空间，如图13.1的一个圆圈。（注意，这图跟图11.6不同，那里是1维的弦在运动中套住一个2维的球面。图13.1应看作是某一瞬间的镜头。）同样，我们在图13.1看到，2维的膜能卷起来完全包裹一个2维球面，就像一张塑料膜紧紧包裹一个橘子。虽然那很难想象，斯特罗明戈还是沿着这条思路发现，弦理论中新出现的3维物质基元——3膜——能卷曲并完全覆盖3维的球面。看清这点后，他接着用简单标准的物理计算证明，卷曲的3膜仿佛一个特制的盾牌，完全消除了弦理论家们害怕在3维球面坍缩时可能发生的灾难。

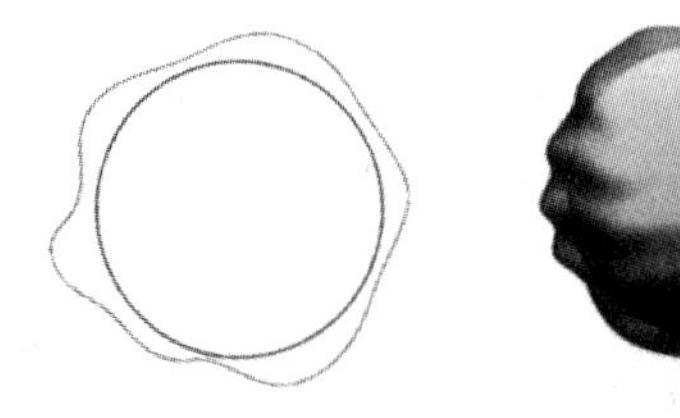

图13.1　一根弦可以包围卷起来的一片1维空间；2维膜可以卷起来包裹一块2维表面

这是奇妙而重要的发现，但它的力量要过些时候才能完全显露出来。

撕裂空间结构

物理学最激动人心的事情是在一夜之间发生认识的改变。斯特罗明戈在互联网上发布他论文的第二天早晨，我就在康奈尔的办公室里从互联网上看到它了。他用弦理论的新的激动人心的发现一举解决了关于额外维卷缩成一个卡-丘空间的棘手难题，不过，在我思考他的文章时，觉得他可能只做了一半的事情。325

在第11章讲空间破裂翻转变换的现象时，我们研究了两个过程：2维球面收缩成一个点，使空间发生破裂，然后球面又以新的方式膨胀，从而修复裂痕。在斯特罗明戈的文章里，他分析了3维球面收缩成一点的过程，证明弦理论新发现的高维物体将确保物理学过程继续良好地进行下去。到这里，他的文章就结束了。他是不是忘了，也许还有事情的另一半——破裂的空间通过球面的重新膨胀而修复？

1995年春，那时莫里森正在康奈拜尔访我，那天下午我们一起讨论了斯特罗明戈的论文。两三个小时后，我们对“事情的另一半”有了一个轮廓。根据20世纪80年代末以来数学家们的一些研究成果——那些数学家包括，犹他大学克里门斯（Herb Clemens）、哥伦比亚大学弗里德曼（Robert Friedman）、沃威克大学雷德（Miles Reid）以及坎德拉斯、格林和胡布施（Tristan Hübsch）（那时都在得克萨斯大学奥斯汀分校）——的应用，我们发现，当3维球面坍缩时，卡-丘空间也许可能破裂然后通过球面膨胀而再复原。但是这里出现了很奇怪的事情：坍缩的球面是3维的，而新膨胀起来的球面只有2维。很难具体把它的样子画出来，不过我们可以从低维类比中得到一点认识。

326 我们不去考虑那个令人难以想象的3维球面坍缩然后被一个2维球面取代的情形，让我们来想象一个1维球面的坍缩，然后它被一个0维球面所取代。

首先，什么是1维和0维的球面呢？让我们用类比来说明。2维球面是3维空间里的一个点集，集合中每一点到一个选定的中心的距离都相同，如图13.2（a）。根据同样的思想，1维球面是2维空间（如本页的表面）里的点集，每一点到某个中心有相同的距离。如图13.2（b）所示，其实它就是一个圆周。最后，根据这样的方式，0维球面是1维空间（直线）里到某中心等距离的点的集合。如图13.2（c）所示，0维的球面只有两个点，它的“半径”等于每点到公共中心的距离。这样，上面指的低维类比说的是一个圆（1维球面）收缩，然后破裂，接着成为两个点（0维球面）。图13.3实现了这个抽象的过程。

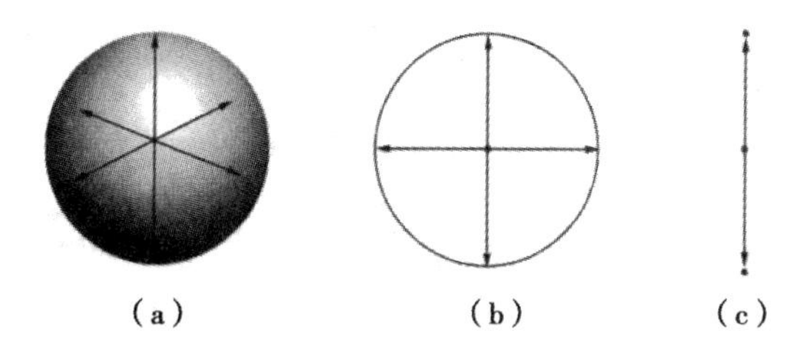

图13.2　看得见的几种球面——（a）2维，（b）1维，（c）0维

我们从一个面包圈的表面开始，它当然包含着1维的球面（圆），图13.3突出了一个。现在我们想象，随时间流逝，图中那个圆开始坍缩，引起空间结构收缩。我们可以像下面那样来修复陷落的空间结构：327 让它在瞬间破裂，然后用0维的球面（两个点）取代原来收缩的1维球

面(圆)来弥合破裂生成的上下两个洞。如图13.3，这样的结果像一只弯曲的香蕉，通过轻微的变形(没有空间破裂)，它可以再形成一个光滑的沙滩皮球样的表面。于是我们看到，当1维球面坍缩并被0维球面取代时，原来面包圈的拓扑(即它的基本形状)会发生巨大改变。在卷缩的空间维的情形中，图13.3的空间破裂过程将使图8.8的宇宙演化成为图8.7的宇宙。

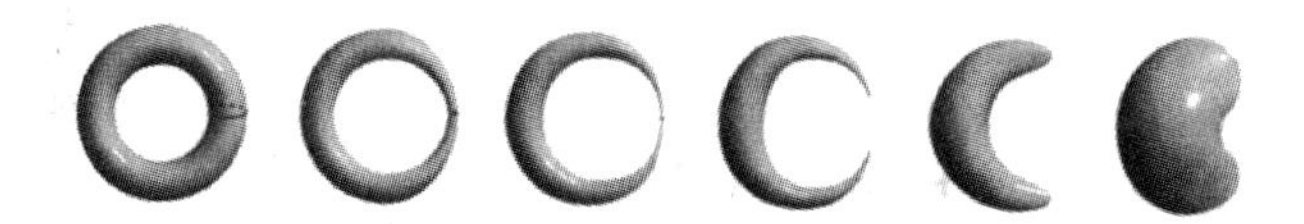

图13.3 面包圈(环)上的一个圆周坍缩成一点，表面从那点分裂，生成两个破裂的洞。一个0维球面(两点)用来"黏合"它，从而取代了原来的1维球面(圆)，修复了破裂的表面。这样的过程使原来的面包圈变成了形状完全不同的沙滩皮球

尽管这是一个低维类比，但在我们看来，它还是抓住了莫里森和我为斯特罗明戈设想的"事情的另一半"的基本特征。卡-丘空间里的3维球面坍缩以后，空间会破裂，然后它生成一个2维球面来修复自身，那将导致剧烈的拓扑改变，比惠藤和我们在以前的研究(11章讨论的)中发现的那些变化可怕得多。这样，从根本上说，一个卡-丘空间可以将自己变换成另一个形态完全不同的卡-丘空间——就像图13.3的面包圈变成沙滩皮球一样——而弦物理学在变化中仍然保持着良好的表现。虽然显露了一点风光，但我们知道还有许多重要的方面需要考虑，把它们都弄清楚了，我们才能肯定我们的"事情的另一半"不会带来任何奇怪的东西——令人厌恶的和物理上不能接受的结果。那天晚上，我们各自带着一时的欢喜回家了——欢喜我们有了一个新的重大发现。

E-mail风

328 第二天早晨，我收到斯特罗明戈的电子邮件，问我对他的文章有什么评论或反应。他说“它在某种程度上应该是与你同阿斯平沃尔和莫里森的工作有关的”，因为，后来我们知道，他也曾探索过它跟拓扑改变现象有什么可能的联系。我立即给他回了信，把莫里森和我刚得到的蓝图向他大概描绘了一下。从回答看，他的兴奋显然跟莫里森和我昨天的心情是一样的。

接下来的几天里，电子邮件如流水似的在我们3个人之间流淌，我们在狂热地寻求将空间破裂的拓扑改变思想严格定量地表达出来。所有的细节都逐渐确定下来了。到星期三，也就是斯特罗明戈发表他的发现一个星期后，我们合作论文的稿子已经写好，它揭示了随3维球面的坍缩而出现的一种新的巨大的空间结构变换。

斯特罗明戈原定在第二天去哈佛演讲，所以一早就离开圣巴巴拉了。我们说好由莫里森和我继续修饰论文，然后当天晚上在电子档案上发表。夜里11：45，我们把计算反复校核后，觉得没有问题了，便把文章发出去；我们也走出物理系的大楼。莫里森和我向我的车走去（他自己在访问期间租了房子，我想送他回去），我们的讨论也变得有点儿吹毛求疵。我们在想，如果有人不想接受我们的结果，最刺耳的批评会是什么样的？我们驱车离开停车场，驶出校园时，才发现尽管我们的论证很有说服力，但也不是完全无懈可击的。我们谁也没想过它可能会错，但确实感到在文章的某些地方，我们下结论的语气和特别的用词可能会招惹不愉快的争论，从而淡化了结果的重要性。我们都觉得文章本来可以做得更好一些：调子放低一点，结论下得温和一点，让物理学同行自己去判断文章的优劣，而不是让它像现在那个样子去惹人反感。 329

车往前开着，莫里森提醒我，根据电子档案的规则，我们可以在凌晨2：00以前修改我们的文章，过后它才在公共网上发表。我立即调转车头，开回物理楼，撤回原来的文章，开始降低它的语调。谢天谢地，这做起来很容易。在评论的段落里改换几个词，就把锋芒藏起来了，一点儿也不影响技术内容。不到1小时，我们又把它发出去，并且说好在去莫里森家的路上，谁也别再谈它。

第二天刚下午时，我们就发现文章引起的反响是很热烈的。在众多回信里有一封来自普里泽，他把我们大大恭维了一番，那可能是一个物理学家对别人最大的公开的赞美："如果我能想到那一点就好了！"虽然头一天晚上还在担心，但我们让弦理论家们相信了，空间结构不仅能发生以前（第11章）发现的那种"温和的"分裂，像图13.3简单描绘的那种暴烈得多的破裂，也同样可能发生。

重回黑洞和基本粒子

上面讲的东西与黑洞和基本粒子有什么关系呢？关系可多了。为认识这一点，我们还得问自己一个我们曾在第11章提出过的问题：那样的空间破裂产生了什么可观测的物理结果？我们已经看到，对翻转变换来说，答案令人惊讶：什么也没发生。对于我们新发现的这种剧烈空间破裂变换——所谓的锥形变换（conifold transition）——结果还是一样的，没有传统广义相对论会出现的物理学灾难，但有更显著的看得见的结果。

这些看得见的结果背后有两个相关的概念，我们一个一个来解释。首先，如我们讲的，斯特罗明戈的开拓性突破是他发现卡-丘空间里的3维球可能发生坍缩，却不会带来灾难，因为“裹”在它外面的3膜提供了理想的保护层。但那卷曲的膜像什么样子呢？答案来自霍罗维茨和斯特罗明戈以前的研究，他们曾证明，对我们这些只认识3个展开的空间维的人来说，“涂”在3维球面上的3膜将产生一个引力场，看起来像一个黑洞。[2]这不是一眼能看出来的，只有详细研究了膜的方程以后才能弄清楚。可惜，这种高维图像仍然很难画在纸上，不过图13.4用2维球面的低维类比传达了大概的意思。我们看到，2维的膜可以涂抹在2维球面上（球面本身也处在展开维的某个地方的卡-丘空间里）。如果有人通过展开维向那个地方看去，他会通过卷曲膜的质量和力荷而感到它的存在。据霍罗维茨和斯特罗明戈的证明，那

图13.4 膜裹在卷缩维中的球面上时，看起来就像展开维里的一个黑洞

些性质就像是一个黑洞的性质。而且，斯特罗明戈在他1995年的突破性论文里还证明了3膜的质量——也就是黑洞的质量——正比于它所包围的3维球面的容积：球面容积越大，包裹它的3膜就越大，从而质量也越大。同样，球面容积越小，包裹它的3膜的质量也越小。于是，当球面收缩时，裹在外面的膜，感觉起来像黑洞的膜，似乎该变得越来越轻。当3维的球面坍缩成一点时，相应的黑洞——请坐稳了！——也就没有质量了。尽管听起来太离奇——世上哪有没有质量的黑洞？——我们很快会把它跟我们熟悉的弦物理联系起来。

331

我们要说的第二点是卡-丘空间的孔洞数目，我们在第9章讨论过，它决定着低能量（从而也是低质量）弦振动模式的数目，而那些振动模式有可能解释表1.1的粒子和力荷。由于空间破裂的锥形变换改变了孔洞的数目（例如，在图13.3中，面包圈的洞被空间的破裂修补过程消去了），我们希望低质量的振动模式数目也会发生改变。实际上，莫里森、斯特罗明戈和我在具体研究这一点时发现，当新生的2维球面取代卷缩的卡-丘空间里的3维球面时，无质量的弦振动模式恰好增加了1个。（图13.3中面包圈变成沙滩皮球的例子可能会让你觉得模式数应该减少——因为洞少了，但这是低维类比带来的误会。）

为把上面讲的两点结合起来，我们想象一系列卡-丘空间镜头，在这个系列中，一个3维球面正变得越来越小。我们的第1点发现意味着，裹在3维球面上的一张3膜——在我们看来像一个黑洞——也将越变越小，最后在坍缩的终点变得没有质量。不过，我们还是要问，这是什么意思？借助第2点发现，答案就清楚了。我们的研究表明，那个从空间破裂的锥形变换中新生成的无质量弦振动模式就是黑洞转化成的无质量粒子的微观图景。于是我们发现，当卡－丘空间经过空间破裂锥形变换时，原来的大质量黑洞会越来越轻，最后转化为一个没有质量的粒子——如零质量的光子——在弦理论中，那不是别的，332 就是一根以某种特别方式振动的弦。这样，弦理论第一次明确地在黑洞和基本粒子间建立起了直接具体而且在定量上无懈可击的联系。

黑洞“消融”

我们发现的黑洞与基本粒子的这种联系，很像我们早就在日常生活中熟悉的一种现象，物理学叫它相变。相变的一个简单例子是我们在上一章谈到过的：水能以固体（冰）形式存在，也能以液体（液态水）和气体（蒸汽）形式存在。这些都是水的*相*，从一种形式转换为另一种形式，就是*相变*。莫里森、斯特罗明戈和我证明，这种相变与卡－丘空间从一种形式到另一种形式的空间破裂锥形变换，存在着密切的数学和物理学的相似。从没见过冰的人，不会一下子认识它跟水原来是同一样东西的两个不同的相；物理学家以前也没发现我们研究的黑洞跟基本粒子原来是同一弦物质的不同相。环境的温度决定水以哪种相的形式存在，类似的，卡－丘空间的拓扑形式——即空间形态——决定着弦理论中的某些物理结构是以黑洞还是以基本粒子的形态表现出来。就是说，在第一种相，即原来的卡－丘形态（类似于冰的相），我们看到有黑洞存在；在第二种相，第二种卡－丘形态（类似于液态的水），黑洞发生了相变——可以说它“消融”了——成为基本的弦振动模式。经过锥形变换的空间破裂，将我们从一个卡－丘空间的相引向另一个相。在这个过程中，我们看到黑洞与基本粒子像冰和水那样，是同一枚硬币的两面。我们看到，黑洞“安然”走进了弦理论的框架。

我们有意用同一个水的例子来比喻那些剧烈的空间破裂变换和5个弦理论形式间的转换（第12章），因为后两者有着深刻的联系。回想一下，我们用图12.11来说明5个弦理论是相互对偶的，从而它们统一在一个宏大的理论体系下面。但是，假如我们让额外的维随便卷 333 缩成某个卡–丘形态，那些理论还能自由地从一种图景转换到另一种吗？——我们还能从图12.11上的任何一点出发达到别的点吗？在根本的拓扑改变结果发现以前，人们认为答案是否定的，因为不知道有什么办法让卡–丘形态连续地从一种转变成另一种。但是现在我们看到，答案是肯定的：通过那些在物理上可能的空间破裂的锥形变换，我们能将任何一个卡–丘空间连续地变成另一个。通过改变耦合常数和卷缩的卡–丘空间几何，我们看到所有的弦结构也都是同一理论的不同相。即使所有额外的空间维都卷缩起来，图12.11的统一也是不可动摇的。

黑洞熵

多年来，一些卓有成就的物理学家都考虑过空间破裂和黑洞与基本粒子相关的可能，尽管这些猜想当初听起来像科幻小说，但弦理论的发现和它融合广义相对论与量子力学的能力，使我们可以将那些可能性推向科学前沿的边缘。这样的成功激励我们进一步追问：我们宇宙的其他一些几十年没能解决的奇妙性质，是不是也将在弦理论的威力面前“屈膝投降”呢？其中最重要的概念是*黑洞熵*。这是弦理论大显神通的舞台，它成功解决了困惑人们四分之一个世纪的一个极深刻重要的问题。

334

熵是无序和随机的量度。例如，桌上高高地堆着些打开的书、没读完的文章、旧报纸和旧邮件，它就处于一种高度无序的,即高熵的状态。反过来，如果文章按字母顺序堆成一摞，报纸按日期一张张放好，书照作者名字顺序排列，笔放在笔架上，那么，你的书桌就处于一种高度有序的，也就是低熵的状态。这个例子说明了熵的大概意思。但物理学家对熵有一个完全定量的定义，使我们可以用确定的数值来描述一种事物的熵：数值越大，熵越大；数值越小，熵越小。具体说来有点复杂，简单地说，表示熵的数就是一个物理系统的组成元素在不影响整体表现情况下的所有可能组合方式的数量。当书桌整洁的时候，任何一点新安排——如改变书报或文章的堆放顺序，从笔架上拿一支笔——都会干扰原来高度有序的组合。这说明原来的熵很低。反过来说，如果桌子上本来很乱，随便你把报刊文章或邮件怎么翻动，它还是那么乱，整体没有受到干扰。这说明原来有很高的熵。

当然，我们说重新安排桌上的书报文章，决定哪些安排“不影响整体表现”，是缺乏科学精确性的。熵的严格定义实际上包括数或者计算一个物理系统基本物质组成的微观量子力学性质的可能组合，它们不会影响整体的宏观性质（如能量和压力）。细节并不重要，我们只需要认识熵是精确度量物理系统总体无序性的一个完全量化的量子力学概念。

1970年，贝肯斯坦（Jacob Bekenstein）还在普林斯顿跟惠勒读研究生，他有一个大胆的建议。他的惊人的思想说：黑洞可能有熵，而且量很大。贝肯斯坦的动力来自古老而久经考验的*热力学第二定律*，这个定律宣告系统的熵总是增大的：事物都朝着更加无序的状态演化。即使你清理好混乱的书桌，减少它的熵，总熵——包括你身体的和房间里空气的——实际上还是增加了。原来，清理书桌时，你得消耗能量；你必须打乱体内脂肪的某些分子次序才可能生成肌肉需要的能量。而当你清理的时候，身体会散发热量，它会激发周围的空气分子进入更混乱的活动和更高的无序状态。所有这些效应都考虑进来，在补充[335]书桌减小的熵之后还有多余的，因而总熵增大了。

贝肯斯坦的问题大概是，假如我们在黑洞事件视界的附近清理好书桌，并用真空泵把房间里新扰动的空气分子抽出来注入黑洞内部幽暗的角落，那么结果会怎样呢？我们还可以问得更极端一些：假如把房间里所有的空气、桌上所有的东西甚至连桌子一起都扔进黑洞里去，把你一个人留在冰冷的空荡荡的完全有序的屋子里，结果会怎样呢？显然，房间里的熵肯定减少了，贝肯斯坦认为，能满足热力学第二定律的唯一途径是黑洞也有熵，当物质进来时，它的熵会充分增大，足以抵消我们看到的洞外熵的减少。

实际上，贝肯斯坦可以借助霍金的一个著名结果来加强他的猜想。霍金曾证明，黑洞事件视界——回想一下，那是遮蔽黑洞的一个“不归面”，落下去的东西永远也回不来了——的面积在任何物理相互作用下总是增大的。霍金证明，假如一颗小行星落进一个黑洞，或者附近恒星的表面气体被吸积到黑洞，或者两个黑洞碰撞在一起结合成一个……在所有这些过程中，黑洞事件视界的总面积总是增大的。对贝肯斯坦来说，永远朝着更大面积的方向演化与热力学第二定律说的永远朝着更大的熵的方向演化应该有着联系。他指出，黑洞事件视界的面积为它的熵提供了精确的度量。

然而，经仔细考察，多数物理学家认为贝肯斯坦的思想不可能是正确的，原因有两点。第一，黑洞似乎本该是整个宇宙中最有序、最有组织的事物。我们测量黑洞的质量、携带的力荷和它的自旋，就准确地确定了它的一切。凭这样几个确定的特征，黑洞显然没有足够的结构造成无序，就像桌上只有一本书、一支铅笔，随便怎么弄也混乱不起来——黑洞那么简单，哪儿来的无序呢？贝肯斯坦的建议难以理解的第二个原因是，我们刚才讲过，熵是量子力学概念，而黑洞依然生在对立的广义相对论的原野里。在20世纪70年代初，没有什么办法结合广义相对论与量子力学，讨论黑洞可能的熵至少会令人感到不安。

336

黑洞有多黑

如我们所看到的，霍金也想过他的黑洞面积增大定律与熵增定律间的相似，但他认为那不过是一种巧合，没有别的意思。因为，在霍金看来，根据他的面积增加定律和他与巴丁（James Bardeen）和卡特尔以前发现的一些结果，假如当真承认了黑洞定律与热力学第二定律的相似性，我们不仅需要把黑洞事件视界的面积当作黑洞的熵，还得为黑洞赋予一定的温度（它的准确数值由黑洞在事件视界的引力场强度来决定）。但是，假如黑洞具有非零的温度——不论多小——那么，根据最基本可靠的物理学原理，它必然发出辐射，就像一根发热的铁棒。然而，谁都知道，黑洞是黑的，不会发出任何东西。霍金和差不多所有的人都认为，这一点绝对排除了贝肯斯坦的建议。另一方面，霍金更愿意相信，如果有熵的物质被扔进黑洞，那么熵也失去了，这样不是更清楚更简单吗？热力学第二定律，也在这儿终结了。

不过，1974年，霍金发现了真正令人觉得奇怪的事情。他宣布，黑洞并不完全是黑的。如果不考虑量子力学，只根据经典广义相对论的定律，那么像大约60年前发现的那样，黑洞当然不会允许任何事物——包括光——逃出它的引力的掌握。但量子力学的考虑会极大改变这样的结论。虽然霍金也没有广义相对论的量子力学体系，但他还是凭着两个理论的部分结合得到了有限然而可靠的结果。他发现的最重要结果是，黑洞*确实*在以量子力学的方式发出辐射。 337

霍金的计算冗长而艰难，但基本思想却很简单。我们知道，不确定性原理使虚空的空间也充满了沸腾和疯狂的虚粒子，它们在瞬间产生，然后在瞬间湮灭。这种紧张的量子行为也出现在黑洞事件视界周围的空间区域。然而霍金发现，黑洞的引力可以将能量注入虚光子，就是说能把两个粒子远远分开，使其中一个落进黑洞。光子对的一个伙伴落进黑洞深渊，另一个光子失去了湮灭的伙伴。霍金证明，剩下的那个光子将从黑洞的引力获得能量和动力，在伙伴落向黑洞时，它却飞离黑洞。霍金发现，从遥远的安全地方看着黑洞的人会看到，虚光子对分裂的最终结果是从黑洞发射出一个光子。这样的过程反反复复在黑洞视界的周围发生，从而形成一股不断的辐射流。黑洞*发光了*。

另外，霍金还能计算黑洞的温度——从远处的观测者看，即与辐射相应的温度——它由黑洞视界处的引力场强度决定，那还是黑洞物理学的定律与热力学定律之间的相似性所要求的。[3] 贝肯斯坦对了：霍金的结果说明应该认真对待那种相似。实际上，这些结果说明那不仅仅是一种相似——本来就是同一样东西。黑洞有熵，黑洞也有温度。黑洞物理学的引力定律不过是热力学定律在极端奇异的引力背景下的另一种表达形式。这是霍金1974年的惊人发现。

现在我们来看那些量有多大。当我们仔细研究了所有细节，可以 338 发现，质量约为3个太阳质量的黑洞，温度大约比绝对零度高一亿分之一度，不是零，但小得可怜；黑洞不黑，但一点儿也不亮。遗憾的是，这样低温的辐射太微弱了，不可能在实验中探测出来。不过，也有例外。霍金的计算还说明，黑洞质量越小，温度越高，从而辐射越强。例如：1颗小行星质量的黑洞会产生大约1万吨氢原子弹的辐射，辐射主要集中在电磁波的 γ 射线部分。天文学家在夜空寻找过这些辐射，但除了少数希望渺茫的可能性之外，什么也没找到。这似乎意味着，那样低质量的黑洞即使有也是罕见的。[4] 正如霍金常开玩笑说的，这太糟糕了。如果哪天找到了他预言的黑洞辐射，他肯定会得诺贝尔奖。[1]

大质量黑洞的温度在百万分之一度以下，而熵却与它相反。例如，我们计算3个太阳质量的黑洞的熵，结果大得惊人：10^{78}，1后面跟78个零！质量越大，熵越大。霍金的成功计算确凿地证明黑洞包含的无序是多么巨大！

---

1. 1996年6月21日，霍金在阿姆斯特丹引力、黑洞和弦学术会议上的演讲。

但那是什么的无序呢？我们已经看到，黑洞看起来是特别简单的东西，那么惊人的无序是从哪儿产生出来的？关于这个问题，霍金的计算什么也没说。他那广义相对论与量子力学的部分结合可以用来计算黑洞熵的数值，却不能解释它的微观意义。20多年里，一些大物理学家曾试着去认识黑洞的那些微观性质可能解释熵的意义。但是，在没能将量子力学与广义相对论完全可信地结合起来之前，虽然能看到答案的一点儿影子，但谜却还藏在背后。

走进弦理论

那谜直到1996年才揭开。那年，斯特罗明戈和瓦法在苏斯金和森以前发现的基础上，向物理学电子档案发了一篇文章，题目是《贝肯斯坦-霍金熵的微观起源》。在这篇文章里，他们用弦理论认定了某一类黑洞的微观组成，准确计算了相应的熵。他们的研究依赖于一种新发现的方法，它部分超越了20世纪80年代和90年代初的微扰近似。他们的结果完全符合贝肯斯坦和霍金的预言，终于完成了20多年前没能画完的图。

339

斯特罗明戈和瓦法集中考虑了一类所谓的*极端*黑洞。这是一些带荷（你也可认为是电荷）的黑洞，而且有与荷相应的可能最小的质量组成。从这个定义，你可以看出它们与第12章讨论的BPS态是密切相关的。实际上，斯特罗明戈和瓦法彻底研究过两者的相似性。他们证明，他们能从一个特别的（具有一定维数的）BPS膜出发构造——当然是在理论上——某些极端的黑洞，并照准确的数学蓝图将它们结合在一起。我们知道构造原子——当然，还是在理论上——可以从一堆夸克开始，将它们组合成质子和中子，然后在周围安排一些沿轨道运动的电子；同样，斯特罗明戈和瓦法证明，弦理论中新发现的物质基元如何能以类似的方法结合起来形成特别的黑洞。

实际上，黑洞是星体演化的一种终结产物。恒星经过几十亿年的核聚变燃尽它所有的核燃料后，就不再有力量——向外的压力——抵抗强大的向内的引力。在不同的条件下，这都将导致恒星巨大质量的灾难性坍缩；它在自身重量下坍缩，最后形成黑洞。斯特罗明戈和瓦法没有用这样现实的方法来生成黑洞，他们说的是"设计者"的黑洞。他们改变了黑洞的形成法则；他们凭着理论物理学家的想象，仔细地、慢慢地、一点一点地将从第二次超弦革命中涌现出来的高维膜缝合在一起，系统地构造了需要的黑洞。

这种方法的力量很快就显露出来了。在完全由理论决定的黑洞微观构造的前提下，斯特罗明戈和瓦法可以很容易地直接计算黑洞微观构成在不影响整体可观测性质（质量和力荷）时的组合方式。然后，他们可以拿组合方式的数目与黑洞视界的面积——即贝肯斯坦和霍金预言的熵——进行比较，他们发现，结果是完全相符的。至少对那类极端的黑洞，斯特罗明戈和瓦法成功运用弦理论准确解释了它们的微观组成和相应的熵。一个困惑人们四分之一个世纪的问题就这样解决了。[5]

340

许多弦理论家把这一成功看作支持弦理论的一个重要而令人信服的证据。我们对弦理论的认识还太浅，不可能与实验观测（如夸克和电子的质量）建立直接准确的联系。但我们现在看到，弦理论为发现多年的一种黑洞性质提供了第一个基本解释，那是物理学家多年来用传统方法一直没能解决的。另一方面，黑洞的这个性质紧密联系着霍金关于黑洞辐射的预言，而那个预言在原则上是能够通过实验来观测的。当然，这需要我们在天空确定地找到黑洞，然后构造足够灵敏的仪器来探测它发出的辐射。如果黑洞质量足够小，后一步凭今天的技术是容易实现的。即使实验计划还没有成功，它也再一次强调了弦理论与关于自然世界的确定性物理结果之间的鸿沟是能够填补的。甚至格拉肖这位20世纪80年代以来一直反对弦理论的物理学家最近也说："当弦理论家谈论黑洞时，他们几乎就是在谈可观测现象——那是令人惊奇的。"[1]

黑洞的未解之谜

即使取得了那些令人惊喜的进步，黑洞还有两个百年老问题。一个是关于黑洞对决定论概念的冲击。19世纪初，法国数学家拉普拉斯（Pierre-Simon de Laplace）提出了在牛顿运动定律下像时钟一样运行的宇宙所能带来的最严格也走得最远的结果。

> 理性能认识某一时刻所有令自然洋溢生机的力和组成其存在物的各自状态，而且，假如理性足够强大，将那些数据投入分析，那么它能将一切运动，从宇宙中最大的物体到最小的原子，都包罗在同一个公式里。对这样的理性来说，没有什么不确定的东西，将来与过去一样，它都看得见。[2]

341

---

1. 1997年12月29日格拉肖的谈话。
2. Laplace,*Philosophical Essay on Probabilities*,trans. Andrew I.Dale（New York：Springer-Verlag,1995）.

换句话说，如果知道宇宙每个粒子在某一时刻的位置和速度，我们就可以用牛顿运动定律——至少在原则上——来确定它们在过去或未来任何时刻的位置和速度。从这样的观点看，一切事物的发生，从太阳的形成到耶稣被钉上十字架，到你的眼睛读过这一行文字，都严格遵从大爆炸瞬间过后宇宙各种粒子组成的位置和速度。这种严格的一步步展开的宇宙观跳出了令人困惑的关于自由意志的各种哲学泥潭，但它的重要性却因量子力学的发现而大大消减了。我们看到，海森伯的不确定性原理根本否决了拉普拉斯的决定论，因为从根本上说我们不可能知道宇宙组成物质的准确位置和速度。相反，量子波函数取代了那些经典的性质，它只能告诉我们某个粒子在这里或那里，有这样或那样的速度。

然而，拉普拉斯观的破灭并没有让决定论的思想彻底失败。波函数——量子力学的概率波——的演化仍然遵从准确的数学法则，如薛定谔方程（或者它更准确的伙伴，狄拉克方程和克莱茵－戈登方程）。这告诉我们，*量子决定论*取代了拉普拉斯的经典决定论：宇宙基本组成在某一时刻的波函数的信息能让“足够强大的”理性去决定以前或未来任何时刻的波函数。量子决定论告诉我们，任何特别事件在未来某一时刻发生的*概率*完全*取决于*以前任何时刻的波函数知识。量子力 342 学的概率观极大地弱化了拉普拉斯的决定论，它将“注定的结果”变成“可能的结果”，不过在传统的量子理论框架下，那“可能”还是被完全决定了的。

1976年，霍金宣布，即使这个弱化的决定论也因黑洞的存在而被破坏了。背后的计算当然还是很困难，但基本思想却相当简单。当物质落进黑洞时，它的波函数也跟着被吸收了。这意味着在寻求未来所有时刻波函数的过程中，我们“足够强大的”理性也难免会迷失。为完整地预言未来的波函数，我们需要完全了解今天的波函数。但是如果有些波函数陷入了黑洞的深渊，它们包含的信息也就跟着丢失了。

乍看起来，黑洞带来的麻烦似乎不值得忧虑。因为黑洞事件视界背后的一切事物都从我们的宇宙“分离出去了”，我们忽略这些不幸的“坠落者”，有什么不妥吗？另外，从哲学上讲，我们似乎可以告诉自己，宇宙并没失去那些落入黑洞的物质所携带的信息，它们不过被锁进了一个我们理性的生命不愿面对的空间区域。在霍金发现黑洞并不全黑以前，这种说法当然没有问题。但霍金向全世界说，黑洞会辐射，事情就不同了。辐射携带着能量，所以黑洞在辐射时会慢慢减小质量——慢慢地“蒸发”。这样，从黑洞中心到事件视界的距离会慢慢收缩；当这遮蔽黑洞的外衣收缩时，原来从宇宙中分离出去的部分空间又能回到我们的宇宙舞台中来。于是，我们的哲学考虑必须面对这样一个问题：被黑洞吞没的物质所携带的信息——我们想象隐藏在黑洞内部的那些数据资料——会因黑洞蒸发而重新出现吗？量子决定论的成立需要这些失去的信息，所以，这个问题深入到了另一个问题的核心：黑洞是否给我们宇宙的演化带来了越来越深层的偶然性因素？

关于这个问题的答案，我写这本书时物理学家还众说纷纭。多年来，霍金强烈主张那些信息不会再出现——黑洞破坏了信息，“在普通量子理论的不确定性上又给物理学增添了新的层次的不确定性。"[1] 实际上，霍金和加州理工学院的索恩（Kip Thorne）跟同在那儿的普雷斯基尔（John Preskill）就黑洞所获信息的问题打过赌。霍金和索恩认为那些信息永远地消失了，而普雷斯基尔则站在相反的立场，主张那些信息在黑洞辐射和收缩时还能找回来。赌注呢？还是"信息"："输家向赢家提供一部赢家选择的百科全书"。

赌局还没分出输赢，不过霍金最近承认，根据我们上面讨论的弦理论对黑洞的新认识，那些信息有可能找到一条重新出现的路径。[2] 新看法是这样的：对斯特罗明戈和瓦法研究的（后来许多物理学家也跟着研究过）那类黑洞来说，信息可以储藏在高维膜里，并能从那里还原。斯特罗明戈最近说，这个发现"使许多弦理论家忍不住要欢呼胜利了——信息在黑洞蒸发时回来了。在我看来，结论还下得太早。为弄清这是否正确，我们还有许多事情要做。[3]"瓦法也同意，他说，他"不懂这个问题——哪种情况都是可能的。[4]"回答这个问题是当前研究的中心目标。如霍金讲的：

> 多数物理学家都愿意相信那信息不会丢失，因为这样能使世界安宁，可以预言。但我相信，如果认真对待爱因斯坦的广义相对论，我们一定允许另外的可能：时空本身打成结，而信息消失在结中。决定信息是否真会丢失，是今天理论物理学的一个主要问题。[5]

---

1. Stephan Hawking,in Hawking and Roger Penrose,*The Nature of Space and Time*（Princeton：Princeton University Press,1995）,p.41（中译本即《第一推动丛书》里的《时空本性》——译者注）。
2. 霍金1997年6月21日在阿姆斯特丹引力、黑洞和弦学术会议上的演讲。
3. 1997年12月29日斯特罗明戈的谈话。
4. 1998年1月12日瓦法的谈话。
5. 霍金1997年6月21日在阿姆斯特丹引力、黑洞和弦学术会议上的演讲。

第二个未解之谜是关于黑洞中心点的时空本性。[6]直接像施瓦氏1916年那样应用广义相对论，可以证明挤压在黑洞中心的巨大质量和能量将导致时空结构产生吞噬一切的裂隙，卷曲成一种无限曲率的状态——陷入一个时空奇点。根据这一点，物理学家可以得出的一个结论是，因为所有穿过事件视界的物质都注定要落向黑洞中心，而那 344 里的物质没有未来，所以时间本身也在黑洞中心走到了尽头。还有些物理学家，这些年来用爱因斯坦方程探索了黑洞中心的性质。他们发现一个近乎疯狂的结果：黑洞中心可能隐约地连着另一个宇宙的入口。大概地说，我们宇宙时间在哪里结束，相连的另一个宇宙的时间就从哪里开始。

在下一章里我们会讨论这些令人难以想象的结果有什么意义。不过现在我们只谈重要的一点。我们必须记住关键的一课：在极端的大质量、小尺度下，密度大得难以想象，从而不能单独考虑爱因斯坦的经典理论，还必须同时考虑量子力学。这将我们引向一个问题：关于黑洞中心的时空奇性，弦理论有什么说法呢？这也是目前正在研究的一个课题，跟信息丢失问题一样，还没有答案。弦理论灵巧地处理过另外形式的奇异性——我们在第11章和本章第一部分讨论过的那些空间破裂。[7]但认识一种奇性并不意味着认识别的奇性。宇宙的结构能以不同的方式产生破裂。弦理论为某些奇性带来了深刻的认识，但另一些奇性，如黑洞的奇点，至今还躲在弦理论之外。根本的原因还是弦理论太依赖于微扰的工具，在这个问题上，那些近似的方法弱化了我们的能力，从而不能可靠而完全地分析发生在黑洞中心的事情。

然而，随着最近非微扰方法的巨大进步和它们在黑洞其他方面的成功应用，弦理论家满怀信心地希望能在不远的将来揭开黑洞中心的秘密。

第 14 章
宇宙学的沉思

人类自古以来就渴望认识宇宙的起源。也许没有哪个问题像这样[345]超越文化和时代的分隔，它唤起祖先的想象，也引发今天宇宙学家的沉思。从深层说，人们渴望解释为什么会有一个宇宙，它是如何成为我们看到的那个样子的，它是因为什么——什么原理——而演化的。令人惊喜的是，人类今天看到一个正在显露的、能科学地回答那些问题的框架。

今天人们接受的宇宙创生的科学理论认为，宇宙在最初的瞬间经历过最极端的条件——巨大的能量、极高的温度和极大的密度。就我们今天的认识，这些条件把量子力学和引力都牵引到一起了，宇宙的诞生从而成为超弦理论尽情表现的大舞台。我们马上要来讨论那些新奇的发现，但我们还是先回顾一下弦理论以前的宇宙学，也就是人们常说的宇宙学标准模型。

宇宙学标准模型

宇宙起源的现代理论应追溯到爱因斯坦完成广义相对论15年以后。[346]尽管爱因斯坦不相信他自己理论的表面意思，不相信它竟包含着一个既不永恒也非静态的宇宙，但弗里德曼相信。如我们在第3章讨论的，弗里德曼发现了我们现在说的爱因斯坦方程的大爆炸解——他声称宇宙是从一个无限压缩的状态爆炸出来的，现在还处于那场原始大爆炸引起的膨胀中。爱因斯坦坚信他的理论不会有这样随时间演化的解，他发表一篇短文说发现了弗里德曼的结果有个致命的毛病。不过，8个月后，弗里德曼说服了爱因斯坦，他的东西确实没有毛病；爱因斯坦公开认了错，但有点儿漫不经心的样子。不管怎么说，我们可以清楚地感到，爱因斯坦认为弗里德曼的结果跟宇宙没有一点儿联系。但是5年以后，哈勃用威尔逊山天文台的254厘米望远镜详细观测了几十个星系，证明宇宙确实在膨胀着。弗里德曼的结果后来由物理学家罗伯逊（Howard Robertson）和沃克（Arthur Walker）写成更系统更有效的形式，至今还是现代宇宙学的基础。

让我们把宇宙起源的现代理论说得更详细一点儿。大约150亿年以前，宇宙所有的空间和物质从一次奇异的大能量事件爆发出来。（你用不着去寻找大爆炸发生在什么地方，因为它发生在你今天所在的地方，也发生在任何别的地方；我们今天看来分离的不同地方，在宇宙开始的时候都是同一个地方。）大爆炸过后10^{-43}秒，即所谓的*普朗克时间*，计算的宇宙温度大约是10^{32}开（K），比太阳内部的温度还高10亿亿亿（10^{25}）倍。然后，宇宙随时间膨胀、冷却，在这个过程中，均匀炽热的原初宇宙等离子体开始聚集成团，形成旋涡。大约十万分之一秒后，物质已变得足够冷了（大约10万亿开——比太阳内部温度高100万倍），夸克可以3个成团地聚在一起，形成质子和中子。百分之一秒后，周期表里最轻的一些元素的核也够条件从冷却的粒子等离子体中凝结出来。在接下来的3分钟里，宇宙逐渐冷却到10亿开，出

347

现最多的核是氢和氦，同时也带着些氘（“重”氢）和锂。这就是所谓的*原初核合成*时期。

接下来的几十万年没发生什么特别的事情，宇宙还是在膨胀、冷却。但是，当温度降到几千开时，汹涌的电子流慢慢流向原子核（多数是氢和氦），原子核捕获住它们，第一次形成电中性的原子。这是重要的一刻：大体上说，从这一时刻开始，宇宙变得透明了。在电子捕获这一幕之前，宇宙充满了带电的等离子体——有些带正电，如原子核；有些带负电，如电子。只与带电体发生相互作用的光子，落在深深的带电粒子的汪洋里，不停歇地碰撞挤压，要么被偏转，要么被吸收，几乎穿越不了多少距离。因为带电粒子的屏障作用，光子不能自由运动，所以宇宙几乎完全是不透明的，就像在经历浓雾弥漫的早晨，或者遮天蔽日的沙尘暴。但是，当带负电的电子走进带正电的核的轨道，生成电中性的原子以后，带电的屏障消失了，浓雾散开了。从那时起，来自大爆炸的光子就无阻碍地漫游，整个宇宙也慢慢清澈明亮了。

约10亿年以后，宇宙已基本从沸腾的爆发状态安静下来，星系、恒星和行星终于一个个从原初元素的引力束缚堆里产生出来。大爆炸150亿年后的今天，我们也来了，在惊叹宇宙壮丽的同时，也惊讶我们自己能一点点地树起一个合理的而且经得起实验检验的宇宙起源理论。

但是*实在说来*，我们对大爆炸理论该有几分信赖呢？

大爆炸的检验

348

用最大的望远镜，天文学家可以在天空看到大爆炸几十亿年后的星系和类星体发出的光，这样他们可以验证那个时期以来的宇宙膨胀，结果都是“真的”。为了检验更早时间的理论，物理学家和天文学家必须用更间接的方法，其中最精妙的一个方法牵涉到所谓的宇宙背景辐射。

你一定给自行车胎打过气，打满气的车胎摸起来有点儿热。打气时耗去的能量有一部分转化来增高车胎里空气的温度。这反映了一个普遍的原理，在很多条件下，被压缩的事物会变热。反过来说，如果什么东西解压了——膨胀了——它就会冷却。空调和冰箱用的也是这个原理。工作物质（如氟利昂）经过循环的压缩、膨胀（同时也蒸发或凝结），可以让热朝着需要的方向流动。这样地球上寻常简单的物理事实，原来也令人惊奇地发生在整个宇宙。

我们刚才讲过，当电子与核结合成原子以后，光子就自由自在地在整个宇宙中穿行。这意味着宇宙充满了“光子气”，它们沿这样或那样的路径旅行，均匀地洒满宇宙的每个地方。宇宙膨胀时，自由奔流的光子气也跟着膨胀，因为从本质上说，宇宙就是它的一个大容器。一般气体（如轮胎里的空气）的温度在膨胀时会降低，同时，光子气的温度也会随宇宙膨胀而降低。实际上，盖莫夫和他的学生阿菲尔（Ralph Alpher）、赫尔曼（Robert Hermann）在20世纪50年代，以及迪克（Robert Dicke）和皮贝斯（Jim Peebles）在60年代，就发现我们今天的宇宙应该是一个原始光子的汪洋，它的温度经过150亿年的宇宙膨胀已经冷却到了可怜的绝对零度以上几度。[1] 1965年，新泽西贝尔实验室的彭齐亚斯（Arno Penzias）和威尔逊（Robert Wilson）偶然 349 做出了我们时代的一个最重大的发现。他们在寻找无线电通信干扰的原因时，偶然探测到了大爆炸留下的余温。后来，理论和实验都更精密了，在20世纪90年代初还用美国国家航空航天局（NASA）的“宇宙背景探索者”（COBE）卫星进行了测量。根据这些数据，物理学家和天文学家在很高精度上证实了我们的宇宙确实充满着微波辐射（假如我们的眼睛足够灵敏，就可以看见我们周围的点点微光），温度大约是2.7开，正符合大爆炸理论的预言。具体地说，在宇宙的每个立方米——包括你占据的那个——大约有4亿个光子，它们一起汇成宇宙微波辐射的汪洋，荡漾着宇宙创生的回响。当电视台没有节目时，你看到荧屏上的那些“雪花”，有的就来自大爆炸遗留的暗淡微波。理论与实验的一致，证实了大爆炸之后（ATB）几十万年以来——光子第一次在宇宙自由穿行以来——宇宙演化的图景。

我们对大爆炸理论的检验还能追溯到更早的时间吗？能。通过核理论和热力学的标准原理，物理学家可以很确定地预言在原初核合成阶段（ATB百万分之一秒到几分钟之间）产生的轻元素的相对丰度。例如，根据理论，宇宙大约23%的元素应该是氦。通过恒星和星云中氦丰度的测量，天文学家获得了令人信服的支持，预言确实是正确的。不过，也许更令人惊讶的是理论关于氘丰度的预言和证实，因为除了大爆炸以外，似乎没有别的天体物理学过程能说明氘的出现——虽然量很小，但宇宙中到处都有。这些丰度（以及最近锂丰度）的证实，很好地检验了我们对原初核合成以来的宇宙物理的认识。

这些认识足够我们骄傲了。我们掌握的所有数据都证明，我们的
350 宇宙学理论能描绘宇宙从ATB 0.01秒到150亿年后今天的演化图景。不过，我们还应该看到，新生的宇宙是在瞬息间演化的。我们宇宙100多亿年来持续的特征，在大爆炸之初很短的时间里——比0.01秒还短得多——就第一次深深留下了印迹。所以，物理学家还在往前走，试图弄清更早时期的宇宙。当我们追溯更早的时间，宇宙更小、更热、更紧，于是更迫切需要量子力学来准确描写那时的物质和力。在前面的章节我们看到，点粒子量子场论在点粒子能量一般地处于普朗克能量附近时还能适用。在宇宙学背景下，普朗克能量出现在整个宇宙都压缩在普朗克尺度的一小团时，这时候的密度需要我们发挥想象，找些比喻才能感觉它有多大——在普朗克时刻，宇宙的密度可以用一个字来说，那就是“大”。在这样巨大的能量和密度下，引力论和量子力学不能再像点粒子量子场论那样，看作两个分立的理论。实际上，本书的中心思想就是，在这些高能状态下，我们一定要用弦理论。用现在的话来说，当我们追溯到ATB 10^{-43}秒（普朗克时间）以下时，会碰到那样的能量和密度，因此，宇宙最早的瞬间原是弦理论的舞台。

我们先还是来看，在标准宇宙学模型中，宇宙从普朗克时间以后到ATB 0.01秒之前都发生了什么。

从10^{-43}秒到0.01秒

回想一下我们在第7章讲过的（特别是图7.1），在宇宙早期极热的环境下，引力之外的3种力似乎是结合在一起的。根据这些力的强度随能量和时间而变化的计算，物理学家证明，大约在ATB 10^{-35}秒以前，

强力、弱力和电磁力原来是一个“大统一”的“超”力。在那种状态，宇宙比它在今天要对称得多。一堆混乱的金属加热熔化后，将形成均匀光滑的液体；同样，我们现在看到的几种力之间的巨大差别，在极早期宇宙的极端高能和高温下也是均匀地融合在一起的。但随着时间的流逝，宇宙不断地膨胀、冷却，量子场论证明，原来的对称性通过许多跳跃的过程丧失殆尽了，最后生成我们今天熟悉的不那么对称的样子。 351

这种对称性丧失——更准确的说法是*对称破缺*——背后的物理学是不难理解的。想象一个盛满水的大容器，H_2O分子均匀地充满整个容器；不论从哪个角度看，水都是一样的。现在，我们降低温度，看容器中会发生什么事情。开始，表面看不出什么。在微观尺度上，也不过是水分子的平均速度减小了。然而，当温度降低到0℃时，你会突然看到激烈的事情发生了。液态的水开始冻结，转化为固态的冰。我们在前一章讲过，这是相变的一个简单例子。就现在的讨论而言，我们需要注意的重要一点是，相变会降低H_2O分子所表现的对称性。从任何角度看，液态水看起来都是一样的——显然是旋转对称的——而固态的冰却不是这样的。冰具有晶体的结构，就是说，如果以足够的精度来检验，它跟任何晶体一样，在不同方向有不同的表现。相变使原来的旋转对称性的程度降低了。

尽管我们讨论的只是一个熟悉的例子，但结论却是普遍成立的：许多物理系统在温度降低时，在发生相变的地方总会使原来的对称性产生“破缺”。实际上，如果温度改变范围大，一个系统可能会经历一系列的相变。还是看水的例子。如果从100℃以上开始，水是气体，即水蒸气。在这种状态，系统的对称性比在液态时更多，因为这时单个的H_2O分子从凝结的液体中解放出来了。它们在容器内四处飞舞，不形成任何小集团，没有哪些分子比别的分子更“亲近”，在高温下，所有分子都是平等的。如果把温度降到100℃以下，水滴自然在气液相变点凝结出来，而对称性也减少了。继续冷却，经过0℃时，将发生另一次相变，像我们上面说的那样，这一次从液态水到固态冰的相变会再一次大大降低系统的对称性。

352

物理学家相信，从普朗克时间到ATB 0.01秒，宇宙的行为也像那样，至少经历两次类似的相变。在10^{28}开的温度以上，3种非引力作用表现为一种力，具有所有可能的对称性。（在本章末尾，我们将讨论弦理论如何在高温下把引力也包括进来。）但是，当温度冷却到10^{28}开以下时，宇宙经历一次相变，3种作用以不同的方式从统一中分离出来；它们的作用强度和方式也开始出现差异。这样，随着宇宙的冷却，在高温下表现的力的对称性就被打破了。不过，格拉肖、萨拉姆和温伯格的研究（第5章）说明，并不是所有的高温对称性都消失了：弱力与电力还密切关联着。随着宇宙进一步膨胀和冷却，在10^{15}开的时候——约太阳核心温度的1亿倍——宇宙又经历另一次相变，影响了电磁力与弱力。在这样的温度，两个力还是从以前更对称的统一状态中分离出来，随宇宙不断地冷却而显现出越来越大的差别。两次相变决定了宇宙中作用的3种表现迥然不同的力，即使这样，这一段宇宙的历史回顾也说明那些力实际上是紧密联系在一起的。

宇宙学疑难

353

普朗克时间以后的宇宙学为我们认识大爆炸瞬间以来的宇宙，提供了一个优美和谐的而且可以计算的框架。不过，跟所有成功的理论一样，新的认识也带来了更多更细的问题。那些问题虽然没有使前面的标准宇宙图景失去意义，但还是暴露了某些薄弱的东西，呼唤更深的理论的出现。我们来看其中的一个问题，所谓的*视界问题*，它是现代宇宙学最重要的问题之一。

宇宙背景辐射的仔细研究表明，不论测量天线对准什么方向，辐射的温度都是相同的，精确到十万分之一。细想一下会发现，这是很奇怪的事情。在宇宙中相隔那么遥远的地方为什么会有那么一致的温度？我们大概自然会想到，这并不奇怪，因为今天在空中遥遥相对的两个地方，不过是出生以后分离的孪生兄弟，在宇宙最初的瞬间（和任何别的事物一样）本是紧紧相连的。由于它们源自共同的一点，留下相同的痕迹（如温度）也就不足为奇了。

在标准的大爆炸宇宙学里，那种想法是错误的。为什么呢？一碗热汤慢慢冷却到房间的温度，是因为它与周围的冷空气相通。只要等待足够的时间，汤的温度与空气的温度通过相互接触，总会变得相同。但是，如果把汤装在热水瓶里，它会保温很长一段时间，因为与外界几乎没有多少接触。这说明，两个物体的温度趋于相同，是因为它们有长时间稳定的相互交流作用。为了检验刚才说的，现在空间分隔遥远的两点具有相同温度，是因为它们原来曾经接触过，我们必须检验它们在宇宙早期是不是有足够的信息交流。乍看起来，你可能想，那时两点离得很近，交流该是很容易的事情。但空间的邻近只是事情的一个方面，事情的另一方面是时间间隔。

354　为更完整地考察这一点，我们来看一场宇宙膨胀的“电影”，不过是倒着放的，从今天开始，回到大爆炸的瞬间。因为任何形式的信号和信息的传播速度都以光速为最高极限，所以在某个时刻，空间两个区域的物质，只有在相隔的距离小于光自大爆炸时刻以来能达到的距离，才可能交换热量，从而才可能达到共同的温度。这样，在倒放影片时，我们可看到一场竞争：空间区域离得多近，我们回到过去多远。[2] 例如，为了让两个空间位置相距 3×10^5 千米（即光走1秒经过的距离），我们必须回到ATB 1秒以前，那时候，即使距离那么近，两个空间也不能产生相互影响，因为光需要整整1秒钟的时间才能走过它们之间的距离。如果空间分离的距离更小，如300千米，我们必须回到ATB 0.001秒以前，刚才的结论也同样成立：两点也不可能产生相互影响，因为在0.001秒之内，光不可能走过300千米的距离。沿着同样的思路，如果我们的镜头回到ATB 10^{-9} 秒以前，两个空间位置相距30厘米，它们仍然不可能相互影响，因为大爆炸的光没有足够的时间走过那30厘米。这说明，尽管随我们回溯大爆炸，时空间隔会越来越小，但它们未必能像热汤和空气那样产生热接触，未必能达到相同的温度。

物理学家已经精确证明了，在标准的大爆炸模型中会产生这个问题。详细计算表明，现在相隔遥远的空间区域没有办法实现能量交换，从而解释不了为什么它们会有相同的温度。物理学家把这个解释不了的宇宙大范围的温度均匀性问题称为“视界问题”——*视界*在这里说的是我们能看多远；或者也可以说，光能走多远。这个疑难并不意味着标准宇宙模型错了；不过，温度的均匀性确实在强烈提醒我们，宇宙故事里某一幕重要的场景被遗忘了。1979年，物理学家古斯（Alan

Guth，现在麻省理工学院）找到了那失去的一幕。

暴胀

355

视界问题的实质在于，为了让宇宙中任意两个远离的区域靠近，我们必须回到时间的开始。实际上，在那样早的时刻，任何物理影响都不可能有足够的时间从一个区域传到另一个区域。于是，问题就成了，当我们的宇宙影片回放到大爆炸时，宇宙没有足够快地收缩回去。

这只是大概的意思，我们还应该说得更具体一些。视界问题源自这样的事实：膨胀的宇宙像飞出的皮球一样，会因引力的拖曳作用而慢下来。这意味着，为了看到宇宙的两个位置间隔更小，例如，现在距离的一半，我们的宇宙影片必须回放过一半。就是说，为了让那间隔减小一半，我们必须回到大爆炸以来宇宙年龄的一半以前。大致说来，时间越早，两个区域尽管离得更近，但它们的交流越难。

古斯对视界问题的解决现在说起来就很简单了。他发现，爱因斯坦方程还有另一个解，宇宙在极早期经历过短暂的迅猛膨胀的阶段——在这个阶段里，宇宙空间以意想不到的指数的膨胀速率“暴胀”。指数式的膨胀不像抛向空中的皮球会慢下来，它会越来越快。当我们回放宇宙影片时，迅猛的加速膨胀的镜头表现为迅猛的减速收缩。这意味着为了使宇宙两个位置（在暴胀时期）的间隔减小一半，我们的电影不必回到一半以前——实际上远远用不了那么多时间。这样，两个区域就像热汤和空气那样，有了足够的时间进行热的接触和交换，从而达到相同的温度。

356

经过古斯的发现和后来林德（Andrei Linde，现在斯坦福大学）、斯坦哈特（Paul Steinhardt）和阿布雷切特（Andreas Albrecht，那时在宾夕法尼亚大学）以及其他许多人的重要修正，标准的宇宙学模型成了暴胀的宇宙学模型。在这个框架下，标准模型在ATB 10^{-36}秒到10^{-34}秒之间的小小“时间窗口”里被修正了——在这个“窗口”里，宇宙膨胀了至少10^{30}倍，相比之下，在标准图景中，宇宙在相同时间间隔内只膨胀了大约100倍。这意味着，在ATB 10^{-36}秒的瞬间，宇宙比它在150亿年以后增大的还多。在暴胀以前，现在相隔遥远的物质离得很近，比在标准模型里近得多，从而可以很容易达到共同的温度。然后，通过古斯的宇宙暴胀——紧跟着标准模型的寻常膨胀——那些空间区域就像我们今天看到的一样，相隔遥远。这样，标准的宇宙学模型经过瞬间暴胀的重要修正，解决了视界问题（以及许多其他我们没有讨论的问题），因而获得了宇宙学家的认同。[3]

我们根据今天的理论，把宇宙从普朗克时间到现在的历史总结在图14.1中。

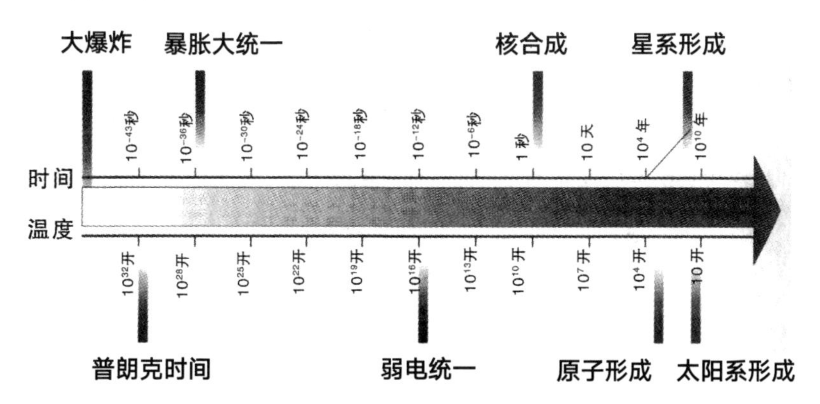

图14.1　宇宙历史上的几个重要时刻

宇宙学和弦理论

在图14.1中，从大爆炸到普朗克时间还留着一丝空白没有讨论。[357] 把广义相对论的方程贸然用于这个区域，我们可以发现，当时间越近大爆炸，宇宙会变得越小、越热、越密。在零时间的那一点，宇宙大小消失了，温度和密度顿时成为无穷大，这最明显不过地警告我们，在经典的广义相对论引力框架中树起的宇宙理论模型彻底崩溃了。

大自然坚决地告诉我们，在这样的条件下，我们必须把广义相对论和量子力学结合起来——换句话说，我们必须利用弦理论。目前，弦理论在宇宙学的应用正方兴未艾。微扰论的方法最多能得到大概的轮廓，因为极端的能量、温度和密度需要精确的分析。尽管第二次超弦革命带来了一些非微扰的技术，但它们需要经过一段时间的锤炼才可能满足宇宙学背景下的计算。不过，正如我们现在讨论的，在最近10年左右，物理学家已经迈出了认识弦宇宙学的第一步。下面就是他们发现的一些东西。

弦理论似乎有三条基本途径来修正标准宇宙模型。第一，弦理论以一种今天还不太说得清楚的方式让宇宙有一个可能的最小尺度，这对我们认识大爆炸时刻的宇宙有着重大影响，而标准理论说那时宇宙收缩到了零尺度。第二，弦理论具有大小半径的对偶性（与它有最小尺度密切相关），我们马上会看到这也有着深刻的宇宙学意义。最后，弦理论具有更多的时空维（大于4），从宇宙学的观点看，我们必须说明所有维的演化。让我们更详细地来讨论这几个问题。

开端有团普朗克尺度的火球

358　如何用那些弦的理论特征来修正标准宇宙学框架下的结论呢？20世纪80年代末，布兰登伯格和瓦法朝这个方向迈出了重要的第一步。他们得到两点重大发现：第一，当时间倒流，回到开始，温度会不断升高；但当宇宙在所有方向都达到普朗克长度时，温度达到它的最大值，然后开始降低。从直觉说，这一点并不难理解。为简单起见，我们想象（布兰登伯格和瓦法也是那么做的）宇宙所有的空间维都是圆形的。当时间倒流，每一维的半径都会收缩，宇宙的温度也会升高。但是，当每一维的半径坍缩经过普朗克长度时，我们知道，在弦理论中，这在物理上相当于半径从普朗克长度反弹回来。由于宇宙的温度在膨胀中降低，所以可以预料，我们看不到宇宙坍缩到普朗克尺度以下，我们实际只能看到温度在普朗克尺度达到最大，停止升高，然后开始下降。经过仔细计算，布兰登伯格和瓦法证明，事情真是那样的。

这个发现令布兰登伯格和瓦法看到了下面的宇宙学图景。开始时，弦理论的所有空间维都紧紧卷缩成它们最小的可能尺度，大约是普朗克长度。温度高，能量大，但都不是无限的，因为弦理论已经排除了无限压缩的零尺度的起点。在这宇宙开始的瞬间，弦理论的所有空间维都是平等的——完全对称的——都卷缩成一个多维的普朗克尺度的小宇宙。然后，根据布兰登伯格和瓦法的发现，宇宙经历第一次对称破缺；在大约普朗克时间，3个空间维生长出来，而其余的维还保持359　原来的普朗克尺度。那3个空间维就成了暴胀宇宙图景的主角，它们经历图14.1所概括的普朗克时间以后的演化，膨胀到今天的样子。

为什么是3维呢

紧跟着的一个问题是，什么东西打破了对称性而生出3个膨胀的空间维？就是说，除了我们看到只有3个空间维膨胀到现在的大尺度之外，弦理论是否能提出根本的理由来说明为什么不是其他数目的空间维（如4、5、6等）在膨胀？更对称地讲，为什么不是所有的维都膨胀呢？布兰登伯格和瓦法找到一种可能的解释。回想一下，弦理论的大小半径的对偶性依赖于这样一个事实：当空间维卷缩成圆圈时，弦可以缠绕着它。布兰登伯格和瓦法发现，缠绕着维的弦有限制那个维的倾向，不让它膨胀，就像自行车的外胎套着内胎一样。乍看起来，这似乎在说每个维都会被困住，因为它们都可能被弦缠上。问题是，如果缠绕的弦和它的反伙伴（大概说就是沿反方向缠绕空间维的弦）都考虑进来，它们将立即湮灭，生成一根解开的弦。假如这样的过程发生得足够快、足够多，那么套在空间的许多橡皮套都会被解开，那些维也能自由膨胀了。布兰登伯格和瓦法猜想，缠绕的弦只能在3个维上解开，为什么呢？

假定1维直线（如直线王国的空间）上有两个沿同一方向滚动的粒子，如果两个粒子的速度不同，迟早会有一个赶超另一个，从而发生碰撞。不过我们得注意，假如同样两个粒子随机地在2维平面（如平直世界的空间）上滚动，它们很可能永远也不会相遇。第二个空间维为每个粒子打开了一个新路径的世界，那些路径几乎不可能在同一时刻交汇在同一点。在3维、4维或其他更高维的情形中，两个粒子就更不容易相遇了。布兰登伯格和瓦法发现，如果把点粒子换成缠绕在空间维上的弦圈，类似的结果也会出现。尽管很难看到，但我们相信，在3 360

个（或更少的）卷缩空间维时，两根缠绕的弦很可能相互碰撞——就像两个点粒子在1维线上运动的情形。但是，在4维或更高维的空间里，缠绕的弦就不太可能发生碰撞——像点粒子在2维或更高维空间一样。[4]

这样，我们看到下面的景象：在宇宙最初的瞬间，源自极高（然而有限）温度的“骚动”驱使所有卷缩的空间维膨胀，但遇到了缠绕在那些维上的弦的约束，从而它们又回到原来的普朗克尺度的半径。但是，随机的热涨落迟早会使3个空间维长得比别的维大，这样，我们刚才的讨论说明，绕在那3维的弦很可能发生碰撞。大约一半的碰撞牵涉到弦与反弦构成的对，它们将相互湮灭，从而不断地解开约束，使得那3个维能持续膨胀下去。它们长得越大，就越不可能被别的弦所缠绕，因为缠绕大的维度需要更大的能量。这样，膨胀是自我发展的，维长得越大，所受约束就越小。现在我们可以想象那3个空间维如何以上一节讲的方式持续演化，长到我们今天看到的宇宙那么大（或者更大）。

宇宙学和卡-丘空间

布兰登伯格和瓦法考虑了一种简单情形，假定所有空间维都卷缩成圆圈。实际上，如我们在第8章看到的，只要这些圆足够大，超越我们今天的观测能力，那它们跟我们看到的宇宙形态就是一致的。但对仍然很小的维来说，更现实的图像是它们卷缩成一个复杂得多的卡-丘空间。当然，问题的关键在于应该是哪一个卡-丘空间？如何决定那个特殊的空间？没人能回答这个问题。但是，结合以前讲过的那些拓扑改变结果和这些宇宙学认识，我们可以提出一个框架。我们现在知道，通过空间破裂锥形变换，任何卡-丘空间都可以演化成别的形式。这样，我们能想象，在大爆炸后喧嚣的热运动中，空间卷缩的卡-丘部分尽管依然很小，却在跳着“热烈的舞蹈”，结构在舞蹈中破裂，破裂后复原，永不停息，历经数不清的不同的卡-丘形态。当宇宙冷却，生出3个大的空间维，卡-丘空间从一种形态向另一种形态转变的脚步也慢下来了，而其余的维度都最终卷缩在某个卡-丘形态，生成我们在周围世界看到的那些物理性质。物理学家面临的挑战是，详尽地认识卡-丘空间的演化，从理论的原则预言它们现在的形态。我们已经看到，卡-丘空间能从一种形态光滑地变成另一种形态，根据这一点，卡-丘形态的选择问题实际上可能归结为一个宇宙学问题。[5]

开始之前

因为没有精确的弦理论方程，布兰登伯格和瓦法在他们的宇宙学研究里做了好多近似和假设。就像瓦法最近说的：

> 我们的工作照亮了一条新途径，弦理论因此可以用来谈一些标准宇宙学方法里的顽固的老问题。例如，我们看到，原初的奇点概念在弦理论中是完全可以避免的。但是，凭我们现在对弦理论的了解，很难在这样极端的条件下做出完全令人信服的计算，所以我们的工作只是投向弦理论宇宙学的第一眼，离最后的结果还远着呢。[1]

1. 瓦法1998年1月12日的谈话。

362

自他们的研究以来，物理学家在深入认识弦宇宙学的路上不断地前进着，走在前头的是维尼齐亚诺和他的伙伴、都灵大学的盖斯佩雷尼（Maurizio Gasperini）。他们提出了自己的一套有趣的弦宇宙学，具有上面讲过的某些特征，但差别也很大。跟布兰登伯格和瓦法的工作一样，他们也靠弦理论的最小长度概念来避免标准的和暴胀的宇宙理论中出现的无限温度和能量密度。不过，他们不认为那意味着宇宙来自一个极热的普朗克尺度的小火球，而认为宇宙可能有一部史前的历史——远在我们所谓的零时间之前就开始了——它将我们引向“普朗克的宇宙萌芽”。

在这*大爆炸以前*的图景里，宇宙的起点大不同于它在大爆炸框架下的状态。盖斯佩雷尼和维尼齐亚诺的研究告诉我们，宇宙的开端并不是炽热地紧紧卷缩在一起的空间小元胞，而是冰冷的、本质上*无限*延展的空间。那时候弦理论方程表现出一种迅速的不稳定性——多少有点儿像古斯的暴胀时期——把宇宙的每一点都迅速地驱散开去。他们证明，这使得空间越来越卷曲，温度和能量密度越升越高。[6]一定时间以后，在大空间*里*会出现一个毫米大小的三维区域，看起来就像从古斯的暴胀中产生的那个超热超密的小火球。接下来，那个小火球经历寻常大爆炸宇宙学的膨胀，形成我们今天熟悉的宇宙。另外，因为这发生在大爆炸以前的一幕本来就经历了暴胀，所以古斯关于视界问题的答案自然包含在这个“前大爆炸宇宙学”图景里。正如维尼齐亚诺说的，“弦理论为我们和盘托出了暴胀宇宙学的蓝图。”[1]

---

1. 1998年5月19日维尼齐亚诺的谈话。

超弦宇宙学正在迅速成为活跃而多产的研究舞台。例如，大爆炸之前的图景已经激起了许多热烈而富有成果的争论，我们现在还远不清楚它在弦理论最终将产生的未来宇宙学框架内会起什么样的作用。当然，为了认识这一点，物理学家必须把握第二次超弦革命的方方面面。例如，高维的基本膜的存在会带来什么宇宙学的结果？假如弦理论的耦合常数“偶然”把我们从图12.11的5个边缘引向了中心，我们[363]讨论过的那些宇宙性质会有什么改变吗？就是说，成熟的M理论对宇宙的最初瞬间会产生什么影响？这些核心问题的研究现在正热火朝天。我们已经看到了一线光明。

M理论与力的融合

在图7.1里我们看到，引力以外的3种相互作用的强度，在宇宙温度足够高的时候是融合在一起的。那么，引力作用的强度如何满足这幅图呢？M理论出现之前，弦理论家可以证明，如果选择最简单的卡-丘空间形态，引力作用差不多也能像图14.2那样与其他3种力融合。弦理论家发现，通过小心选择卡-丘空间形态（当然还有其他一些技巧），可以尽可能避免偏离。但这样事后的调整并不能让物理学[364]家们感到满意。因为现在谁也不知道怎么准确预言卡-丘空间的形态，依靠那些与具体形态细节强烈相关的答案是很危险的。

然而，惠藤证明，第二次超弦革命提供了更强有力的答案。惠藤考察了在弦耦合常数不一定很小的情况下，力的强度会有什么变化。他发现，引力的变化曲线会像图14.2的虚线那样逐渐倾向于与其他力融合，不需要特别选择卡-丘空间形态。尽管为时尚早，但这大概还是说明，在M理论的宏大框架下，宇宙的统一可能会更容易实现。

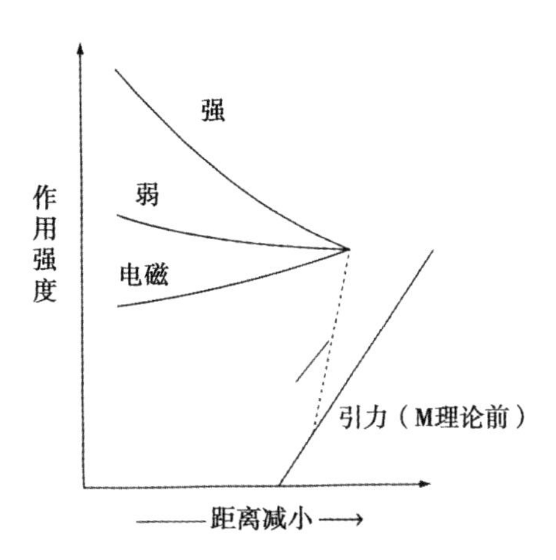

图14.2　在M理论中，4种相互作用自然融合在一起

这一节和前面几节讨论的发现，是我们朝弦和M理论的宇宙学迈出的头几步，多少还只能说是暂时的结果。在即将到来的岁月里，随着弦/M理论非微扰工具的改善，物理学家希望能把它们用于宇宙学问题，并得到某些最深刻的发现。

但我们目前还没有足够有力的方法完全依照弦理论来认识宇宙学，所以我们还是需要一般地考虑宇宙学在寻求未来终极理论的过程中可能发挥怎样的作用。大家应该小心的是，这里的一些思想比以前讨论的更玄，不过它们确实提出了一些未来理论终归要回答的问题。

宇宙学的沉思和终极理论

宇宙学能紧紧抓住我们的心灵，因为认识事物怎么开始，与认识它们为什么开始，在感觉上是很近的（至少对某些问题是这样）。这并不是说现代科学把“怎么”的问题与“为什么”的问题联结起来了——没有，而且似乎也从来没有谁见过这样的科学联系。但是，宇宙学的研究似乎有希望让我们最完全地认识“为什么”的源头——宇宙的诞生——它至少可以使我们能在一个有科学依据的框架下来提问题。有时候，彻底认识一个问题也就差不多算拥有了问题的答案。 365

在终极理论的追求中，宇宙学的宏大构思也带来许多更具体的问题。我们相信。宇宙万物今天的表现——即图14.1的时间线上最右端的路线——依赖于物理学的基本定律，但它也可能依赖于宇宙从时间线的左端向右端演化的诸多方面，即使最深远的理论也没能将它们包括进来。

我们不难想象怎么可能是这样的。例如，我们来看皮球抛向天空会发生什么事情。引力定律决定着皮球后来的运动，但我们不能根据那些定律预言皮球一定会落在什么地方。我们还需要知道皮球离开我们的速度——包括大小和方向。就是说，我们必须知道皮球运动的*初始条件*。同样，还有些宇宙特征具有历史的偶然性——为什么这儿有颗恒星，那儿有颗行星？它们都依赖于一系列复杂的事件，从原则上讲，我们可以追溯宇宙在开始的时候所具有的某些特征。但是，即使最基本的特征，哪怕是最基本的物质和力的粒子的性质，也可能直接依赖于宇宙演化的历史——而演化本身也偶然地依赖于宇宙的初始条件。

实际上，我们在弦理论中已经看到了这种思想的可能体现。随着炽热的早期宇宙的演化，额外的空间维可能从一种形态变换为另一种形态，最后当宇宙冷却下来时卷缩成某个特殊的卡-丘形态。通过这最后的卡-丘形态对粒子质量和力的性质的影响，我们看到，宇宙初始的演化和状态会极大地影响我们今天看到的物理。

我们不知道宇宙的初始条件是什么，也不知道该用什么思想、概念和语言来描绘它们。我们相信，标准和暴胀的宇宙学模型里出现的那个无限大能量密度和温度的奇异的初始状态，只不过说明那些理论失败了，没能正确描写实际存在的物理条件。弦理论有一点进步，它告诉我们如何避免这种无限的极端；但是，关于事物到底是怎样开始的，我们还是一无所知。事实上，我们的无知更加可怕：我们甚至不知道决定初始条件的问题问得是否合理，不知道这个问题是不是永远超越了任何一个具体的理论——就像要广义相对论来回答把球扔向天空需要多大力气。霍金和加利福尼亚大学的哈特（James Hartle）等物理学家曾大胆尝试把宇宙初始条件的问题带进物理学理论的保护伞下，但他们的努力还没有结果。在弦/M理论的情形中，我们今天的认识还肤浅得很，不能决定“包罗万象”的理论候选者是否真的名副其实，不能决定它自己的宇宙学初始条件，当然也就不能把它提到物理学定律的高度。这是未来研究的一个基本问题。

不过，即使不谈初始条件和它们对后来宇宙曲折演化历程的影响，最近的一些猜想仍然意味着任何一个所谓最后的理论都存在解释能力的极限。谁也不知道这些想法是否正确，它们目前当然还处在主流科学的边缘。不过，它们还是以某种方式——尽管存在争论和猜想——让我们看到了未来的终极理论可能会遇到什么样的麻烦。

这个思想源自下面的可能：我们所谓的*那个*宇宙实际上只是巨大天空的一小部分，汪洋里无数宇宙岛中的一个。尽管听起来很牵强——最后也许是那样——但林德还是提出了一个具体的生成那个大宇宙的机制。他发现，我们以前讨论的短暂而重要的暴胀可能不是唯一的一次事件。他指出，发生暴胀的条件可以多次出现在宇宙众多的独立区域，然后那些区域各自暴胀，演化成为新的分离的宇宙。在每个这样的宇宙中，同样继续着那些过程，新的宇宙又从旧的广大区域里喷涌而来，从而形成一张无穷的宇宙膨胀的大网。这些词儿听起来有点儿累，我们还是用一个流行的词，把这个推广的概念叫*多重宇宙*，它的每一个组成部分还是叫宇宙。 367

我们在第7章讲过，我们所了解的一切说明物理学在我们的宇宙中是和谐的，处处一致的，但这与其他宇宙的物理学没有关系——只要它们与我们是独立的，或者至少离得太远，它们的光还没来得及赶到。所以，我们可以想象物理学是随宇宙的不同而改变的。在某些宇宙，区别可能不太大，例如，电子质量或强力的强度可能比我们的宇宙大（或者小）十万分之一；在另一些宇宙，区别可能很显著，上夸克的质量可能比我们测量的大10倍，电磁力的强度也可能比我们的强10倍，它们同时也给星体和生命带来巨大的影响（如我们在第1章讲的）。还有些宇宙，物理学的差别可能更惊人。例如，基本粒子和力的名单可能跟我们的完全不同；拿弦理论来说，展开的维数也可能不同。紧缩的宇宙可能只有一两个甚至没有展开的空间维，而开放的宇宙可能有八九个甚至十个展开的空间维。如果让我们自由想象，那么定律本身也可能是各不相同的。可能性是无限多的。

问题是这样的。例如我们浏览一下那么多的宇宙，绝大多数都不具备生命存在的条件——至少不会有我们所认识的那些类型的生命。对我们熟悉的物理巨变来说，这是很清楚的：如果宇宙真像花园的水管那样，我们所理解的生命就不会存在。即使不那么剧烈的物理变化，也会影响星体的形成。例如，可能不会有合成复杂生命原子的宇宙大熔炉——像碳、氧等分子，通常都是从超新星的爆发中喷洒出来的。生命的存在离不开具体的物理，从这点看，如果现在问，为什么自然的力和粒子具有我们看到的那些性质，可能有人会回答说：在整个多重宇宙中，那些性质是变化无常的；它们在不同的宇宙*可能*不同，实际上也*的确*不同。我们所看到的粒子和力的性质之所以特殊，显然在于它们允许生命的形成。而生命，特别是智慧生命，却是发问的主人：为什么我们的宇宙像这个样子呢？通俗地讲，宇宙万物之所以这样，是因为如果它们不那样，就不会有我们在这儿注意它们。举一个轮盘赌的例子。赢家会惊喜自己能继续赌下去，但他很快就会平静下来。他发现，如果自己没赢，就不可能有那种感觉。多重宇宙的假说也能使我们安静一些，别总想着去解释我们的宇宙为什么会是那样的。

这一路论证不过是一个老思想，有名的*人存原理*。正如我们看到的，它与我们那个严格的完全能预言的统一理论的梦想是针锋相对的。我们曾经梦想，事情之所以是这个样子，是因为宇宙不可能是别的样子。多重宇宙不是诗，其中的万物也不像在诗里那么天衣无缝地和谐；它和人存原理一样，描绘了一个无限的宇宙集合，对数不清的变化似乎贪得无厌。多重宇宙的图景是否正确，对我们来说，即使能够理解，也是非常困难的。即使存在别的宇宙，我们也可以想象永远不跟它们往来。不过，多重宇宙的概念扩大了我们的“外面的世界”——相比之下，哈勃发现的银河系外更多的星系就显得太小了——至少会提醒我们：我们对终极理论的要求是不是太多了？

我们应该要求我们的终极理论能给出一幅和谐的描述所有力和物质的量子力学图景。我们应该要求我们的终极理论能给出一个我们宇宙的宇宙论。然而，假如多重宇宙的图景是对的——当然，这是大大的“假如”——那么，要我们的理论来解释粒子质量、电荷和力的具体性质，可能还是要求太多了。

但是必须强调，即使我们接受多重宇宙的设想，也并不一定能说它会损害我们的预言能力。原因呢，简单说来就是，假如我们驰骋想象去考虑一个多重宇宙，我们也会摆脱理论的束缚，去寻找克服多重宇宙那显然的随机性。从相对保守的思想看，我们可以想象，如果多重宇宙的图景是对的，我们能够将我们的终极理论推广到整个宇宙，[369] 那个“推广的终极理论”可能会准确地告诉我们，基本的参数为什么那样“洒落”在每一个宇宙？它们是如何洒落下来的？

更激进的思想来自宾夕法尼亚州立大学的斯莫林（Lee Smolin），他从大爆炸和黑洞中心的条件的相似——同样都是挤压在一起大密度的物质——得到灵感，提出每一个黑洞都是一粒新宇宙的种子，新宇宙从种子爆发出来，但永远藏在黑洞视界的背后，我们看不见。斯莫林不仅提出了一种新的生成多重宇宙的机制，还引进来一种新的精神——一种宇宙的基因突变观——把与人存原理相关的科学极限问题引向尽头。[1] 他说，我们来想想看，当一个宇宙从黑洞中心喷出来时，它的物理属性，如粒子质量和力的强度，跟产生它的母宇宙是接近的，但不会完全相同。因为黑洞来自不同星体，而星体的形成完全依赖于粒子质量和作用强度的精确数值，所以，任何一个宇宙能生成多少黑洞，也完全取决于那些参数。于是，“后代”宇宙小小的参数变化可能会比母宇宙更有利于黑洞的形成，从而可能拥有更多的自己的“后代”。[7] 这样，经过许多代以后，孕育了很好的黑洞生成条件的子孙宇宙将在多重宇宙中占绝大多数。于是我们看到，斯莫林没有借人存原理，而是提出了一个动力学的机制，说明一代代的宇宙如何一步步接近特殊的参数值——那是最有利于黑洞生成的参数值。

这条思路引出另一种方法，即使在多重宇宙的背景下，它也能解释基本物质和力的参数。假如斯莫林的理论是正确的，假如我们不过是长大的多重宇宙中的一个代表（当然，这些都是“假如”，在许多方面还大有争议），那么，我们测量的粒子和力的参数，应该最有利于黑洞的产生。就是说，我们宇宙的那些参数的一丁点儿改变，都会使黑洞不容易形成。物理学家已经在考察这个预言了，目前还没有大家都能接受的看法。不过，即使证明斯莫林的具体观点错了，它也确实提供了终极理论可能具有的另一种形式。乍看起来，终极理论似乎立场不够坚定，我们可以看到它能描写好多宇宙，而多数都跟我们所在的宇宙无关。另外，我们可以想象那些宇宙都是能够在物理上实现的，从而产生一个多重的大宇宙——表面看，它将永远限制我们的预言能力。然而，实际上这种讨论说明，最终的解释总是可以找到的，只

370

1. 斯莫林的观点见他的书 *The Life of the Comos*（New York : Oxford University Press，1977）。

要我们不仅把握了终极的定律，而且还懂得它们在宇宙的大尺度演化的意义。

当然，弦理论和M理论的宇宙学意义在进入21世纪以后都将是一个重大的研究领域。没有能产生普朗克尺度能量的加速器，我们将不得不越来越依赖于大爆炸的宇宙加速器，依赖于它留给我们的遍布宇宙的遗迹，拿它们来当我们的实验数据。凭运气和毅力，我们总有一天能回答那些基本的问题：宇宙是怎么开始的？它为什么演化成我们看到的苍天和大地？当然，在我们和这些基本问题的完整答案之间，还隔着一大片荒漠。但是，引力的量子理论经过超弦理论的发展，为我们带来了信心和希望。我们相信自己现在掌握了应有的理论工具，可以迈步踏进那片无知的荒漠，经历千辛万苦之后，我们一定能带着某些最深沉的问题的答案，重新走出来。

宇宙的琴弦

5

21世纪的统一

第 15 章
远望

373　百年以后，超弦理论（或者它在M理论中的角色）该是什么样子，今天恐怕走在最前头的研究者们也看不出来。当我们继续追寻终极理论的时候，在通往更宏大的宇宙蓝图的路上，我们可能会发现弦理论不过是万里长征的一步，我们还会遇到以前从未见过的不同的思想和概念。这一科学历程告诉我们，当我们自以为懂得了自然的一切时，它总还藏着些惊奇，我们只有极大地（有时还得从根本上）改变我们认识世界的思维路线，才可能发现它们。当然，我们还是可以满怀信心地认为——也有人曾那样天真地想象——我们生活在人类历史的一个转折点，宇宙的终极规律将在我们的时代出现。正如惠藤讲的：

> 我觉得我们离弦理论很近了——在我最乐观的时候——我想会有那么一天，理论的最终形式会从天上掉下来落在谁的头上。不过更现实地讲，我觉得我们今天正在构造一个比以往任何东西都更深刻的理论，这个过程将延续到21世纪，那时我就太老了，不可能还有什么有用的思想；年轻的物理学家将去决定，我们是不是真找到了最

后的理论。[1] 374

尽管我们还能感受到第二次超弦革命带来的震撼，还在欣赏它带来的新奇壮丽的图画，但多数弦理论家都认为，可能还要经历第三次、第四次那样的理论革命，才能彻底解放弦理论的力量，确立它作为终极理论的地位。我们已经看到，弦理论打开了一幅宇宙活动的新图画，但还有许多重大的困难和细节需要21世纪的弦理论家用心去思索。所以，在这最后一章，我们不可能讲完人类追求宇宙最后定律的故事，因为我们还在追求着。我们将把眼光投向弦理论的未来，讨论5个重要的问题——在继续追求终极理论的路上，弦理论家们总会遇到它们的。

弦的基本原理是什么

过去百年里，我们明白了一个大道理，那就是物理学定律总联系着对称性。狭义相对论的基础是相对性原理所赋予的对称性——即常速运动的观测者之间的对称性。表现在广义相对论的引力的基础是等效原理——相对性原理对所有观测者（不论他们的运动状态有多复杂）一样有效。另外，强力、弱力和电磁力的基础是更加抽象的规范对称性。

我们讲过，物理学家想把这些对称性树为雄踞在理论的中央的一

1. 1998年3月4日惠藤的谈话。

切解释的基座。从这个观点看，引力的*存在*是为了让所有的观测者有完全平等的立场——也就是让等效原理能够成立。同样，非引力的*存在*是为了大自然能遵从它们相应的规范对称性。当然，这种观点不过把力为什么存在的问题转换成为自然为什么遵从相关对称性原理的问题。这肯定也是一个进步，特别是，在有些时候，对称性是自然而然的。例如，为什么一个观测者的参照系需要与众不同的对待呢？更自然的观点显然是，宇宙的规律认为所有观测者的观点都是平等的；这一点通过等效原理和为宇宙结构带来引力而实现了。在引力以外的其他3种力的背后，规范对称性也有同样存在的理由，不过，那需要一些数学背景才能完全理解（如我们第5章讲的）。

375

弦理论把我们引向了更深的解释的深谷，因为所有这些对称原理——包括那个超对称——都是从它的结构中涌现出来的。实际上，假如历史不像它走过的样子——假如物理学家在百年以前就发现了弦理论——我们可以想象，这些对称性原理都可以通过研究弦理论的性质而发现。但是别忘了，等效原理告诉我们为什么存在引力，规范对称告诉我们为什么存在非引力，而在弦理论背景下，这些对称都是*结果*；虽然它们的重要性不容否定，但总归是一个更宏大的理论结构的最终产物的一部分。

等效原理不可避免地带来了广义相对论，规范对称引出了引力以外的3种力，那么，弦理论本身是不是什么更大原理的必然结果呢？那原理可能但不一定是对称性原理。上面的那一段讨论使这个问题显得更尖锐了。写到这里时，还没人能对问题的答案有一丁点儿的认识。为理解它的重要性，我们只需要想想，假如爱因斯坦当年在建立广义相对论时，没有他1907年在伯尔尼专利局的那个把他引向等效原理的“快乐思想”，结果会怎样呢？当然，没有那一点灵感，广义相对论未必就建立不起来，但那一定是异常艰难的。等效原理为分析引力提供了一个简单系统的、强有力的、有条理的框架。例如，我们在第3章对广义相对论的描述主要就依赖于等效原理，而它在理论的数学体系中的作用就更重要了。

弦理论家今天的处境就有点儿像失去等效原理的爱因斯坦。自维尼齐亚诺1968年那独具洞察的猜想以来，弦理论在一点点发现、一次次革命中发展起来了。但是，我们还没有一个组织原理能把所有的发现和理论特征都纳入一个宏大而系统的框架——一个能绝对不可避免地生成每一样基本要素的框架。发现那个原理应该是弦理论发展的重大成果，而它也将以无比的清晰揭示理论深藏的秘密。当然，谁也不能保证真有那样一个基本原理，但百年的物理学进化激励着弦理论家们期待着它的出现。当我们展望弦理论的下一个发展阶段时，寻找那个“能不可避免地带来一切”的原理——整个理论都必然从它喷涌而来——便是头等重要的事情。[1]

376

什么是真正的空间和时间，我们离得了它们吗

在前面的许多章节里，我们自由使用了空间和时间的概念。在第2章，我们讲了爱因斯坦的发现：空间和时间是不可分割的，它们因一个出人意料的事实而交织在一起，那就是，物体在空间的运动会影响它的时间历程。在第3章，我们通过广义相对论深化了时空在认识宇宙中的作用，看到了时空结构的具体形式如何将引力从一点传递

到另一点。第4章、第5章两章讨论的时空结构的微观量子涨落提出了新理论的需求，将我们引向了弦理论。最后，在接下来的很多章里，我们看到弦理论在宣传宇宙具有的空间维比我们知道的更多，它们有些卷缩成小小的然而复杂的形态，奇妙地经历着空间结构破裂而复原的变换。

我们曾通过图3.4、图3.6和图8.10并借助空间和时空的结构来说明那些思想，那结构仿佛是一片片的物质材料，宇宙就是用它们缝起来的。这些图景有很强的解说力，物理学家常拿它们来作为自己专业研究的直观形象的指南。尽管盯着那些图也能慢慢悟出点儿什么，377 但我们还是要问，我们所说的宇宙的结构到底是什么意思？

这是一个深远的问题，曾以这样那样的形式提出来，已经争论过几百年了。牛顿宣扬空间和时间是构成宇宙的永恒不变的元素，它原始的结构没有疑问，也不需要解释。他在《原理》（*Principia*）中写道，“与任何外在物无关的绝对空间，就其本性而言总是保持着相同和不动。与任何外在物无关的、绝对的、真实的和数学的时间，就其自身和本性而言，总是相同地流逝。”[1] 莱布尼茨（Gottfried Leibniz）等人强烈反对，他们声称，空间和时间不过是为了方便概括宇宙中物体与事件间的关系的记录本。一个物体在空间和时间的位置只有通过与其他事物的比较才能显出意义。空间和时间不过是这些关系的词汇，没有别的意思。尽管牛顿的观点在他成功的三大运动定律的支持下统治了200多年，但莱布尼茨的思想［后来得到奥地利物理学家马赫（Ernst

---

1. *Sir Isaac Newton's Mathematical Principles of Natural Philosophy and His system of the World*, trans. Motte and Calori（Berkeley：University of California Press, 1962, vol.I, p.6.）.

Mach）的进一步发展］更接近我们今天的图景。我们已经看到，爱因斯坦的狭义和广义相对论坚决抛弃了绝对和普适的空间和时间的概念。但我们仍然可以追问，在广义相对论和弦理论中演绎着关键角色的时空的几何模型，是否也只是不同位置的空间和时间关系的方便表达方式呢？或者说，当我们说自己“浸没”在时空结构中时，是不是该认为我们真的浸没在什么东西里呢？

虽然我们在走近一个猜想的领地，弦理论确实能为这个问题提供一个答案。引力子这个最小的引力单元是一种特别的弦振动模式。正如电磁场（如可见光）由无数光子组成一样，引力场由无数引力子组成——就是说，无数根弦在像引力子模式那样振动。另一方面，引力场锁在弯曲的时空结构里，所以，我们自然要将时空结构本身与大量的经历着相同有序的引力子振动模式的弦等同起来。用场的语言说，那么多相同振动的弦的有组织的集合，叫弦的*相干态*。这是颇富诗意的一幅图画——弦理论的弦成了编织时空结构的丝线——但是应该看到，它的严格意义还有待我们去彻底发现。 378

不管怎么说，用弦织成的空间结构为我们带来下面的问题。普通的丝织物是在寻常纺织原料上一针一线织出来的。同样，我们可以问自己，时空结构是不是也先有原料底子呢——那该是宇宙结构的一种弦的组合，还没有形成我们认为是时空的组织形式。需要注意的是，我们不太容易准确描绘那种还没织成一个有序整体的一根根振动弦混合在一起的状态，因为从我们寻常的思维方式来说，这预先假定了空间和时间的概念——弦振动所在的空间和它从一刻到下一刻发生形态改变的时间。不过，在那种原始的状态，在形成宇宙结构的弦跳起那整齐相应的舞蹈之前，并没有什么空间和时间。我们的语言还不足以精确把握这些思想，因为事实上那时连以前的概念都没有。总的说来，一根根的弦似乎是空间和时间的“碎片”，只有当它们经过恰当的共振，才可能出现传统的空间和时间的概念。

那样一种没有结构、没有我们所说的空间或时间概念的原始存在状态，可能是大多数人都想象不出来的（我当然也想不出来）。霍金曾说过，摄影师在拍摄黑洞视界的特写镜头时会遇上麻烦，当我们试着构想一个本来是空间和时间的宇宙，而不是以某种方式借用空间和时间概念的宇宙时，也遇到了“范式”的冲突。不过，我们很可能还是需要同那样的概念打交道，在能完全评价弦理论之前认识它们的作用。原因是，我们现在的弦理论形式预先假定了空间和时间的存在——弦（和在M理论中发现的其他物质基元）在其中往来振动。这样，我们可以在有一个时间维和若干空间维的宇宙中演绎弦理论的物理性质；那些空间维有一定数量是展开的（通常是3个），其余的都卷缩成理论方程所允许的某个空间形态。但是，这有点儿像让一个画家依照数字填颜色，然后根据这个来评价他的艺术创造力。当然，他一定也会在这里或那里表现一些个人的情趣，但凭这样死死限制的作品形式，我们能看出画家有几分才能呢？同样，弦理论的胜利在于它自然融合了量子力学和引力，而引力受空间和时间形式的约束，我们不应该强迫一个理论在已经存在的时空框架里运转。就像应该让画家在空白的画布上开始创作一样，我们应该让弦理论从没有空间和时间的混沌状态开始为自己创造时空的舞台。

379

我们希望，从“零点”开始——可能是大爆炸以前或者以前的以前的某个时刻（我们只能借时间的词来说，因为没有别的语言工具了）——理论所描写的宇宙将在演化中形成弦相干振动的背景，产生空间和时间的传统概念。这样一个框架如果实现了，将证明空间、时间和相关的维，不是决定宇宙要素的根本；它们不过是从更基本更原始的状态涌出的方便的记号。

M理论的许多方面，经过申克、惠藤、邦克斯、费施勒、苏斯金和其他数不清的人的开拓，已经显露出某个叫*零膜*的东西——可能是M理论最基本的物质基元，看起来有点儿像大尺度下的点粒子，但在小距离上却有迥然不同的性质——它大概能让我们看一眼没有空间和时间的世界。我们记得，弦告诉我们在普朗克尺度下传统的空间概念失去了意义，他们的研究表明，零膜在本质上也告诉我们相同的结论，而且还为我们打开了一扇小窗，让我们看到一个新的非传统的起主导作用的框架。零膜的研究说明，普通的几何被所谓的*非对易*几何取代了，那主要是法国数学家康尼斯（Alain Connes）发展起来的一门数学。[2] 在这个几何框架下，传统的空间和距离的概念消失了，我们看到的是迥然不同的概念景观。不过，当我们关心比普朗克长度更大的尺度时，物理学家证明那些传统的空间概念又将重新出现。非对易几何框架离我们期待的那个“零点”的开端大概还很遥远，但它让我们隐约看到，为了包容空间和时间，更复杂的框架可能带来些什么。 380

为建立一个不借助先存在的空间和时间概念的弦理论寻找正确的数学工具，是弦理论家们面临的最重要的问题之一。如果认识了空间和时间是如何出现的，我们将向下面那个关键问题的答案迈出一大步：到底会出现什么样的几何形式呢？

弦理论会重塑量子力学吗

量子力学的原理以令人惊讶的精度统治着我们的宇宙。即使这样，半个多世纪以来，物理学家在构建理论时所采取的策略，从结构上讲，却把量子力学放在比较次要的位置。在构想一个理论时，物理学家常常从纯经典的语言出发——那是麦克斯韦甚至牛顿时代的物理学家都能完全领会的语言——忽略量子概率、波函数等事物，然后，在经典的框架上添加量子的概念。这种思想方法一点儿也不奇怪，因为它直接反映了我们的科学历程。开始的时候，宇宙看起来是由植根在经典概念的定律统治着的，例如，在一定的时刻一个粒子有一定的位置和速度。当我们做过仔细的微观考察之后，才发现那样的经典思想需要修正。我们发现的历程是从经典框架走向量子关系的框架，物理学家今天还继续走在那条路上，去创建他们的理论。

弦理论当然也是这样走过来的。描写弦理论的数学形式开始是一组描写一根无限细小的经典丝线的运动的方程，大体上说，这样的方程牛顿在300年前就能写出来。后来，这些方程被量子化了。就是说，381 通过50多年来物理学家们发展起来的一套系统方法，这些经典方程转移到了量子力学的框架，概率、不确定性、量子涨落等概念，都自然包括进来了。实际上，我们在第12章已经看到了这个过程的作用：圈过程（图12.6）包含着量子概念——在这种情形，即量子力学生成的瞬间的虚弦对——圈的数目决定着量子力学效应的精度。

从经典的理论图景开始，然后包括量子力学的特征，这种策略多年来取得了丰硕的成果。例如，它是粒子物理学标准模型的基础。但是，这种方法在弦理论和M理论那样远大的蓝图面前可能显得太保守了，而且越来越多的事实说明它很可能真是软弱无力的。原因是，我们既然认识了宇宙受量子力学原理的支配，我们的理论从一开始就应该是量子力学的。多年来，我们从经典图景出发取得了一次又一次的成功，那只是因为我们还没有追到宇宙的最深处，在那样的深度，过去粗略的方法会让我们迷失方向。但是，在弦/M理论的深度上，我们很可能会走到那条经过战斗考验的道路的尽头。

关于这一点，重新考虑从第二次超弦革命涌现出的某些发现（如图12.11总结的那些），我们可以找到具体的证据。我们在第12章讨论过，5个弦理论统一背后的对偶性告诉我们，发生在一个弦理论体系中的物理过程可以用任何其他理论的对偶语言来解释。乍看起来，新的解释似乎跟原来的图景没有什么关系，但事实上对偶性的力量正表现在这里：通过对偶性，同一个物理过程可以用许多迥然不同的方式来描写。这些结果难以捉摸，也令人惊讶，但我们还没有讲它们最重要的特征是什么。

对偶性语言通常是这样转换的：在一种弦理论的描述下，一个过程*强烈*依赖于量子力学（例如，涉及弦相互作用的过程就不会在经典物理的世界里发生），而从另一个弦理论看，它却*稍微*与量子力学有些关系（例如，它的具体数值由量子思想决定，而定性形式却跟它在纯经典的世界里一样）。这意味着，量子力学完全交织在弦/M理论基础的对偶对称性中，它们是*固有的量子力学对称性*，因为有一个对偶的描述是强烈依赖于量子力学考虑的。这有力地说明，弦/M理论的完全实现——从根本上包括新发现的对偶对称性——不能跟传统路

382

线一样从经典开始走向量子化。经典的出发点必然会忽略对偶对称性，因为它只有在量子力学的考虑下才会表现出来。相反，完全的弦 / M 理论一定会打破传统模式，而将以一个羽翼丰满的量子力学理论的形式出现在我们面前。

目前，还没有谁知道该怎么做。但许多弦理论家都预言，我们认识上的下一个重大变革是重塑量子原理，将它融入我们关于宇宙的理论。例如，像瓦法说的，“我想，能解决许多疑难的量子力学新体系就躲在角落里。我想，许多人都同意，最近揭示的对偶性为量子力学指出了一个新的几何的方向，在那个几何框架下，空间、时间和量子性质将不可分割地结合在一起。”[1] 而照惠藤的说法，“我相信量子力学的逻辑状况即将发生某种方式的改变，就像引力的逻辑状况在爱因斯坦发现等效原理后的改变那样。这个过程对量子力学是远不完全的，但我想人们总有一天会回过头来，把今天看作它的开始。”[2]

我们可以有把握地乐观地想象，一个弦理论框架下的重新树立的量子力学原理将产生一个更有力的理论体系，为我们回答宇宙是如何开始的，为什么会有空间和时间之类的事物——这个体系还将带我们走近莱布尼茨的疑问：为什么会有而不是没有？

弦理论能经受实验的检验吗

在我们以前讨论过的弦理论的特征中，下面3个也许是最重要、

1. 1998年1月12日瓦法的谈话。
2. 1998年5月11日惠藤的谈话。

最应该牢记的。第一，引力和量子力学是宇宙如何表现的最主要内容，任何一个可能的统一理论都必须包括它们。弦理论实现了这一点。第二，通过物理学家在过去100年的研究，还揭示了其他的重要思想——许多都被实验证实了——它们对我们认识宇宙起着关键作用。举几个例子，这些思想包括自旋、物质粒子的族结构、信使粒子、规范对称、等效原理、对称破缺和超对称性，等等。所有这些概念都自然出现在弦理论中。第三，在传统理论如标准模型中，有19个可以调整的参数来保证理论与实验测量的一致。弦理论则不同，它没有可调的参数。从原则上讲，它蕴含的一切都是完全确定的——它们应该提供绝不含糊的检验，以判别理论是对还是错。 383

从“原则上”的理由走到“实际上”的事实，一路上还有许许多多的障碍。在第9章我们讨论过一些技术上的困难，如决定额外维的形态，现在仍然拦在路中央。在第12章和13章，我们把这些和另外一些拦路石放到了一个更大的背景下——为了更准确地理解弦理论，我们看到，M理论就在那样的背景下出现了。当然，为了完全认识弦理论和M理论，我们不仅需要付出巨大艰辛的劳动，也一样需要天才的发现。

在前进的每一步，弦理论都在寻找而且还将继续寻找能通过实验观测的理论结果。我们大概不会忘记第9章讲的那些未来发现弦理论证据的可能。而且，随着认识的深入，弦理论一定会出现一些难得的过程或特征，为我们提供其他间接的实验信号。

但最引人瞩目的是，通过寻找第9章讨论的超对称伙伴粒子，超 384

对称性的证实应该是弦理论的一个里程碑。我们记得超对称性是在弦理论的理论考察中发现的，也记得它是弦理论的核心部分。它的实验证明，对弦来说尽管是间接的，然而也是诱人的。另外，寻找超对称伙伴粒子也应该是受欢迎的一个挑战，因为如果发现了超对称性，它的意义远不只是回答它是否与我们的世界有关这样的简单问题。超伙伴粒子的质量和力荷将具体揭示超对称性是如何融入自然律的。那样，弦理论家面对的挑战将是，超对称性是否完全可以通过弦理论来实现和解释？当然，我们可以更乐观地希望，在未来的10年——在日内瓦的巨型量子对撞机投入运行以前——弦理论的认识会取得巨大进展，能在发现超对称伙伴粒子之前做出一些关于它们的具体的预言。那么，证实那些预言将是科学史上不朽的一页。

科学的解释有极限吗

解释一切，即使从特定意义说，认识宇宙的力和基本组成的所有方面，也是科学面临的一个最大挑战。超弦理论第一次为我们提供了一个足以迎接这个挑战的框架。但是，我们真能完全实现理论的承诺，计算出那些量吗——如夸克的质量、电磁力的强度和其他决定宇宙形形色色特征的数值？正如前几节讲的，我们需要克服数不清的障碍才可能达到那些目标——当前的头等大事是建立一个非微扰的弦/M理论体系。

但是，即使我们准确认识了在更新更明晰的量子力学框架下建立起来的弦/M理论，我们仍然可能算不出粒子的质量和力的强度，有这个可能吗？我们可能还得借助于实验测量而不能靠理论计算来获得那些数值，是吗？而且，会不会那样，这些失败不是说我们还需要寻求更深层的理论，而是正好说明这些实在的观测性质本来就没有什么解释？ 385

所有这些问题都是可能的。正如爱因斯坦很多年前讲的，“宇宙最不可理解的事情是它是可以理解的。”[1] 在飞速进步的时代，动人的发现很容易使我们盲目信任自己对宇宙的理解力，然而，理解力也许真有它的尽头。也许我们不得不接受这样的事实，当我们达到了最深层的科学认识以后，宇宙依然有一些问题不能解决。也许我们不得不承认，宇宙的有些特征之所以那样，纯粹是因为偶然，因为一个事故，或者因为“魔鬼的选择”。科学在昨天的成功激励着我们去想，只要有足够的时间，巨大的努力总能揭开宇宙的奥秘。但是，遇到科学解释的绝对极限——那不是技术的障碍或趋势，而是人类理解进步的边缘——那可是奇特的事情，过去的经历对今天的我们也无能为力了。

尽管这个问题与我们对终极理论的追求有着重大关系，但我们还解决不了它。实际上，我们以一般方式提出的科学解释极限的问题，可能永远也没有答案。例如，我们已经看到，即使我们关于多重宇宙概念的猜想，乍看起来提出了科学解释的极限，实际上还可以通过幻想别的理论来解决，至少在原则上那个理论能重新找回预言能力。

从这些思考中我们看到了宇宙学在决定一个终极理论时的作用。我们讲过，超弦宇宙学是一个年轻的领域，即使从年轻的弦理论自身

---

1. 引自 Banesh Hoffman, Helen Dukas, *Albert Einstein, Creator and Rebel*（New York：Viking,1972），p.18.

的标准说，它也是年轻的。无疑，它将成为未来若干年里的一个基本的研究焦点。随着对弦 / M理论性质的新认识，我们能更清楚地判别在统一理论上的那些努力有什么宇宙学意义。当然，那些研究也许有一天会令我们相信，科学解释确实存在着极限。但是，它们也可能预示着一个新时代的到来——那时我们可以宣告，宇宙的基本解释终于找到了。

386

走向未来

虽然我们的技术把我们限制在地球和它在太阳系的近邻，但依靠思想和实验的力量，我们也在探索空间和外太空。特别是在过去的100年里，经过无数物理学家的努力，自然最深藏的一些秘密都被揭示出来了。这些解释的萌芽一旦破土生长起来，就会在我们原以为了解的世界展现一片新的景象，那壮丽的风光是我们从来不曾想过的。衡量一个物理理论有多深，是看它在多大程度上向以前那些似乎不可改变的世界观提出了严峻的挑战。以这个标准来看，量子力学和相对论的深刻超乎了任何人的想象：波函数、概率、量子隧道、不停歇的真空能量涨落、空间与时间的融合、同时的相对性、时空结构的弯曲、黑洞、大爆炸……谁能想到那个直观的、机械的、像时钟一样运行的牛顿的世界竟显得那么狭小，谁能想到在事物平凡的表面下还藏着一个令人心跳的新世界？

不过，这样一些改变我们思维模式的发现也只是一个更大的包罗万象的历史的一部分。物理学家坚信，不论关于大事物的定律还是小事物的定律，都应该结合成一个和谐的整体，他们怀着这样的坚定信念在孜孜不倦地追寻着隐藏的统一理论。追寻还远没到头，但通过超弦理论和从它演化而来的M理论，一个融合量子力学、广义相对论以及强力、弱力和电磁力的强有力的框架终于出现了。这些进步给人们以前的世界观带来的冲击是巨大的：一圈圈的弦、一颗颗跳动的液滴，把宇宙生成的万物都统一地归结为形形色色的振动模式，而那些精密的振动所在的宇宙空间具有许多隐藏的维度，能极端地卷缩起来，不停地经历结构的破裂和修复。谁能想到，引力和量子力学会融入一个包罗所有物质和力的统一理论，为我们对宇宙的认识带来那么巨大的革命？ 387

当然，如果我们继续追求更完全的可以计算的超弦理论，一定还有更大的惊奇在等着我们。通过M理论的研究，我们已经看到，在普朗克尺度下隐藏着一个新奇的世界，那里可能没有空间，也没有时间。在另一个尽头，我们也看到，我们的宇宙也许只是在巨大的波涛汹涌的汪洋（即所谓的多重宇宙）表面上无数跳荡的泡沫中的一个。这些思想都是我们今天所能提出的最远的想象，它们可能预示着我们的宇宙认识的下一步该怎么走。

我们一直在放眼未来，期待着潜藏的奇迹；我们也应该回顾过去，走到今天的那段历程同样令人惊讶。追寻宇宙的基本定律是人类的一出独特的戏剧，它解放了思想，丰富了精神。爱因斯坦曾生动描述过他本人对引力的追求经历——“那是在黑暗中焦虑地摸索的年月，满怀着强烈的渴望，有过信心，也有过动摇和疲惫，但最后终于看见了光明。”[1]——这当然也是一切人类奋斗的写照。我们每一个人都在以

---

1. Martin J.Klein, “Einstein: The Life and Times, by R.W.Clark” (book review) *Science* 174,pp.1315–1316.

自己的方式追求真理，渴望知道我们为什么是这样。我们在攀登中发现和解释堆起的大山，每一代人都稳稳站在前辈的肩头，勇敢地走向顶峰。我们的子孙后代会不会有一天站在峰顶上无限清晰地俯看苍茫而壮丽的宇宙，我们不得而知；但每一代人总会向上爬得更高，令人想起布朗诺夫斯基（Jacob Bronowski）的话："每个时代都有一个转折点，都有一种新的认识和评判世界秩序的方法。"[1] 我们这一代人也在惊讶我们自己的新宇宙观——我们认识世界秩序的新方法——实际上也在实现我们自己的价值，把我们搭成人类的阶梯，通向遥远的星辰。

1. Jacob Bronowski, *The Ascent of Man* (Bostion : Little,Brown,1973) , p.20.

注释

第1章

[1] 下面的表是表1.1的补充。它记录了三族粒子的质量和作用荷。每一类夸克都能携三种可能的强作用荷，我们想象那是夸克的“色”——它代表荷的数值大小。这儿列举的弱荷准确地应该叫弱同位旋的“第3分量”。（我们没有列举粒子的“右手”分量——可以通过没有弱荷来区别它们。）

族 1

粒子	质量	电荷	弱荷	强荷
电子（e）	0.00054	−1	−1/2	0
电子中微子（ν_e）	$<10^{-8}$	0	1/2	0
上夸克（u）	0.0047	2/3	1/2	红，绿，蓝
下夸克（d）	0.0074	−1/3	−1/2	红，绿，蓝

族 2

粒子	质量	电荷	弱荷	强荷
μ子	0.11	−1	−1/2	0
μ中微子（ν_μ）	<0.0003	0	1/2	0
粲夸克（c）	1.6	2/3	1/2	红，绿，蓝
奇异夸克（s）	0.16	−1/3	−1/2	红，绿，蓝

族 3

粒子	质量	电荷	弱荷	强荷
τ子	1.9	−1	−1/2	0
τ中微子（ν_τ）	<0.033	0	1/2	0
顶夸克（t）	189	2/3	1/2	红，绿，蓝
底夸克（b）	5.2	−1/3	−1/2	红，绿，蓝

[2] 除了图1.1画的圈（*闭弦*）外，弦也可以是两端自由活动的（即所谓的*开弦*）。为表达简洁，我们多数时候都只谈闭弦，不过几乎所有论述都适合于这两种情况。

第2章

[1] 当地球那样的大质量物体存在时，并不会因为出现强大的引力使问题更复杂。因为我们关心的是水平方向而不是竖直方向的运动，所以可以忽略地球的存在。在下一章我们会彻底讨论引力作用。

[2] 准确地说，光在*真空*中的速度是10.8亿千米/时。光在经过空气、玻璃等物质时，速度会减小，就像悬崖上落下的石头落进水里也会减慢速度。光速的减小并不影响我们的相对论讨论，所以我们有理由完全忽略它。

[3] 我们为喜欢数学的读者把这些观测现象表达为定量的形式。例如，设运动的钟的速度为v，光子往返经过的时间为t秒（根据我们对静止钟的观测），则当光子回到下面的镜子时，钟经过了vt的距离。现在，我们可以用勾股定理来计算图2.3中的每条斜线距离，$\sqrt{(vt/2^2)+h^2}$，这里h是光子钟上下镜面的间隔。于是，两条斜线的总长是$2\sqrt{(vt/2^2)+h^2}$。因为光速是一个常数（习惯上记为c），光经过这段距离的时间应该是$2\sqrt{(vt/2^2)+h^2}/c$（秒）。这样，我们有等式$t=2\sqrt{(vt/2^2)+h^2}/c$，解出$t=2h/\sqrt{c^2-v^2}$。为避免混淆，我们写成$t_{动}=2h/\sqrt{c^2-v^2}$，下标说明这个时间是我们测得的运动的钟“嘀嗒”一声经历的时间。另一方面，我们静止的钟“嘀嗒”一声的时间是$t_{静}=2h/c$，因此简单的代数结果是，$t_{动}=t_{静}/\sqrt{1-v^2/c^2}$，它说明运动的钟“嘀嗒”一声比静止的钟需经历更长的时间。这就是说，在两个事件之间，运动的钟“嘀嗒”的次数比静止的钟少，说明运动者感觉他经历的时间更短。

[4] 看了下面这个实验，你会更加相信我们的结论。实验不是在粒子加速器里做的，要简单得多。1971年10月，哈费尔（J.C.Hafele，当时在圣路易斯的华盛顿大学）和吉丁（Richard Keating，美国海军天文台）用铯原子钟在商务飞机上飞行了40小时。考虑了大量与引力效应（下一章讨论）有关的特征后，狭义相对论结果证明运动的原子钟经历的时间比地球上静止的同样的钟少千亿分之几秒。这就是哈费尔和吉丁的发现：运动的钟的时间*真的慢了*。

[5] 尽管图2.4正确说明了物体在运动方向上的收缩，但那图像并不是我们实际看到的样子——假如真有物体被推向光速，假如我们的眼睛或者相机能灵敏地捕捉每个瞬间！我们——或者相机——看一样东西，是收到了从那物体表面反射回来的光。但是，反射的光来自物体不同的位置，所以我们在任何时刻看到的

光经过了不同长短的路线。结果，我们看到的是一幅带着相对论视觉错乱的图像：物体不但缩短了，还旋转了。

[6] 熟悉数学的读者可能知道，我们可以根据时空位置的4矢量$x=(ct,x_1,x_2,x_3)=(ct,\vec{x})$得到速度4矢$u=\mathrm{d}x/\mathrm{d}\tau$，这里$\tau$是由$\mathrm{d}\tau^2=\mathrm{d}t^2-c^{-2}(\mathrm{d}x_1^2+\mathrm{d}x_2^2+\mathrm{d}x_3^2)$定义的“固有时间”。于是，“在时空里运动”的速度是4矢u的大小，$\sqrt{(c^2\mathrm{d}t^2-\mathrm{d}\vec{x}^2)/(\mathrm{d}t^2-c^{-2}\mathrm{d}\vec{x}^2)}$，正好等于光速$c$。现在，我们可以将等式$c^2(\mathrm{d}t/\mathrm{d}\tau)^2-(\mathrm{d}\vec{x}/\mathrm{d}\tau)^2=c^2$重新写成$c^2(\mathrm{d}\tau/\mathrm{d}t)^2+(\mathrm{d}\vec{x}/\mathrm{d}t)^2=c^2$。这说明物体空间速度$\sqrt{(\mathrm{d}\vec{x}/\mathrm{d}t)^2}$的增加，一定伴随着$d\tau/dt$的减小，后者正是物体在时间里运动的速度（物体自己的钟经历的固有时间$d\tau$与我们静止钟的时间dt之比）。

第3章

[1] 说得更准确一点，爱因斯坦发现，只要观测局限在足够小的空间里——只要“车厢”足够小，等效原理总是成立的。原因如下：引力场的强度（和方向）会随位置发生变化，而我们想象车厢是作为一个单位在加速，所以加速度生成的是一个均匀的引力场。不过，如果车厢更小，引力场就更没有变化的空间，等效原理也就更加适用。在专业上，从加速度观点生成的均匀引力场与物质集合产生的非均匀的“真”引力场之间的差别，就是有名的“潮汐”引力场（因为它说明了月亮对地球潮汐的引力作用）。于是，本注释可以概括地说，如果观测空间很小，则潮汐引力场不会发生作用，这样加速运动和“真”引力场也就没有分别了。

[2] 关于所谓“刚性转盘”（即转环的更科学叫法）的分析，很容易引起混乱。实际上，在这个例子中，许多方面到今天也没达成一致意见。正文遵从了爱因斯坦本人分析的精神，现在我们还是照那个精神来澄清几点可能会令人迷惑的性质。第一点，也许有人奇怪，为什么转环的周长不跟尺子一样产生洛伦兹收缩，那样斯里姆测量的周长应该和我们原先看到的一样。不过应该记住，那环在我们的整个讨论中都是旋转着的；我们从来没有分析过它静止的情形。这样，从我们静止观察者的立场看，我们的测量与斯

里姆的测量的唯一区别是，他的尺子发生洛伦兹收缩了。我们测量时，环在旋转；我们看斯里姆测量时，环仍然在旋转。由于我们看他的尺子收缩了，所以认为他需要多测几步才能测完一个周长，那当然就比我们测量的长。只有当我们比较环在旋转和静止的性质时，环周长的洛伦兹收缩才有相对意义，但我们并不需要做这种比较。

第二点，虽然我们不需要分析静止的转环，你可能还是想知道，假如它慢慢停下来，会发生什么事情呢？看来，这时候我们应该考虑由于不同旋转的洛伦兹收缩引起的随速度的改变而改变的周长。但这如何与不变的半径相一致呢？这个问题很微妙；回答那个问题的关键一点是，世界上并没有完全的刚体。物体可以伸长或收缩，从而能够协调我们看到的伸长和收缩。假如不是这样，就会像爱因斯坦说的那样，通过熔铁在旋转运动中冷却形成的转盘将因后来旋转速度的改变而断裂。关于刚性转盘历史的详情，请看Stachel，"Einstein and the Rigidly Rotating Disk"（爱因斯坦与刚性转盘）。

[3] 专业的读者会发现，在转环的例子中，即在匀速旋转的参照系中，我们关注的三维弯曲空间截面可以嵌入没有弯曲的四维空间。

[4] 即使这样，现有的原子钟还是足以精确地测量这么小的甚至更小的时间弯曲。例如，1976年Havard-Smithsonian天文台的Robert Vessot和Martin Levine与国家航空航天局（NASA）的合作者们让从弗吉尼亚沃罗普斯（Wal-lops）岛放射的侦察D火箭带了一个每小时误差不超过万亿分之一秒的原子钟。他们希望证明火箭升空（从而减弱了地球的引力作用）以后，地球上相同的原子钟（仍经历着完全的地球引力）将走得相对慢一点。研究者们可以通过微波信号的往返来比较两个原子钟的节律。他们发现，在火箭9656千米的最大高度上，原子钟比地球上的快了大约十亿分之四，符合理论的预言，精度超过了万分之一。

[5] 19世纪中期，法国科学家勒维叶（Urbain Jean Joseph Le Verrier）

发现，水星有一点偏离牛顿引力定律所预言的轨道。那以后的半个多世纪里，为了解释这所谓的多余的“轨道近日点进动”（通俗地说，水星在每绕太阳一圈后，不能完全回到牛顿理论预言的地方），物理学家们什么影响都想过了——例如，一颗未知行星或行星环的引力影响，一颗没有发现的卫星的影响，星际尘埃的影响，还有太阳扁圆形（扁率）的影响——但是，没有哪个解释能赢得普遍的赞同。1915年，爱因斯坦用他新发现的广义相对论方程计算了水星的近日点，发现了（用他自己的话说）令他心神荡漾的结果：广义相对论的回答与观测事实完全一致。这一成功当然使爱因斯坦对他的理论充满了信心，不过几乎所有的人都在等着证实他预言的东西，而并不满足于他解释了一个早就知道的反常现象。更详细的情况见Abraham Pais，*Subtle is the Lord*（New York：Oxford University Press，1982），p.253。

第4章

[1] 虽然普朗克的工作确实解决了无限大能量的难题，但那显然不是他研究的动机。相反，普朗克在寻求认识一个密切相关的问题：关于烤炉——准确说是“黑体”——的能量在不同波长范围如何分布的实验结果。关于这段历史的更详细情况，有兴趣的读者可以参考Thomas S.Kuhn（库恩），*Black-Body Theory and the Quantum Discountinuity*，1894—1912（Oxford，Eng.：Clarendon，1978）。

[2] 说得更准确一点，普朗克证明了，最小能量超过它们平均能量贡献（据19世纪的热力学）的波会以指数形式衰减；我们所考察的波的波长越大，这种衰减将迅速增大。

[3] 应该说明的是，费恩曼的量子力学方法可以导出以波函数为基础的一般方法，反过来也可以；于是，这两种方法是完全等价的。不过，每种方法所强调的概念、语言和解释是迥然不同的，尽管答案绝对相同。

第5章

[1] 你可能还在疑惑：虚空间的区域里还能发生什么事情吗？重要的是应该知道，不确定性原理为空间能有“多空”做了限制，与我们平常讲的虚空是不同的。例如，关于场的波扰动（如在电磁场中传播的电磁波），不确定性原理指出，波的振幅和振幅改变的速度也服从一个类似于位置和速度的反比关系：振幅确定得越精确，它改变的速度就越不精确。现在，我们说一个空间区域是空的，意思是没有波经过这个区域，所有的场都是零。说得啰唆一点（但却是有用的），我们可以讲，通过这个区域的所有波的振幅都为零。但是，如果我们对振幅知道得那么精确，则不确定性原理告诉我们，振幅的改变是完全不确定的，我们可以说它有任意的数值。但如果振幅改变了，就说明它们在下一时刻*不再是零*，即使空间区域还是“空的”。不过，*平均说来，场还是零*，因为它在某些地方为正，而在其他地方为负，区域的总能量是不会改变的。当然，这只是在平均意义上说的。量子不确定性说明场的能量即使在空虚的空间区域里也是涨落的，我们关心的空间区域距离和时间尺度越小，看到的涨落就越大。因为瞬间涨落得到的能量将通过$E=mc^2$转化为瞬时的粒子和反粒子对，然后它们很快湮灭。结果，能量在平均意义上仍然没有改变。

[2] 虽然薛定谔写的那个原始的包括了狭义相对论的方程不能准确描写氢原子中的电子的量子力学性质，但很快发现它在其他场合还是有意义的，实际上今天我们还在用它。不过，薛定谔发表方程的时候，克莱茵（Oskar Klein）和戈登（Walter Gorden）已经赶到前头了，所以那个方程叫“克莱茵－戈登方程”。

[3] 我们为数学爱好者们多说两句。基本粒子物理学用的对称性原理一般是以群为基础的，而特别应该注意的是李（S.Lie）群。基本粒子表现为不同群的表示，而它们的时间演化方程则需要体现相关的对称信息。对强力来说，对称性叫SU（3）（类似于普通的三维旋转群，不过是作用在复空间的），给定夸克的3种颜色在一个三维表示下变换。正文里讲的颜色转移（由红、绿、蓝到黄、青、紫）实际上就是作用于夸克“色坐标”的一个SU（3）变换。规范对称则是另一种对称性，它的变换可能依赖于时空：这时候，在

不同空间位置和时刻"转动"夸克的颜色，结果也会不同。

[4] 在发展引力以外的那3种力的量子理论过程中，物理学家也遇到过一些无限大结果的计算，不过，他们后来发现这些无限大的东西可以通过一种叫*重正化*的技术来消除。在结合引力与量子力学的工作中出现的无限大要严重得多，重正化技术也无可奈何。只是在近些年，物理学家才意识到，无限大结果的出现说明我们把理论用到了超越它应用范围的地方。我们现在的目标是寻找一个实用范围在原则上无限的理论——一个"终极的""最后的"理论——所以，物理学家想找一个不论分析的物理系统多么极端也不会出现无限结果的理论。

[5] 我们可以通过简单的论证，即通过物理学家所说的*量纲分析*，来认识普朗克长度。思路是这样的：如果一个理论是由一组方程建起来的，为将理论与实在相联系，抽象的符号必然与自然的物理特性相结合。特别是，我们必须引进一个单位系统，就是说，假如一个符号代表着长度，我们应该能有一个标准来说明它的数值。例如，一个方程中的长是5，我们当然需要明白它是5厘米、5千米还是5光年。在涉及广义相对论和量子力学的理论中，单位的选择是以下面的方式自然出现的。广义相对论依赖于两个自然常数：光速c和牛顿引力常数G。量子力学依赖于一个自然常数$\hbar$。看看这几个数的单位（例如，c是速度，应该表达为距离除以时间，等等），我们可以发现，组合$\sqrt{\hbar G/c^3}$具有长度的单位，实际上，它等于1.616×10^{-33}厘米。这就是普朗克长度。它既包含了引力和时空的量（G和c），也与量子力学（$\hbar$）有关，所以，在任何联合广义相对论与量子力学的理论中，它都确定了一个测量标准——一个自然的长度单位。我们在文中用"普朗克长度"通常是一个大概的意思，指长度在10^{-33}厘米的几个数量级范围内。

[6] 目前，除了弦理论，还有人正积极地以别的方法来结合广义相对论和量子力学。一个方法是牛津大学彭罗斯（Roger Penrose）的*扭量理论*，另一个方法——部分是在彭罗斯的激发下兴起的——是宾夕法尼亚州大学的Abhay Ashtekar所引导的*新变量*

方法。虽然本书以后不再更多讨论这两个方法，但人们越来越觉得它们可能与弦理论有着深刻的联系，而且，同弦理论一起，三个理论都在为同一个结果，为结合广义相对论与量子力学，而磨刀霍霍。

第 6 章

[1] 标准模型真有一个让粒子获得质量的机制——*希格斯机制*，是以苏格兰物理学家希格斯（Peter Higgs）的名字命名的。但是就解释粒子质量而言，这不过是把问题转移去解释一种假想的“出让质量”的粒子——所谓*希格斯玻色子*——的性质。实验正在寻找这种粒子。不过，像我们说的那样，即使粒子*找到*了，性质测量了，那也是标准模型的*输入*数据，理论并不能解释它们。

[2] 为了喜欢数学的读者，我们可以把弦振动模式与力荷的关联描写得更准确一些：弦运动量子化以后，可能的振动状态像在任何量子力学系统中的一样，可以用希尔伯特空间的矢量来表示。这些矢量可以拿它们在一组对易厄米算子下的本征值来标记。算子之一是哈密顿算子，它的本征值是振动态的能量，也就是质量；还有些别的算子，能生成理论需要的不同的规范对称。这些算子的本征值就生成相应的弦振动态所携带的力荷。

[3] 通过第二次超弦革命（在第12章讨论），惠藤和费米国家加速器实验室的里肯（Joe Lykken，他是更令人瞩目的学者）发现这个结论可能有点儿微妙的问题。考察这些发现后，里肯提出，弦的张力可能会小得多，这样弦就比以前想的大得多。弦大了，我们有可能在下一代粒子加速器里看到它。假如这种可能是真的，那么一个激动人心的前景就会展现在我们眼前——这里和在以后讨论的弦的许多令人惊奇的东西将在未来的10年里得到实验证明。不过，即使弦理论还抱着“更传统的”10^{-33}厘米大小的“小”弦，我们还是有很多间接的方法来寻找它们，这将在第9章讨论。

[4] 专业的读者会发现，在电子-正电子碰撞中产生的光子是虚光子，所以必然会在短时间内“归还”能量，分裂成电子-正电子对。

[5] 当然，摄像机是在“收集”从物体反弹回来的光子并把光子记录在胶片上。我们在这个例子中用的摄像机不过是一个符号，因为我们并不想看到从碰撞的弦反弹回来的光子。我们只是想在图6.7（c）中记录整个相互作用过程，说明这点以后，我们该指出正文里忽略了的更微妙的一点。第4章讲过，我们可以用费恩曼的路径求和的办法来建立量子力学，那个方法是，把物体从某个起点到某个终点的*所有*可能的路线组合起来（每条路线都有一个费恩曼确定的统计权重）。在图6.6和图6.7里，我们只画了点粒子或弦的从起点走到终点的无数可能路线中的一条。但是这里的讨论同样适用于任何其他可能的路径，从而也就适用于整个量子力学过程。[费恩曼在路径求和框架下建立的点粒子量子力学，已经由伯克利加利福尼亚大学的曼德尔斯坦（Stanley Mandelstam）和俄罗斯物理学家、现在普林斯顿大学物理系的波里亚科夫（Alexander Polyakov）推广到了弦理论。]

第7章

[1] 超对称性的发现和发展有着复杂的历史。除了文中提到的以外，早期的主要贡献者还有R.Hang，M.Sohnius，J.T.Lapuszanski，Y.A.Gol’fand，E.P. Lichtman，J.L.Gerrais，B.Sakita，V.P.Akulov，D.Y.Volkov，V.A.Sorota，等等。他们的一些工作编辑在Rosanne Di Stefano，*Notes on the Conceptual Development of Supersymmetry*，Institute for Theortical Physics，State University of New York at Stony Brook，preprint ITP-SB-8878。

[2] 对数学感兴趣的读者会看到，这里的推广是在我们熟悉的时空的笛卡儿坐标上添加新的量子坐标，例如u和v，满足*反对易*关系：$u \times v = -v \times u$。这样，超对称性可以认为是在经过量子力学扩张的时空形式下的一种变换。

[3] 我们为对具体细节和技术要点感兴趣的读者再多讲几句。在第6章注释[1]中，我们提到标准模型借助一种“出让质量的粒子”——希格斯玻色子——来为表1.1和表1.2的粒子赋予观察到的质量。为实现这个过程，希格斯粒子本身不能太重；研究表明它的质量不能比质子质量的1000倍更大。但后来发现量子涨落可能为希格斯粒子带来巨大的质量，把它推向普朗克质量的尺度。不过，理论物理学家们发现，这个暴露了标准模型严重缺陷的结果是可以避免的，只要我们把标准模型里的某些参数（特别是所谓的希格斯粒子的裸质量）适当做10^{15}分之一的调整，就能消除量子涨落对希格斯粒子质量的影响。

[4] 图7.1有一点细微的地方需要注意：图中所示的弱力介于强力和电磁力之间，而我们讲过它比那两种力都弱。原因在于表1.2，我们看到，弱力的信使粒子质量很大，而强力和电磁力的信使粒子是没有质量的。本质上说，弱力的强度（用耦合常数来度量，我们在第12章再讨论）是图7.1的样子，不过由于传递粒子活动太慢，所以减小了实际的作用。在第14章我们还将看到引力如何走进图7.1。

第8章

[1] 这是一种简单的想法，但因为普通语言不够精确，常常引起误会，所以在这里澄清两点。第一，我们假定蚂蚁生活在管子的*表面*。如果蚂蚁钻进水管的*内部*——例如它穿透了橡皮水管——我们就得用3个数来确定它的位置，因为需要告诉它钻了多深。但如果蚂蚁只在水管表面活动，它的位置用两个数就能确定。这引出我们要讲的第二点：即使蚂蚁生活在水管表面，我们也可以（只要愿意）用3个数来确定它的位置：除普通的前后、左右方向外，还有它在我们熟悉的三维空间的上下方向的位置。但是，一旦我们知道蚂蚁只在水管的表面上，正文里说的两个数就够了，那是唯一确定蚂蚁位置的*最少*数据——正因为这一点，我们说水管的表面是二维的。

[2] 令人惊奇的是，物理学家Savas Dimopoulos，Nima Arkani-Hamed和Gia Dvali在Ignatios Antoniadis和Joseph Lykken的研究基础上指出，即使多余的卷缩维有毫米大小，我们的实验仍然可能探测不到它们。原因是，粒子加速器是通过强力、弱力和电磁力来探测微观世界的。引力从我们技术能及的能量来说太微弱，一般是忽略了的。但Dimopoulos和他的伙伴们又指出，如果多余的维能对引力产生决定性影响（后来发现这在弦理论中是很可能的），则所有实验也都可能把它忽略了。在不远的将来，新的高灵敏引力实验会去寻找那样的“大”卷缩维。如果找到了，将是历史上最伟大的发现之一。

[3] 物理学家发现，高维理论最难应付的是标准模型的所谓*手征性*特征。为不使讨论过于沉重，我们在正文里没讲这个概念。但有些读者可能会感兴趣，所以在这里简单谈谈。假如有人让你看一段某个科学实验的影片，请你判断影片是实验本身的实况还是从镜子里看到的镜像。摄影水平很高，没留下镜子的一点儿痕迹。你能判断吗？20世纪50年代中，李政道和杨振宁的理论洞察，加上吴健雄和她的合作者们的实验，证明你*能够*做出判断，只要影片放的是某个适当的实验。换句话说，他们的研究表明宇宙不是完全镜像对称的——就是说，某些过程（那些直接依赖于弱力的过程）的镜像*不可能在我们的宇宙发生*，即使原过程可以发生。这样，如果你在影片中看到了不允许发生的过程，你就知道看的是实验的镜像，而不是实验本身。由于镜像交换左右方向，所以李、杨和吴的结果确定了宇宙不是完全左右对称的——用行话说，宇宙是具有*手征性*的。物理学家发现，正是标准模型的这一个特征（特别是弱力的），几乎不可能纳入高维的超引力框架。为避免混淆，这里说明一点，我们在第10章将讨论弦理论的“镜像对称”概念，那里的“镜像”与这里讲的是完全不同的。

[4] 懂数学的读者应该知道，卡拉比-丘成桐流形是第一陈（省身）类为零的一种复Kähler流形。1957年，卡拉比猜想所有这类流形都存在平坦的Ricci度规，1977年，丘成桐证明猜想是正确的。

第9章

[1] 这是1997年12月28日我访问乔基时他对我说的。这次访问中，乔基还告诉我，当实验否定了他和格拉肖在大统一理论中最先提出的质子衰变的预言时（见第7章），他对超弦理论感到犹豫不决。他尖锐指出，他的大统一理论所借助的能量比以前任何理论所考虑的都高得多；而当预言被证明是错误的时候——当他“被大自然压垮”的时候——他研究高能物理学的态度忽然改变了。我问他，如果实验证明了他的大统一理论，会激发他去关心普朗克尺度吗？他回答说：“是的，我很可能会的。”

[2] 说到这里，应该记住第6章后面注释[3]提出的那个猜想，弦只是可能比原来想的长得多，从而有可能在几十年内通过加速器来接受实验的检验。

[3] 对数学感兴趣的读者应该看到，更准确的数学表述是，粒子族的数目是卡-丘空间欧拉数的绝对值的一半。欧拉数本身是流形的同调群维数的交错和——在这里我们粗略地把同调群当作多维的孔洞。这样，从欧拉数为±6的卡-丘空间生成3个粒子族。

[4] 对数学感兴趣的读者知道，我们这里说的是具有有限非平凡基本群的卡-丘空间，群的阶数在某些情况下决定了分数电荷的分母。

[5] 专业读者知道，这里有些过程破坏了轻子数守恒定律和电荷-宇称-时间（CPT）反演对称性。

第10章

[1] 为了讨论的完整，还应该说明，虽然到现在为止我们在书中讲的许多东西都同样适用于开弦（两端自由的弦）或闭弦圈（这正是我们所关心的），但在这里讨论的问题上，两种弦将表现出不同的性质。毕竟开弦是不会缠绕在某个卷缩维的。不过，圣巴巴拉加利福尼亚大学的Joe Polchinski和他的两个学生戴建辉（Jian-Hui Dai）和Robert Leigh在1989年说明了开弦如何能很好地符合我们在这一章得到的结论。他们的成果最终将在第二次超弦革命中发

挥重要作用。

[2] 如果你想知道为什么均匀振动的允许能量是$1/R$的整数倍，请回想一下第4章的量子力学讨论——特别是关于那个仓库的讨论。我们从那里知道，量子力学的能量像钞票一样，是离散的能量“元”组成的：是不同能量“元”的整数倍。在管子世界均匀振动的弦的情形，能量元正好是$1/R$，我们在正文里用不确定性原理解释过了。这样，均匀振动的能量就是$1/R$的整数倍。

[3] 从数学上讲，在卷缩维半径为R或$1/R$的宇宙中，弦能量的形式为$v/R+wR$，这里v为振动数，w为缠绕数。同时交换v与w和R与$1/R$——即交换振动数与缠绕数，同时半径换为倒数，这个方程的形式是不变的。这就是两个宇宙的弦能量相同的原因。我们在讨论中用的是普朗克单位，也可以换成更传统的单位，即用一个所谓弦标度$\sqrt{\alpha'}$来改写能量公式——弦标度的值大约是普朗克长度，10^{-33}厘米。这样，弦能量可以表达为$v/R+wR/\alpha'$，在交换v与w和R与α'/R时，它是不变的。这里，R和α'/R用的是传统的距离单位。

[4] 你大概很奇怪，在半径为R的卷缩维上缠绕着的弦怎么可能测得那半径是$1/R$呢？这种忧虑是很正常的，不过，问题本身却表述得不够准确。你知道，我们在说弦绕着半径为R的圆时，必然利用了某个距离定义（这样“半径为R”才有意义）。但这一个距离定义却是与未缠绕的弦模式相关的——即与振动模式相关。从这个定义——也只有从这个定义——看，缠绕的弦在空间的卷缩维展开。然而，从第二个距离定义——即与缠绕弦相关的那个定义——看，它们却是局限在空间的一点，就像第一种定义观点下的振动弦一样，而那“一点空间”的半径在它看来是$1/R$，如正文所讲的。这多少说明了缠绕和未缠绕的弦所测得的半径是互为倒数的，但是，这一点还是有点儿难以捉摸，看来我们应该为对数学感兴趣的读者说说它背后的数学。在普通的点粒子量子力学里，距离与动量（本质上还是能量）通过傅里叶变换相联系。就是说，在半径为R的圆周上的位置本征

态$|x>$可以定义为$|x>=\sum_v e^{ixp}|p>$,这里$p=v/R$,而$|p>$是动量本征态(类似于我们所说的弦的均匀振动模式——没有形变的整体运动模式)。但在弦理论中,还存在另一个位置本征态的概念,$|\tilde{x}>$,通过缠绕弦的状态来定义:$|\tilde{x}>=\sum_v Ne^{i\tilde{x}\tilde{p}}|\tilde{p}>$,这里$|\tilde{p}>$是缠绕弦的本征态,$\tilde{p}=wR$。根据这些定义,我们马上发现,$x$以$2\pi R$为周期,$\tilde{x}$以$2\pi/R$为周期。这说明$x$是半径为$R$的圆周上的位置坐标,是半径为$1/R$的圆周上的位置坐标。说得再具体些,我们现在可以让两上波包$|x>$和$|\tilde{x}>$从原点开始随时间演化,从而实现我们的两上操作方法来定义距离。不论用哪种方法,圆周的半径都正比于波包回到原来状态所需的时间。由于能量为E的状态伴着相因子Et演化,所以对振动模式来说,时间(从而也是半径)为$t\sim1/E\sim R$;而对缠绕模式来说,$t\sim1/E\sim1/R$。

[5] 对数学感兴趣的读者可以看到,更准确地说,弦振动的族数等于卡-丘空间欧拉特征数的一半,这在上一章注释[3]里已经说过了。这个数由$h^{2,1}$与$h^{1,1}$之差的绝对值来确定。这里,$h^{p,q}$是(p,q) Hodge数。这两个量分别给出了非平凡同调3圆("三维孔")和同调2圆("二维孔")的数目(精确到一个数值变换)。因此,我们在正文里讲孔的总数,而准确地说,族数依赖于奇数维和偶数维孔洞数之差的绝对值。然而结果是相同的。例如,如果两个卡-丘空间的差别在于各自的$h^{2,1}$和$h^{1,1}$Hodge数是相互交换的,粒子族数——以及"孔"的总数——是不会改变的。

[6] 这个名字源于这样一个事实:"Hodge钻石"——卡-丘空间中不同维的孔洞的数学概括——对一对卡-丘空间来说是互为镜像反射的。

[7] *镜像对称*这一名词也用于物理学的其他完全不同的场合。如我们在第7章、第8章讨论过的手征性问题——即宇宙是否是左右对称的——讲的便是另一种镜像对称。

第11章

[1] 喜欢数学的读者会发现，我们实际在问，空间的拓扑是否是动态的——即它是否会改变。注意，虽然我们常用动态拓扑改变的语言，实际上我们常常考虑一个时空的单参数族，它的拓扑像一个单参数函数那样改变。从技术上说，这个参数不是时间，但在一定极限下可以基本把它当成时间。

[2] 喜欢数学的读者应该看到，这个过程，就是将有理曲线"吹落"到卡-丘流形上来，然后利用这样一个事实：在一定条件下，结果生成的奇点，可以通过特别的小技巧来"修复"。

第12章

[1] 我们简单概括一下5个弦理论之间的差别。为此，我们注意沿弦圈的振动扰动可以是顺时针的，也可以是逆时针的。ⅡA和ⅡB型弦的差别在于，在ⅡB型理论中，顺、逆时针的振动是一样的，而在ⅡA型理论中，两个方向的振动正好相反。在这里，"相反"有着准确的数学意义，不过可以简单地用每个理论的弦振动模式的自旋来理解。在ⅡB型理论中，所有粒子在同一方向上自旋（它们具有相同的手征性），而在ⅡA型理论中，粒子在两个方向上自旋（具有两种手征性）。尽管如此，两个理论都包含着超对称性。两个杂化理论的差别也基本是这样，但差别更大。它们的顺时针弦振动看起来跟两个Ⅱ型弦的情形一样（只考虑顺时针振动时，ⅡA和ⅡB型理论是相同的），但它们的逆时针振动却是原始的玻色弦理论的情形。尽管同时考虑玻色弦的顺时针和逆时针振动会遇到难以逾越的障碍，但在1985年，格罗斯（David Gross）、哈维（Jeffrey Harvey）、马丁尼克（Emil Martinec）和罗姆（Ryan Rhom）（四个人那时都在普林斯顿大学，绰号叫"普林斯顿弦乐四重奏"）证明，如果把它跟Ⅱ型弦结合起来，则我们能得到一个非常合理的理论。这种结合真正奇怪的地方是，玻色弦需要26维时空——这是一个老结果，自鲁特杰斯大学劳弗莱思（Claude Lovelace）1971年的研究以及波士顿大学布罗维尔（Richard Brower）、剑桥大学戈达（Peter Goddard）和盖恩斯维尔的佛罗里达大学索恩（Charles Thorn）1972年的工作，我们就知

道它了——而超弦如我们讲的只需要10维时空。所以，杂化弦理论的结构是一种奇特的“杂交”的东西——一种具有“*杂交优势*（heterosis）”的产物——逆时针振动的弦在26维里活动，而顺时针振动的弦却活动在10维！你大概还没太明白这令人困惑的杂交是怎么回事。格罗斯和他的伙伴们已经证明，玻色弦那多出的16维一定卷缩成一个或两个特别高维的面包圈的样子，从而生成杂化O和杂化E理论。由于玻色弦那多余的16维是紧紧卷缩在一起的，所以这两个理论就像Ⅱ型理论那样，表现为只有10维的样子。当然，两个杂化的理论还是具有超对称性的某种形式。最后，Ⅰ型理论是ⅡB型理论的“亲戚”，不过，它除了有我们在前面章节里讨论过的闭弦外，还有两端没有联结的所谓*开弦*。

[2] 我们这一章里说的“精确”答案，如地球的“精确”运动，实际上指的是*在某个选定的理论框架内*对某些物理量做出准确的预言。在我们真正拥有一个“最后的”理论以前——也许我们今天就有了，也许永远也不可能有——我们的一切理论就自身来说都是实在性的某种近似。但近似的概念与我们本章讨论的东西无关。我们这里关心的是这样一个事实：在一个选定的理论中，常常很难（虽然不是不可能）得到精确的理论预言。我们只得用以微扰理论为基础的近似方法来得出那些预言。

[3] 这些图是所谓费恩曼图的弦理论形式。费恩曼图是费恩曼为在点粒子量子场论中进行微扰计算而发明的。

[4] 更准确地说，每一虚弦对（即给定图中的每一个圈）都为弦耦合常数增加了一个自乘因子（当然它们还有别的更复杂的贡献）。圈越多，弦耦合常数的自乘因子越多。如果弦耦合常数小于1，多次自乘将使总的贡献更小；如果常数等于或大于1，则多次自乘的结果是1或者远远大于1。

[5] 对数学感兴趣的人可以看到，这个方程说明时空允许平直的Ricci度规。如果把时空分解为4维闵可夫斯基时空和6维紧致Kähler空间的笛卡儿积，则Ricci平直性等价于Kähler空间是一个卡－丘

流形。这就是为什么卡-丘空间在弦理论中起着那么举足轻重的作用。

[6] 当然，没有什么绝对保证这些直接方法是可靠的。例如，在宇宙其他遥远的区域，物理学定律也可能不同，就像人的脸也有左右不对称的。我们将在第14章简单讨论这个问题。

[7] 专业的读者会发现这些结果要求所谓$N = 2$超对称性。

[8] 说得更准确一点，假如，杂化O耦合常数为g_{HO}，Ⅰ型耦合常数为g_{I}，则两个理论间的关系说的是，只要$g_{HO} = 1/g_{\text{I}}$或者$g_{\text{I}} = 1/g_{HO}$，那么它们在物理上就是相同的。一个耦合常数大时，另一个耦合常数就小。

[9] 这很像前面讨论的$R-1/R$对偶性。如果ⅡB型弦耦合常数为g_{IIB}，则g_{IIB}和$1/g_{\text{IIB}}$很可能描写同一样的物理。如果g_{IIB}大，则$1/g_{\text{IIB}}$小，反之亦然。

[10] 假如只有4维是卷缩的，则总维数超过11的理论必然生成自旋大于2的无质量粒子，这是实验和理论都排斥的东西。

[11] 一个值得注意的例外是杜弗、霍维（Paul Howe）、稻见赳夫（Takeo Ⅰ-nami）和斯特勒（Kelley Stelle）在1987年的一项重要工作。他们借助贝格雪夫（Eric Bergshoeff）、塞金（Ergin Sezgin）和汤森的发现，证明11维弦理论应该具有深层的11维联络。

[12] 更准确地讲，这个图应该解说成我们有一个依赖于大量参数的理论。参数包括耦合常数、几何大小和形态参数。原则上说，我们应该能用理论来计算每一个参数的数值——如耦合常数的值和一定时空几何的具体形式——但凭我们目前的理论认识，还不知道如何实现这一点。所以，为了更好地认识这个理论，弦理论家研究当参数在一切可能范围内变化时，理论表现出什么性质。假如选择的参数值落在图12.11那6个边缘区域内，那么理论将表现

出5个弦理论或11维超引力论所固有的性质，这一点我们讲过了。如果选择的参数值在中央区域，那么物理就是还像谜一样的M理论所统治的物理。

[13] 然而我们应该知道，即使在边缘区域，高维的膜也可能以某些奇异方式影响我们寻常的物理。例如，有人提出，我们的3个空间维可能本来就是一个巨大展开的3膜。如果真是那样，我们每天的生活就都是在一个3维膜的内部度过的。现在正有人在考察会不会有这样的事情。

第13章

[1] 专业的读者会发现，在镜像对称下，卡-丘空间里坍缩的3维球面将映射为镜像卡-丘空间里坍缩的2维球面——显然，这使我们回到第11章讨论过的空间翻转情形。然而，两者的差别在于，镜像表述会导致反对称张量场$B_{\mu\nu}$——镜像卡-丘空间上的复化Kähler形式的实部——为零，这比11章讨论的奇性更加奇异。

[2] 更准确地说，我们有极端黑洞的例子：具有一定力荷的极小质量组成的黑洞，如第12章的BPS态。类似的黑洞在下面黑洞熵的讨论中还将发挥重要作用。

[3] 黑洞发出的辐射应该认为跟一个火炉的辐射相同——这是我们在第4章开头讨论的问题，曾在量子力学的发展中起着关键作用。

[4] 后来发现，由于这些黑洞牵涉到空间破裂锥形变换，不论质量变得多小，它们都不产生霍金辐射。

[5] 斯特罗明戈和瓦法在他们的初始计算中发现，5维（而非4维）展开的时空能使数学变得更容易。奇怪的是，在完成了5维黑洞熵的计算以后，他们发现，还没有哪个理论家在5维广义相对论的框架下构造过这种假想的极端黑洞。因为只有把结果与这类假想黑洞的事件视界面积进行对比，才能证实他们的计算，所以斯特

罗明戈和瓦法开始在数学上构造一个5维黑洞。他们成功了。然后，他们可以很简单地证明，根据弦理论的微观计算得到的熵与根据霍金黑洞事件视界面积预言的熵，应该是完全一致的。注意下面的事实是很有趣的：黑洞的计算是后做的，所以斯特罗明戈和瓦法在做熵的计算时并不知道他们要找的答案。自他们的研究以来，许多研究者，特别是普林斯顿的物理学家Curtis Callan，成功地将熵计算推广到了我们更熟悉的4维时空的情形，而且所有结果都跟霍金的预言一致。

[6] 这跟信息丢失问题也有点关系；有些物理学家近年来曾猜想，在黑洞的中心也许有某一“小团”东西藏着那些落入黑洞视界的物质所携带的信息。

[7] 实际上，本章讨论的空间破裂锥形变换就涉及黑洞，从而应该与它们的奇性问题有关。但是我们记得，锥形破裂只在黑洞所有质量都“脱落”以后才会发生，所以它并不直接与黑洞的奇性问题相关。

第 14 章

[1] 更准确地说，宇宙应该充满从理想吸收体（热力学叫它“黑体”）发出的那个温度范围的热辐射的光子。霍金曾经证明，黑洞的量子力学辐射也是同样的谱——跟普朗克当年的热炉的辐射一样。

[2] 这里的讨论传达了所说问题的精神，不过我们淡化了某些微妙的特征，它们与光在膨胀宇宙中的运动有关，也将影响具体的数值。特别的一点是，尽管狭义相对论断言没有比光更快的东西，但这并不排除空间结构所携带的两个光子可能以超光速的速度相互远离。例如，在宇宙第一次透明的大约ATB 30万年的时候，宇宙中分隔90万光年的两个地方还可能相互影响着，虽然它们的间隔超过了光走30万年的距离。那3倍的差距是空间结构的膨胀来补偿的。这意味着，当我们的宇宙大影片回到ATB 30万年时，天空中的两点只要不远离90万光年，就有可能影响彼此的温度。这些具

体的数字不会改变我们所说问题的定性特征。

[3] 关于暴胀宇宙模型和它揭示的问题的详细而生动的描写，请看 Alan *Guth,The Inflationary Universe*（Reading,Mass：Addison-Wesley,1997）。

[4] 为对数学感兴趣的读者多说几句。这里的结论的根据是，假如两个物体扫过的时空维数的和大于或者等于它们运动所在的时空维数，那么它们总会相交的。例如，点粒子扫过1维时空路径——两个粒子的路径的维数和就是2。直线的时空维数也是2，所以两个粒子总会相遇（只要它们的速度没有调得完全相等）。同样，弦扫过2维路径（世界叶），两根弦的和为4，这说明在4维时空（3维空间和1维时间）运动的弦都会相交的。

[5] 随着M理论的发现和第11维的认识，弦理论家已经开始研究所有7个额外维度的卷缩形式——在那种形式下，每一维差不多都是平等的。这种7维流形的可能选择是所谓的*乔伊斯流形*，是以牛津大学的乔伊斯（Domenic Joyce）的名字命名的，他第一个发现了那类流形的数学构造技术。

[6] 专业的读者会发现，我们是在所谓弦参照系中进行描述的，在这样的参照系里，大爆炸之前的曲率增长源自（膨胀驱动的）引力作用强度的增大。在所谓爱因斯坦参照系里，这样的演化表现为加速收缩的一幕。

[7] 举例来说，在弦理论中，卷缩维的形态从宇宙到“后代”的小小改变，就可能导致那样的演化。根据空间破裂锥形变换的结果，我们知道这样的一个足够长的小变化序列能从一个卡-丘形态经过任何其他的卡-丘形态，让多重的宇宙经历以弦理论为基础的数不清的宇宙的诞生。当多重宇宙历尽新生以后，斯莫林的假说将为我们带来一个期望：我们将拥有一个典型的宇宙，它的卡-丘空间孕育着无限生机。

第 15 章

[1] 有些理论家从*全息原理*看到了这个思想的一点影子，那个概念最先是苏斯金和著名荷兰物理学家特胡夫特（Gerard't Hooft）提出来的。我们知道，全息图从特制的2维胶片再现3维图像。苏斯金和特胡夫特提出，我们遇到的所有物理事件都可以完全通过定义在*更*低维世界的方程来说明。听起来这就像根据人的影子来画肖像，但根据第13章讨论的黑洞熵，我们能领会它的意思，了解苏斯金和特胡夫特的部分动机。回想一下，黑洞的熵决定于事件视界的*表面积*——而*不是*视界所包围的空间体积。于是，黑洞的无序和它相应的可能包含的信息都记录在表面积的2维数据里。黑洞的事件视界仿佛就是一幅全息图，它抓住了黑洞内所有3维信息的内容。苏斯金和特胡夫特把这个思想推广到整个宇宙，他们指出，发生在宇宙“内部”的每一件事情都只是定义在遥远边界面上的数据和方程的表现。最近，哈佛的物理学家马尔达西纳（Juan Maldacena）的研究，以及后来惠藤和普林斯顿的物理学家古塞（Steven Gubser）、克里巴诺夫（Igor Klebanov）和波利亚可夫（Alexander Polyakov）的重要工作，证明了至少在一定条件下，*弦理论体现着全息原理*。看来，弦理论统治下的宇宙的物理学似乎有一个等价的图景，那里只有发生在边界面上的物理——边界的维当然一定比内部的维更低，这是如何实现的，物理学家目前正在积极研究。有些弦理论家提出，彻底认识全息原理和它在弦理论中的作用，将导致第三次超弦革命。

[2] 假如你熟悉线性代数，你可以有一个简单而且相关的办法来考虑非对易几何，那就是，以矩阵代替传统的笛卡儿坐标。在乘法下，笛卡儿坐标是可以交换的（即对易的），而矩阵是不能交换的（不对易的）。

科学名词解释

暴胀宇宙（Inflationary cosmology）对标准的**大爆炸**宇宙学关于极早期图景的修正，宇宙在极短时间内经历巨大的膨胀。

闭弦（Closed string）形如线圈的一种**弦**。

波长（Wavelength）波相继两个峰或谷之间的距离。

波函数（Wave function）**量子力学**赖以建立的概率波。

波粒二象性（Wave-particle duality）**量子力学**的基本特征，说明物质表现出既像波又像粒子的性质。

玻色弦理论（Bosonic string theory）最早的一种弦理论，包含的振动模式都是**玻色子**。

玻色子（Boson）一种粒子或**弦**振动模式，**自旋**为整数，通常是力的**信使粒子**。

不确定性原理（Uncertainty principle）海森伯发现的一个**量子力学**原理，说明宇宙中存在着某些特征，如位置和**速度**，不可能同时完全精确地认识。微观世界的这种不确定性在我们考虑的距离和时间尺度越小时变得越显著。由于量子不确定性，粒子和场在所有可能的数值间波动、涨落。这说明微观世界是一片沸腾汹涌的**量子涨落**的汪洋。

缠绕模式（Winding mode）缠绕在卷缩空间**维上**的**弦**构形。

缠绕能量（Winding energy）缠绕在卷缩空间**维上**的**弦**所具有的能量。

缠绕数（Winding number）**弦**在卷缩空间**维上**的**缠绕圈数**。

场，力场（Field, Force field）从**宏观**观点看，力通过它来产生作用。由空间每一点的力的大小和方向的集合来表现。

超对称标准模型（Supersymmetric standard model）包含**超对称性**的**粒子物理标准模型**的推广，使已知的基本粒子类型增多了一倍。

超对称量子场论（Supersymmetric quantum field theory）融合了**超对称性**的**量子场论**。

超对称性（Supersymmetry）联系整数**自旋（玻色子）**与半整（奇）数自旋粒子（**费米**

子）的一种**对称性**原理。

超伙伴（Superpartners）由**超对称性**联系的自旋相差1/2单位的两个粒子。

超微观（Ultramicroscopic）长度小于**普朗克长度**（从而时间小于**普朗克时间**）。

超弦理论（Superstring theory）融合了**超对称性**的**弦理论**。

超引力（Supergravity）结合**广义相对论**和**超对称性**的一种点粒子理论。

虫洞（Wormhole）连接宇宙不同区域的一个类似于管道的区域。

初始条件（Initiation condition）描写物理系统初始状态的数据。

大爆炸（Big bang）现在流行的一种宇宙理论，认为今天膨胀的宇宙来自约150亿年前的一个高能量、高密度的压缩状态。

大收缩（Big crunch）一种假想的未来宇宙状态，今天的膨胀将停止、反转，然后所有空间和物质坍缩到一起；是**大爆炸**的逆过程。

大统一（Grand unification）把引力以外的所有力融合在一个框架下的一种理论模型。

单圈过程（One-loop process）**微扰论**计算中的一项，只包括一个虚弦对（在点粒子理论中即一个虚粒子对）。

倒数（Reciprocal）乘积为1的两个数互为倒数。如3的倒数是1/3，2的倒数是1/2。

等效原理（Equivalence principle;Principle of equivalence）**广义相对论**的核心原则，声称加速运动与在引力场中静止（在足够小的观测区域内）是不可区分的。这是推广了的**相对性原理**，一切观测者，不论运动状态如何，只要承认引力的存在，都可以说自己是静止的。

第二次超弦革命（Second superstring revolution）约从1995年兴起的一场**弦理论**发展运动，开始认识了一些理论的**非微扰**特征。

电磁波（Electromagnetic wave）**电磁场**中的波扰动，所有这样的波都以光速运动。例如，可见光、X射线、微波、红外线等。

电磁场（Electromagnetic field）电磁力的作用场，由空间每一点的电力线和磁力线构成。

电磁辐射（Electromagnetic radiation）**电磁波**所携带的能量。

电磁规范对称性（Electromagnetic gauge symmetry）**量子电动力学**的基本**规范对称性**。

电子（Electron）带负电荷的粒子，一般出现在**原子**核外的轨道上。

对称破缺（Symmetry breaking）系统表现的**对称性**的减少，通常与**相变**相关。

对称性（Symmetry）物理系统不因某种变换而改变的性质。例如，**球**是旋转对称的，因为它不因旋转而改变。

对偶，对偶性，对偶对称性（Dual, Duality, Duality symmetry）表面上完全不同的两个或多个理论能得出完全相同的物理结果，它们就是对偶的。

多孔面包圈，多柄圈（Multi-doughnut, Multi-handled doughnut）面包圈（环）的推广，有多个孔或柄。

多维孔洞（Multidimensional hole）面包圈在高维情形的推广。

多重宇宙（Multiverse）假想的扩大的宇宙，我们的宇宙不过是无数独立的不同宇宙中的一个。

二维球面（Two-dimensional sphere）见**球面**。

翻转变换（Flop transition）空间**卡-丘形态**的演化形式。结构在演化中破裂，然后自我修复，而产生的结果在弦理论背景下则是温和的、可以接受的。

反粒子（Antiparticle）**反物质**的粒子。

反物质（Antimatter）与寻常物质有相同的引力性质，但有相反的电荷和相反的**核力荷**。

非微扰的（Nonperturbative）有效性独立于近似的、微扰的计算的理论所具有的特征；是理论的一种精确特性。

费曼路径求和（Feynman sum-over-paths）一种**量子力学**思维形式，假想粒子从一点运动到另一点要经过两点间所有可能的路径。

费米子（Fermion）一种粒子或**弦**振动模式，具有半奇数的**自旋**，一般为物质粒子。

辐射（Radiation）波或粒子携带的能量。

干涉模式（Interference pattern）来自不同位置的波因为相互叠加而形成的波动图样。

高维超引力（High-dimensional supergravity）高于4维的**超引力**理论。

共振（Resonance）物理系统振动的一种自然状态。

观测者（Observer）理想化的（通常是假想的）测量相关物理性质的人或仪器。

光电效应（Photoelectric effect）电子在光照下从金属表面逸出的现象。

光滑，光滑空间（Smooth, Smooth space）空间结构平直或微弱弯曲的特殊区域，没有褶皱、破裂或任何类型的裂痕。

光子（Photon）**电磁力场**的最小单元，**电磁力**的**信使粒子**，最小的一束光。

光子钟（Light clock）通过记数一个**光子**在两个镜面间往返的次数来测量时间流逝的一种假想时钟。

广义相对论（General relativity）爱因斯坦建立的引力理论，证明了空间和时间通过它们的弯曲传递引力。

规范对称（Gauge symmetry）引力以外的3种力的量子力学图景所依据的**对称性**原理。它包括物理系统在电荷、位置（空间）和时间改变下的一些不变性。

核（Nucleus）**原子**的中心，由**质子**和**中子**组成。

荷（Charge）见**力荷**。

黑洞（Black hole）理论预言的天体的最后归宿，巨大的引力场将一切事物（包括光）紧紧捕获在一个极小的空间里（由它的**事件视界**所包围的空间）。

黑洞熵（Black-hole entropy）**黑洞**内部所表现的**熵**。

宏观（Macroscopic）指寻常经历的典型的较大尺度，与**微观**相对。

环（Torus）**面包圈**的2维表面。

积（Product）两个数相乘的结果。

极端黑洞（Extremal black hole）具有一定质量下的最大可能**力荷**的黑洞。

加速度（Acceleration）物体速度大小或方向的改变量，参见**速度**。

胶子（Gluon）**强力场**的最小作用单元，**强力**的信使粒子。

镜像对称性（Mirror symmetry）**弦理论**背景下的一种对称性，互为镜像的两个**卡-丘空间**，在选择为**弦理论的卷缩维**的几何形式时，将生成相同的物理。

卷缩维（Curled-up dimension）没有大的可观测延展的空间维；挤压、卷曲在微小的空间区域，因而不能直接探测。

绝对零度（Absolute zero）自然界可能出现的最低温度，开尔文（Kelvin）温标的零度（0K），或约–273摄氏度（–273℃）。

均匀振动（Uniform vibration）**弦**的整体运动，没有任何形变。

卡拉比-丘（成桐）空间，卡拉比-丘（成桐）形态（Kalabi-Yau space,Kalabi-Yau shape）**弦理论**要求的多余空间维所能**卷缩**形成的空间（形态），与理论的方程相应。

卡鲁扎-克莱茵理论（Kaluza-Klein theory）将多余卷缩维与**量子力学**结合在一起的一种理论。

开尔文（Kelvin）以**绝对零度**为基准的一种热力学温标。

开弦（Open string）**弦**的一种，有两个自由端。

克莱茵-戈登方程（Kline-Golden equation）**相对论量子场论**的一个基本方程。

夸克（Quark）受**强力**作用的粒子，有6种类型（上、下、粲、奇、顶、底）和3种"颜色"（红、绿、蓝）。

快子（Tachyon）质量（平方）为负的粒子，它在理论中的出现通常会带来矛盾。

拉普拉斯决定论（Laplacian determinism）宇宙像时钟那样运行，某一时刻宇宙的完整信息能够决定它在未来和过去任意时刻的状态。

黎曼几何（Riemann geometry）描写任意维弯曲形态的数学框架，在爱因斯坦**广义相对论**的**时空**描述中起着关键作用。

力荷（Force charge）粒子具有的对某种力的作用产生一定响应的性质。例如，粒子的电荷决定了它对**电磁力**的反应。

粒子加速器（Particle accelerator）使粒子产生近光速并将其挤压在一起以探测物质结构的机器。

粒子物理学标准模型（Standard model of particle physics）关于引力外的3种力及其与物质相互作用的高度成功的理论。是**量子色动力学**与**弱电理论**的强有力统一。

粒子族（Families）物质粒子有组织地分成3组，每一组被称为一族。每一族粒子带有相同的电荷和核**力荷**，但后一族的粒子有更大的质量。

量子（Quanta）根据**量子力学**，物质可以分解成的最小物理单元。例如，**光子**是**电磁场**的量子。

量子场论（Quantum field theory）见**相对论量子场论**。

量子电动力学（Quantum electrodynamics，QED）融合了**狭义相对论**的**电磁力**和**电子**的**相对论量子场论**。

量子几何（Quantum geometry）为了描写量子效应显著的超微观尺度下的空间的物理而对**黎曼几何**进行的修正。

量子决定论（Quantum determinism）**量子力学**的一个性质。一个系统在某一时刻的量子态完全决定了它在过去和未来任意时刻的量子态。然而量子态的知识只能决定它在未来某个时刻实际发生的概率。

量子力学（Quantum mechanics）主宰宇宙的一个理论框架，有许多陌生的基本特征，如**不确定性**、**量子涨落**、**波粒二象性**等，在**原子**和亚原子的微观尺度上将变得极为显著。

量子泡沫（Quantum foam）见**时空泡沫**。

量子弱电理论（Quantum electroweak theory）见**弱电理论**。

量子色动力学（Quantum chromodynamics，QCD）**融合了狭义相对论**的**强力**和**夸克**的**相对论量子场论**。

量子隧道（Quantum tunneling）**量子力学**的一个特征，指物体可以通过在牛顿经典物理定律看来不可能通过的势垒。

量子引力（Quantum gravity）能成功融合（可能有一定修正）**量子力学**和**广义相对论**的一个理论。**弦理论**是这种理论的一个例子。

量子幽闭（Quantum claustrophobia）见**量子涨落**。

量子涨落（Quantum fluctuation）系统在微观尺度上由于**不确定性原理**而出现的湍流行为。

零维球面（Zero-dimensional sphere）见**球面**。

洛伦兹收缩（Lorentz contraction）**狭义相对论**表现的一个特征：运动物体在运动方向上显得缩短了。

麦克斯韦理论，麦克斯韦电磁理论（Maxwell theory, Maxwell electromagnetic theory）麦克斯韦19世纪80年代在**电磁场**概念基础上提出的统一电与磁的理论，证明了可见光是电磁波的一种。

膜（Brane）**弦理论**中出现的任何延展体。1膜是弦，2膜即通常的膜，3膜有3个延展方向（维），等等。一般地说，*p*膜有*p*个空间维。

牛顿万有引力理论（Newton 's universal theory of gravity）一种引力理论，宣称两个物体间的相互吸引力正比于物体质量的乘积，反比于物体间距离的平方；后来被爱因斯坦的**广义相对论**所取代。

牛顿运动定律（Newton-s laws of motion）以绝对的不可变易的空间和时间概念为基础的描写物体运动的定律；在爱因斯坦发现狭义相对论之前，这些定律是不可动摇的。

耦合常数（Coupling constant）见**弦耦合常数**。

频率（Frequency）波在每一秒钟所完成的波动循环数。

平直性（Flat）欧几里得几何应服从的法则。例如完全光滑的桌面以及它的高维推广。

普朗克长度（Planck length）约10^{-33}厘米。在小于它的尺度下，**时空**结构的**量子涨落**开始变得剧烈。**弦理论**中一根**弦的**典型大小。

普朗克常量（Planck constant）记作$\hbar$，**量子力学**的基本常数。它决定着能量、质量、**自旋**等物理量的离散单位的大小，微观世界即照那些单位分离。它的值为6.62×10^{-34}焦•秒。

普朗克能量（Planck energy）约1000千瓦时；探测**普朗克长度**下的距离所必需的能量。**弦理论**中一根振动**弦**的典型能量。

普朗克时间（Planck time）约10^{-43}秒。这时的宇宙大小约为**普朗克长度**；更准确地说，它是光经过**普朗克长度**的时间。

普朗克张力（Planck tension）约10^{39}吨。**弦理论**的典型张力。

普朗克质量（Planck mass）约质子质量的1000亿亿倍，10^{-5}克；大约一粒灰尘的质量。**弦理论**中一根振动**弦**的典型等价质量。

奇点（Singularity）**时空**的空间几何彻底破碎的地方。

强力，强核力（Strong force, Strong nuclear force）4种基本力中最强的，主要作用是把**夸克**束缚在**质子**和**中子**里，并把**质子**和**中子**束缚在原子核中。

强力对称性（Strong force symmetry）作为强力基础的一种**规范对称性**，与物理系统在**夸克**颜色转移下的不变性相关。

强耦合（Strong coupled）**弦耦合常数**大于1的理论。

球面（Sphere）球体的外表面。我们熟悉的3维球体的表面是2维的（可以用两个数来表征，如地球表面的“经度”和“纬度”）。不过，球面概念还更一般地用于任何维的球体和球面。1维球面是圆周的更富想象的名字；0维球面是两个点（解释见正文）。3维球面则很难画出来，它是4维球体的表面。

曲率（Curvature）物体、空间或时空形态偏离平直形态，从而也偏离欧几里得几何法则的程度。

热力学（Thermodynamics）19世纪发展起来的理论，描写物理系统的热、功、能、**熵**及其相互演化。

热力学第二定律（Second law of thermodynamics）关于总熵永远增大的定律。

人存原理（Anthropic principle）关于宇宙为什么具有我们观测的性质的一种解释原则，假如宇宙不是那样，就可能不会形成生命，从而也就不会有我们来观测那些变化。

弱电理论（Electroweak theory）在一个统一框架下描写**弱力**和**电磁力**的**相对论量子场论**。

弱规范玻色子（Weak gauge boson）**弱力场**的最小单元，**弱力**的**信使粒子**，叫W或Z玻色子。

弱力，弱核力（Weak force, Weak nuclear force）4种基本力之一，最有名的表现是辐射衰变中的力。

弱耦合（Weak coupled）**弦耦合常数**小于1的理论。

三维球面（Three-dimensional sphere）见**球面**。

熵（Entropy）物理系统无序的量度；由在不改变系统外在表现的条件下重新安排系统组成的方式数来决定。

11维超引力（Eleven-dimensional supergravity）一个很有希望的高维**超引力**理论，在20世纪70年代发展，后来被忽略，最近被证明为**弦理论**一个重要部分。

时间延缓（Time dilation）**狭义相对论**中的现象，在运动**观测者**看来，时间流变慢了。

时空（Spacetime）最先出现在**狭义相对论**的空间和时间的统一体，可以看作宇宙赖以形成的一种“结构”，为宇宙事件的发生提供了动力学的舞台。

时空泡沫（Spacetime foam）根据传统的**点粒子**观点，超微观尺度的**时空**结构所表现的扭曲、混乱特征。**弦理论**出现以前，这是**量子力学**与**广义相对论**互不相容的一个根本原因。

时空破裂翻转变换（Space-tearing flop transition）见**翻转变换**。

施瓦氏解（Schwarzschild solution）**广义相对论**方程关于球状物质分布的解，这个解的一个结果是可能存在黑洞。

世界叶（World-sheet）**弦**运动扫过的2维曲面。

视界问题（Horizon problem）与下面事实相关的一个宇宙学难题：宇宙中分隔遥远的区域具有几乎完全相同的性质，如温度。**暴胀宇宙模型**提供了一个答案。

手征的，手征性（Chiral, Chirality）基本粒子物理学区别左和右的特征，说明宇宙不完全是左右对称的。

速度（Velocity）物体运动矢量，包括运动方向和速率。

统一理论，统一场论（Unified theory, Unified field theory）在一个包罗一切的框架下描写一切力和物质的理论。

拓扑（Topology）几何形态的分类性质，同一类型的不同形态可以不经过任何结构破坏而相互变换。

拓扑差异（Topologically distinct）两种形态如果不经过某种形式的结构破坏不可能从一个变形为另一个。

拓扑改变变换（Topology-changing transition）发生结构破坏的空间演化，从而成为不同**拓扑**的空间。

微扰方法（Perturbative approach, Perturbative method）见**微扰论**。

微扰论（Perturbative theory）一种简化问题的方法，先寻找一个近似解，然后将原来忽略的、未系统考虑的细节包括进来。

维（Dimension）空间或时空的一个独立方向或坐标轴。我们周围的空间有3个维（上下、前后、左右），而我们熟悉的时空有4个维（前面的3个空间轴和1个时间轴）。**超弦理论**要求宇宙有更多的空间维。

无限大（Infinities）在点粒子框架下的**广义相对论**和**量子力学**计算中出现的一类典型的无意义结果。

无质量黑洞（Massless black hole）弦理论中的一类特殊**黑洞**，它原来可能有巨大质量，但随着空间卡-丘部分的收缩而变得越来越轻，当卡-丘空间收缩到一个点时，它的质量也完全消失了，成为无质量的。在这种状态，它不再表现通常的黑洞性质，如**事件视界**。

狭义相对论（Special relativity）爱因斯坦关于在无引力作用时的空间和时间定律。（参见**广义相对论**。）

弦（String）基本的1维物体，是**弦理论**的物质基元。

弦理论（String theory）一个**统一理论**，提出自然的基本组成不是0维的点粒子，而是1维的被称为**弦**的小细丝。弦理论和谐地统一了**量子力学**和**广义相对论**这两个已知的然而互不相容的关于“小”和“大”的理论体系。通常是**超弦理论**的简称。

弦模式（String mode）**弦**可能表现的形式（如**振动模式**，**缠绕形式**等）。

弦耦合常数（String coupling constant）一个（正）数，决定着一根弦如何分裂为两根，或者两根弦如何结合成一根——**弦理论**的基本过程。每个弦理论都有自己的耦合常数，其值可以由方程来决定；不过，我们现在的方程还不足以得出任何有用的信息。耦合常数小于1意味着**微扰论**是有效的。

相（Phase）用于物质时，指它可能的状态：固相、液相和气相。更一般地说，指一个物理系统在所依赖的某个性质（温度，**弦耦合常数值**，**时空**形式等）发生改变时所可能表现的图像。

相变（Phase transition）物理系统从一个**相**到另一个**相**的转变。

相对论量子场论（Relativistic quantum field theory）融合了**狭义相对论**的关于场（如**电磁场**）的量子力学理论。

相对性原理（Principle of relativity）**狭义相对论**的中心原理，声称所有**匀速运动的观测者**都遵从相同的物理学定律，因每一个匀速运动的观测者都可以说自己是静止的。这个原理被推广为**等效原理**。

信使粒子（Messenger particle）**力场**的最小作用单位，力的微观携带者。

虚粒子（Virtual particles）从真空瞬时生成的粒子，根据**不确定性原理**，依靠借能量而存在，然后在瞬间湮灭，从而还回能量。

薛定谔方程（Schrödinger equation）**量子力学**中决定概率波演化的方程。

延展维（Extended dimension）大的能直接显现的空间（和**时空**）维，是我们熟悉的维，与**卷缩维**相对。

引力（Gravitational force）自然界4种相互作用中最弱的那一种，曾经用牛顿的万有引力定律来描写，后来用爱因斯坦的**广义相对论**来描写。

引力子（Graviton）**引力场**的最小作用单元，引力相互作用的**信使粒子**。

宇宙微波背景辐射（Cosmic microwave background radiation）在大爆炸产生的随着宇宙膨胀而稀薄、冷却的充满宇宙的微波辐射。

宇宙学常数（Cosmological constant）爱因斯坦为了满足静态宇宙而添加在他原来的广义相对论方程里的一个修正常数，可以解释为真空的常数能量密度。

宇宙学的标准模型（Standard model of cosmology）**大爆炸**理论加上总结在**粒子物理学标准模型的**关于引力外的3种力的认识。

原初核合成（Primordial nucleosynthesis）发生在**大爆炸**后最初3分钟时的原子核生成。

原子（Atom）物质的基本构成要素，由**原子核**（包括**质子**和**中子**）和核外的一群绕核旋转的**电子**构成。

杂化E弦理论（Heterotic-E string theory）即**杂化$E_8 \times E_8$弦理论**，5种超弦理论之一，其中的闭弦的右向振动与Ⅱ**型弦**的相同，而左向振动涉及**玻色弦**。与**杂化O弦理论**有重要而微妙的区别。

杂化O弦理论（Heterotic-O string theory）即**杂化O（32）弦理论**，5种超弦理论之一，其中的闭弦的右向振动与Ⅱ**型弦**的相同，而左向振动涉及**玻色弦**。与**杂化E弦理论**有重要而微妙的区别。

振动模式（Oscillatory pattern，Vibrational mode, Vibrational pattern）**弦**振动时准确的峰、谷数和振幅大小。

振动数（Vibrational number）描写**弦**的**均匀振动**的能量的数；这个整体运动的能量不同于与形变相关的能量。

振幅（Amplitude）波峰的最大高度或波谷的最大深度。

质子（Proton）带正电荷的粒子，一般存在于**原子核**，由3个**夸克**组成（2个上夸克和1个下夸克）。

中微子（Neutrino）电中性粒子，只服从**弱作用**。

中子（Neutron）电中性粒子，通常出现在**原子**核中，由3个夸克组成（2个下夸克，1个上夸克）。

锥形变换（Conifold transition）空间的卡－丘部分的一种演化形式，其结构先发生破裂，然后自我修复，但产生的物理结果在弦理论背景下是温和的、可以接受的。这里出现的破裂比**翻转变换**的更严重。

自旋（Spin）我们所熟悉的同一名称的量子力学形式。粒子有一定量的内禀自旋，要么是整数，要么是半整数（以**普朗克常量**为单位），永不改变。

Ⅰ**型弦理论**（Type I string theory）5种**超弦理论**的一种，包括**开弦**和**闭弦**。

2膜（Two-brane）见**膜**。

ⅡA型弦理论（Type ⅡA string theory）5种**超弦理论**中的一种，包括具有左右对称**振动模式**的**闭弦**。

ⅡB型弦理论（Type ⅡB string theory）5种**超弦理论**中的一种，包括具有左右对称**振动模式**的**闭弦**。

3膜（Three-brane）见**膜**。

ATB"大爆炸之后"（"After The Bang"）的缩写，通常用来表示自**大爆炸**以来的时间。

BPS态（BPS states）**超对称**理论中的物质构成，其性质可以通过以**对称性**为基础的论证完全决定。

M理论（M-theory）**第二次超弦革命**出现的理论，将以前的5个**超弦理论**统一在一个宏大框架内。**M理论**似乎是一个包含着**11个时空维**的理论，还有很多方面有待认识。

T.O.E.（包罗万象的理论，Theory of Everything）囊括所有力和物质的量子力学理论。

W**玻色子**（W boson）见**弱规范玻色子**。

Z**玻色子**（Z boson）见**弱规范玻色子**。

推荐读物*

Abbot, Edwin A. Flatland : *A Romance of Many Dimensions*. Princeton : Princeton University Press, 1991.

Barrow, John D. *Theories of Everything*. New York : Fawcett-Columbine, 1992.

Bronowski, Jacob. *The Ascent of Man*. Boston : Little, Brown, 1973.

Clark, Ronald W. *Einstein, The Life and Times*. New York : Avon, 1984.

Crease, Robert P. and Charles C. Mann. *The Second Creation*. New Brunswick, N.J. : Rutgers University Press, 1996.

Davies, P.C.W. *Superforce*. New York : Simon & Schuster, 1984.

Davies, P.C.W. and J. Brown, eds. *Superstring : A Theory of Everything* ? Cambridge, Eng. : Cambridge University Press, 1988.

Deutsch, David. *The Fabric of Reality*. New York : Allen Lane, 1997.

Einstein, Albert. *The Meaning of Relativity*. Princeton : Princeton University Press, 1988.

Einstein, Albert. *Relativity*. New York : Crown, 1961.

Ferris, Timothy. *Coming of Age in the Milky Way*. New York : Anchor, 1989.

Ferris, Timothy. *The Whole Shebang*. New York : Viking, 1997.

Feynman, Richard. *The Character of Physical Law*. Cambridge, Mass. : MIT Press, 1995.

Gamow, George. *Mr. Tompkins in Paperback*. Cambridge, Eng. : Cambridge University Press, 1993.

Gell-Mann, Murray. *The Quark and the Jugar*. New York : Freeman, 1994.

Glashow, Sheldon. *Interactions*. New York : Time-Warner Books, 1988.

Guth, Alan H. *The Inflationary Universe*. Reading, Mass. : Addison-Wesley, 1997.

---

*这些书多数都有中译本，有些已经（或）即将收在我们的《第一推动丛书》里，正文提到的都在脚注中说明了，没提到的，读者也不妨找来看看。——译者注

Hawking, Stephen. *A Brief History of Time*. New York : Bantam Books, 1988.

Hawking, Stephen, and Roger Penrose. *The Nature of Space and Time*. Princeton : Princeton University Press, 1996.

Hey, Tony, and Patric Walters. *Einstein's Mirror*. Cambridge, Eng. : Cambridge University Press, 1997.

Kaku, Michio. *Beyond Einstein*. New York : Anchor, 1987.

Kaku, Michio. *Hyperspace*. New York : Oxford University Press, 1994.

Lederman, Leon, with Dick Teresi. *The God Particle*. Boston : Houghton Mifflin, 1993.

Lindley, David. *The End of Physics*. New York : Basic Books, 1993.

Lindley, David. *Where Does the Weirdness Go*? New York : Basic Books, 1996.

Overbye, Dennis, *Lonely Heart of the Cosmos*. New York : HarperCollins, 1991.

Paise, Abraham. *Subtle Is the Lord : The Science and Life of Albert Einstein*. New York : Oxford University Press, 1982.

Penrose, Roger. *The Emperor's New Mind*. Oxford, Eng. : Oxford University Press, 1989.

Rees, Martin J. *Before the Beginning*. Reading, Mass. : Addison-Wesley, 1997.

Smolin, Lee. *The Life of the Cosmos*. New York : Oxford University Press, 1997.

Thorne, Kip. *Black Hole and Time Warps*. New York : Norton, 1994.

Weinberg, Steven. *The First Three Minutes*. New York : Basic Books, 1993.

Weinberg, Steven. *Dreams of a Final Theory*. New York : Pantheon, 1992.

Wheeler, John A. *A Journey into Gravity and Spacetime*. New York : Scientific American Library, 1990.

主题索引

所有页码均为原版书的页码，即本书的边码，斜体页码指图表所在的页。

accelerated motion，加速运动 29，44–45

  in general theory of relativity，广义相对论的 ~ 58–75，125，376

after the bang（**ATB**），大爆炸以后（ATB） 347，348，349，350–352，358–360

algebraic geometry，代数几何 259

amplitude of waves，波的振幅，同 **wave amplitude**

anthropic principle，人存原理 368，369

antimatter，**matter vs.**，反物质与物质（比较） 8–9，120，159，176，223，292

antiparticles，反粒子 8–9，120，159，176，223

antiquarks，反夸克 223

antistrings，**strings vs.**，反弦与弦（比较） 359，360

astronomers，天文学家 224，225，234，251，348

ATB，见 **after the bang**

atoms，原子 3，14，136，226

  model of，~ 模型 7

  nuclei of，~ 核 7，11，13，141，170

Bekenstein-Hawking entropy，贝肯斯坦–霍金熵 19，333–340

  early arguments regarding，关于早期论证 335–336

  second law of thermodynamics and，热力学第二定律和 ~ 334–335，336，337

  string theory confirmation of，~ 的弦理论证明 338–340

big bang，大爆炸 4，51，81–83，84，117，122，151–152，155，177，224，254，320，346–370

and critical density of universe，~和宇宙临界密度 234–235

as eruption of spacetime，作为时空喷发的~ 83，346

in standard model of cosmology，宇宙学标准模型的~ 345–356

in string cosmology，弦宇宙学的~ 254，357–370

big crunch，大收缩 234–236

string theory and，弦理论和~ 235–236，239，252–254

binary stars，双星 5，32–33

black hole entropy，黑洞熵 333–340，参见 Bekenstein-Hawking entropy

black holes，黑洞 4，78–81，79，84，117，226

branes and，膜与~ 329–331，330，338–340

determinism and，决定论与~ 340–343

elementary particles and，基本粒子和~ 320–322，329–333

entropy of，~熵，见黑洞熵，贝肯斯坦-霍金熵

event horizons of，~的事件视界，见事件视界

evidence for existence of，~存在的证据 80–81

extremal，极端~ 339–340，343

formation of，~的形成 339

gravitational force of，~的引力 75，79–80，265，336，337，343

lost information and，失去的信息和~ 342–343

mass of，~的质量 79，80，81，321，330–331，337，338

naming of，~的命名 79

and new universe formation，~和新宇宙的形成 369–370

phase transitions of，~的相变 331，332

radiation emitted by，~发出的辐射 81，336–337，338，340，342

string theory and，弦理论和~ 19，320–344

and tearing of spacetime，~和时空的破裂 265

temperature of，~的温度 336，337–338

as time machines，作为时间机器的~ 80

bosonic string theory，玻色弦理论 180–181

bosons，spin of，玻色子，~的自旋 175，180，182

bottom quarks，底夸克 8

BPS states：BPS 态：

appearance of， ~的表现 316–317
extremal black holes and，极端黑洞和~ 339
string duality and，弦对偶和~ 303–306
supersymmetry and，超对称和~ 303，304，309，316
branes，膜 316–317，324，339
mass of， ~的质量 317，330–331
as space-protective shields，作为时空保护屏障的~ 323，324，325，329–330
wrapped configurations of， ~的缠绕构形 329–331，330

C

Calabi-Yau spaces（shapes），卡拉比–丘（成桐）空间（形态） 207–208，207，208，216，248
conifold transitions of， ~的锥形变换 325–333，360–361
cosmology and，宇宙学和~ 360–361，365
electric charge fractions and，电荷比和~ 223–224
flop-transitions and，翻转变换和~ 266–278，266，267，273，322，323，325，329
gravitational force and，引力和~ 363–364
messenger particles and，信使粒子和~ 218
mirror symmetry and，镜像对称和~ 255–262，269，273–278，273，299
orbifolding of， 256–258，257，269
particle families and holes in，粒子族和~孔洞 216–221，255–256，257–258，280
particle mass and，粒子质量和~ 217–218，259，281
CERN，欧洲核子研究中心 136，178
chaos theory，混沌理论 17
charm quark，粲夸克 8
chirality，手征性 401
circles，圆周 326
and conifold transitions， ~和锥形变换 326–327，*327*
measured on flat vs．curved surfaces，平直与弯曲面上测量的~ 63–65，*64*，*65*
clocks，light，时钟，光，见光子钟

COBE（Cosmic Background Explorer）satellite，宇宙背景探测卫星 **349**

coherent state of strings，弦的相干态 **377–378**

Coleman-Mandula result，科里曼–曼都拉结果 **170**，**172**

conifold transitions，锥形变换 **329**

of Calabi-Yau spaces，卡–丘空间的 ~ **325–333**，**360–361**

dimension and，维和 ~ **325–327**

spheres and，球和 ~ **322**，**323–327**，***326***，***327*** 参见翻转变换

constant-velocity motion，常速运动 **28–29**，**73**

light clocks and，光子钟和 ~ **38–40**

in special theory of relativity，狭义相对论的 ~ **24–25**，**26–27**，**28–30**，**34–37**，**40**，**41**，**43–46**，**47**，**58**，**75**

cosmic background radiation，宇宙背景辐射 **348–349**

temperature of，~ 的温度 **353–356**

cosmic rays，宇宙线 **8**

cosmological constant，宇宙学常数 **82**，**346**

value of，~ 值 **225**

cosmology，宇宙学

Calabi-Yau spaces and，卡–丘空间和 ~ **360–361**，**365**

standard model of，~ 的标准模型 **345–356**

string theory and，弦理论和 ~ **357–370**

T. O. E. and speculation on，包罗万象的理论（**TOE**）和 ~ 沉思 **364–370**，**385–386**

curled-up dimensions，卷缩维 ***186***，**187–192**，***188***，***189***，***191***，**196**，**197**，**199–209**，***199***，***200***，**215–221**，**248**，**280**，**358**

fractionally charged particles and，分数电荷粒子和 ~ **223–224**

geometrical forms of，~ 的几何形式 **191**，***191***，**199–200**，**199**，***200***

and resonance patterns of string，~ 和弦的共振模式 **206**

size of，~ 的大小 **191–192**，**400**

supergravity and，超引力和 ~ **307–312**

time and，时间和 ~ **204–205** 参见卡–丘空间

curvature of spacetime，时空曲率，见 **spa-cetime**，**warping of**

D

dark matter，暗物质 225，235
“designer” black holes，“设计者”黑洞 339-340
determinism，决定论
and black holes，~和黑洞 340-343
classical vs. quantum，经典~与量子~ 340-342
deuterium，氘（重氢） 347，349
dimensions，维
in conifold transitions，锥形变换的~ 325-327
in flop transitions，翻转变换的~ 281
in Kaluza-Klein theory，卡鲁扎-克莱茵理论的~ 186-203，*186*，*188*，*189*，191
in Lineland，直线国的~ 192-196，*194*，*195*，236，359
in special relativity，狭义相对论的~ 49-51，185
in string theory，弦理论的~ 6，18，184-210，216-221，236，248-249，254-262，263-282，307，308-312，323-333，378-379
in supergravity，超引力的~ 307-312
varieties of，~的种类，见 curled-up dimensions；extended dimension
distance，距离 33
in string theory，弦理论的~ 249-254
Dixon-Lerche-Vafa-Warner conjecture，狄克松-勒克-瓦法-瓦纳猜想 255-258
double-slit experiments，双缝实验 97-102，98，99，100，101
electrons in，~中的电子 104，109—114，118
Feynman’s approach to，~的费恩曼方法 109—112，110
interference pattern in，~的干涉图样 100-102，101，104，105，109
light as particles in，光粒子的~ 98-99，*98*，*99*，101-103
light as waves in，光波的~ 99-101，100，102-103
water waves and，水波和~ 99-100，101
down-quarks，下夸克 7，9
duality，对偶性 297-306，312-316，*313*，*315*，318，332-333，381-382
mirror symmetry and，镜像对称和~ 299
and quantum geometry，~和量子几何 312-314

string coupling constants and，弦对偶常数和～ 303–306，315–316
strong-weak，强弱～ 299–300，304–305，318
supersymmetry and，超对称性和～ 301–303，306，382
duration，持续时间 33

E

earth，地球 67，169，235，386
and gravitational influence of sun，～和太阳的引力效应 68–70，70，71，72，73，75，289–290
$E = mc^2$， 51–52，103–104，120，121，145，149，238，317
Einstein，Albert，爱因斯坦，3，20，62，88，94–97，104，114，272，387
and cosmological constant，～和宇宙学常数 82，225，346
on experimental confirmation of general theory，～关于广义相对论的实验验证 166
and Kaluza-Klein theory，～和卡鲁扎–克莱茵理论 187，197
on probability in physics，～关于物理学中的概率 107–108，201
and unified field theory，～关于统一场论 4–5，15，283 参见 general theory of relativity；photoe-lectric effect；special theory of relativity
electric charge，电荷 10，12，171
and Calabi-Yau spaces ～和卡–丘空间 205–206，223–224
of point particles，点粒子的～ 223
electromagnetic field，电磁场 23–24，377
electromagnetic force，电磁力 10，11，12，15，126，374，384
in early universe，早期宇宙的～ 350，352
electric charges and，电荷和～ 10，12，171
gravitational force vs.，引力与～ 12
intrinsic strength of，～的内禀强度 176–177
in Kaluza-Klein theory，卡鲁扎–克莱茵理论的～ 187，196–197，287
messenger particles of，～的信使粒子，见 photons
and quantum electrodynamics，～和量子电动力学 121–122
strong force and，强力和～ 175–176，198
electromagnetic waves，电磁波 88–90，89
composition of，～的组成 97

energy of，～的能量 88–89，90，92–93，94，97

light as，作为～的光 24，97，98，99–101，100，102–103

electron-neutrinos，电子中微子，见 neutrinos

electrons，电子 3，7，8，9，14，15，42，54，146，150，153，218，347

in double-slit experiments，双缝干涉实验的～ 104，109–114，118

interaction of positrons and，质子和～的相互作用 159–160，159

in photoelectric effect，光电效应的～ 94–97

quantum electrodynamics and，量子电动力学和～ 121–122

spin of，～的自旋 170–172

in uncertainty principle，不确定性原理的～ 112–115，118–119

electron waves，电子波，见 probability waves

electroweak force，弱电力 122–123，175–176，352

elementary particles，基本粒子，见 particles，elementary

energy，能量 51

of electromagnetic waves，电磁波的～ 88–89，90，92–93，94，97

mass and，质量和～ 52，81，120，144–145，149，238

of photons in photoelectric effect，光电效应中的光子～ 96–97

and resonance patterns of strings，～和弦共振模式 144–145，*144*，*145*，148–152，155，216–218，220–221，239–247，244，245，291–292

and wave frequency，～和波频率 92–93，94–95，104

entropy：熵：

black hole，黑洞～ 333–340

high vs．low，～的高与低 333–334 参见 Bekenstein-Hawking entropy

equivalence principle，等效原理 58–62，68，75，125，374，375，382

symmetry and，对称性和～ 169–170，374–375

Euclidean geometry，欧几里得几何 64，65，231

Euler beta-function，欧拉 β 函数 137

event horizon，事件视界 79–81，79，342，344

area-increase law and，面积增加定理和～ 335，336，340

gravitational force and，引力和～ 79–80，265，336，337

extended dimension，延展维 186，186，187–192，*188*，*191*，204，208，248–249，251

in M-theory，M 理论的～ 165，309–312，*309*，*311*，315–317，324，325，379

tearing of spacetime in，～时空的破裂 281，323，324，325，327

extremal black holes，极端黑洞 339–340，343

F

families，of elementary particles，族，基本粒子的～ 9，*9*，123，216–221，219，255–256，257–258，280
fermions，spin of，费米子，～的自旋 175，180，182
Feynman，Richard，费恩曼，R． 86–87，97，102，120，157，212–213
and alternative formulation of quantum mechanics，～和量子力学的新形式 108–112，279–280
final theory，最后的理论，见 theory of everything
first superstring revolution，第一次超弦革命 139–140，297
flat space，平直空间 67–68，*68*，73，127
flop transitions，翻转变换 266–282，266，267，273，322，323，325，329
mirror symmetry and，镜像对称和～ 267，268–278，273 参见 conifold transitions
force charges，力荷 10–13，15，321
of black holes，黑洞的～ 321
and resonance patterns of strings，～和弦共振模式 143–144，145–146，205–206，222
force-free motion，自由运动，见 constant-velocity motion
force particles，力（传播）粒子 11，*11*，13，142，147，172
spin of，～的自旋 172，173，222
in standard model，标准模型的～ 123
and string theory，～和弦理论 16，142，150，218 参见 messenger particles；specific force particles
forces，fundamental，力，基本～ 10–13，15
common features of，～的共性 11–12
differences in intrinsic strength of，～内禀强度的差别 12
distance and intrinsic strength of，～的内禀强度和（作用）距离 176–178，178
in early universe，早期宇宙的～ 350–352
and enforcing symmetries，～和加强对称性 124–126
force particles of，～的传播粒子，见 force particles
grand unification and，大统一和～ 175–178
M-theory and merging of，M 理论和～的融合 363–364，363

supersymmetry and intrinsic strengths of，超对称性和 ~ 的内禀强度　**178**，**179**
参见 **specific forces**
frequency wave，频率波　**89**，**102**，**103**
energy and，能与 ~　**92–93**，**94–95**，**104**
fusion，（核）聚变　**13**，**51**

galaxies，星系　**3**，**4**，**54**，**234**，**235**，**348**，**368**
formation of ~ 的形成　**13**，**347**
Garden-hose universe：花园水管宇宙：
and Kaluza-Klein theory，~ 和卡鲁扎-克莱茵理论　**186–196**，***186***，***188***，***194***，***195***，**236**
point particles in，~ 中的点粒子　**236–237**，***237***
quantum geometry and，量子几何和 ~　**236–248**
gauge symmetry，规范对称性　**124–126**，**170**，**374**，**375**
general theory of relativity，广义相对论　**53–84**，**87**，**126**，**169**，**210**，**289**，**343**，**377**
aesthetics of，~ 的美学　**75–76**，**166**
applications of，~ 的应用　**78–83**
equivalence principle and，等效原理和 ~，见 **equivalence principle**
expansion and contraction of universe and，宇宙的膨胀、收缩和 ~　**81–83**，**225**，**346**，**357**
experimental verification of，~ 的实验验证　**75–78**，**83–84**，**166**
identification of agent of gravity in，~ 中引力作用的认定　**67**，**71**
and Kaluza-Klein theory，~ 和卡鲁扎-克莱茵理论　**187**，**196–197**，**199**，**287**
mathematics of，~ 的数学　**81**，**231–233**，**263**
Newton's theory of gravity and，牛顿的引力理论和 ~　**57–58**，**67**，**71**，**73–74**，**76**，**231**
quantum mechanics vs.，量子力学与 ~　**3–5**，**6**，**14**，**84**，**117–131**，**138**，**152**，**198**，**202**，**235**，**322**
scale in，~ 的尺度　**127–130**

warping of spacetime in，~中的时空弯曲 6，53，62–75，233，376
gluinos，胶子中微子 174
gluons，胶子 11
spin of，~的自旋 172
as strong force messenger particle，作为强力信使粒子的~ 123–124，138
superpartners of，~的超对称伙伴 174
grand unification，大统一 175–178，180
distance and intrinsic strength of forces in，~中力的作用距离和内禀强度 176–178，*178*
gravitational field，引力场 377
gravitational force，引力 15，54，67，122，135
of black holes，黑洞的~ 75，79–80，265，336，337，343
Calabi-Yau spaces and，卡–丘空间和~ 218，363–364
critical density and，临界密度和~ 234–235
electromagnetic force vs.，电磁力与~ 12
in equivalence principle，等效原理下的~ 58–62，68，75，125，374，375，382
event horizon and，事件视界和~ 79–80，265，336，337
in general theory of relativity，广义相对论的~ 6，53，62–75，126，233，376
intrinsic strength of，~的内禀强度 175
in Kaluza-Klein theory，卡鲁扎–克莱茵理论的~ 187，197
mass and，质量和~ 10，11，54–55，68–69，71，78–81
of moon and sun，月亮和太阳的~ 68–70，70，71，72，*72*，73，75，289–290
in Newton's universal theory of gravity，牛顿万有引力理论下的~，见 Newton's universal theory of gravity
quantum field theory of，~的量子场论 124–130，138，158，320
on space stations，太空站的~ 3
and stellar formation and collapse，~与星体的形成和坍缩 13，339
string theory and，弦理论和~ 158，163–164，165，210–211，218，307–312，314，320
gravitons，引力子 11，12，125，377
as messenger particles of gravitational force，作为引力信使粒子的~ 138，150，163，172，218
and resonance patterns of strings，~和弦共振模式 145，148，158，165，210
spin of，~的自旋 172

Greenwich observatory，格林尼治天文台　77

heavy string modes，重弦模式 251–254

Heterotic-E string theory（**Heterotic $E_8 \times E_8$ string theory**），杂化 E 弦理论（杂化 $E_8 \times E_8$ 弦理论）
183，284，286，287，306，308，309–311，309，313，313，315，316，405–406

Heterotic-O string theory（**Heterotic O（32）string theory**），杂化 O 弦理论（杂化 O（32）弦理论）182，284，286，287，303–304，305，306，308，313，313，314

high entropy，**low entropy vs.**，高熵，低熵与～ 333–334

higher-dimensional supergravity，高维超引力 199–201，*199*，*200*

holographic principle，全息原理 401

horizon problem，视界问题　353–356，362

　inflation and，暴胀和～　355–356

　human life expectancy，**and effect of motion on time**，人类寿命，～和运动对时间的影响　41–43

I

inflationary cosmology，暴胀宇宙学　355–356，362

infrared radiation，红外辐射　94

Institute for Advanced Study，（普林斯顿）高等研究院　270，271–272，274，277

interference patterns，干涉图样　100–102，101，104，105，109，111，112，118

Kaluza-Klein theory，卡鲁扎-克莱茵理论　186–203

　Garden-hose universe analogy and，花园水管宇宙类比和～　186–196，*186*，*188*，

194，*195*，236
general relativity and electromagnetic the ory unified by，~统一的广义相对论和电磁理论 187，196–197，199，287
quantum mechanics and，量子力学和~ 191–192
Klein-Gordon equation，克莱茵-戈登方程 341

L

light：光：
black holes and，黑洞和~ 79，81
color of，~的颜色 26，94–95，96
composition of，~的组成 96，97–103 参见 electromagnetic waves
light，speed of，光速 354
constancy of，~不变性 32–33，34，35，36，40，41，47，52，56
in $E = mc^2$，$E = mc^2$ 中的~ 51–52，105
gravitational disturbances and，引力扰动和~ 56，74
and Maxwell's electromagnetic theory，~和麦克斯韦电磁理论 5，24，27，32
and Newton's laws of motion，~和牛顿运动定律 5，24，32，33
and special theory of relativity，~和狭义相对论 5，24，27，31–33，34–37，41，42，44–45，47，50–51，53，55–56，74
light clocks，光子钟 38–41，38，39
"ticks" of，~的"滴答" 38
time differences between moving and stationary，运动~与静止~的时间差 39–41
light paths，solar eclipses and bending of，光的路径，日食和~的弯曲 77
light string modes，轻弦模式 251–254
light waves，光波，见 electromagnetic waves light-years，光年 248
loops of strings，弦圈 14，*14*，292–294，293，381
Lorentz contraction，洛伦兹收缩 26–27，63
low entropy，high entropy vs.，低熵与高熵 333–334
lumps of energy，electromagnetic wave energy as，能量包，表现为~的电磁波能，见 quanta

M

magnetism，磁 171
mass，质量 51
of black holes，黑洞的～ 79，80，81，321，330–331，337，338
of branes，膜的～ 317，330–331
of elementary particles，基 本 粒 子 的 ～ 9–10，11，12，15，205–206，217–218，224
energy and，能量和～ 52，81，120，144–145，149，238
and gravitational force，～和引力 10，11，54–55，68–69，71，78–81
of particles in Calabi-Yau spaces，卡–丘空间中的～ 217–218，259，281
and resonance patterns of strings，～和弦共振模式 143–145，151，205–206，220
of stars，星体的～ 339
and string tension，～和弦张力 149–152
of superpartners，超伙伴的～ 179，222
and warping of spacetime and time，～和时空与时间的弯曲 68–74，69，75
and wave-particle duality，～与波粒二相性 103–104
of wrapped strings，缠绕弦的～ 238–239
matter，物质 14，14，54
antimatter vs.，反物质与～ 8–9，120，159，176，223，292
composition of，～的组成 7–10，226
waves of，～波 103–105，106
Maxwell's electromagnetic theory，麦克斯韦电磁理论 5，23–24，27，32，89，103，121
and Kaluza-Klein theory，～和卡鲁扎–克莱茵理论 187，196–197，199，287
messenger particles，信 使 粒 子 123–124，125，138，150，167，218 参 见 force particles；specific messenger particles
microwaves，微波 348–349
mirror manifolds，镜像流形 256–258，259–261，269，273–278，273
in mathematics vs.，physics construction，数学的～与物理学结构的比较 270–271
mirror symmetry，镜像对称 255–262
duality and，对偶性和～ 299

flop-transitions and，翻转变换和～ **267**，**268–278**，**273**
mirror manifolds in，～下的镜像流形，见 **mirror manifolds**
physics and mathematics of，～的物理和数学 **259–262**
momentum，动量 **119**，**120**，**155**
moon，月亮 **169**
gravitational influence of earth and sun on，地球和太阳引力对～的影响 **70**，**289–290**
in solar eclipse，日食中的～ **77**
motion，运动
and effect on time，～和对时间的影响，见 **time**，**effect of motion on**
predicted in Newton's theory of gravity，牛顿引力理论预言的～ **55**，**56**，**289–290**
in principle of relativity，相对性原理下的～ **28–30** 参见 **accelerated motion**；**constant-velo-city motion**
M-theory，**M** 理论 **20**，**283–319**，**373–387**
and anthropic principle，～和人存原理 **368**
duality in，～中的对偶性 **312–316**，***313***，***315***，**318**，**332–333**，**381–382**
extended objects in，～中的延展物 **165**，**309–312**，***309***，***311***，**315–317**，**324**，**325**，**379**
future challenges for，～未来的挑战 **318–319**
interconnections in，～的内在联系 **312–315**，***315***，**332–333**
and merging of fundamental forces，～和基本力的结合 **363–364**，***363***
multiverse，多重宇宙 **366–370**，**385**，**387**
name of，～的名字 **312**
supergravity and，超引力和～ **307–312**，**314** 参见 **string theory**
multiverse，多重宇宙 **366–370**，**385**，**387**
symmetry and，对称性和～ **367**
and T.O.E.，～和 **T.O.E.**（包罗万象的理论） **368–370**
muon-neutrino，**μ** 子中微子 **8**
muons，**μ** 子 **8**，**9**，**52**，**174**
motion and life expectancy of，～的运动和寿命 **42**

N

neutrinos，中微子　**8，9，42，146，224，226**
　superpartners of，~ 的超伙伴　**174**
neutrons，中子　**7，11，13，14，54，124，347**
neutron stars，中子星　**75，226**
Newton，Isaac，牛顿　**5-6，53-57，377，380-381**
　on light as particles，~ 的光粒子观　**97，98-99，101，102**
Newton's laws of motion，牛顿运动定律　**5，24，32，33，103，340-41，377**
Newton's universal theory of gravity，牛 顿 万 有 引 力 理 论　**5-6，53-57，101，169，210，289-290**
　attraction in，~ 中的吸引　**54-55，56，58-59，70**
　general theory of relativity and，广义相对论和 ~　**57-58，67，71，73-74，76，231**
nature of gravity and，引力的本性和 ~　**56-57**
　predictions of bodily motion in，~ 中的物体运动的预言　**55，56，76**
　special relativity vs.，狭义相对论与 ~　**5-6，24，33，53，55-56，73-74，84**
noncommutative geometry，非对易几何　**379-380**
non-constant-velocity motion，非匀速运动，见 **accelerated motion**
nuclear forces，核力，见 **strong force**；**weak force**
nuclei，of atoms，原子核　**7，11，13，141，170**

one-branes，1 膜，见 **strings**
orbifolding，轨形　**256，*257*，269**
ordinary vibrations of strings，弦的一般振动　**240，246-247**
　particle accelerators，粒 子 加 速 器　**42，52，136，137，141，143，151，179，215，222，370，384**

P

probe particles and，探针粒子和 ~ 153–154

paticles，elementary，基本粒子 7–10，143，147，167

antiparticles and，反粒子和 ~ 8–9，120，159，176，223，292

black holes and，黑洞和 ~ 320–322，329–333

“fabric” of，~ 的结构 146

families of，~ 族 9，*9*，123，216–217，219，255–256，257–258，280

force charges of，~ 的力荷，见 force charges

of forces，力的 ~，见 force particles

light as，作为 ~ 的光 96，97–103

mass of，~ 的质量 9–10，11，12，15，205–206，217–218，224

messenger，信使 123–124

quantum electrodynamics and，量子电动力学和 ~ 121–122

spin of，~ 的自旋 170–172，173，175，180，182，222

in standard model，标准模型中的 ~，见 point particles

and string theory，~ 和弦理论 14，*14*，15–16，18，135，136，137，138，139，141，142，145，146，147，151–152，175，180，182，216–221，220–222，223，255–256，257–258，280

in strong force，强力的 ~ 10，13，125–126，136–137

superpartners of，~ 的超伙伴，见 superpartners

in uncertainty principle，不确定性原理下的 ~ 113–114，115–116，118，154–155 参见 specific particles

p-branes，*p* 膜 316–317

perturbation theory，微扰论 218，288–297

and classical physics，~ 和经典物理学 289–290

cosmology and，宇宙学和 ~ 357

failure of，~ 的失败 290

string theory and，弦理论和 ~ 288–289，291–297，357

phase transitions：相变：

of black holes，黑洞的 ~ 331，332

in early universe，早期宇宙的 ~ 350–352

photinos，光子中微子 174
photoelectric effect，光电效应 94–97
  and particle properties of light，~ 和光的粒子性 95–96，97，103
photon energy in，~ 中的光能 96–97
  speed of ejected electrons in，~ 中出射电子的速度 94–95，96–97
photons，光子 11，32，51，56，74，77，123，150，153，159，161，251，377
  as bundles of quanta，作为量子束的 ~ 97
  in early universe，早期宇宙中的 ~ 347，348
  as electromagnetic messenger particles，作为电磁信使粒子的 ~ 123–124
  in light clocks，光子钟里的 ~ 38–41，96
  in photoelectric effect，光电效应的 ~ 96–97
  as quanta of light，作为光量子的 ~ 96，97–103
  and quantum electrodynamics，~ 和量子电动力学 122
  spin of，~ 的自旋 172
  superpartners of，~ 的超伙伴 174
  in uncertainty principle，不确定性原理下的 ~ 113，118，119
physical laws，symmetries of nature and，物理学定律，自然的对称性和 ~ 124–126，168–170，173
physics，classical：经典物理学：
perturbation theory and 微扰论和 ~ 289–290
  quantum mechanics vs.，量子力学与 ~ 107，112，114，115，340–342 参见 Maxwell's electromagnetic theory；Newton's laws of motion；Newton's universal theory of gravity
physics，field of：物理学领域：
  accomplishments of，~ 的成就 117
  determinism in，~ 中的决定论 340–342
pivotal conflicts in，~ 中的重大问题 5–6
problem-solving differences in mathema-tics vs.，数学与 ~ 解决问题的不同 271，275
  theory construction in，~ 中的理论建设 380–381
Planck，Max，普朗克 23，86，104，114
  and resolution of infinite-energy paradox，~ 和无穷大能量疑难的解决 88–93
Planck energy，普朗克能量 149，150，151，220，350
Planck length，普朗克长度 130，135，136，141，142，148，155，177，192，215，224，232，234，235，239，242，243，248，252，253–254，358，380，

387，396
Planck mass，普朗克质量 149，151，176，224，317，321–322
Planck's constant（$\hbar$），约化普朗克常量 93，105，113，114，116，130
Planck tension，普朗克张力 148
Planck time，普朗克时间 346，350 参见 inflationary cosmology；standard model of cosmology；string cosmology
point-particle quantum field theory，点粒子量子场论 224–225，350
particle interaction in，~中的粒子相互作用 158–161，159，162–163，*164*
point particles，点粒子 135，136，137，141，142–143，157–158，170–172
dimensionality of，~的维 165，237，240
electric charge of，~的电荷 223
probing sensitivity of，~的探测灵敏度 154–155，158
strings approximated by，点粒子近似的弦 307–308
superpartners of，~的超伙伴 173–174 参见 particles，elementary
points：点：
in Riemannian geometry，黎曼几何中的~ 232–234
universe originating as，~起源的宇宙 83 参见 point particles
positrons，正电子 8，120
interaction of electrons and，电子与~的相互作用 159–160，*159*
primordial nucleosynthesis，原初核合成 346，349
principle of relativity，相对性原理 28–30，40，61
probability，概率 118
in quantum mechanics，量子力学中的~ 105–108，112–116，201–202，341–342
testing of，~的检验 107
and wave nature of matter，~和物质的波动性，见 probability waves
probability waves，概率波 105–108，*106*，109，115，118，342
probe particles，探针粒子 153–157
probing sensitivity：探测灵敏度：
of point particles，点粒子的~ 154–155，158
of strings，弦的~ 155–157，158，250–252
protons，质子 7，11，13，14，54，124，150，153，224，322，347

quanta，量子 91–97，118
quantum chromodynamics，量子色动力学 122，137
quantum electrodynamics：量子电动力学：
electrons in，~ 中的电子 121–122
photons in，~ 中的光子 122
quantum electroweak theory，量子弱电理论 122–123
quantum field theory，量子场论 120–123
of gravitational force，引力的 ~ 124–130，138，158，320
special relativity and，狭义相对论和 ~ 120–122，226 参见 quantum chromodynamics；quantum electrodynamics；quantum electroweak theory
quantum foam，量子泡沫 127–129，*128*
quantum geometry，量子几何 231–262，298–299
duality and，对偶性和 ~ 312–314
Garden-hose universe analogy in，~ 中的花园水管宇宙类比 236–248
interchange of winding number and vibra-tion number in，~ 中缠绕数与振动数的交换 239–247
minimum size in，~ 中的最小尺度 252–254
mirror symmetry and，镜像对称性和 ~ 255–262
stock market analogy of string energy in，~ 中弦能量股市类比 241–242
quantum mechanics，量子力学 15，86–116
classical physics vs.，经典物理学与 ~ 107，112，114，115，340–342
Feynman's alternative formulation of，~ 的费恩曼形式 108–112，279–280
general relativity vs.，广义相对论与 ~ 3–5，6，14，84，117–131，138，152，198，202，235，322
Kaluza-Klein theory and，卡鲁扎-克莱茵理论和 ~ 191–192
mathematical framework of，~ 的数学框架 103–108
meaning of，~ 的意义 108
precision and inherent difficulty of，~ 的精度和内在困难 86–88
probability in，~ 中的概率 105–108，112–116，201–202，341–342
scale in，~ 中的尺度 6，7–10，85–116，118，127–130，135，176，177–178，191–

192，198
string theory and reformulation of，弦理论和～的重建 380–382
string theory vs.，development of，弦理论与～，～的发展 226
universe in，～中的宇宙 107–108，118–120，127–130，135
quantum smearing，量子抹平 152，155，156，158，163–164
quantum tunneling，量子隧道 115–116
quantum wavelength，probing sensitivity of particles and，量子波长，粒子探测灵敏度与～ 154–155
quarks，夸克 3，5，14，124，150，223，224，384
discovery of，～的发现 7
naming of，～的命名 7，12
strong force and，～和强力 10，13，125–126
superpartners of，～的超伙伴 174
types of，～的类型 7，8，9
quasars，类星体 81，384

R

radioactive decay，辐射衰变 11，124
reductionism，string theory and，还原论，弦理论和～ 16–17
relativistic quantum field theory，相对论量子场论，见 quantum field theory
resonanse patterns：共振模式：
dark matter and，暗物质和～ 225，235
in sound waves，声波的～ 143，*144*，145，*145*
of strings，弦的共振模式 143–152，*144*，*145*，155，160，172，180–182，202–203，205–206，216–218，220–221，222，223，225，239–247，244，245，291–292，331，377–378
Riemannian geometry，黎曼几何 231–234
and cosmological studies，～和宇宙学研究 234
distortions in distance relations analyzed in，～中分析的距离关系的扭曲 232–234，263
and general of relativity，～和广义相对论 81，231–233，263

string theory and，弦理论和～ 231–232，234，249–254
rotational symmetry，旋转对称性 125–126，170，173

S

scale：尺度：
in general theory of relativity，广义相对论中的～ 127–130
in quantum mechanics，量子力学中的～ 6，7–10，85–116，118，127–130，135，176，177–178，191–192，198
in string theory，弦理论中的～ 14，*14*，136，137，141，146，148，149，151，155–157，164，205–206，208，212，215，217，225，232，235–236，248–249，252–254，291，306，358–359，379–380，387
Schrödinger equation，薛定谔方程 105–107，109，120–121，341
second law of thermodynamics，热力学第二定律 334–335，336，337
second superstring revolution，第二次超弦革命 140，165，285，286–288，298
selectrons，超电子 174
singularities，奇性 343–344
string theory and，弦理论和～ 344
sneutrinos，超中微子 174
solar eclipses，日食 76–77
sound，speed of，声速 55–56
sound waves，声波 90，*90*，93，143，145
space：空间：
fabric of，～的结构，见 spacetime
flat，平直～ 67–68，*68*，73，127
smoothness of substrate of，～基底的光滑性 263
spacetime，时空 66
big bang as eruption of，～的大爆炸喷发 83，346
in general theory of relativity，广义相对论的～，见 general theory of relativity，warping of spacetime in
nature of，～的本性 376–380
in special theory of relativity，狭义相对论的～ 5，6，24，25–27，33–51，66，376，377

string theory and nature of，弦理论和～本性　377-380
warping of，～的弯曲，见 spacetime，warping of
spacetime，tearing of，时空，～的破裂　263-282
black holes and，黑洞和～　265
branes as protective barrier in，～中起屏障作用的膜　324，325，329-330
conifold transitions and，锥形变换和～　281，325-333，360-361
in extended dimension，展开维中的～　281，323，324，325，327
flop transitions and，翻转变换和～　266-282，*267*，*273*，329
in point particle theory vs．string theory，点粒子理论的～与弦理论的～　278-279
in the present，～现状　281-282
world-sheet of string as protective barrier in，作为～保护屏障的世界叶　279-280，323
wormholes and，虫洞和～　264-265，*264*
spacetime，warping of：时空，～的弯曲
big bang and，大爆炸和～　81-83，234-235
black holes and，黑洞和～　75，78-81
in general theory of relativity，广义相对论的～　6，53，62-75，233，376
mass and，质量和～　68-74，*69*，75
neutron stars and，中子星和～　75
Riemannian geometry and analysis of，黎曼几何和～分析　231-234，*233*
rubber membrane-bowling ball analogy of，～的橡皮碗状膜类比　67-73，*69*，*70*，*72*，*73*
starlight paths as proof of，作为～证明的星光路径　77
special theory of relativity，狭义相对论　23-52，78，87
apparent counterintuitiveness of，～明显的反直觉表现　25-26，27，36，50，53
dimensions in，～的维　49-51，185
light speed and，光速和～　5，24，27，31-33，34-37，41，42，44-45，47，50-51，53，55-56，74
Newton's universal theory of gravity vs．，牛顿万有引力理论与～　5-6，24，33，53，55-56，73-74，84
observers in constant-velocity motion and，匀速运动观测者和～　24-25，26-27，34-37，40，41，43-46，47，58，75
in quantum field theory，量子场论的～　120-122，226
spacetime in，～的时空　5，6，24，25-27，33-51，66，376，377
speed，速度　33

and effects of special relativity， ~ 和狭义相对论效应 25–26，27，36–37，41，42–43，50–51，53
of light，光速，见 light，speed of
spheres，球 326，327
extradimensionality and，多维和 ~ 199，*199*
one-dimensional，1 维 ~ ，见 circles
two-dimensional，2 维 ~ 266–268，322，325，326，326，327，331
three-dimensional，3 维 ~ 323–326，*326*，327，331
zero-dimensional，0 维 ~ 326，*326*
spin，自旋 173
of black holes，黑洞的 ~ 321
of bosons，玻色子的 ~ 175，180，182
of elementary particles，基本粒子的 ~ 170–172，173，175，180，182，222
squarks，超夸克 174
standard model of cosmology，宇宙学标准模型 345–356
cosmic background radiation and，宇宙背景辐射和 ~ 348–349
horizon problem and，视界问题和 ~ 353–356，362
primordial nucleosynthesis in， ~ 中的原初核合成 346，349
string theory vs.，弦理论与 ~ 357
symmetry breaking in， ~ 中的对称破缺 350–352
standard model of particle physics，标准模型和粒子物理学 123，198，381
elementary particles in， ~ 中的基本粒子，见 point particles
shortcomings of， ~ 的缺点 135，142–143
string theory vs.，弦理论与 ~ 135–136，139，143，147，152–165，224–225
supersymmetry and，超对称性和 ~ 174–175，181，222
stars，恒星 3，4，5，32–33，54，290
apparent vs. actual position of， ~ 的视位置与实际位置 77
collapse of， ~ 的坍缩 13，339
formation of， ~ 的形成 13，347，365，367，369
strange quarks，奇异夸克 8
string cosmology，弦宇宙学 357–370
cosmological initial conditions and，宇宙学初始条件和 ~ 365–366
dimension in， ~ 的维 357，358–361，365
pre-big bang scenario in， ~ 大爆炸前的图景 362

standard model of cosmology vs.，宇宙学的标准模型与～ 357

T. O. E. and，T. O. E.（包罗万象的理论）和～ 364–370，385–386

string coupling constant，弦耦合常数 294–297，300–306

BPS states and，BPS 态和～ 303，304，316

size of，～的大小 294–295

values of，～的值 295–297，303–306，308–312，309，315，317，318

strings：弦：

antistrings vs.，反弦与～ 359，360

approximated by point particles，点粒子近似的～ 307–308

brane mass vs. mass of，膜质量与～质量 317

coherent state of，～的相干态 377–378

composition of，～的组成 141–142

dimensionality of，～的维 165，310–311，*309*，*311*，324

interaction of，～的相互作用 160–165，*160*，*162*，*163*，*164*，291–297，*291*，*292*，*293*

loops of，～圈 292–294，*293*，381

probing sensitivity of，～探测灵敏度 155–157，158，250–252

resonance patterns of，～的振动模式 143–152，*144*，*145*，155，160，172，180–182，202–203，205–206，216–218，220–221，222，223，225，239–247，244，245，291–292，331，377–378

size of，～的大小 14，*14*，136，137，141，146，148，149，155–157，206，212，215，224，379，398

superpartners and，超伙伴和～ 173，175

tension of，～的张力 148–152

unwrapped，未缠绕～ 238–239，*238*，249–250，359

vibrational motion of，～的振动 240–246，*244*，*245*

world-sheet of，～的世界叶 160，161–163，*162*，279–280，323

wrapped，缠绕的～，见 wrapped strings

Strings 1995 Conference，弦 1995 年会 140

string theory，弦理论 14

big crunch and，大收缩和 ～235–236，239，252–254

black holes and，黑洞和～ 19，320–344

cosmology and，宇宙学和～，见 string cosmology criticism of，～的批评 211–213

current state，～的现状 18–21

development of quantum mechanics vs.，量子力学的发展和~ 226
dimensions in，~的维 6，18，184-210，216-221，236，248-249，254-262，263-282，307，308-312，323-333，378-379
distance measured in，~测量的距离 294-254
duality in，~中的对偶性 297-306，312-316，*313*，*315*，318，332-333，381-382
elementary particles in，~中的基本粒子 14，*14*，15-16，18，135，136，137，138，139，141，142，145，146，147，151-152，175，180，182，216-221，220-222，223，255-256，257-258，280
equations of，~的方程 285，295-297，318，319
experimentalists vs. theorists and，实验家与理论家和~ 213-215
experimental signatures in，~中的实验信号 210-227，383-384
force particles and，力粒子和~ 16，142，150，218
future of，~的未来 373-387
gravitational force and，引力和~ 158，163-164，165，210-211，218，307-312，314，320
history of，~的历史 136-140
loops of string in，~中的圈，见 strings
mathematics of，~的数学 19，140，202，203-204，218，参见 quantum geometry
as merger of general relativity and quan-tum mechanics，融合广义相对论与量子力学的~ 4-5，6，14，18，136，138，152-165，181-182，201，218，221，226，227，266，333，344，357，379，383，387
musical metaphors for，~的音乐比喻 15-16，135，146
and nature of spacetime，~和时空本性 377-380
notion of distance in，~中的距离概念 249-252
perturbation theory and，微扰论和~ 288-289，291-297，357
probability values in，~中的概率值 202
and reformulation of quantum mecha-nics，~和量子力学的重建 380-382
scale in，~中的尺度 14，*14*，136，137，141，146，148，149，151，155-157，164，205-206，208，212，215，217，225，232，235-236，248-249，252-254，291，306，358-359，379-380，387
and singularities，~和奇性 343-344
spin in，~中的自旋 172，173，175，180，182，222
standard model of cosmology vs.，宇宙学的标准模型与~ 357

standard model vs.，标准模型与～ 135–136，139，143，147，152–165，224–225
and strong force，～和强力 137，138
strong-weak duality in，～中的强弱对偶性 299–300，304–305，318
supersymmetry in，～中的超对称性，见 superstring theory；supersymmetry
as T. O. E.，作为 T. O. E. 的～ 15–17，142，146，147，183，363–364
topology-changing transitions and，拓扑改变变换和～ 266–282，322–333，360–361
参见 M-theory；string cosmology；supers-tring theory
strong force，强力 10–11，12，13，15，122，123，136–137，199，350，351
electromagnetic force and，电磁力和～ 175–176，198
quarks and，夸克和～ 10，13，125–126
string theory and，弦理论和～ 137，138
strong force symmetry，强力对称性～ 126
“sum over paths，”“路径求和” 111
sun，太阳 56，67
eclipses of，日食，见 solar eclipses
gravitational influence of，～的引力影响 68–70，*70*，71，72，*72*，73，75，289–290
Superconducting Supercollider，超导超级对撞机 215
supergravity，超引力 307–312，314
dimensions in，～的维 307–312
strings approximated by point particles in，～中点粒子近似的弦 307–308
superpartners：超伙伴：
mass of，～的质量 179，222
supersymmetry and，超对称性和～ 173–174，175，178，181，221–222，384
superstring theory，超弦理论 167，181–183
inception of，～之初 181
versions of，～的形式 182–183，284，286–287，*286*，*287* 参见 M-theory；string theory
supersymmetric quantum field theories，超对称量子场论 174–175，181，307
supersymmetric string theory，超对称弦理论，见 superstring theory
supersymmetry，超对称性 173–183，375
arguments for，～的讨论 174–180
desired confirmation of，～需要的证明 384
duality and，对偶性和～ 301–303，306，382

experimental signals of，～的实验信号 221–222
and higher-dimensional supergravity，～和高维超引力 200–201
and intrinsic force strengths，～和力的内禀强度 178，179
resonance patterns and，共振模式和～ 180–181，182
standard model and，标准模型和～ 174–175，181，222
superpartners and，超伙伴和～ 173–174，175，178，181，221–222，384
symmetry，对称性 168–170，173，301
and equivalence principle，～和等效原理 169–170，374–375
gauge，规范～ 124–126，170，374，375
mirror，镜像～ 255–262，267，268–278，*273*，299
multiverse and，多重宇宙和～ 367
rotational，旋转～ 125–126，170，173 参见 supersymmetry
symmetry breaking，对称破缺 122–123
early universe and，早期宇宙和 350–352，358–360

T

tachyons，快子 180–181，182
tau-neutrinos，τ 子中微子 8
taus，τ 子 8，9
temperature of black holes，黑洞的温度 336，337–338
of cosmic background radiation，宇宙背景辐射的～ 353–356
theories，scientific：理论，科学的～：
aesthetics of，～的美学 166–167
typical construction of，～的典型结构 380–381 参见各具体理论
theory of everything（T.O.E）：包罗万象的理论（T.O.E）：
cosmological speculation and，宇宙学沉思和～ 364–370，385–386
and deviations from inevitability，～与不可避免性的差距 283–285
string theory as，作为～的弦理论 15–17，142，146，147，183，363–364
three-branes，3 膜 324
in wrapped configuration，缠绕构形的～ 329–331，330
time：时间：

black holes and，黑洞和～ **80**

as dimension，～维 **49–50**，**185**，**204–205**

time，**effect of motion on**：时间，运动对～的影响：

human life expectancy and，人类寿命和～ **41–43**

as measured by light clocks，光子钟测量的～ **37–41**

muon life expectancy and，μ子寿命和～ **42**

observers. differing perspectives and，观测者的不同视点和～ **24–25**，**26–27**，**34–37**，**40**，**41**，**43–46**，**47**，**50**，**58**，**60–61**，**63–64**，**65**，**66–67**，**74–75**，**125**

time warping and，时间弯曲和～，见 **general theory of relativity**；**spacetime**，**warping of**

time dilation，时间延缓 **27**

T. O. E.，见 **theory of everything**

topology changing transitions，拓扑改变变换，见 **conifold transitions**；**flop transitions**

top quarks，顶夸克 **8**，**10**，**150**

torus，环 **199–200**，**200**

as Calabi-Yau space（**shape**），作为卡-丘空间（形态）的～ **216–218**，***216***，**255**

and conifold transition，～和锥形变换 **326–327**，**327**

trinary star systems，三星系统 **290**

two-branes，**2**膜 **324**，***324***，**330**

Type Ⅰ string theory，Ⅰ型弦理论 **182**，**284**，**286**，**287**，**304**，**305**，**306**，**313**，**314**，**405–406**

Type Ⅱ A string theory，Ⅱ **A**型弦理论 **182**，**284**，**286**，**287**，**308**，**310–311**，***313***，***313***，**315–316**，**405–406**

Type ⅡB string theory，Ⅱ**B**型弦理论 **182**，**284**，**286**，**287**，**305–306**，**308**，***313***，***313***，**405–406**

ultimate theory，终极理论，见 **theory of everything**

ultraviolet light，紫外光 **94**

uncertainty principle，不确定性原理 **112–116**，**118–120**，**127**，**150**，**154**，**341**

particle measurements in，～下的粒子测量 **113–114**，**115–116**，**118**，**154–155**

unified field theory：统一场论；

Einstein and，爱因斯坦和～ 4–5，15，283
uniform vibration，均匀振动 240，242–246
universe，宇宙 3–5
critical density of，～的临界密度 234–235
dimensions of，～的维，见 dimensions
expansion and contraction of，～的膨胀和收缩，见 big bang；big crunch
limits of comprehensibility of，～的可理解极限 384–386
microscopic properties of，～的微观性质，见 scale，in quantum mechanics；scale，in string theory
originating as point，源于一点的～ 83
origin of，～的起源 345–370
size of，～的大小 248，252
stability of，～的稳定性 168
strong force symmetry of，～的强力对称性 126
timeline of，～的历史 356
two-dimensional，2 维的～，见 Gar-den-hose universe
wormholes and U-shaped universe，虫洞和 U 形宇宙 264–265，*264*
unwound strings，未缠绕弦，见 unwrapped strings
unwrapped strings，未缠绕弦 359
wrapped strings vs.，缠绕弦与～ 238–239，238，249–250
up-quarks，上夸克 7，9，10，15
uranium，铀 51

V

vibration number，振动数 243
virtual string pairs，虚弦对 291–294，292，293，381

W

water，waves of，水，～波 99–100，*100*，109

wave amplitude，波幅 89，90，*90*，144
  of electromagnetic waves，电磁波的～ 89，*89*，90
wave functions，波函数，见 **probability waves**
wavelength，波长 89，90，144
  of matter waves，物质波的～ 105
wave-particle duality，波粒二象性 121
  light and，光和～ 97–103
  matter and，物质和～ 103–105，106
waves：波：
  frequency，频率 89，92–93，94–95，102，103，104
  light，光～，见 **electromagnetic waves**
  peaks and troughs of，～峰和～谷 89，90，99–100，104，143，149
  probability，概率～ 105–108，*106*，109，115，118，342
  sound，声～ 90，*90*，93，143，145
  of water，水～ 99–100，*100*，109
W boson，W 玻色子 174 参见 **weak gauge bosons**
weak force，弱力 10–11，12，15，199，374
  in early universe，早期宇宙的～ 350–352
  messenger particle of，～的信使粒子 123–124
weak gauge bosons，弱规范玻色子 11
  spin of，～的自旋 172
  superpartners，**of**，～的超伙伴 174
  as weak force messenger particle，作为弱力信使粒子的～ 123–124

winding energy of strings，弦的缠绕能 239–246
winding mode，缠绕模式 237–239，*238*，252
winding number，缠绕数 242
winos，W 微子 174
Witten，**Edward**，惠滕， 19，140，165，183，203–204，207，210–211，213，215–217，224，256，270，324，364，374，379，382
  and duality，～和对偶性 298–306
  and flop transitions in string theory，～和弦理论的翻转变换 270，275–276，278–281
  M-theory and，M 理论和～ 309–312，319
  productivity of，～的丰硕成果 274

world-sheet，世界叶　**160**，**161–163**，***162***

　as protective barrier in spatial tears，作为空间破裂保护屏障的～　**279–280**

wormholes，虫洞　**264–265**，***264***

wound strings，缠绕弦，见 **wrapped strings**

wrapped strings，缠绕弦　**237**，**238**，**252**

　and dimensional expansion，～和维的展开　**359–360**

　energy of，～的能量　**239–247**，***244***，***245***

　and geometrical properties of wrapped di-mensions，～和卷缩维的几何性质　**237**，**239**

　mass of，～的质量　**238–239**

　unwrapped strings vs.，未缠绕弦与～　**238–239**，***238***，**249–250**

X rays，**X** 射线　**81**，**94**

Z

Z boson，**Z** 玻色子　**174** 参见 **weak gauge bosons**

zero-branes，**0** 膜　**379**

zinos，**Z** 微子　**174**

人名索引

Abbott, Edwin, 192
Albrecht, Andreas, 355
Alpher, Ralph, 348
Amaldi, Ugo, 178
Amati, Daniele, 19
Ampère, André-Marie, 171
Ashtekar, Abhay, 397
Aspect, Alain, 114
Aspinwall, Paul, 269, 271–281, 328

Bach, Johann Sebastian, 174
Banks, Tom, 312, 379
Bardeen, James, 336
Batyrev, Victor, 270–271, 272, 275
Bckenstein, Jacob, 334–336
Bell, John, 114
Bogomol'nyi, E., 303
Bohr, Niels, 7, 88, 103, 105, 112
Bolyai, Janos, 232
Born, Max, 105, 106, 109

Bose, Satyendra, 175
Brandenberger, Robert, 249–250, 254, 358–361
Bronowski, Jacob, 387

Calabi, Eugenio, 207
Callan, Curtis, 409
Candelas, Philip, 207, 215–217, 258–259, 261–262, 270, 275, 325
Carter, Brandon, 320, 336
Chadwick, James, 7
Christodoulou, Demetrios, 320
Clemens, Herb, 325
Coleman, Sidney, 170
Connes, Alain, 379–380
Cowan, Clyde, 8
Cremmer, Eugene, 307
Crommelin, Andrew, 77

D

Davidson, Charles, 77
Davisson, Clinton, 104, 105
de Boer, Wim, 178
de Broglie, Louis, 103–104, 105, 106, 109
de Sitter, Willem, 32–33
Dicke, Robert, 348
Dimopoulos, Savas, 400
Dirac, Paul, 120, 157, 165, 341
Dixon, Lance, 255–258
Dyson, Frank, 77

Dyson, Freeman, 120

Eddington, Arthur, 77, 78, 166
Einstein, Albert, 3, 20, 62, 88, 94–97, 104, 114, 272, 387
Ellingsrud, Geir, 261–262
Euler, Leonhard, 137

F

Faraday, Michael, 23
Fermi, Enrico, 175
Ferrara, Sergio, 307
Feynman, Richard, 86–87, 97, 102, 120, 157, 212–213
Fischler, Willy, 312, 379
Flatland, 195, 359
Freedman, Daniel, 307
Friedman, Robert, 325
Friedmann, Alexander, 82, 346
Fürstenau, Hermann, 178

Galileo, 30
Gamow, George, 94, 348
Gasperini, Maurizio, 362
Gauss, Carl Friedrich, 232
Gell-Mann, Murray, 7, 14, 213

Georgi, Howard, 175–178, 213, 214, 402
Gepner, Doron, 257
Germer, Lester, 104, 105
Ginsparg, Paul, 212
Givental, Alexander, 262
Glashow, Sheldon, 122, 175–176, 212, 213–214, 340, 352
Gliozzi, Ferdinando, 181
Goudsmit, Samuel, 171
Green, Michael, 135–136, 138–139, 325
Green, Paul, 261
Greene, Brian, 256–259, 261, 269–281, 325–329, 331, 332
Gross, David, 155, 177, 214
Guth, Alan, 354–356

Hartle, James, 366
Harvey, Jeffrey, 256, 406
Hawking, Stephen, 108, 117, 320, 335–338, 341–342, 366
Heisenberg, Werner, 112–116, 118–120, 157, 165
Hermann, Robert, 348
Hertz, Heinrich, 94
Hooft, Gerard ' t, 411
Hořava, Petr, 309
Horowitz, Gary, 207, 215–217, 316, 330
Hubble, Edwin, 82, 34, 346, 368
Hübsch, Tristan, 325
Hull, Chris, 203, 298, 305
Huygens, Christian, 97

I

Israel, Werner, 320

J

Julia, Bernard, 307

Kaluza, Theodor, 185, 187, 197
Katz, Sheldon, 270
Kepler, Johannes, 54
Kerr, Roy, 320
Kikkawa, Keiji, 239
Kinoshita, Toichiro, 121-122
Klebanov, Igor, 411
Klein, Oskar, 188
Kontsevich, Maxim, 262

L

Laplace, Pierre-Simon de, 340-342
Leibniz, Gottfried, 377
Lerche, Wolfang, 255-258
Lewis, Gilbert, 96

Li, Jun, 262
Linde, Andrei, 355, 366–369
Liu, Kefeng, 262
Lobachevsky, Nikolai, 232
Lorentz, Hendrik, 166
Lütken, Andy, 269
Lykken, Joseph, 389, 400
Lynker, Monika, 259

M

Mach, Ernst, 377
Maldacena, Juan, 411
Mandula, Jeffrey, 170
Manin, Yuri, 262
Maxwell, James Clerk, 5, 101, 380
Mende, Paul, 155
Mills, Robert, 126
Minkowski, Hermann, 49, 66
Morrison, David, 270, 271–281, 325–329, 331, 332

N

Nambu, Yoichiro, 137
Nappi, Chiara, 274
Neveu, André, 181
Newton, Isaac, 5–6, 53–57, 377, 380–381
Nielsen, Holger, 137
Nussinov, Shmuel, 215

Olive, David, 181
Ossa, Xenia de la, 261

Parkes, Linda, 261
Pauli, Wolfgang, 8, 120, 157, 226
Peebles, Jim, 348
Penrose, Roger, 265, 320, 397
Penzias, Arno, 348–349
Planck, Max, 23, 86, 104, 114
Plesser, Ronen, 256–259, 261, 269–271, 329
Polchinski, Joe, 304, 316
Politzer, David, 177
Polyakov, Alexander, 399, 411
Prasad, Manoj, 303
Preskill, John, 343
Price, Richard, 320

Quinn, Helen, 176–178

R

Rabi, Isidor Isaac, 8, 9, 174

Ramond, Pierre, 181

Reid, Miles, 325

Reines, Frederick, 8

Riemann, Georg Bernhard, 81, 231–234

Roan, Shi-Shyr, 271

Robertson, Howard, 346

Robinson, David, 320

Ross Graham, 258, 269

Rutherford, Ernest, 7, 203

S

Salam, Abdus, 122, 175, 352

Scherk, Joël, 138, 148, 150, 172, 181, 307

Schimmrigk, Rolf, 259

Schrödinger, Erwin, 105

Schwarz, John, 136, 137–139, 148, 150, 172, 181, 222, 298

Schwarzschild, Karl, 78–81, 343

Schwinger, Julian, 120

Seiberg, Nathan, 301–302, 324

Sen, Ashok, 298, 338

Shenker, Stephen, 312, 379

Smolin, Lee, 369–370

Sommerfeld, Arnold, 62

Sommerfield, Charles, 303

Steinhardt, Paul, 355

Strominger, Andrew, 207, 215–217, 316, 324–325, 327, 328, 329–330, 331, 332, 338–

340，343
StrØmme，Stein Arild，261–262
Susskind，Leonard，137，312，338，379，411

T

Thomson，J．J．，7
Thorne，Kip，343
Tian，Gang，262，266–269
Tomonaga，Sin-Itiro，120
Townsend，Paul，203，298，305，317

Uhlenbeck，George，171

Vafa，Cumrun，213，249–250，254，255–258，274，338–340，343，358–361，382
Van Nieuwenhuizen，Peter，307
Veneziano，Gabriele，136–137，180，362，375

Walker，Arthur，346
Warner，Nicholas，255–258，274
Weinberg，Steven，16–17，122，175–178，352

Wess, Julius, 181
Weyl, Hermann, 126
Wheeler, John, 72, 79, 127, 321, 334
Wilczek, Frank, 177
Wilson, Robert, 348–349
Witten, Edward, 19, 140, 165, 183, 203–204, 207, 210–211, 213, 215–217, 224, 256, 270, 324, 364, 374, 379, 382

Yamasaki, Masami, 239
Yang, Chen-Ning, 126
Yau, Shing-Tung, 207, 258, 262, 266–269
Young, Thomas, 97, 101

Z

Zumino, Bruno, 181

译后记

近来，物理学家发现我们真的处在一个很特别的时代，宇宙的三个不同意义的物质密度竟然好像是相等的，它们的巧遇仿佛在告诉我们，我们不能凭自己的知识来决定我们所在的宇宙的命运。这应该是科学大戏最有人情味的结果，它在保留宇宙的自由时，也尊重了科学的自由。奥古斯丁在《忏悔录》里说过，上帝为那些胆敢对宇宙起源说三道四的家伙准备了地狱。而我们今天感觉，大自然是慷慨地任人去评说她的生死的，一点儿不在意，似乎也不屑来否定或者肯定她的儿女好不容易形成的思想。大自然是宽容的，喜欢自我否定的是物理学和物理学家自己。

这本书写的，从某种意义上说就是物理学家自我否定的最新历程。关于宇宙、物质和时空的基本问题，它都问尽了。一个包罗万象的理论，实际上就是问一切似乎不是问题的问题；过去理所当然的一切，现在都成了问题。从前问这些问题，像屈原问天一样，满怀着激情。（尽管现在也能从中发掘某些接近科学的东西，但发问的人那时并不知道。）现在我们问类似的问题，不是因为谁想起了什么古老的歌谣，而是理论容不得那些问题占有那样当然的地位。过去的问题通常是，“事物为什么这样？”而今天我们还要问，“事物为什么不是那样？”物理学家从前以为，即使所有基本的一切都不再基本了，我们还能留下时空的拓扑结构，现在看来，这一点也难留下来了。借作者的话说，超弦理论讲的，就是自爱因斯坦以来的空间和时间的故事。物理学家要从零开始问出需要的东西。惠勒在20多年前的一次演说里讲过一个有趣的故事，可以帮助我们理解这一点：我们来做一个提问游戏，每个人心里原来没有任何预先想到的东西，各自提出任何可以想到的问题，只要它们的回答不相互矛盾，每一次回答将引出新的问题，这样一直把游戏进行下去，看最后能得到什么确定的东西。

过去我们爱问宇宙的外面是什么。看过这本书以后，我们大概会问，如果“终极理论”找到了，还会有什么问题吗？实际上，这就是那个问题。也许，一切物理问题最终都要回到人类自身来的，因为宇宙的琴弦是我们拨动的。

本书原来的题目很抽象，*The Elegant Universe*，我不知该用哪个词来形容宇宙，特别是书里描写的那个宇宙。因此，我不得不换一个书名，幸运的是有个现成的名字在那儿：宇宙的琴弦；其实关于弦理论的好多书都会讲这个比喻（本书当然也没例外）；这个名字的另一点意义是把科学与艺术自然地联系起来了。李可染先生为李政道先生画过一幅画，是由线条构成的，题目就是“超弦生万象”。借宗白华先生论素描的话说，“抽象的线条，不存于物，不存于心，却能以它的匀整、流动、回环、曲折，表达万物的体积、形态与生命；更能凭借它的节奏、速度、刚柔、明暗，有如弦上的音、舞中的态，写出心情的灵境而探入物体的诗魂。”那说的不就是我们的弦吗？大雕塑家罗丹（A.Rodin）说得更干脆：“一条规定的线贯通着大宇宙，赋予了一切被创造物……”

这大概是第一本系统讲述弦理论的科普读物，在翻译中自然遇到些困难，特别是不知道某些专门的名词该怎么说（译者没读过几篇有关的中文文献，不知它们有没有约定的译法）。如Heterotic，有说“奇异”的，也有说“杂优”的，前一个说法不太确切，后一个说法意思很准确（原文借生物学名词Heterosis，杂种优势），但不太好听。我以为说“杂化”就蛮好（当然不能说“杂种”）。一些数学味道极浓的词，如Conifold，Orbifold，Flop Transition 等，我在读过原始论文后还是没能想到直观的表达方式。我请教过作者，怎么用一个普通的词来表达那些空间变换过程。作者的回答跟他在书里讲的一样具体，例如，他建议用Gluefold 来说Orbifold，这在英文里当然是通俗一点儿了，可惜中文没有这样造词的。最后，译者大胆杜撰了几个自以为不那么佶屈聱牙的说法。好在原文都附在后面，读者自能鉴别。实际上，我以为离开了数学背景，许多概念是不大可能说明白的。甚至，直观和通俗有时竟能成为误会的根源。不过作者讲得很巧妙，读者不会迷失方向的。请读者找那些数学来看看，真的很有趣。

另外，作者为不同文字的译者——可见这书在世界各地都受欢迎——提供了一些他写作时涉及的美国现实生活的背景材料，我在相应的地方注明了，也许能为本书增添几点花絮。

原书只有一个索引，我把其中的人名分出来另列一个，为的是更加醒目，也为了突出今天活跃在弦舞台上的演员们。这些名字绝大多数只能在专业期刊上见到，还没有约定的中文译名，所以都保留原文，如果翻译过来，恐怕熟悉他们的读者会感到陌生，想走近他们的人也不知该去找谁了。（正文里的译名有的很勉强，可能不符合中文译名的通例。根据读音还原的几个中国和日本名字可能也不准确，我向他们和读者说声对不起。）

我曾想把重要的原始文献都列举出来，但那要费很多工夫，而且也超出了一本普及读物的范围。更何况，这是一门开放的学问，就在我译这本书的几个月里，大概又出现了近千篇的文章——遗憾的是在我们身边很难听到超弦的声音，在国内最重要的科学刊物上也少见它的踪影。不知这本书能吸引多少未来的流水高山的知音？

译者

昆明东川，银河影下

2001年7月28日

重印后记

本书最后一章关于全息图像的注释，在作者今年出版的一本新书里（*The Fabric of the Cosmos*：*Space*，*Time*，*and the Texture of Reality*，New York：Alfred A．Knopf，2004），仍然是最后几页讨论的问题："宇宙是全息图吗？"这似乎有点儿奇怪；我觉得，续写"琴弦"，似乎可以从宇宙全息开始写起——具体说，可以从霍金的黑洞信息的丢失写起，或者从Juan Maldacena的一篇文章写起。当然，那新书并不是"续篇"，而是重新整理了我们对时空的一些基本观念，当然主要还是弦带来的。不管怎么说，在过去的几年，弦理论有了些可以宣扬的东西，"对偶性"又添了许多新内容。夸张一点说，对偶无处不在。它们的代表是所谓"AdS / CFT对应"，不明白意思的同学，不妨先把它当作跟TCL、KFC一样的品牌记住，有关的普及读物，也许很快就能看到。

不过，对偶更像天堂的因缘，什么时候能下落凡间，还不知道。而且，20世纪80年代对弦理论的批评（如作者在第9章引用的那些），今天依然可以听到。我们引一段最近的颇有感情色彩的评论（Carlo Rovelli，*Int*．*J*．*Mod*．*Phys*．，*D*12（2003）：15091528）：

> 我认为弦理论是一个精彩的理论。我对能构筑起这样一个理论的人深感敬佩。然而，一个理论尽管可能令人敬畏，但它在物理上仍然可能是错的。科学史上有许多美妙的思想最终还是错了。我们不能让炫目的数学模糊了双眼。不论弦理论家们无比的才情，激进的革命，还是动人的宣传，这么多年过去了，也没给我们带来什么物理。所有关键的问题依然存在，理论与现实的联系也越来越遥远。从那个理论导出的所有物理学预言都跟实验相矛盾。将超弦理论看作成功的量子引力理论的老观念我想不再站得住脚了。今天，太多的理论家去拨弄那弦，实在是很大的冒险，无数的心力、一代人的智慧，也许都将浪费在一个美丽虚幻的梦想中。

同样的内容，弦学家自己也经常说，不过口气当然不同；似乎弦理论家得意的地方，也是遭反对者批评最多的地方——这大概也是弱势的其他理论家（如圈引力的小圈子中的人）感觉不平衡的地方。我们不知道这样的话还要说到什么时候。

重印前，花几天工夫“匆匆地”重读了一遍，发现了不少或明或暗的错误、遗漏的字句以及排印的失误，尽管多数不会妨碍对主要意思的理解，但总是犯了错误！还有些模糊的、读来费解的地方，严格说来也是错的；对翻译来说，模糊与错误几乎就是同义词。不过这些问题，往往改几个字就能表达清楚。

借改错的机会也改了很多表达方式。例如，删除多余的虚字和过分的形容词，抹去个人发挥的色彩，改变词句的声韵和语调，调整句子的结构和顺序……总之是为了读起来更流畅、更简洁、更好听。老话说，校书如扫落叶，旋扫旋生，永远没有扫干净的时候，既说了事实，也不妨堂皇地拿来做“错误在所难免”的借口。

译者

2004年7月14日

图书在版编目（CIP）数据

宇宙的琴弦 /（美） 布莱恩 · R. 格林著；李泳译 . — 长沙：湖南科学技术出版社，2018.1（2022.3 重印）
（第一推动丛书 . 物理系列）
ISBN 978-7-5357-9504-5
Ⅰ . ①宇… Ⅱ . ①布… ②李… Ⅲ . ①宇宙—研究 Ⅳ . ① P159
中国版本图书馆 CIP 数据核字（2017）第 226176 号

YUZHOU DE QINXIAN
宇宙的琴弦

著者
[美] 布莱恩 · R. 格林
译者
李泳
责任编辑
吴炜 陈刚 戴涛 李蓓
装帧设计
邵年 李叶 李星霖 赵宛青
出版发行
湖南科学技术出版社
社址
长沙市湘雅路 276 号
http://www.hnstp.com
湖南科学技术出版社
天猫旗舰店网址
http://hnkjcbs.tmall.com
邮购联系
本社直销科 0731-84375808

印刷
长沙市宏发印刷有限公司
厂址
长沙市开福区捞刀河大星村343号
邮编
410153
版次
2018 年 1 月第 1 版
印次
2022年 3月第 7 次印刷
开本
880mm × 1230mm 1/32
印张
16.25
字数
343000
书号
ISBN 978-7-5357-9504-5
定价
69.00 元